U0150464

“十三五”国家重点出版物出版规划项目

光电子科学与技术前沿丛书

有机小分子太阳能电池材料与器件

（第二版）

陈永胜　万相见　张雅敏　等/编著

科学出版社
北京

内 容 简 介

有机太阳能电池具有成本低、可大面积印刷和柔性等优点，是近年来新能源研究领域最热门的研究方向之一。活性层材料是有机太阳能电池研究的基础和关键。本书从寡聚物及小分子活性层材料出发，介绍可溶液处理的寡聚物及小分子太阳能电池领域的最新进展，从专业角度、以通俗易懂的语言，全面系统地对寡聚物及小分子太阳能电池的重要成果和最新成果进行归纳和总结。内容包括：可溶液处理寡聚物及小分子给体材料和受体材料，器件构筑与优化，电荷输运，光动力学研究和器件的稳定性等。

本书不仅可以作为新材料和新能源等相关领域研究人员的专业参考书，也可以作为相关领域本科生、研究生的入门教程，同时也适合对有机太阳能电池领域感兴趣的非专业人士阅读。

图书在版编目(CIP)数据

有机小分子太阳能电池材料与器件/陈永胜等编著. —2 版. —北京：科学出版社，2020.8

(光电子科学与技术前沿丛书)

“十三五”国家重点出版物出版规划项目　国家出版基金项目

ISBN 978-7-03-065665-0

Ⅰ. 有…　Ⅱ. 陈…　Ⅲ. 太阳能电池-研究　Ⅳ. TM914.4

中国版本图书馆 CIP 数据核字(2020)第 128131 号

责任编辑：张淑晓　付林林/责任校对：杜子昂

责任印制：赵　博/封面设计：黄华斌

科学出版社出版

北京东黄城根北街 16 号

邮政编码：100717

http://www.sciencep.com

涿州市般润文化传播有限公司印刷

科学出版社发行　各地新华书店经销

*

2020 年 8 月第　一　版　开本：720×1000　1/16

2025 年 2 月第三次印刷　印张：17 1/4

字数：347 000

定价：138.00 元

(如有印装质量问题，我社负责调换)

丛书序

光电子科学与技术涉及化学、物理、材料科学、信息科学、生命科学和工程技术等多学科的交叉与融合，涉及半导体材料在光电子领域的应用，是能源、通信、健康、环境等领域现代技术的基础。光电子科学与技术对传统产业的技术改造、新兴产业的发展、产业结构的调整优化，以及对我国加快创新型国家建设和建成科技强国将起到巨大的促进作用。

中国经过几十年的发展，光电子科学与技术水平有了很大程度的提高，半导体光电子材料、光电子器件和各种相关应用已发展到一定高度，逐步在若干方面赶上了世界水平，并在一些领域实现了超越。系统而全面地整理光电子科学与技术各前沿方向的科学理论、最新研究进展、存在问题和前景，将为科研人员以及刚进入该领域的学生提供多学科、实用、前沿、系统化的知识，将启迪青年学者与学子的思维，推动和引领这一科学技术领域的发展。为此，我们适时成立了"光电子科学与技术前沿丛书"专家委员会，在丛书专家委员会和科学出版社的组织下，邀请国内光电子科学与技术领域杰出的科学家，将各自相关领域的基础理论和最新科研成果进行总结梳理并出版。

"光电子科学与技术前沿丛书"以高质量、科学性、系统性、前瞻性和实用性为目标，内容既包括光电转换导论、有机自旋光电子学、有机光电材料理论等基础科学理论，也涵盖了太阳电池材料、有机光电材料、硅基光电材料、微纳光子材料、非线性光学材料和导电聚合物等先进的光电功能材料，以及有机/聚合物光电子器件和集成光电子器件等光电子器件，还包括光电子激光技术、飞秒光谱技术、太赫兹技术、半导体激光技术、印刷显示技术和荧光传感技术等先进的光电子技术及其应用，将涵盖光电子科学与技术的重要领域。希望业内同行和读者不吝赐教，帮助我们共同打造这套丛书。

在丛书编委会和科学出版社的共同努力下，“光电子科学与技术前沿丛书”获得2018年度国家出版基金支持，并入选了“十三五”国家重点出版物出版规划项目。

我们期待能为广大读者提供一套高质量、高水平的光电子科学与技术前沿著作，希望丛书的出版为助力光电子科学与技术研究的深入，促进学科理论体系的建设，激发创新思想，推动我国光电子科学与技术产业的发展，做出一定的贡献。

最后，感谢为丛书付出辛勤劳动的各位作者和出版社的同仁们！

“光电子科学与技术前沿丛书”编委会

2018年8月

序

有机太阳能电池发展近 20 年来，特别是最近五年，获得了突飞猛进的发展，单节器件效率已经突破 15%，叠层器件则已突破 17%，正处在从实验室研究到产业化应用的黎明阶段。高效活性层材料的设计合成与光伏器件构筑优化是获得高效率的关键，其中活性层材料更是基础和前提，也是未来产业化应用需要考虑的首要问题。目前有机太阳能电池的活性层材料，无论是给体材料还是受体材料，均可分为聚合物材料和小分子材料。近年来，以具有确定化学结构及分子量的寡聚物及小分子作为活性层材料的太阳能电池引起了研究人员的广泛关注，因为这类材料具有分子量确定、合成和分离提纯相对简单等优点。目前，寡聚物及小分子材料作为给体材料已取得了与聚合物材料相当的光电转换效率。值得一提的是，小分子受体材料已成为目前非富勒烯受体研究的主流，引起广泛关注。

这部著作的编著者多年来一直从事寡聚物及小分子有机太阳能电池的研究，在该领域具有深厚的工作积累和研究体会。该书是编著者基于自己的研究成果，结合最新研究进展总结撰写而成。编著者深入浅出地介绍了寡聚物及小分子太阳能电池研究的现状和发展趋势，包括活性层给体材料、受体材料、相关光伏器件构筑与优化、电荷输运和动力学研究及稳定性等。该书内容充实，语言通俗易懂。不仅对于专业人士，而且对非专业人士而言都具有较强的可读性，可以作为太阳能电池及相关领域研究工作者的参考书，亦可作为高等院校本科生或者研究生的参考教材。相信该书可以对有机太阳能电池的发展起到很好的促进作用。

2017 年 6 月

前　言

能源问题是现今社会发展面临的首要问题。由于化石能源的有限性及其带来的环境污染等一系列问题，开发绿色可再生新能源技术一直是世界各国科学家研究的重点。在太阳能电池技术领域，有机太阳能电池以其成本低、柔性、可大面积印刷制备等优点受到人们越来越多的关注，成为近年来新能源研究领域的一大热点。活性材料是有机太阳能电池研究的关键和基础。早期的有机太阳能电池的研究主要集中在聚合物给体材料的设计合成。随着有机太阳能电池的飞速发展，具有确定化学结构的可溶液处理寡聚物及小分子材料开始引起人们的强烈关注，基于可溶液处理的寡聚物及小分子有机太阳能电池迅速成为有机太阳能电池研究热点之一，并已经展现出巨大的发展潜力。

本书作者近年来在寡聚物及小分子太阳能电池材料和器件等方面做了大量的研究工作，发展了系列高效率寡聚物及小分子太阳能电池材料。本书是在总结作者系列研究成果和深入研究的经验体会基础上，结合该领域研究进展情况，整理编撰而成。本书全面系统地介绍了可溶液处理的寡聚物及小分子有机太阳能电池重要成果和最新进展。全书共分 8 章，第 1 章对有机太阳能电池特别是寡聚物及小分子太阳能电池进行了总体介绍，由万相见撰写；第 2 章和第 3 章对可溶液处理小分子给体材料和小分子受体材料进行系统总结，分别由阚斌和倪旺撰写；第 4 章介绍了有机小分子太阳能电池器件的构筑与优化，包括活性层形貌的调控及表征、器件结构的构筑和新型界面层材料的发展等，由张倩和李淼淼撰写；第 5 章介绍有机小分子太阳能电池的电荷输运，由复旦大学梁子骐和彭佳君撰写；第 6 章介绍有机太阳能电池光动力学研究，由龙官奎撰写；第 7 章介绍有机太阳能电池特别是小分子光伏器件的稳定性，由万相见撰写；第 8 章展望寡聚物及小分子有机太阳能电池的发展，由陈永胜撰写。全书由陈永胜和万相见统筹、修改和审核。在本书撰写过程中，作者课题组张洪涛老师，冯焕然、王云闯、孙延娜、柯鑫、王艳波等同学在素材整理、图表及文字校对等方面做出了贡献。在再版过程中作者课题组张雅敏同学对书中第 2、3、4、7、8 等章节的最新进展进行了增补，并对全书进行了检查核对。

有机太阳能电池材料和器件的发展十分迅猛，新材料和新成果层出不穷，光电转换效率不断提高，因此在撰写过程中，作者虽已尽力，但限于水平和时间，难免会有遗漏之处，真切希望各位专家和读者提出宝贵意见，不足之处敬请谅解。

编著者

2019 年 8 月

目录

第 1 章

有机小分子太阳能电池简介

随着化石能源的不断消耗，人类社会面临日益严峻的能源危机以及由此产生的环境压力，发展绿色可再生能源技术迫在眉睫。太阳能作为一种绿色的可再生能源，取之不尽、用之不竭，如果能把照射到地球上太阳光的0.3%转变成电能或其他可以使用的能源形式，即可满足整个地球上人类的全部需求。因此，太阳能的利用引起了全世界的关注，其中太阳能电池(又称光伏电池)技术，即把太阳光能转换成电能，是利用太阳能的最引人注目的技术之一。传统的基于硅等无机半导体材料太阳能电池虽然已商品化，但因其生产工艺复杂、成本过高，加之无机材料难以降解以及不易柔性加工等缺陷，其应用受到了很大限制。近年来，有机太阳能电池以其成本低、加工性能好、材料结构多样且可控、质轻、柔性以及可以大面积印刷制备等优点受到了人们的广泛关注[1-4]。有机光伏(organic photovoltaics，OPV)电池的研究在近十几年中获得了迅猛发展。其中，单层异质结器件光电转换效率已达15%以上[5-10]，叠层器件的效率更是到达了17%以上[11]。不过，要实现真正的商品化应用，有机太阳能电池还需要在材料(包括活性层材料、界面层材料和电极材料等)，器件工艺，器件寿命等各个方面进行更深入的研究与探索[12,13]。其中，活性层材料是有机太阳能电池研究的关键及基础。对有机太阳能电池的研究是从有机小分子材料作为活性层开始的，但是自从溶液共混的本体异质结器件结构发明以后，基于有机聚合物电子给体和富勒烯衍生物电子受体的有机太阳能电池研究取得了重要进展，并成为有机太阳能电池发展的主要研究方向。因此，传统意义上，活性层以聚合物作为给体材料、富勒烯衍生物作为受体材料的有机太阳能电池被称为聚合物太阳能电池(polymer solar cell)。与聚合物相对应的给体材料包括寡聚物和小分子。目前研究较多的和最有前途的非聚合物给体材料，多数为寡聚类小分子(oligomer-like small molecule)。但是为对照和使用方便，以上述寡聚类小分子和其他小分子作为给体材料，或者以富勒烯或非富勒烯材料作为受体材料的有机太阳能电池在本领域中被通称为小分子太阳能电池(small molecule solar cell)。需要指出的是，凡是以聚合物或小分子有机材料作为活性材料的太阳能电池，都统称有机太阳能电池。

多年来，聚合物太阳能电池一直是有机太阳能电池研究的重点和热点。聚合物给体材料的设计合成，以及基于聚合物器件的形貌、工作机理等的研究取得了一系列重要的研究进展，也推动了整个太阳能电池领域的研究和发展。相对于聚合物材料，小分子有机活性层材料虽然在有机太阳能电池研究之初就已经开始使用，但其发展明显落后于聚合物。小分子给体材料，特别是基于溶液处理的寡聚型小分子给体材料近年来取得了较大的进步。基于可溶液处理寡聚型小分子给体和富勒烯衍生物受体的光伏器件效率已经达到与聚合物器件相当的水平。另外，最近几年研究发现，基于小分子包括寡聚物类小分子材料的非富勒烯受体材料，明显优于富勒烯受体材料，在近期更是取得了一系列突破，获得了远远超过富勒烯受体器件的光电转换效率，掀起了有机太阳能电池领域的又一个研究热潮[14-16]。相比于传统的聚合物，小分子包括寡聚物类小分子材料具有如下优点：

(1)具有确定的结构和分子量，很少出现合成批次不同、性能有差异的问题，这点是和聚合物材料的最大不同之一。

(2)设计合成简单，分子的多样化设计和调控空间更大。

(3)能级及带隙易于进行有效调控。

(4)载流子迁移率相对较高。

虽然具有上述优点，小分子有机太阳能电池的研究直到近 10 年才引起人们的广泛重视。其中最大的一个原因是，常规小分子一般成膜性不好，难以溶液处理，若通过蒸发镀膜方式制备器件，成本会显著提高，不符合有机太阳能电池低成本大面积印刷制备的发展方向。但是，近年来以寡聚物类小分子为基础的有机太阳能电池，特别是结合传统小分子和高分子的优点，通过分子设计，利用增加共轭长度获得良好的光吸收和引入烷基链增加溶解度等方法已解决了这类材料面临的传统吸光的成膜性差的问题，并获得了良好的光电转换性能，其器件的效率已经完全与聚合物有机光伏器件相当，显现出了巨大的发展潜力。

本章将介绍有机小分子包括寡聚物类小分子太阳能电池的发展历程、光电转换原理、基本性能参数，并对本书其余章节做概述。

1.1 有机小分子太阳能电池的发展历程

对有机小分子太阳能电池的研究，同时也是对整个有机太阳能电池的研究，可追溯到 1959 年，所报道的器件结构为单晶蒽夹在两个电极之间，器件的开路电压为 0.2 V，但激子解离效率太低，导致器件的光电转换效率极低[17]。有机太阳能电池领域最重要的里程碑式事件是原美国柯达公司的邓青云(C. W. Tang)博士于

1986 年报道的双层结构染料光伏器件[18]。器件以酞菁衍生物作为 p 型半导体，四羧基苝衍生物作为 n 型半导体，以此两种材料形成双层异质结结构，能量转换效率约为 1%。该研究首次在有机光伏器件中引入电子给体/电子受体有机双层异质结，使激子的解离效率大幅提高，进而提高了器件的转换效率，其器件结构如图 1.1(a)*所示。但是双层异质结结构电池的效率一直因有机材料较短的激子扩散长度(一般是 5～10 nm)而受到限制。由于激子解离过程是在给受体界面发生，只有扩散距离小于激子扩散长度的激子才能有效到达界面区域，生成自由的载流子，因此短的激子扩散长度限制了活性层的厚度，从而也限制了电池吸收的光子数目和产生的电流。

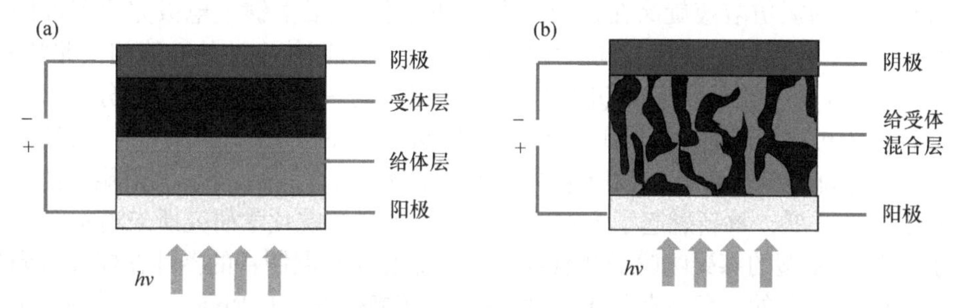

图 1.1　基于给体/受体异质结的典型 OPV 器件结构

(a)结构双层；(b)本体异质结结构

1992 年，A. J. Heeger[19]及 K. Yoshino[20]两课题组各自独立地报道了以共轭聚合物作为电子给体、以 C_{60} 作为电子受体体系中的超快电荷转移现象，且该过程的速率远远大于其逆向过程。为了解决激子扩散距离较短的问题，1995 年，G. Yu 和 A. J. Heeger 等[21]首次提出了有机本体异质结(bulk-heterojunction, BHJ)的概念。他们将给体材料聚合物 MEH-PPV 和受体材料富勒烯衍生物($PC_{61}BM$)两种材料溶液混合，制备成具有本体异质结特征的活性层[图 1.1(b)]。活性层内部形成了纳米尺度的给受体互穿网络结构，有效地增大了给体和受体之间的界面面积，同时缩短了激子达到界面层进行电荷分离所必需的扩散距离。因此，即使在吸光层较厚的条件下，光生激子也能有效地扩散到给受体界面进而发生分离，从而保证了在整个共混薄膜内部激子的有效解离。在单色光(波长为 430 nm，光密度为 20 mW · cm^{-2})照射下，该本体异质结器件的能量转换效率达到 2.9%。

自从基于聚合物的有机 BHJ 太阳能电池的设计被提出后，该设计也被用于基于小分子的有机太阳能电池研究。但是，无论是双层器件结构还是上述本体异质结结构，早期有机小分子太阳能电池器件大部分是通过真空蒸镀的方式获得，效率和同时期的溶液处理的聚合物太阳能电池有不小差距[14]。近年来，真空蒸镀方

* 扫封底二维码可见本彩图，全书同。

式制备的小分子电池取得了较大的进展：2012 年，P. Bäuerle 等设计合成了系列基于寡聚噻吩主链的小分子，真空蒸镀的 BHJ 器件效率达到 6.9%[22]；2014 年，K. Cnops 等报道了效率为 8.4%的真空蒸镀的小分子器件[23]；2016 年，德国 Heliatek 公司报道了效率超过 13%的基于真空蒸镀的小分子多层器件[24]。

然而，以蒸镀方式制备器件成本高、工艺复杂，溶液处理方法工艺相对简单，成本低，并可进一步发展大面积印刷工艺制备有机太阳能电池，因此具有更大的发展前景。自 BHJ 器件结构提出以后，采用溶液处理方式制备的聚合物太阳能电池研究取得了突飞猛进的发展。然而，基于溶液处理的小分子太阳能电池研究虽然起步不晚，却发展缓慢。譬如 2000 年，K. Petritsch 等将酞菁衍生物和苝二酰亚胺衍生物的氯仿溶液旋涂在透明导电的基底上，然后蒸镀上电极完成器件的制备[25]。但是，该器件的性能与同时期的聚合物有机太阳能电池的性能相比非常差，在 500 nm 处的外量子效率(EQE)只有 1%。早期的一些结果表明，小分子似乎不太适合作为可溶液处理太阳能电池的活性层材料，在接下来的几年中可溶液处理小分子太阳能电池研究几乎没有进展。直到 2006 年，有机小分子太阳能电池领域才有了新的进展，重新燃起了大家的希望。中国科学院化学研究所朱道本等[26]合成了一系列 X 型的寡聚噻吩类化合物，与 $PC_{61}BM$ 共混制备的器件在标准太阳光($100\ mW \cdot cm^{-2}$)的光照下获得了 0.8%的能量转换效率。J. Roncali 等[27]制备了一系列基于寡聚噻吩类衍生物，其中以四面体硅为核的星状寡聚噻吩类共轭化合物与 $PC_{61}BM$ 共混制备的可溶液处理的 BHJ 器件，在 $79\ mW \cdot cm^{-2}$ 的光照下，其能量转换效率为 0.3%。设计星状分子是为了增加三维方向上的分子间相互作用，进而得到高的载流子迁移率。但是实际上这些器件性能都不理想，这是因为该类材料的带隙较宽，只能吸收太阳光光谱中紫外区域的光子，难以得到高的短路电流。为了调节相应的带隙，科学家使用了给体-受体(donor-acceptor，D-A)结构，从而获得具有较低带隙和良好太阳光吸收的给体材料。自此，有机小分子太阳能电池，特别是基于溶液处理的小分子太阳能电池的研究才引起了广泛关注。

经过对新型窄带隙给体材料的优化设计、活性层形貌的调控、器件结构和界面修饰等各方面深入的研究，有机小分子太阳能电池近年来获得了突飞猛进的发展。在小分子材料设计方面，具有代表性的体系之一是南开大学陈永胜教授团队的工作。他们基于结合聚合物和传统小分子各自优点的策略，同时兼顾光吸收和溶解度等方面的要求，设计合成了系列具有受体-给体-受体(acceptor-donor-acceptor，A-D-A)结构的寡聚小分子给体材料(图 1.2)，同时以 $PC_{61}BM$ 或者 $PC_{71}BM$ 为受体材料，通过溶液处理方法制备了 BHJ 器件，获得了优异的光伏性能，光电转换效率超过 10%[28]。目前基于上述策略设计合成的 A-D-A 结构的寡聚型小分子材料是小分子太阳能电池研究领域应用较多和最成功的材料体系。例如，国家纳米科学中心的魏志祥研究员报道了基于 A-D-A 结构的小分子给体材料，使用 $PC_{71}BM$ 作为受体，获得了 11.3%的单层器件效率[29]。该领域的另一个代表性工作是加州大学圣塔芭芭拉分校 G. C. Bazan 和 A. J. Heeger 等设计合成了 D-A-D 分子结构。他们设计合成了一系列以噻咯硅(dithienosilole，DTS)单元为核的 D_1-A-D_2-A-D_1 型的小分子给体材料，通过分子修饰和器件优化，获得了 9.02%的能量转换效率[30]。

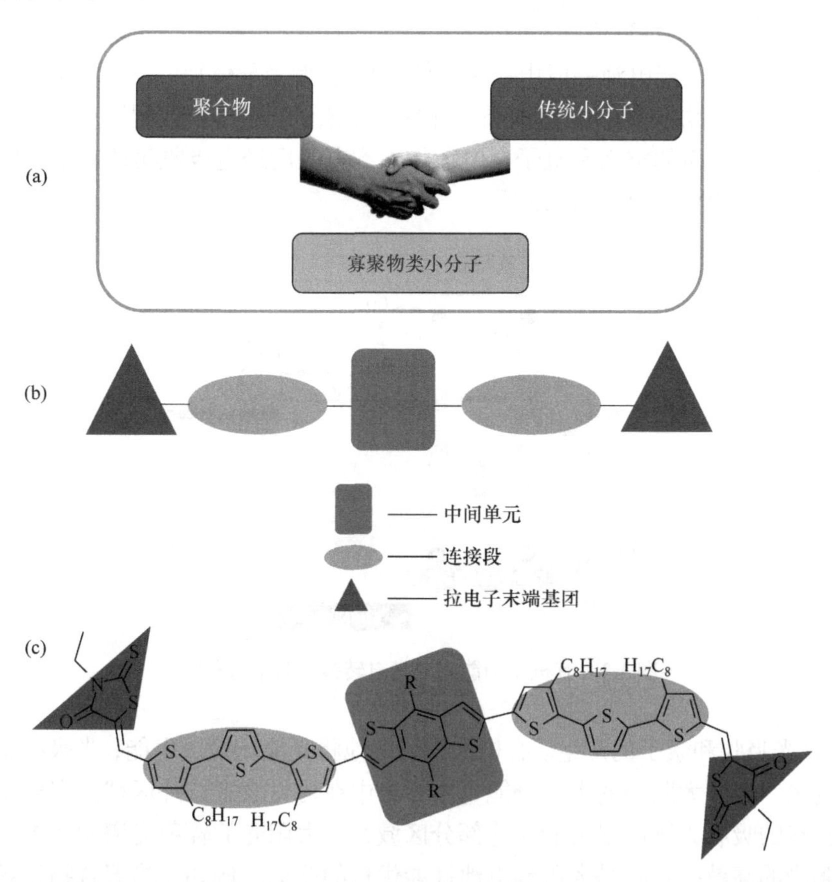

图 1.2 (a)结合聚合物和小分子优点的寡聚物类小分子设计策略；(b) A-D-A 结构寡聚物类小分子材料结构示意图；(c)基于 BDT 核的 A-D-A 寡聚物类小分子结构[28]

另外，基于非富勒烯的小分子太阳能电池在近年来也获得了突飞猛进的发展。特别是近几年，基于 A-D-A 结构的非富勒烯小分子受体材料的研究也取得了突破性的进展。例如，科研人员使用聚合物作为给体材料，获得了超过 15%的能量转换效率[5-10]。值得注意的是，小分子给体/非富勒烯小分子受体的研究目前也已获得了 12%以上的光电转换效率[31,32]。鉴于小分子的特点与优点，上述基于非富勒烯的有机小分子太阳能电池将具有较大的发展潜力。

总之，目前有机小分子太阳能电池已达到或超过了聚合物太阳能电池的光电转换效率，并显现出巨大的发展前景。

1.2 有机太阳能电池的光电转换原理

1.2.1 光电转换的基本过程

经典有机太阳能电池一般由一个给体材料(p 型半导体)和一个受体材料(n 型半导体)作为活性层。给体材料在吸收光后产生激子，激子扩散到给受体界面后发生分离，形成自由的空穴和电子，电荷传输到电极后经电极收集即在整个回路形成电流(图 1.3)[14]，具体过程如下：

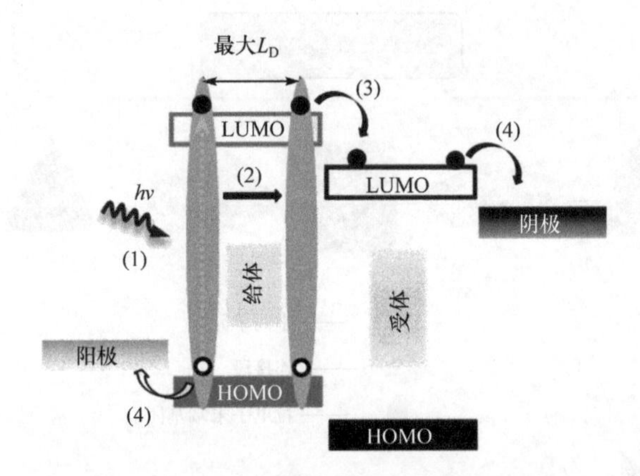

图 1.3 有机太阳能电池光电转换的基本过程[14]

(1)光吸收和激子的产生。有机太阳能电池将光能转换成电能，光吸收是非常重要的第一步。太阳光的大部分能量主要集中在可见及近红外区域，有机太阳能电池材料的吸收光谱应尽可能在这部分区域并与太阳光的辐射光谱相匹配，材料对太阳光的高效率吸收是太阳能电池性能优良的前提。例如，当聚合物半导体的带隙是 1.1 eV 时，可以吸收 77%的太阳光能量，而如果其带隙超过 2 eV，最多只能吸收 30%的太阳光能量[33]。与无机半导体材料不同，有机半导体材料的相对介电常数小(2～4)，在光激发下，电子从最高占据分子轨道(highest occupied molecular orbital，HOMO)跃迁到最低未占分子轨道(lowest unoccupied molecular orbital，LUMO)，不能直接生成自由的电子和空穴，而是产生由库仑力紧密束缚的空穴-电子对，即激子(exciton)，其束缚能为 0.3～1 eV。

(2)激子的扩散。一般认为，激子的扩散距离小于 20 nm[34]，距离给受体界面 20 nm 以外的光生激子难以传递到给受体界面处进行电荷分离，因此，对于利用给受体共混形成的本体异质结的器件结构，增加给受体的接触面积是目前解决有机材料激子有效扩散距离小的有效方法。

(3)激子在给受体界面的解离。激子扩散到给受体界面后，在内建电场的作用下发生电荷分离，给体上的激子将电子转移到受体的 LUMO 能级上，而把空穴留在给体的 HOMO 能级上。要实现该过程必须有足够的能量促使受束缚的激子发生解离，以前普遍认为需要给受体材料的 LUMO 能级差($E_{\mathrm{LUMO,D}}-E_{\mathrm{LUMO,A}}$)大于 0.3 eV，这样才能提供足够的驱动力使激子发生解离[30-31]，但近年针对小分子非富勒烯受体的研究表明，当给受体 LUMO 能级差小于此数值时亦可以发生有效的激子解离[37]。另外，激子发生解离的效率与给体的电离势、受体分子的电子亲和势以及电荷转移速率有关。

(4)电荷的传输与收集。激子解离后形成的自由的空穴和电子，在内建电场的作用下分别通过连续的给体和受体相迁移至外接收集电极上。在载流子(或称为电荷，是空穴、电子的统称)传输的过程中，如果某一相相区能级紊乱或者存在化学杂质，载流子就不能有效地传输到收集电极而被陷阱俘获；如果某一相相区不连续，给体材料或者受体材料的迁移率太低或者不平衡，导致器件内部空间电荷累积，电子和空穴也可能发生再复合，该过程称为双分子复合，从而导致器件的短路电流密度和填充因子减小。因此，通过使用混合溶剂、添加剂、热退火处理和溶剂退火处理等方法调控活性层形貌，使其形成具有一定结晶性独立但连续的空穴与电子传输通道，尽可能提高给体材料的空穴迁移率和受体材料的电子迁移率，并且使两者的迁移率大小匹配，可以有效地提高有机太阳能电池的能量转换效率[38]。

空穴和电子分别传输到外接阳极和阴极，然后被相应的电极收集，进入外电路，产生光电流。因此，电极与活性层之间的接触界面对器件的性能有很大的影响。在活性层和电极之间引入空穴传输层或者电子传输层使该界面处形成良好的欧姆接触，可以使电荷能够被有效地提取。因此，最近几年新型界面修饰材料的设计与制备也极大地促进了有机太阳能电池能量转换效率的提高[39]。

1.2.2　*J-V* 特性及性能参数

有机太阳能电池的器件性能可用电流密度-电压(*J-V*)曲线进行表达。图 1.4 为有机光伏器件在光场和暗场下的 *J-V* 曲线。

评价有机太阳能电池的性能参数主要是能量转换效率(power conversion efficiency，PCE)*。在特定的入射光强(P_{in})下，PCE 取决于下列几个参数：开路电压(V_{oc})、短路电流密度(J_{sc})和填充因子(FF)。

开路电压：光照下外回路断路时的电压，即太阳能电池的最大输出电压。对于有机太阳能电池，V_{oc} 主要取决于给体的 HOMO 能级与受体的 LUMO 能级之间

* 能量转换效率又称光电转换效率、电池效率。

的差值。另外，有研究表明，双分子复合和给受体之间的电子耦合能力也会影响 V_{oc}[40]。

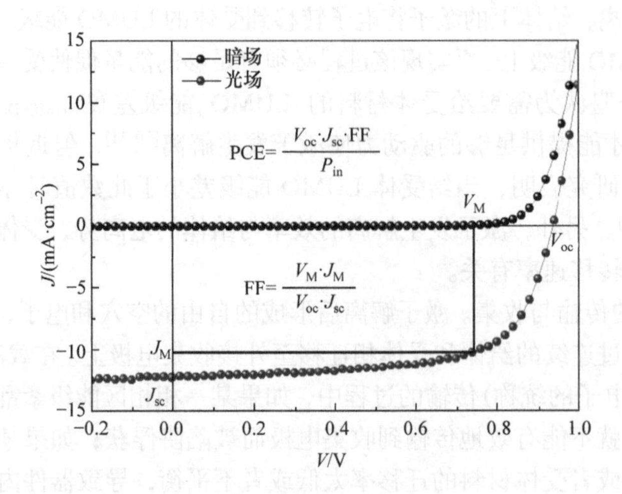

图 1.4 光场和暗场下的 *J-V* 曲线

短路电流密度：短路电流是指光照下外回路短路时的电流，即太阳能电池的最大输出电流，而单位面积的短路电流用 J_{sc} 来表示，即短路电流密度。J_{sc} 微观上与活性层对光的吸收、激子的扩散和分离、电荷的传输和收集这几个过程都相关。J_{sc} 可由外量子效率(external quantum efficiency，EQE)在太阳光谱上的积分得到[式(1.1)]。

$$J_{sc}=\frac{e}{hc}\int_{\lambda_1}^{\lambda_2}P_{\mathrm{AM1.5G}}(\lambda)\cdot \mathrm{EQE}(\lambda)\cdot \lambda \mathrm{d}\lambda \tag{1.1}$$

$$\eta_{\mathrm{EQE}}=\eta_{\mathrm{A}}\eta_{\mathrm{IQE}}=\eta_{\mathrm{A}}\eta_{\mathrm{ED}}\eta_{\mathrm{CD}}\eta_{\mathrm{CT}}\eta_{\mathrm{CC}} \tag{1.2}$$

EQE 反映的是入射光子数转变为电子数的比例，而内量子效率(internal quantum efficiency, IQE)反映的是活性层真正吸收的光子数转变为电子数的比例[式(1.2)]。通过 IQE 可以获知器件优化是否达到最佳。

填充因子：太阳能电池最大输出功率与 V_{oc} 和 J_{sc} 乘积的比值即为太阳能电池的填充因子(FF)。对有机太阳能电池来说，填充因子代表电池对外所能提供最大输出功率的能力大小，是反映太阳能电池质量的重要光电参数。影响填充因子的因素很多，而且也极为复杂。与填充因子有关的基本步骤包括电荷(电子和空穴)的传输和电极对电荷的收集等过程。另外，迁移率的平衡传输也会对填充因子产生重要影响。

能量转换效率：指最大输出功率(P_{out})与入射光强度(P_{in})的比值。优化提高器件的能量转换效率需要综合考虑 V_{oc}、J_{sc} 和 FF 等要素进行材料设计和器件工艺的改进。

1.3　本章小结

小分子半导体材料按照电荷的传输类型可以分为电子给体材料和电子受体材料。经过最近十几年的发展，无论是基于小分子给体材料还是基于小分子受体材料的有机太阳能电池的能量转换效率都有了突飞猛进的提高。目前有机小分子太阳能电池在材料设计、器件制备与优化等方面取得了一系列成果和进展，其研究范围已不局限于基于小分子给体材料的设计与器件研究。基于小分子受体材料特别是基于可溶液处理的小分子受体材料的有机太阳能电池近几年来取得了重要的突破，大大丰富了有机太阳能电池特别是有机小分子太阳能电池的研究范围。

中国科学院化学研究所李永舫等于 2010 年出版了关于聚合物太阳能电池的专著[41]。该书从聚合物的角度出发，详尽地介绍了聚合物太阳能电池的原理、材料与器件。另外，无论活性材料是聚合物还是小分子，其材料的设计和器件原理基本完全相同。因此本书将不再赘述相关的普适性原理，而主要从小分子材料的角度出发，重点介绍基于小分子包括寡聚物类小分子给体材料、非富勒烯类小分子受体材料的有机太阳能电池。虽然基于非富勒烯小分子受体材料的器件，其给体多为聚合物材料，考虑到研究的角度是从小分子的设计合成出发以及基于这些材料的器件也属于小分子光伏器件的范畴，为了全面地给读者呈现当前有机太阳能电池研究的现状，我们在本书中专门设置小分子受体材料一章，介绍相关研究进展。另外，鉴于可溶液处理器件不仅成本低，而且可以更好地发挥有机材料的优势，包括柔性方面的优势，加之可溶液处理有机光伏器件也是目前的主流，因此， 本书所涉及的材料和器件主要集中于可溶液处理的小分子材料及相关器件。接下来，本书将分别从可溶液处理小分子给体材料和小分子受体材料的设计与合成(第 2 章和第 3 章)、器件优化(包括活性层形貌的调控及表征、器件结构的构筑和新型界面层材料的发展，第 4 章)、电荷输运(第 5 章)、光动力学研究(第 6 章)和器件的稳定性(第 7 章)各方面出发，对有机小分子太阳能电池进行较为全面和详细的介绍。本书尽量参考最新的文献，主要参考的文献基本截至 2019 年 7 月。

参 考 文 献

[1] Service R F. Outlook brightens for plastic solar cells. Science，2011，332：293.

[2] Krebs F C，Fyenbo J，Jorgensen M. Product integration of compact roll-to-roll processed polymer solar cell modules：Methods and manufacture using flexographic printing,slot-die coating and rotary screen printing. J Mater Chem，2010，20：8994-9001.

[3] Heeger A J. Semiconducting polymers：The third generation. Chem Soc Rev，2010，39：2354-2371.

[4] Lipomi D J，Bao Z. Stretchable，elastic materials and devices for solar energy conversion. Energy

Environ Sci，2011，4：3314-3328.

[5] Cui Y，Yao H，Hong L，et al. Achieving over 15% efficiency in organic photovoltaic cells via copolymer design. Adv Mater，2019，31(14)：1808356.

[6] Yuan J，Zhang Y，Zhou L，et al. Single-junction organic solar cell with over 15% efficiency using fused-ring acceptor with electron-deficient core. Joule，2019，3(4)：1140-1151.

[7] Fan B，Zhang D，Li M，et al. Achieving over 16% efficiency for single-junction organic solar cells. Sci China Chem，2019，62(6)：746-752.

[8] An Q，Ma X，Gao J，et al. Solvent additive-free ternary polymer solar cells with 16.27% efficiency. Sci Bull，2019，64(2095-9273)：504-506.

[9] Xu X，Feng K，Bi Z，et al. Single-junction polymer solar cells with 16.35% efficiency enabled by a platinum(II) complexation strategy. Adv Mater，2019，31(29)：1901872.

[10] Cui Y，Yao H，Zhang J，et al. Over 16% efficiency organic photovoltaic cells enabled by a chlorinated acceptor with increased open-circuit voltages. Nat Commun，2019，10(1)：2515.

[11] Meng L，Zhang Y，Wan X，et al. Organic and solution-processed tandem solar cells with 17.3% efficiency. Science，2018，361(6407)：1094-1098.

[12] Mishra A，Bäuerle P. Small molecule organic semiconductors on the move：Promises for future solar energy technology. Angew Chem Int Ed，2012，51：2020-2068.

[13] Lu L Y，Zheng T Y，Wu Q H，et al. Recent advances in bulk heterojunction polymer solar cells. Chem Rev，2015，115：12666-12731.

[14] Kan B，Feng H R，Wan X J，et al. Small-molecule acceptor based on the heptacyclic benzodi(cyclopentadithiophene) unit for highly efficient nonflullerene organic solar cells. J Am Chem Soc，2017，139：4929-4934.

[15] Zhao W，Qian D，Zhang S，et al. Fullerene-free polymer solar cells with over 11% efficiency and excellent thermal stability. Adv Mater，2016，28：4734-4739.

[16] Zhao W C，Liss，Yao H F，et al. Molecular optimization enables over 13% efficiency in organic solar cells. J Am Chem Soc，2017，139：7148-7151.

[17] Kallmann H，Pope M. Photovoltaic effect in organic crystals. J Chem Phys，1959，30：585-586.

[18] Tang C W. Two-layer organic photovoltaic cell. Appl Phys Lett，1986，48：183-185.

[19] Sariciftci N S，Smilowitz L，Heeger A J，et al. Photoinduced electron transfer from a conducting polymer to buckminsterfullerene. Science，1992，258：1474-1476.

[20] Morita S，Zakhidov A A，Yoshino K. Doping effect of buckminsterfullerene in conducting polymer：Change of absorption spectrum and quenching of luminescene. Solid State Commun，1992，82：249-252.

[21] Yu G，Gao J，Hummelen J C，et al. Polymer photovoltaic cells：Enhanced efficiencies via a network of internal donor-acceptor heterojunctions. Science，1995，270：1789-1791.

[22] Fitzner R，Mena-Osteritz E，Mishra A，et al. Correlation of π-conjugated oligomer structure with film morphology and organic solar cell performance. J Am Chem Soc，2012，134：11064-11067.

[23] Cnops K，Rand B P，Cheyns D，et al. 8.4% efficient fullerene-free organic solar cells exploiting long-range exciton energy transfer. Nat Commun，2014，5：3406.

[24] Helialek. Helialek sets new organic photovoltaic world record efficiency of 13.2%. http：//www.heliatek.com/en/press/press-releases/details/heliatek-sets-new-organic-photovoltaic-world-record-

efficiency-of-13-2. [2016-8-2].
[25] Petritsch K，Dittmer J J，Marseglia E A，et al. Dye-based donor/acceptor solar cells. Sol Energy Mat Sol Cells，2000，61：63-72.
[26] Sun X，Zhou Y，Wu W，et al. X-shaped oligothiophenes as a new class of electron donors for bulk-heterojunction solar cells. J Phys Chem B，2006，110; 7702-7707.
[27] Roncali J, Frère P, Blanchard P, et al. Molecular and supramolecular engineering of π-conjugated systems for photovoltaic conversion. Thin Solid Films，2006，511-512：567-575.
[28] Kan B，Li M，Zhang Q，et al. A series of simple oligomer-like small molecules based on oligothiophenes for solution-processed solar cells with high efficiency. J Am Chem Soc，2015，137(11)：3886-3893.
[29] Deng D，Zhang Y，Zhang J，et al. Fluorination-enabled optimal morphology leads to over 11% efficiency for inverted small-molecule organic solar cells. Nat Commun，2016，7：13740.
[30] Coughlin J E，Henson Z B，Welch G C，et al. Design and synthesis of molecular donors for solution-processed high-efficiency organic solar cells. Acc Chem Res，2014，47：257-270.
[31] Yang L，Zhang S，He C，et al. New wide band gap donor for efficient fullerene-free all-small-molecule organic solar cells. J Am Chem Soc，2017，139：1958-1966.
[32] Bin H，Yang Y，Zhang Z，et al. 9.73% Efficiency nonfullerene all organic small molecule solar cells with absorption-complementary donor and acceptor. J Am Chem Soc，2017，139：5085-5094.
[33] Nunzi J M. Organic photovoltaic materials and devices. CR Phys，2002，3：523-542.
[34] He F，Yu L. How far can polymer solar cells go? In need of a synergistic approach. J Phys Chem Lett，2011，2：3102-3113.
[35] Alvarado S F，Seidler P F，Lidzey D G，et al. Direct determination of the exciton binding energy of conjugated polymers using a scanning tunneling microscope. Phys Rev Lett，1998，81：1082-1085.
[36] Dennler G，Scharber M C，Ameri T，et al. Design rules for donors in bulk-heterojunction tandem solar Cells-towards 15% energy-conversion efficiency. Adv Mater，2008，20：579-583.
[37] Liu J，Chen S，Qian D，et al. Fast charge separation in a non-fullerene organic solar cell with a small driving force. Nat Energy，2016，1：16089.
[38] Proctor C M，Kuik M，Nguyen T Q. Charge carrier recombination in organic solar cells. Prog Polym Sci，2013，38：1941-1960.
[39] Chueh C C，Li C Z，Jen A K Y. Recent progress and perspective in solution-processed interfacial materials for efficient and stable polymer and organometal perovskite solar cells. Energy Environ Sci，2015，8：1160-1189.
[40] Long G，Wan X，Kan B，et al. Investigation of quinquethiophene derivatives with different end groups for high open circuit voltage solar cells. Adv Energy Mater，2013，3：639-646.
[41] 李永舫，何有军，周祎. 聚合物太阳电池材料和器件. 北京：化学工业出版社，2010.

第2章

可溶液处理小分子给体材料

尽管有机太阳能电池的研究最早是从小分子材料开始的，但早期基于小分子材料的光伏器件均是采用真空蒸镀的方式构筑，这使其应用前景受到很大限制。随着基于聚合物的本体异质结光伏器件结构的出现，使用可溶液处理的方式构筑有机光伏器件成为该领域的发展趋势。这是因为聚合物具有良好的成膜性，方便溶液处理，满足将来有机太阳能电池低成本、大面积印刷制备的需求。相对于可溶液处理的聚合物本体异质结器件得到广泛应用并获得巨大成功，小分子有机太阳能电池发展相对滞后。但近几年来，随着有机太阳能电池的飞速发展以及器件工艺对材料的更高要求，可溶液处理小分子给体材料开始引起人们的广泛关注。其中最重要的原因是小分子具有结构单一、易提纯的优点，从而避免了聚合物因合成批次不同、器件结果重现性不能保证的缺点。另外，相比聚合物，小分子还具有迁移率高、能级和带隙更容易调控等优点。近年，基于可溶液处理的有机小分子的器件效率亦达到与聚合物相当的水平。结合其确定的分子结构，小分子较聚合物更利于研究材料结构-性能的关系，从而有希望在效率上获得更大的突破。考虑到篇幅的原因，本章重点介绍两类小分子给体材料：A-D-A[1]和 D_1-A-D_2-A-D_1[2]。近年来给体小分子的研究主要围绕上述两类结构材料的设计与器件优化展开，并获得了与聚合物给体材料器件相当的光电转换效率。对于早期的小分子给体材料，读者可参见 T. Q. Nguyen[3]、P. Bauerle[4]、占肖卫[5]和 J. Roncali[6]等的综述文章。

2.1 A-D-A 结构的小分子给体材料

在基于富勒烯受体材料的有机太阳电池的研究中，设计合成窄带隙聚合物给体材料是非常重要的研究热点之一，这是为了更好地吸收、利用太阳光。降低有机半导体材料的带隙主要有两种方法：一是利用分子内给体(donor)单元与受体

(acceptor)单元之间的分子内电荷转移(ICT)；二是增加聚合物分子内的醌式结构，降低共轭主链的芳香性。给体-受体(D-A)交替共聚物中给体单元和受体单元间的推拉电子作用产生了分子内的电荷转移，从而降低了交替共聚物的带隙，使得吸光范围发生红移。对于 D-A 交替共聚物，其最高占据分子轨道(HOMO)能级主要由共聚物中的给体单元所决定，而最低未占分子轨道(LUMO)能级则主要取决于共聚物中的受体单元，选用合适的给受体单元可以有效地调节 D-A 共聚物的电化学能级。鉴于此，笔者研究组设计合成了可溶液处理的"受体单元-给体单元-受体单元"(A-D-A)结构的小分子给体材料(图 2.1)，不同单元直接通过共轭 π 电子单元连接[1]。这些小分子材料的能级可通过末端受体单元(A)和中间给体单元(D)进行有效的调控；π 电子连接单元能够有效地调节分子的有效共轭长度以及堆积方式等。通过分子结构和器件工艺的不断探索优化，基于 A-D-A 结构的小分子给体材料获得了超过 11%的能量转换效率[7]。

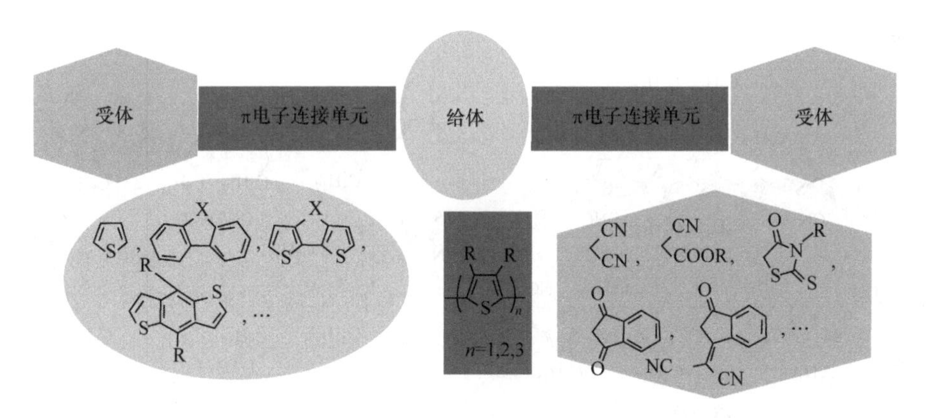

图 2.1　A-D-A 小分子给体材料结构示意图[1]

2.1.1　寡聚噻吩类 A-D-A 小分子给体材料

噻吩作为一个富电子的共轭单元广泛应用在有机功能材料领域。寡聚噻吩衍生物具有优越的电荷传输性能、易于调控的光物理和电化学性质，其在有机光电材料领域具有重要的地位。在聚合物给体材料的设计中通过构筑给体-受体(D-A)结构能实现分子内的电荷转移从而降低带隙扩宽吸收，对于寡聚噻吩体系同样如此。

2006 年，P. Bäuerle 等通过引入强吸电子的双氰基乙烯基(DCV)为末端基团设计合成了系列寡聚噻吩衍生物 DCV*n*T[8]，末端基团的引入有效地调节了材料的吸收和带隙，但是这些化合物主要是用于制备蒸镀器件。考虑到末端基团的重要作用和可溶液处理的需求，笔者研究组确定了用 A-D-A 结构构筑给体材料化合物的基本思路，设计合成了 DCN3T、DCN5T 和 DCN7T(结构式见图 2.2)。其中长的侧链烷基链的引入保证了足够的溶解度和成膜性，双氰基乙烯基单元的引入则明显增强了吸收，同时也可以有效地调节 LUMO 的位置。与此同时，随着分子骨架共轭长度的增加，化合物的 HOMO 能级降低、带隙变窄、吸收红移，从而可以改善整个材料对光的吸收。以 DCN7T：$PC_{61}BM$ 为活性层制备的可溶液处理光伏器件的能量转换效率为 2.45%[9,10]。当给受体比例为 1：1.4 时，能量转换效率最高为 3.70%，开路电压为 0.88 V，短路电流密度达到 12.4 $mA \cdot cm^{-2}$，但填充因子依然较低，为 0.34[11]。J. Roncali 等将硫代巴比妥酸替代双氰基乙烯基单元合成了两个基于寡聚七噻吩的 CNTB7T 和 DTB7T[12](其化学结构见图 2.2，CNTB7T 为非对称的结构，DTB7T 为轴对称的结构)，虽然这两个化合物具有较低的能级和带隙，但是能量转换效率都较低。相关的参数列于本书第 23 页表 2.1 中。

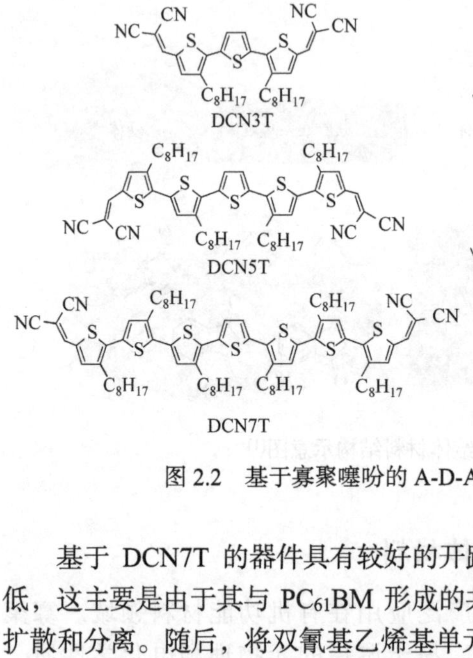

图 2.2 基于寡聚噻吩的 A-D-A 小分子给体材料的结构式之一

基于 DCN7T 的器件具有较好的开路电压和短路电流密度，但是填充因子较低，这主要是由于其与 $PC_{61}BM$ 形成的共混膜的相分离尺寸偏大，不利于激子的扩散和分离。随后，将双氰基乙烯基单元替换成溶解性更好、拉电子能力稍弱的氰基酸酯合成了 DCAE7T、DCAO7T 和 DCAEH7T[13]，其化学结构见图 2.3。这些分子与DCN7T 相比都有更好的成膜性，能量转换效率也都超过 4%，以 DCAO7T：$PC_{61}BM$ 为活性层的器件能量转换效率为 5.08%，其中填充因子明显提高，这主要是由于形成了具有互穿网络结构的形貌。考虑到氟原子具有较强的拉电子能力，能有效地调控分子能级，改变分子的堆积方式，为了探究氟原子在小分子体系中的作用，笔者研究组将氰基辛酸酯的烷基链替换成氟代烷基链，合成了 DCAE7T-F1 和 DCAO7T-F7[14]。与对应的 DCAE7T、DCAO7T 相比，在末端基团引入氟原子导致 LUMO 能级明显降低，但 HOMO 能级基本不变，这主要是由于分子的主链结构确定时，A-D-A 结构的小分子的 LUMO 能级主要由末端基团决定。接触角测试发现，氟原子的引入明显地增强了分子的疏油性，这使得 DCAO7T-F7 无法通过旋涂成膜方式制备器件，以 DCAE7T-F1 为给体材料的光伏器件的能量转换效率仅为 2.26%，这可能是由于过大的相分离导致激子扩散电荷分离受限，从而使短路电流密度及填充因子明显降低。

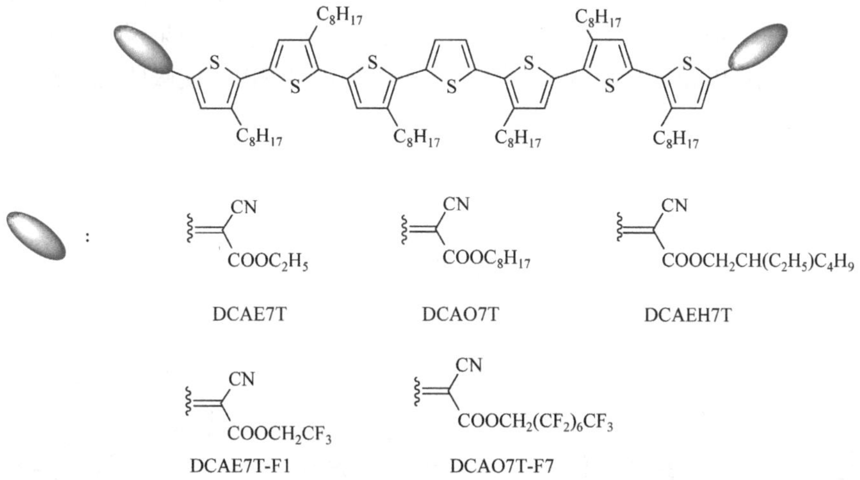

图 2.3　基于寡聚噻吩的 A-D-A 小分子给体材料的结构式之二

为了增加七噻吩体系分子的紫外-可见吸收范围及强度，笔者研究组将一个强的拉电子染料基团(3-乙基罗丹宁)作为末端基团设计合成了 DERHD7T[15](结构如图 2.4 所示)。与 DCAO7T 相比，DERHD7T 在溶液和薄膜状态下的吸收有非常明显的红移，利于更有效地吸收太阳光从而获得更高的电流。基于 DERHD7T：$PC_{61}BM$ 的器件经过优化后，短路电流密度为 13.98 $mA \cdot cm^{-2}$，能量转换效率提高到 6.10%，这是当时可溶液处理的小分子电池的最高效率，但是其填充因子较低，为 0.474。为了进一步研究端基对寡聚七噻吩体系的影响，笔者研究组进一步设计合成了一系列不同染料端基的化合物[16]，其结构式如图 2.4 所示。这些化合物的基本参数及器件参数列于表 2.1。改变末端基团后，这些化合物的带隙为 1.70～1.20 eV，说明 A-D-A 型小分子的带隙和能级位置能通过末端基团进行有效的调控。与此同时，末端基团也会影响分子在薄膜状态下的堆积方式，从而导致活性层形貌的差异，器件性能也会不同。其中，以苯茚二酮为端基的化合物 DIN7T 呈现出更有序的堆积，由其制备的器件能量转换效率为 4.93%，填充因子高达 0.72。在该工作中，笔者研究组首次将双氰基取代的苯茚二酮(INCN)单元引入到小分子光伏材料的设计合成中，该端基在近几年兴起的非富勒烯受体材料的设计合成中发挥着重要的作用(详见第3章)。

中国科学院化学研究所的朱晓张等将寡聚七噻吩中间的噻吩替换成3-氟噻吩并[3, 4-*b*]噻吩酯，设计合成了小分子STDR-T*b*T和STDR(图2.5)[17]。相比于STDR，STDR-T*b*T在其溶液和薄膜状态下的吸收都明显地发生红移并且带隙更窄(为1.60 eV)，其HOMO能级有一定程度的升高。基于STDR-T*b*T的器件的EQE响应波长达到800 nm，短路电流密度较STDR有明显的提高，达到10.9 mA · cm^{-2}，但开路电压有所降低，最终的能量转换效率为5.05%。该结果说明，将具有醌式结构的共轭单元引入到小分子体系中是降低光学带隙、使吸收光谱红移的一种行之有效的方法。

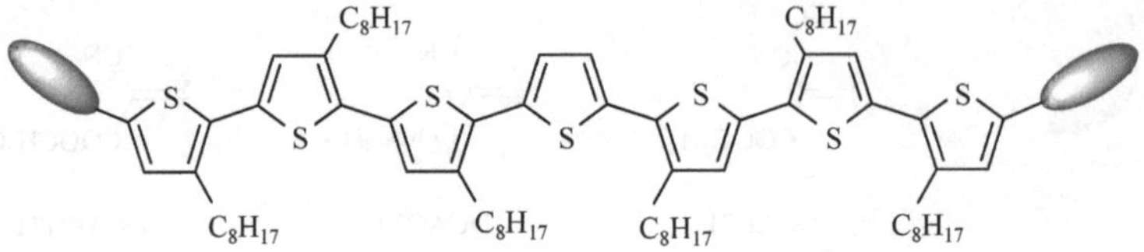

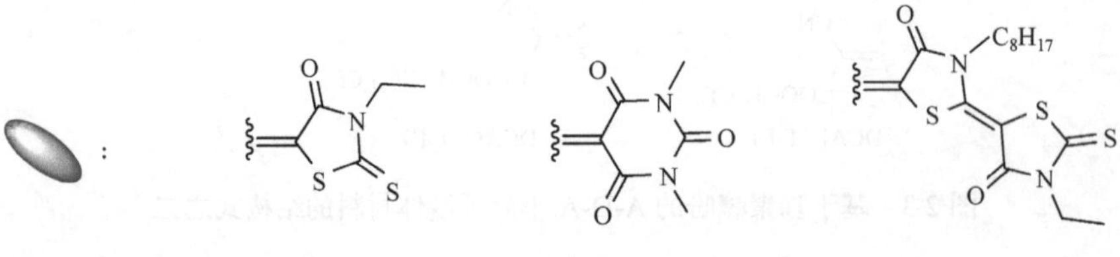

DERHD7T　DTDMP7T　D2R(8+2)7T

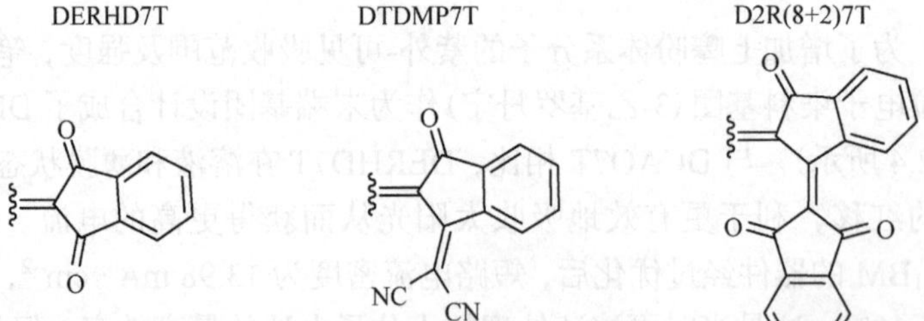

DIN7T　DDCNIN7T　DDIN7T

图2.4　基于寡聚噻吩的A-D-A小分子给体材料的结构式之三

为了获得更高的开路开压和进一步改善短路电流密度，笔者研究组设计合成了以三个寡聚五噻吩为主链的小分子DCAO5T、DERHD5T和DIN5T[18]，结构式如图2.6所示。这三个小分子有更低的HOMO能级，其中基于DERHD5T的器件开路电压高达1.02 V。但是，DCAO5T与DIN5T器件的开路电压较低，分别为0.88 V和0.78 V，低于相应的七噻吩衍生物，这可能是由活性层给体材料与富勒

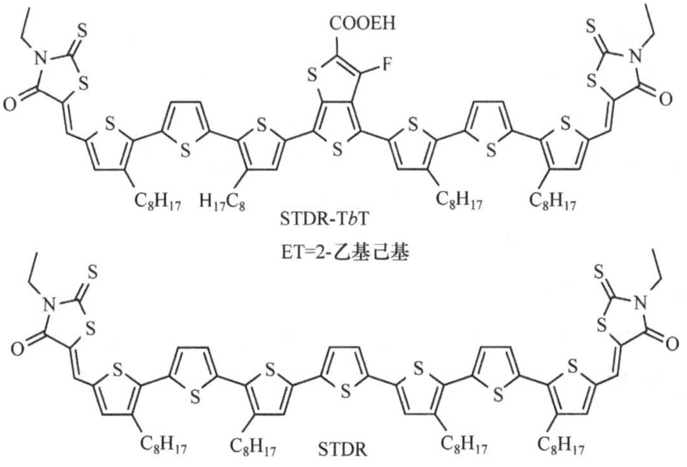

图 2.5　STDR-T*b*T 和 STDR 的结构式

烯受体材料之间较强的相互作用引起的。Y. Yang 等设计合成了更长的寡聚噻吩小分子 T1、T2 和 T3[19]（结构式见图 2.6），它们的末端基团为氰基辛酸酯，分别以呋喃、噻吩和硒吩作为电子连接体来调节分子的能级及带隙。随着杂原子的电负性逐渐降低（O→S→Se），T3 具有更低的带隙和 HOMO 能级，基于 T3 制备的器件的能量转换效率超过 6%，开路电压为 0.85 V，短路电流密度为 10.79 mA · cm^{-2}，填充因子为 0.671%。

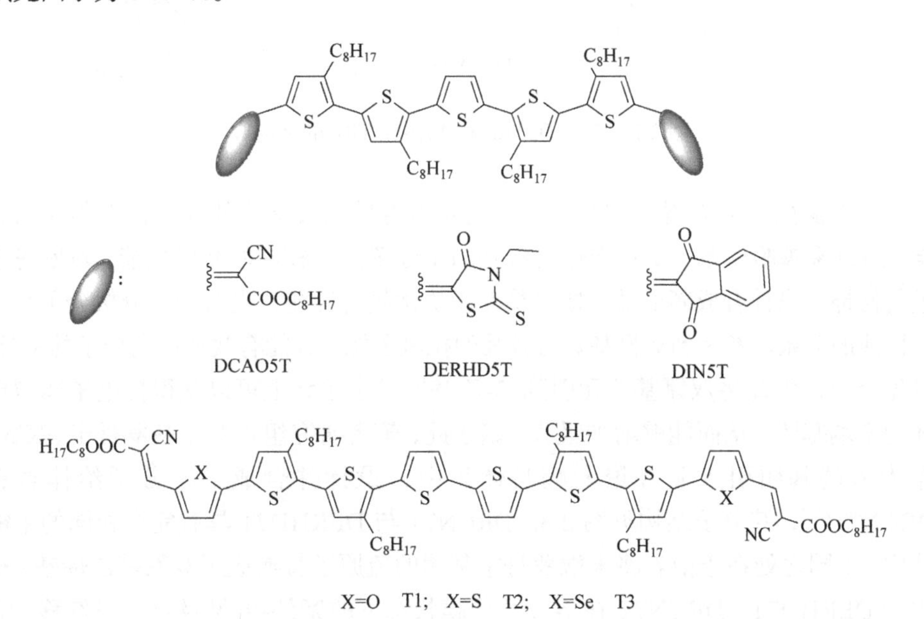

图 2.6　基于寡聚噻吩的 A-D-A 小分子给体材料的结构式之四

四川大学的彭强等为了研究氟原子对小分子给体材料性能的影响，设计合成了两个寡聚八噻吩的小分子给体材料 TTH-D3TRh 和 TTF-D3TRh[20]，这两个分子都以罗丹宁作为端基，如图 2.7 所示，不同之处在于前者是 2, 2′-二噻吩作为中间单元，后者是 3, 3′-二氟-2, 2′-二噻吩作为中间单元。相比于 TTH-D3TRh，TTF-D3TRh 具有更低的 HOMO 能级、更好的分子堆积以及更高的空穴迁移率。基于 TTF-D3TRh 制备的反向器件获得了 7.14%的能量转换效率，其中开路电压为 0.93 V，短路电流密度为 11.03 mA · cm^{-2}，填充因子高达 0.69，这三个参数都高于基于 TTH-D3TRh 的器件的相关参数。该结果说明氟原子取代是提高小分子给体材料性能的途径之一。

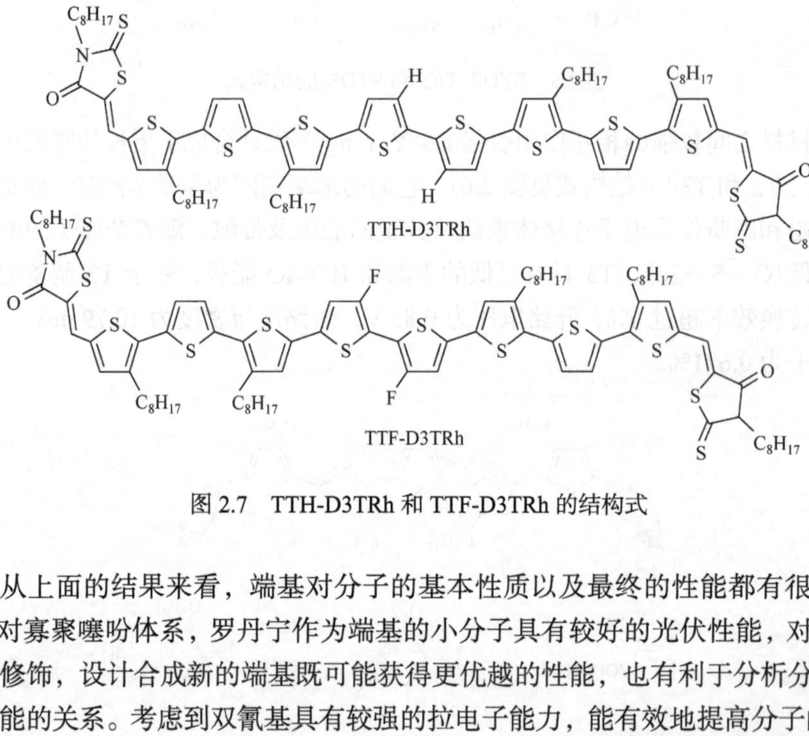

图 2.7 TTH-D3TRh 和 TTF-D3TRh 的结构式

从上面的结果来看，端基对分子的基本性质以及最终的性能都有很大的影响。对寡聚噻吩体系，罗丹宁作为端基的小分子具有较好的光伏性能，对罗丹宁进行修饰，设计合成新的端基既可能获得更优越的性能，也有利于分析分子结构与性能的关系。考虑到双氰基具有较强的拉电子能力，能有效地提高分子的紫外-可见吸收，因此将双氰基单元引到 3-乙基罗丹宁单元上可以获得拉电子能力更强的末端基团，从而能够增加吸收。基于此，笔者研究组将双氰基罗丹宁(RCN)作为末端基团引入到寡聚七噻吩体系中，设计并合成了小分子给体材料 DRCN7T[21]，其分子结构见图 2.8。DRCN7T 与 DERHD7T 具有完全相同的主链结构，不同之处在于前者将末端罗丹宁基团的硫原子替换成了双氰基乙烯基。相比于 DERHD7T，DRCN7T 在溶液及薄膜状态下的紫外-可见吸收明显红移。通过掠入射广角 X 射线散射(GIWAXS)研究发现，DRCN7T 的堆积更有序。基于 DRCN7T：$PC_{71}BM$ 的器件开路电压为 0.93 V，短路电流为 8.93 $mA \cdot cm^{-2}$，填充因子为 0.413，能量转换效率为 3.46%；器件在经过热退火后，能量转换效率显著提高到 9.30%，开路电压为 0.91 V，短路电流为 14.87 $mA \cdot cm^{-2}$，填充因子为 0.687，同时在国家太阳能光伏产品质量监督检验中心(CPVT)的验证显示能量转换效率为 8.995%，这是当时单层有机小分子太阳能电池的最高值。这一结果说明对末端受体基团的优化不仅能明显地调控化合物的吸收、能级及带隙等基本性质，同时能影响分子的堆积和排列，进而影响器件性能。因此，对于末端受体基团的探索研究应还有更多的空间。

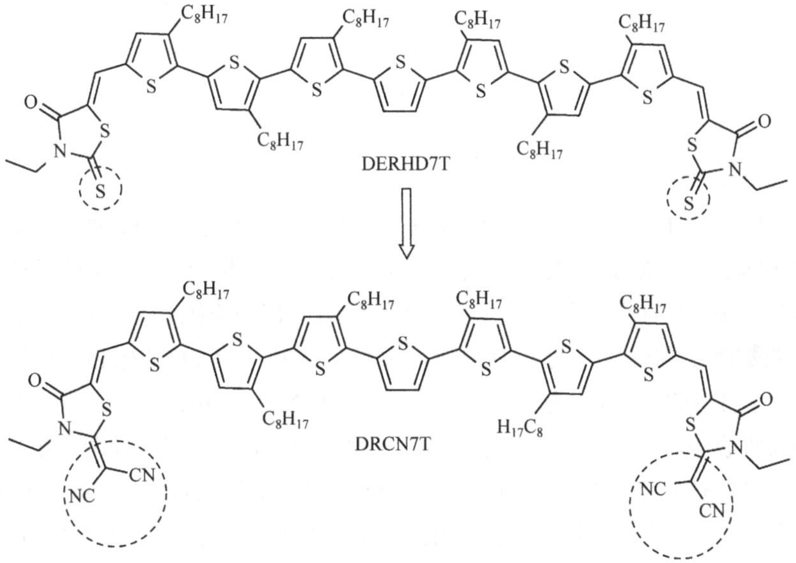

图 2.8　DERHD7T 和 DRCN7T 的结构式

在 DRCN7T 的基础上，笔者研究组设计合成了一个基于硒吩核的小分子给体化合物 DRCN7T-Se(图 2.9)[22]。与 DRCN7T 相比，该分子具有类似的光谱吸收和能级结构。基于 DRCN7T-Se 的光伏器件能量转换效率为 8.30%，稍低于基于 DRCN7T 的器件。透射电子显微镜(TEM)分析表明，基于 DRCN7T-Se 的活性层共混薄膜中的纤维状相宽度较大，给受体互穿网络相对较差，导致了基于 DRCN7T-Se 的光伏器件的短路电流密度较小，从而能量转换效率稍低于 DRCN7T 的器件。上述研究结果表明，活性层的形貌对小分子光伏器件的效率影响巨大，分子本身的特性和器件工艺的优化都可以调控活性层的形貌，需要两方面结合才

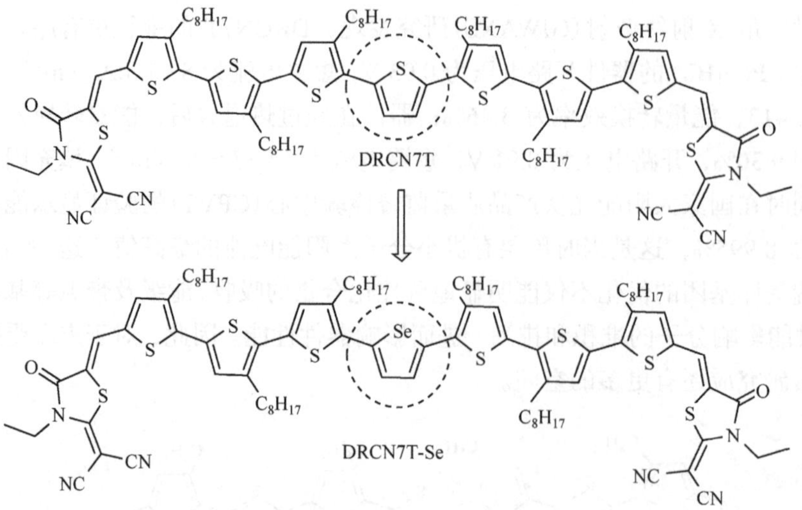

图 2.9 DRCN7T-Se 结构式

可能得到最优的形貌结构，从而取得较高的能量转换效率。

在 DRCN7T 的基础上，为了研究分子的共轭长度以及分子对称性对寡聚噻吩体系的影响，笔者研究组报道了共轭骨架含 4～9 个共轭噻吩的小分子给体材料 DRCN4T～DRCN9T[23]，结构式如图 2.10 所示。经过理论计算优化分子构象，发现了以偶数噻吩共轭的小分子(DRCN4/6/8T)为中心对称的结构和以奇数噻吩共轭的小分子(DRCN5/7/9T)为轴对称的结构。DRCN5T～DRCN9T 在溶液中的紫外-可见最大吸收峰均在 530 nm 左右。这说明共轭五噻吩的骨架以及两个末端基团的共轭长度已经达到系列分子的有效共轭长度，但该系列化合物在 400～500 nm 处的吸收明显不同。该系列分子具有相似的 LUMO 能级，但 HOMO 能级随着共轭长度的增加由−5.34 eV 提高到−4.97 eV。我们以 DRCN*n*T 作为活性层材料制作了正向结构器件，其中电子传输材料为华南理工大学曹镛团队开发的 PFN。DRCN4T 由于成膜性较差，能量转换效率较低，仅为 0.24%。DRCN5T～DRCN9T 都具有较好的光伏性能，相关的参数见表 2.1，其中基于 DRCN5T 的器件获得了 10.08%的能量转换效率(在 CPVT 的验证结果为 10.10%)，其中开路电压为 0.92 V，短路电流密度为 15.88 mA · cm^{-2}，填充因子为 0.69。从相关参数可以看到，随着共轭长度的增长，开路电压由～0.90 V 降低到～0.80 V，这与它们的 HOMO 能级的变化趋势是一致的。此外，基于轴对称结构的分子(DRCN5/7/9T)的器件比基于中心对称结构的分子(DRCN4/6/8T)的器件具有更高的短路电流密度，从而能量转换效率更高。通过计算分子基态到激发态偶极矩的变化($\Delta\mu_{ge}$)，发现轴对称的分子具有更

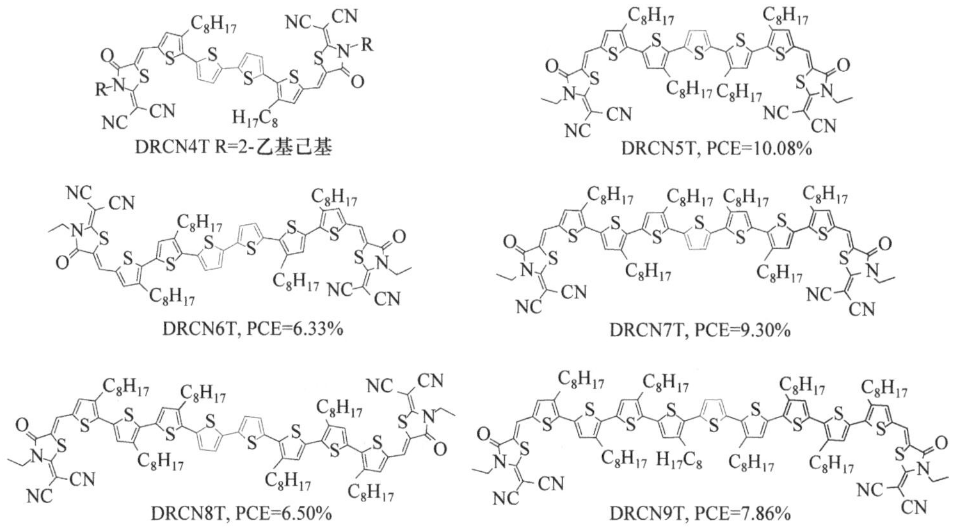

DRCN4T R=2-乙基己基　　DRCN5T, PCE=10.08%

DRCN6T, PCE=6.33%　　DRCN7T, PCE=9.30%

DRCN8T, PCE=6.50%　　DRCN9T, PCE=7.86%

图 2.10　DRCN4T～DRCN9T 结构式

大的 $\Delta\mu_{ge}$，这有利于降低激子的库仑力从而有利于激子的分离，进而获得高的短路电流密度。TEM 分析发现，DRCN5/7/9T 的共混薄膜形成了互穿的纤维状的网络结构，直径在 15～20 nm 之间，非常有利于激子的扩散解离和电荷的传输；而 DRCN6/8T 的共混薄膜具有较大的相分离。这些结果说明分子的共轭长度以及对称性对其性质都具有显著的影响。同时需要指出的是，DRCN5T 是目前高能量转换效率的给体材料中化学结构最简单的分子。其合成简单、成本低，利于将来的实际应用。

在 DRCN8T 的基础上，笔者研究组将中间的 2, 2′-二噻吩替换成噻吩 [3, 2-*b*] 并二噻吩，设计合成了 DRCN8TT(图 2.11)[24]。DRCN8TT 具有与 DRCN8T 相似的吸收和能级。基于 DRCN8TT 的器件经过优化获得了 8.11%的能量转换效率，其中短路电流密度提高明显，为 14.07 mA · cm^{-2}，这主要归功于其较好的互穿网络结构的形貌。

为了研究氟原子对 DRCN*n*T 系列小分子给体材料性能的影响，在 DRCN6T 和 DRCN8T 的基础上，设计合成了以 3, 3′-二氟-2, 2′-二噻吩为中间单元的小分子 DRCN6T-F 和 DRCN8T-F(图 2.12)[25]。氟原子取代的分子确实具有更低的 HOMO 能级和更强的分子间相互作用，但是带隙并没有变窄。基于 DRCN6T-F 和 DRCN8T-F 的器件获得了更高的开路电压，但是能量转换效率分别只有 2.26%和 5.07%，该结果明显低于 DRCN6T 和 DRCN8T 的器件结果。这主要是由其较差的形貌以及

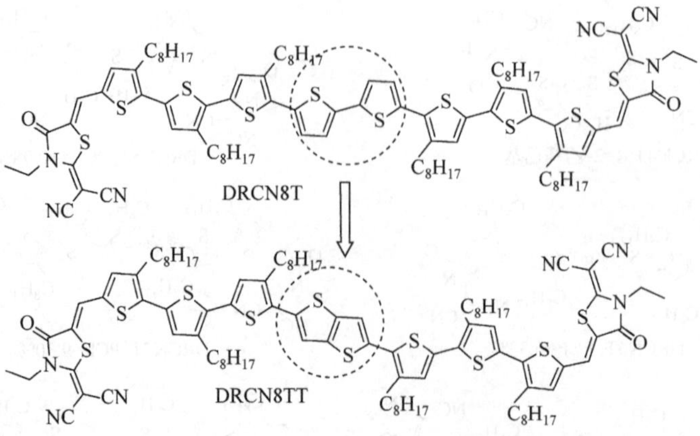

DRCN8T

DRCN8TT

图 2.11 DRCN8TT 结构式

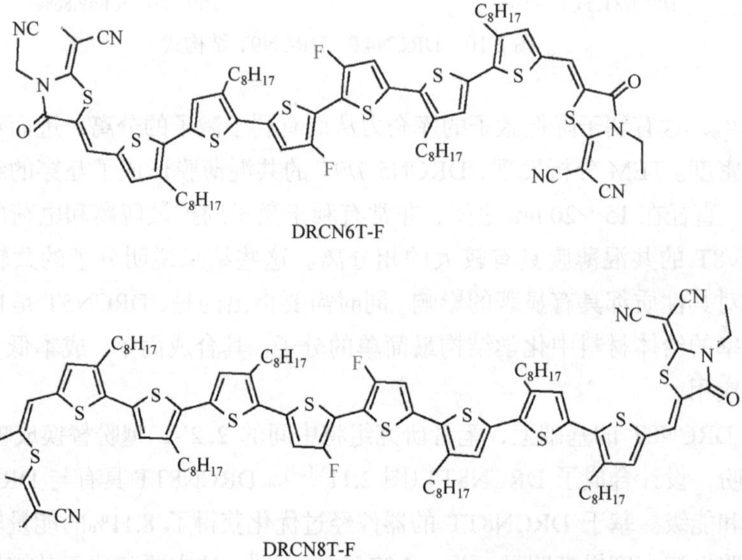

DRCN6T-F

DRCN8T-F

图 2.12 DRCN6T-F 和 DRCN8T-F 的结构式

较低的迁移率导致的。结合彭强等[20]的工作，发现氟取代的中间单元对小分子给体材料的性能影响还需要更多的材料体系来进行深入的研究。

上述基于寡聚噻吩的小分子给体材料的相关性能参数(能级、光学带隙以及光伏性能参数)总结于表 2.1 中，从这些结果可以看到，寡聚噻吩类的小分子材料通常有较高的开路电压，为 0.90 V 左右。但就整体而言，短路电流密度和填充因子都还有进一步提高的空间，这需要优秀的给体材料的设计合成以及器件工艺优化的协作，从而获得更好的性能。

表 2.1　基于寡聚噻吩的 A-D-A 小分子给体材料的相关性能参数

给体材料	E_g^{opt}/eV	E_{HOMO}/eV	E_{LUMO}/eV	V_{oc}/V	J_{sc}/(mA · cm^{-2})	FF	PCE/%	文献
DCN3T	2.16	−5.73	−3.59	—	—	—	—	[9]
DCN5T	2.02	−5.32	−3.44	—	—	—	—	[9]
DCN7T	1.96	−5.31	−3.42	0.88	12.4	0.34	3.70	[11]
CNTB7T	1.53	−5.66	−3.97	0.81	3.70	0.36	1.21	[12]
DTB7T	1.55	−5.67	−4.00	0.51	2.16	0.28	0.36	[12]
DCAE7T	1.73	−5.09	−3.33	0.88	9.94	0.51	4.46	[13]
DCAO7T	1.74	−5.10	−3.26	0.86	10.74	0.55	5.08	[13]
DCAEH7T	1.75	−5.13	−3.29	0.93	9.91	0.49	4.52	[13]
DCAE7T-F1	1.63	−5.11	−3.44	0.83	5.50	0.50	2.26	[14]
DCAO7T-F7	1.66	−5.11	−3.44	—	—	—	—	[14]
DERHD7T	1.72	−5.00	−3.28	0.92	13.98	0.474	6.10	[15]
DTDMP7T	1.57	−5.12	−3.50	0.90	7.54	0.60	4.05	[16]
D2R(8+2)7T	1.70	−5.09	−3.39	0.92	6.77	0.39	2.46	[16]
DIN7T	1.49	−4.97	−3.44	0.80	8.56	0.72	4.93	[16]
DDCNIN7T	1.33	−5.02	−3.72	—	—	—	—	[16]
DDIN7T	1.20	−4.90	−3.86	0.76	3.14	0.28	0.66	[16]
STDR-T*b*T	1.60	−5.01	−3.29	0.755	10.9	0.614	5.05	[17]
STDR	1.70	−5.09	−3.23	0.876	5.50	0.466	2.31	[17]
DCAO5T	1.80	−5.25	−3.23	0.88	7.02	0.53	3.20	[18]
DERHD5T	1.65	−5.09	−3.20	1.02	9.26	0.49	4.60	[18]
DIN5T	1.56	−5.11	−3.36	0.78	8.13	0.63	4.00	[18]
T1	1.78	−5.19	−3.58	0.78	6.34	0.643	3.18	[19]
T2	1.77	−5.25	−3.56	0.85	7.43	0.716	4.52	[19]
T3	1.72	−5.26	−3.58	0.85	10.79	0.671	6.15	[19]
TTH-D3TRh	1.74	−5.18	−2.68	0.86	10.26	0.668	5.89	[20]
TTF-D3TRh	1.73	−5.28	−2.80	0.93	11.03	0.69	7.14	[20]
DRCN7T	1.62	−5.08	−3.44	0.91	14.87	0.687	9.30	[21]
DRCN7T-Se	1.62	−5.05	−3.43	0.91	13.06	0.696	8.30	[22]
DRCN4T	1.77	−5.34	−3.46	0.90	0.70	0.38	0.24	[23]
DRCN5T	1.60	−5.22	−3.41	0.92	15.88	0.69	10.08	[23]
DRCN6T	1.60	−5.16	−3.56	0.92	10.88	0.59	6.33	[23]
DRCN8T	1.61	−5.02	−3.45	0.87	10.98	0.68	6.50	[23]
DRCN9T	1.59	−4.97	−3.44	0.82	13.91	0.69	7.86	[23]
DRCN8TT	1.62	−5.08	−3.46	0.88	14.07	0.655	8.11	[24]
DRCN6T-F	1.62	−5.24	−3.51	0.94	4.19	0.57	2.26	[25]
DRCN8T-F	1.59	−5.13	−3.45	0.90	8.80	0.64	5.07	[25]

2.1.2 基于苯并二噻吩的 A-D-A 小分子给体材料

1. 基于一维 BDT 的 A-D-A 小分子给体材料

鉴于苯并二噻吩(BDT)单元具有较大的共轭体系和很好的对称平面性，以及优越的电荷传输性能，笔者研究组首次将 BDT 单元引至小分子给体材料的设计中，将寡聚七噻吩体系中间的噻吩单元换成 BDT 单元，合成了小分子 DCAO3T(BDT)3T(图 2.13)[26]，基于该材料的器件能量转换效率为 5.44%，填充因子提高到 0.60。这主要是因为引入 BDT 单元后，空穴迁移率($4.50\times10^{-4}\,cm^2\cdot V^{-1}\cdot s^{-1}$)相对于 DCAO7T($3.26\times10^{-4}\,cm^2\cdot V^{-1}\cdot s^{-1}$)明显提高。随后笔者研究组将弱给电子侧链(2-乙基辛氧基)引入到 BDT 单元，同时将之前的三辛基联三噻吩换成二辛基联三噻吩从而简化合成步骤，合成了 DCAO3TBDT[27]，基于该化合物的器件能量转换效率为 4.56%，开路电压为 0.95 V，填充因子也达到了 0.60，但是短路电流密度不高，仅为 $8.00\,mA\cdot cm^{-2}$。2013 年，W. Y. Wong 等

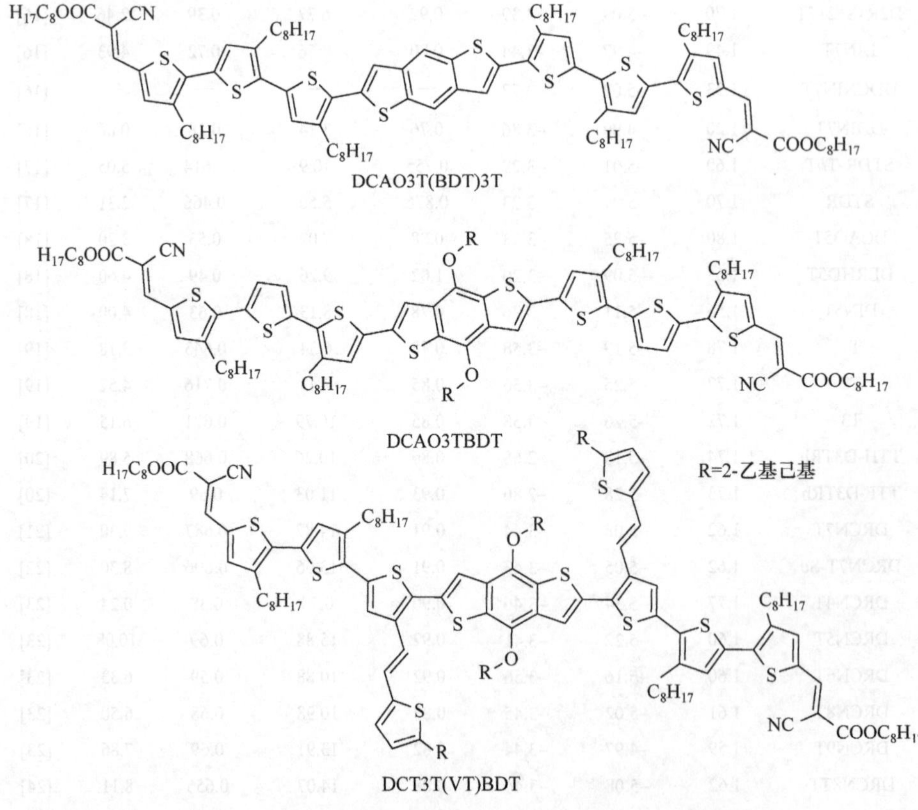

图 2.13 基于一维 BDT 单元的小分子给体材料结构式之一

将 DCAO3TBDT 中的一对辛基换成共轭的结构 VT，合成了化合物 DCA3T(VT)BDT[28]，以 DCA3T(VT)BDT：$PC_{71}BM$ 为活性层制备的器件也具有较高的开路电压(0.92 V)和填充因子(0.63)，但短路电流密度仅为 6.89 mA · cm^{-2}，器件能量转换效率为 4.00%。

BDT 单元的引入提高了寡聚噻吩体系化合物的填充因子，同时也有较高的开路电压，但由于其吸收有限而导致短路电流密度不高。在寡聚噻吩体系中，引入 3-乙基罗丹宁合成的 DERHD7T 具有很好的吸收和较高的短路电流密度(13.98 mA · cm^{-2})，因此，2012 年笔者课题组在 DCAO3TBDT 的基础上了合成了以 3-乙基罗丹宁为端基的 DR3TBDT(图 2.14)[27]。相比于 DCAO3TBDT，该化合物在溶液中的紫外-可见吸收发生明显的红移且具有更高的摩尔吸光系数。在薄膜状态下，DR3TBDT 在 350～800 nm 范围内有很好的吸收，同时在 640 nm 处有明显的肩峰，说明形成了很好的分子堆积，光学带隙相对于 DCAO3TBDT 更窄。基于 DR3TBDT 的器件在添加少量的 PDMS 后能量转换效率达到了 7.38%，开路电压为 0.93 V，填充因子进一步提高到 0.65，短路电流密度也超过 12 mA · cm^{-2}。而后，笔者研究组和华南理工大学曹镛团队进行合作，用 PFN 替代氟化锂作为电子传输层，将器件的能量转换效率提高至 8.32%，填充因子为 0.70[29]。

为了提高开路电压，笔者研究组将与 BDT 的烷氧基替换成给电子能力更弱的正辛基，设计合成了 DR3TDOBDT[30]，其具有更低的 HOMO 能级。基于此化合物的器件具有较高的开路电压(为 0.98 V)，但短路电流密度和填充因子较低，能量转换效率为 4.34%。经过热退火(thermal annealing，TA)和溶剂蒸气退火(solvent vapor annealing，SVA)两步退火处理(two step annealing，TSA)优化活性层的形貌后，器件的能量转换效率提高至 8.26%，开路电压略有下降(为 0.94 V)，短路电流密度为 12.56 mA · cm^{-2}，填充因子为 0.70。器件性能的提升主要是由于活性层经过两步退火处理后形成了直径约为 20nm 的互穿网络结构，有利于激子的扩散和电荷的分离及传输。在该工作中采用的两步退火方式也在其他材料的器件优化过程中具有显著的效果。

硫烷基的侧链单元应用在有机半导体材料中将使材料具有一些独特的光物理性质和更加有序的分子排列。硫原子与氧原子具有相似的电子结构，但其较大的原子半径和更弱的给电子能力更利于电子的离域。此外，双硫烷基取代的 BDT 均聚物比双烷氧基取代的 BDT 均聚物具有更好的光伏性能。因此，笔者研究组设计并合成了以双硫烷基取代的 BDT 单元为中间核、3-乙基罗丹宁为末端基团的有机小分子给体材料 DR3TSBDT[31]。DR3TSBDT 的结构与 DR3TBDT 相似，唯一的不同之处在于前者将与 BDT 连接的氧烷基链替换成了硫烷基链。通过热退火和溶剂蒸气退火优化活性层的形貌，以 DR3TSBDT：$PC_{71}BM$ 作为活性层的有机光伏器件获得了 9.95%的能量转换效率，在 CPVT 的验证结果为 9.938%，这是当时报道的单层有机小分子太阳能电池的最高值。同时基于该分子的器件对厚度不敏感，在厚度为 370 nm 时，仍然具有接近 8%的能量转换效率[32]。原子力显微镜(AFM)、TEM 和 GIWAXS 分析发现，厚的活性层仍然具有高度结晶的纤维性互穿网络结构。张志国等设计合成了一个不对称的分子 R3T-TBFO[33]，其中间单元为噻吩[2, 3-*f*]苯并呋喃，基于该分子的器件在两步退火处理后获得 6.32%的能量转换效率，填充因子为 0.72。上述分子结构见图 2.14。

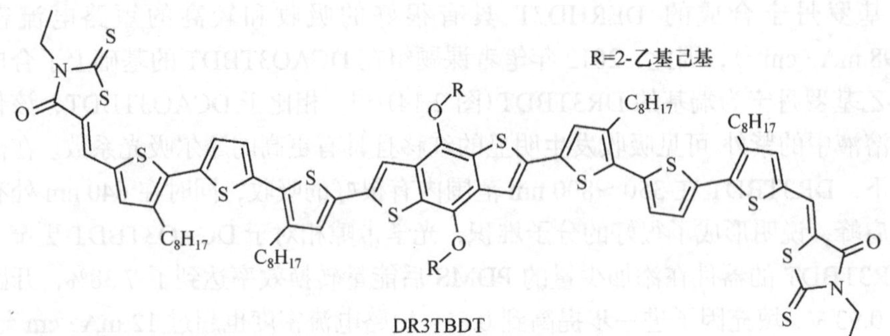

R=2-乙基己基

DR3TBDT

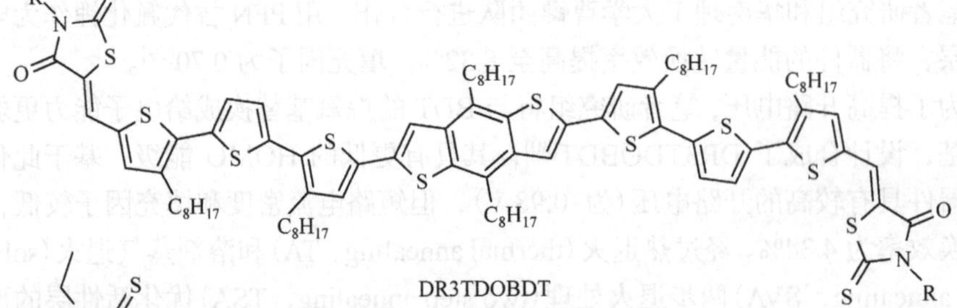

DR3TDOBDT

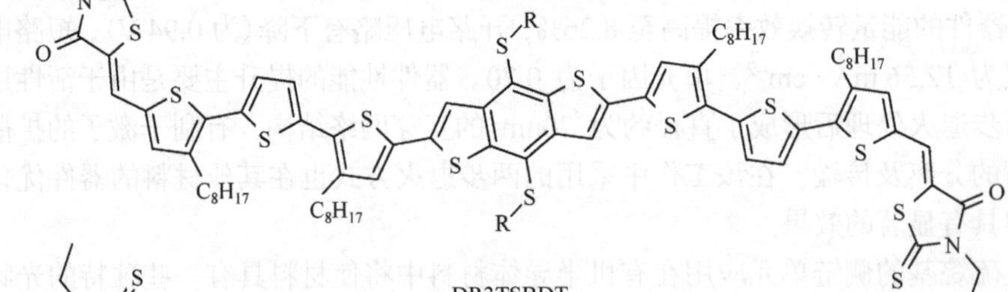

DR3TSBDT

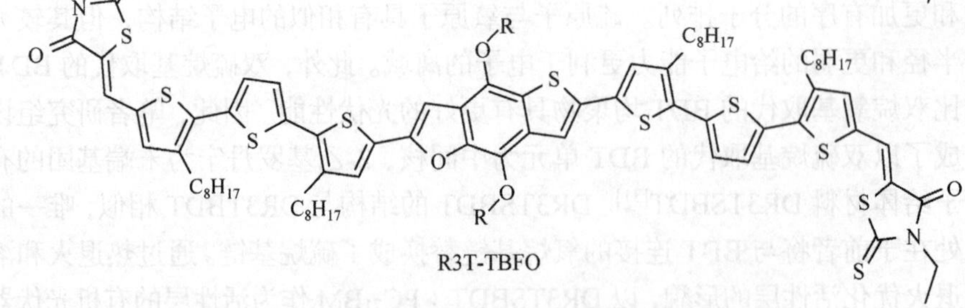

R3T-TBFO

图 2.14 基于一维 BDT 单元的小分子给体材料结构式之二

随后，笔者研究组设计合成了以寡聚 BDT 为主链、3-乙基罗丹宁为端基的化合物 $DRBDT_3$[34]，其具有较大的光学带隙（1.97 eV），这可能是由于相邻 BDT 大的刚性结构不利于其形成有效的共轭和堆积。基于该分子的器件的能量转换效率为 4.09%，开路电压高达 0.99 V。E. Palomares 等合成了一个与 $DRBDT_3$ 结构相似的分子 $BDT(CDTRH)_2$[35]，基于该分子的器件的能量转换效率为 6.02%，填充因子超过 0.60。L. C. Sun 等将吩噁嗪单元替换二辛基三噻吩作为桥连单元设计合成了 BDT-POZ，基于该分子的器件获得了 6.90%的能量转换效率[36]。上述分子结构见图 2.15。

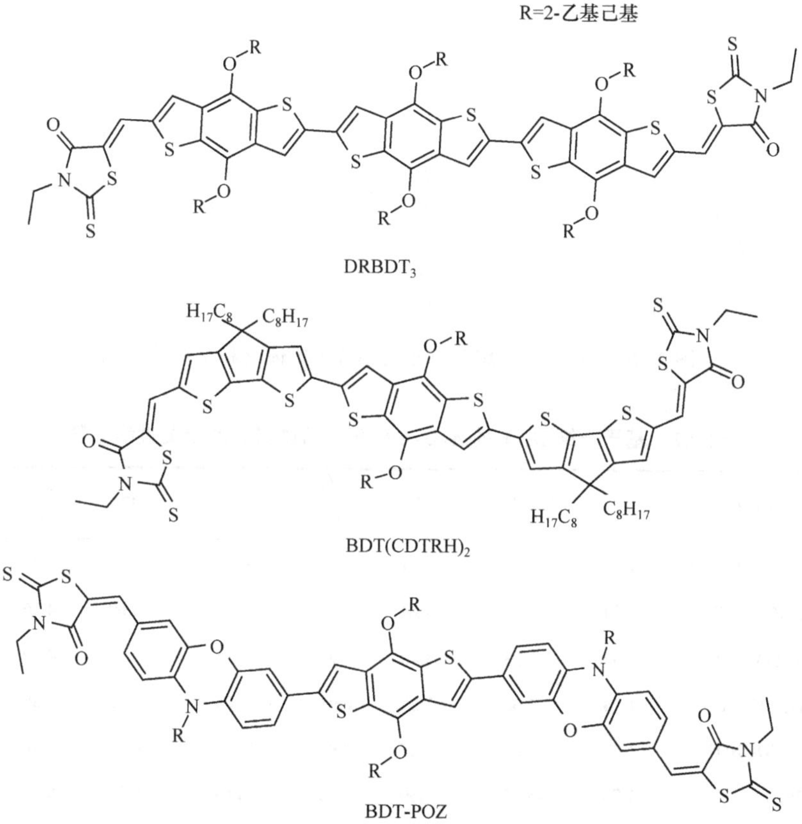

R=2-乙基己基

$DRBDT_3$

$BDT(CDTRH)_2$

BDT-POZ

图 2.15　基于一维 BDT 单元的小分子给体材料结构式之三

李永舫等在以 BDT 为主链的基础上，将苯茚二酮作为端基，合成了 DO1 和 DO2[37]，两者的差别是中间桥连的噻吩单元个数不同，其结构式见图 2.16，其中具有两个噻吩桥的 DO2 具有更宽更强的吸收和更高的空穴迁移率。DO1 的器件能量转换效率为 4.15%，基于 DO2 的器件能量转换效率为 5.11%，开路电压为 0.92 V，填充因子为 0.65，但是短路电流密度并不高，这可能主要是其较低的内量子转换效率导致的。

上述基于一维 BDT 的 A-D-A 小分子给体材料的相关性能参数总结于表 2.2 中。

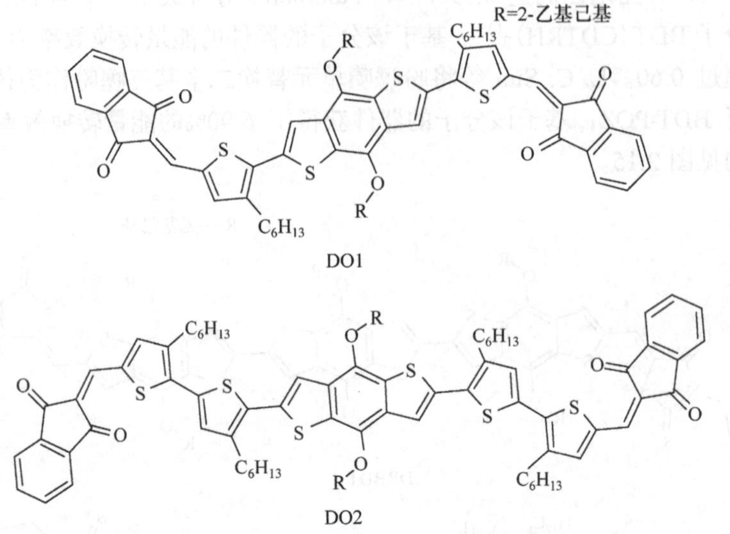

图 2.16 基于一维 BDT 单元的小分子给体材料结构式之四

表 2.2 基于一维 BDT 的 A-D-A 小分子给体材料的相关性能参数

给体材料	E_g^{opt}/eV	E_{HOMO}/eV	E_{LUMO}/eV	V_{oc}/V	J_{sc}/(mA · cm^{-2})	FF	PCE/%	文献
DCAO3T(BDT)3T	1.83	−5.11	−3.54	0.93	9.77	0.60	5.44	[26]
DCAO3TBDT	1.84	−5.04	−3.24	0.95	8.00	0.60	4.56	[27]
DCA3T(VT)BDT	1.83	−5.33	−3.40	0.92	6.89	0.63	4.00	[28]
DR3TBDT	1.74	−5.02	−3.27	0.93	12.21	0.65	7.38	[27]
DR3TDOBDT	1.79	−5.08	−3.27	0.94	12.56	0.70	8.26	[30]
DR3TSBDT	1.74	−5.07	−3.30	0.92	14.61	0.74	9.95	[31]
R3T-TBFO	1.74	−5.02	−3.27	0.89	9.87	0.72	6.32	[33]
DRBDT$_3$	1.97	−5.34	−3.40	0.99	8.26	0.50	4.09	[34]
BDT(CDTRH)$_2$	1.72	−5.38	−3.54	0.94	10.42	0.62	6.02	[35]
BDT-POZ	—	−5.29	−3.45	0.90	12.9	0.62	6.90	[36]
DO1	1.59	−5.18	−3.56	0.91	9.47	0.48	4.15	[37]
DO2	1.60	−5.16	−3.52	0.92	8.58	0.65	5.11	[37]

从这些工作可以看到，将 BDT 单元引入到寡聚噻吩体系中能有效地提高分子的吸收范围，同时基于 BDT 系列化合物的器件通常都有较高的开路电压和填充因子，通过 3-乙基罗丹宁的引入进一步增强了化合物的吸收，提高了短路电流密度，但总体来说基于一维 BDT 单元的小分子给体材料的短路电流密度并不高，这需要从分子设计和器件优化两方面努力。

2. 基于二维 BDT 的 A-D-A 小分子给体材料

考虑到一维 BDT 单元的 π 电子只能离域在共轭骨架结构上，如果在 BDT 的正交方向上引入大的共轭基团如噻吩等构成二维 BDT（图 2.17），体系中的 π 电子也能在共轭的侧链基团上形成很好的离域，有利于分子间形成更好的 π-π 堆叠，从而有利于电荷的传输，同时有效共轭的增加也有利于获得更好的吸收。

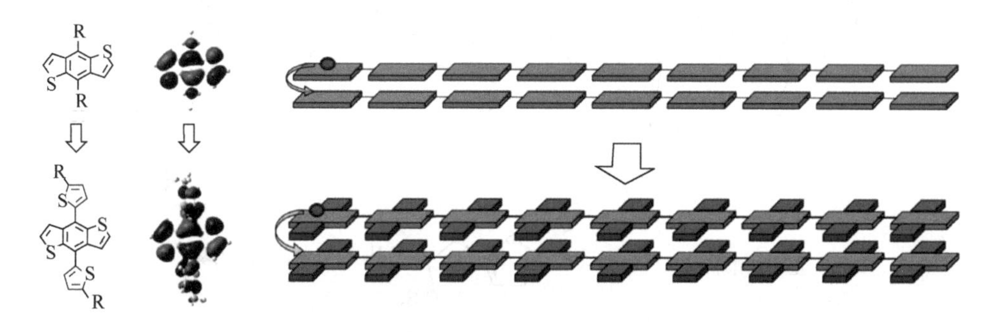

图 2.17 二维 BDT 单元结构示意图

2013 年，笔者研究组在 DR3TBDT 的基础上首次设计合成了系列以二维 BDT 为中间核的化合物 DR3TBDTT、DR3TBDTT-HD 和 DR3TBDT-2T[38]，结构式如图 2.18 所示。这三个化合物在溶液和薄膜状态的紫外-可见吸收相对于一维的 DR3TBDT 都有一定程度的红移，同时在 300～800 nm 的范围内都有很好的吸收，但是光学带隙并没有减小。基于这三个化合物的器件的能量转换效率都超过 6%，开路电压超过 0.90 V，具体的器件参数见本书第 36 页表 2.3。基于 DR3TBDTT 的器件，在活性层中添加 0.2%（质量分数）的 PDMS 后，其能量转换效率高达 8.12%，开路电压和填充因子保持较高的水平，而短路电流密度明显提高到 13.17 mA · cm^{-2}；J. Jang 等通过在空穴传输层中添加金纳米粒子优化器件，将基于 DR3TBDTT 的器件能量转换效率提高到 9.06%[39]。随后，笔者研究组通过溶剂蒸气退火（SVA）处理工艺调节 DR3TBDTT：$PC_{71}BM$ 共混薄膜的形貌，经过二硫化碳进行溶剂蒸气退火处理的器件能量转换效率提高到 9.58%，短路电流密度和填充因子都有明显的提高，这主要是由于对给体和受体材料溶解度高的二硫化碳更容易促使分子结晶，从而促进相分离尺度的增长和相纯度的改善[40]。基于 DR3TBDT-2T 的器件能量转换效率也超过 8%，其中填充因子为 0.72，这主要归功于其较高而且平衡的空穴-电子迁移率。从化合物结构上看，可能是由于 BDT 侧链的双噻吩共轭体系增强了分子间的 π-π 电子云的堆叠从而利于电荷的传输。基于 DR3TBDTT-HD 的能量转换效率稍低（为 6.79%），笔者研究组通过低温旋涂（0～5 ℃）制膜的方式增加活性层薄膜的结晶度，进而降低了寄生回路的漏电电流，将基于该化合物的器件的能量转换效率提高到 8.30%[41]。从三个化合物的器件参数可以看到，基于二维 BDT 的小分子给体材料的器件维持较高的开路电压和填充因子，短路电流密度的确有所增加，能量转换效率也有较大程度的提高。

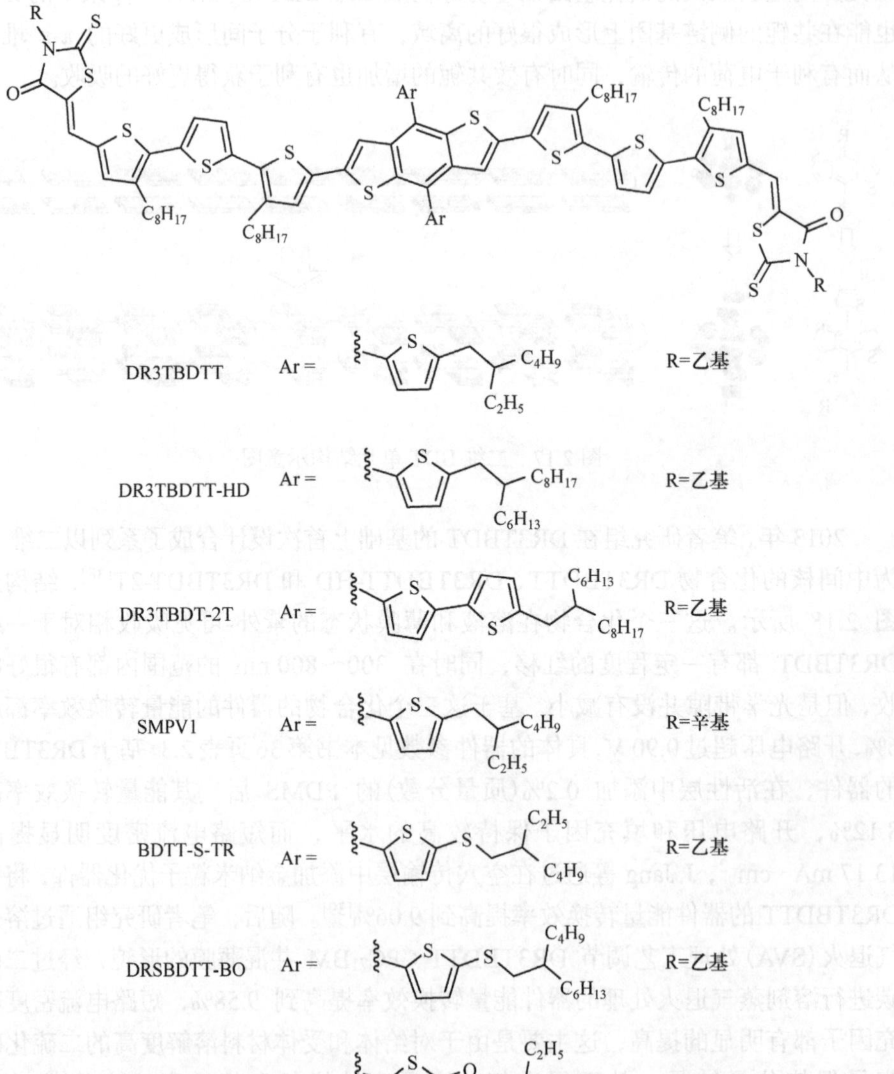

DR3TBDTT Ar = R=乙基

DR3TBDTT-HD Ar = R=乙基

DR3TBDT-2T Ar = R=乙基

SMPV1 Ar = R=辛基

BDTT-S-TR Ar = R=乙基

DRSBDTT-BO Ar = R=乙基

BDTT-O-TR Ar = R=乙基

DR3TBDTTF　Ar =　R=乙基

DRBDT-TT　Ar =　R=乙基

DRBDT-STT　Ar =　R=乙基

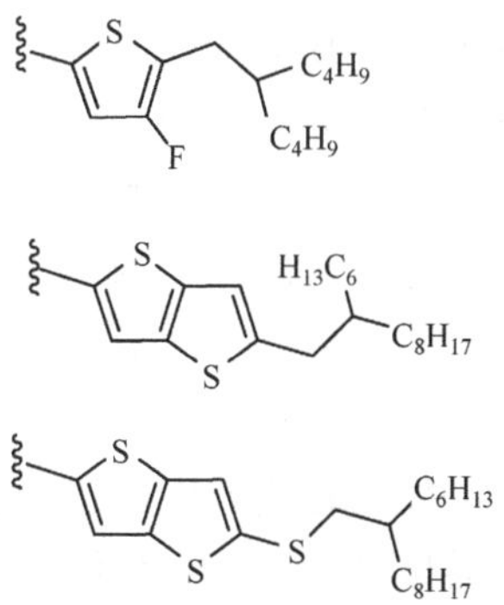

图 2.18　基于二维 BDT 的小分子给体材料的结构式之一

随后 Y. Yang 等报道了 SMPV1 (图 2.18)[42]，它具有与 DR3TBDTT 基本一致的化学结构，唯一的差别在于其末端基团由乙基换成了更长的正辛基，以此提高溶解度，基于此化合物的单层器件能量转换效率为 8.10%，和 DR3TBDTT 的结果基本一致，这也体现了小分子给体材料具有好的重现性。与此同时，以 SMPV1 : $PC_{71}BM$ 同时作为顶电池和底电池的活性层制备的叠层器件的能量转换效率超过 10%，这可与基于聚合物的叠层器件结果相媲美。需要指出的是，在上述化合物的器件优化过程中，都通过在活性层中添加少量的 PDMS 来调节活性层的形貌，从而形成连续的互穿网络结构，同时相分离尺寸在 15 nm 左右，这种形貌利于激子的扩散和电荷的传输，从而显著提高了其能量转换效率。

考虑到硫烷基链取代的 DR3TSBDT 具有优越的性能，笔者研究组和李永舫等同时在二维的 BDTT 单元上引入硫烷基链，设计合成了 BDTT-S-TR[43] (笔者研究组将其简写为 DRSBDTT-EH[44]) 。基于该材料，笔者研究组制备的器件获得了 8.78%的能量转换效率，李永舫团队制备的器件能量转换效率为 9.01%，同时器件在膜厚为 300 nm 时仍然具有 7.58%的能量转换效率，在活性层面积为 1.44 cm^2 时的能量转换效率保持在 6.68%，该结果再次说明小分子给体材料具有非常好的重现性。为了进一步提高分子的溶解性，笔者研究组设计合成了侧链烷基链更长的 DRSBDTT-BO[43]，基于该分子的器件也获得了 8.53%的能量转换效率。闵杰等将烷氧基取代的噻吩作为侧链设计合成了 BDTT-O-TR[45]，基于该化合物的器件能量转换效率为 6.50%，填充因子为 0.65。

在 DR3TBDTT 的基础上，彭强等将氟原子引至二维 BDT 中间单元上设计合成了 DR3TBDTTF[46]。与 DR3TBDTT 相比，该分子在溶液和薄膜状态下具有相似的紫外-可见吸收和 LUMO 能级，但 HOMO 能级降低了约 0.10 eV。基于 DR3TBDTTF 的器件在不经过任何处理的条件下获得了 9.24%的能量转换效率，经过二硫化碳溶剂蒸气退火优化活性层形貌后，其能量转换效率提高到 9.80%，开路电压为 0.93 V，短路电流密度为 14.10 mA · cm^{-2}，填充因子为 0.747。笔者研究组将烷基/硫烷基取代的噻吩并[3, 4-*b*]噻吩（TT）作为 BDT 单元的侧链分别设计合成了 DRBDT-TT 和 DRBDT-STT[47]，这两个分子都具有很好的热稳定性、合适的能级以及有序的分子堆积方式。将烷基链替换成硫烷基链后增大了 TT 和 BDT 单元之间的二面角，因此在一定程度上降低了 DRBDT-STT 分子间的相互作用。基于这两个分子的器件的能量转换效率都超过了 8%，填充因子也超过 0.70，这主要归功于两者优化的形貌以及平衡的电荷传输能力。但是 DRBDT-STT 的共混薄膜吸收低于 DRBDT-TT，从而导致其稍低的短路电流密度以及能量转换效率。

J. Ko 等将 TIPS 单元作为 BDT 单元的侧链合成了 DRT_3-TIPSBDT[48]，其结构见图 2.19。基于该化合物的器件在未经优化时的开路电压高达 1.02 V，能量转换效率为 2.36%。添加 DIO 后，能量转换效率提到 5.03%，这主要是因为添加 DIO 后形成了更好的相分离，提高了填充因子。W. W. H. Wong 和 D. J. Jones 等改变烷基链的位置和长度设计合成了化合物 BTR[49]，该化合物的烷基链主要为正己基，其具有向列相液晶的性质。基于该化合物的器件的初始能量转换效率为 5.2%，经过四氢呋喃溶剂蒸气退火处理后，器件性能显著提高，能量转换效率达到 9.30%，与之对应的开路电压为 0.90 V，短路电流密度为 13.90 mA · cm^{-2}，填充因子为 0.74，相对应的串联电阻减小、并联电阻增大，而迁移率也明显提高。此外，基于该化合物的器件在膜厚为 400 nm 左右时的能量转换效率依然超过 8%。上述基于二维 BDT 的小分子给体材料的桥连单元均为联三噻吩，笔者研究组将噻咯硅（DTS）单元作为桥连单元合成了 DRDTSBDTT[50]，基于该化合物的器件显示出高的开路电压（0.975 V），能量转换效率为 5.05%。

氰基辛酸酯端基具有较好的溶解性，也较多地应用在基于二维 BDT 的化合物的设计中。C. W. Chu 等将氰基辛酸酯单元作为端基设计合成了 TBDTCNR（结构式见图 2.20）[51]，基于该化合物的器件显示出高的开路电压和填充因子，但受制于较低的短路电流密度（9.08 mA · cm^{-2}），能量转换效率为 5.42%。北京大学的占肖卫等将桥连噻吩单元上的烷基链去掉，合成了 BDT-3T-CA[52]，由于烷基链的减少，该化合物具有很好的自聚性，从而形成非常有序的排列，基于该化合物制备的可溶液处理的双层器件的填充因子高达 0.75，主要是由于该化合物非常好的平面性、强的分子间相互作用和有序的分子堆积。阳仁强等报道了 DCA3T（T-BDT）[53]，基于该化合物的器件能量转换效率为 7.93%，这也是基于以氰基辛酸酯作为端基的二维 BDT 小分子给体材料的器件能量转换效率的最高值。随后，该研究组将其末端的噻吩单元替换成噻吩并[3, 4-*b*]噻吩，设计合成了 DCATT-L[54]，基于该分子的器件获得了 7.72%的能量转换效率，开路电压接近 1 V，填充因子为 0.69。

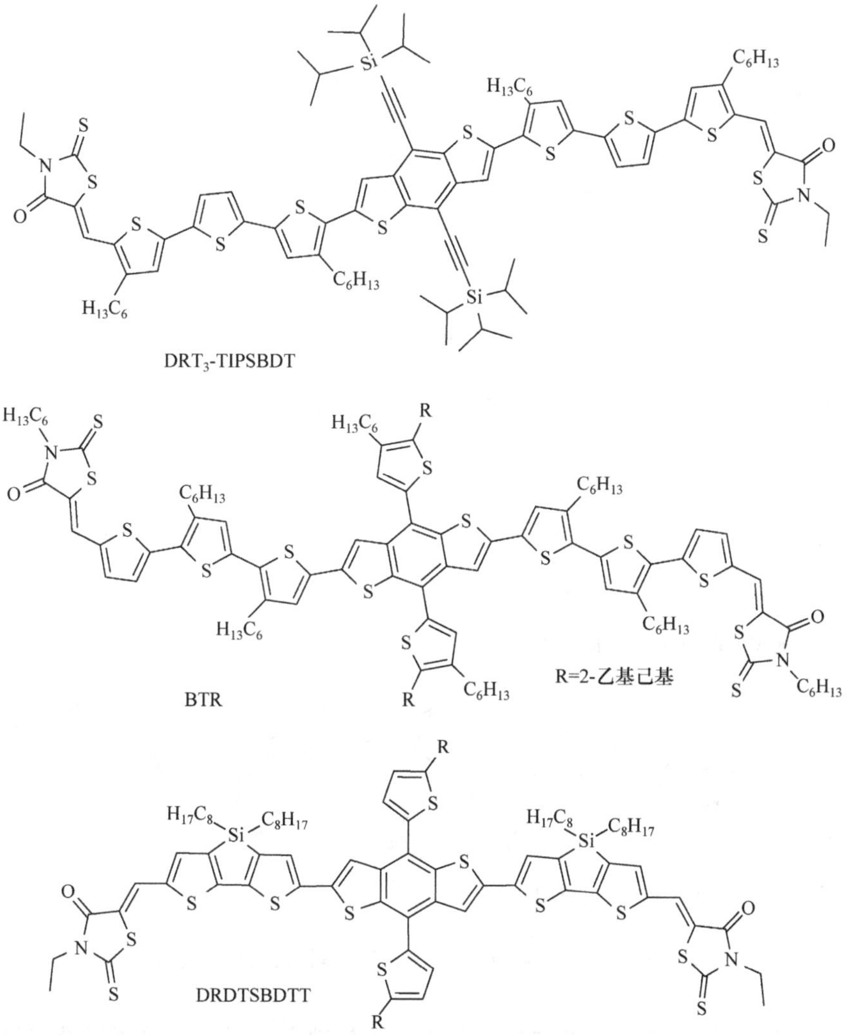

图 2.19　基于二维 BDT 的小分子给体材料的结构式之二

李永舫等在报道之前提到的 DO1 和 DO2 时，也报道了二维的 D1 和 D2（图 2.21）[37]，这两个化合物也是以苯茚二酮作为端基的 A-D-A 结构化合物，与对应的 DO1、DO2 相比（D1 *vs.* DO1，D2 *vs.* DO2），它们具有类似的能级和带隙，但是空穴迁移率更高，在溶液和薄膜中的单位吸收也更高。基于 D1 的器件能量转换效率相对于 DO1 更高，为 5.67%，开路电压高达 1.03 V；基于 D2 的器件能量转换效率最高为 6.75%，具体的器件参数见表 2.3。可以看到，基于二维 BDT 化合物的器件相对其一维的具有更高的短路电流密度和填充因子，开路电压基本在同一水平，故能量转换效率得以提高。

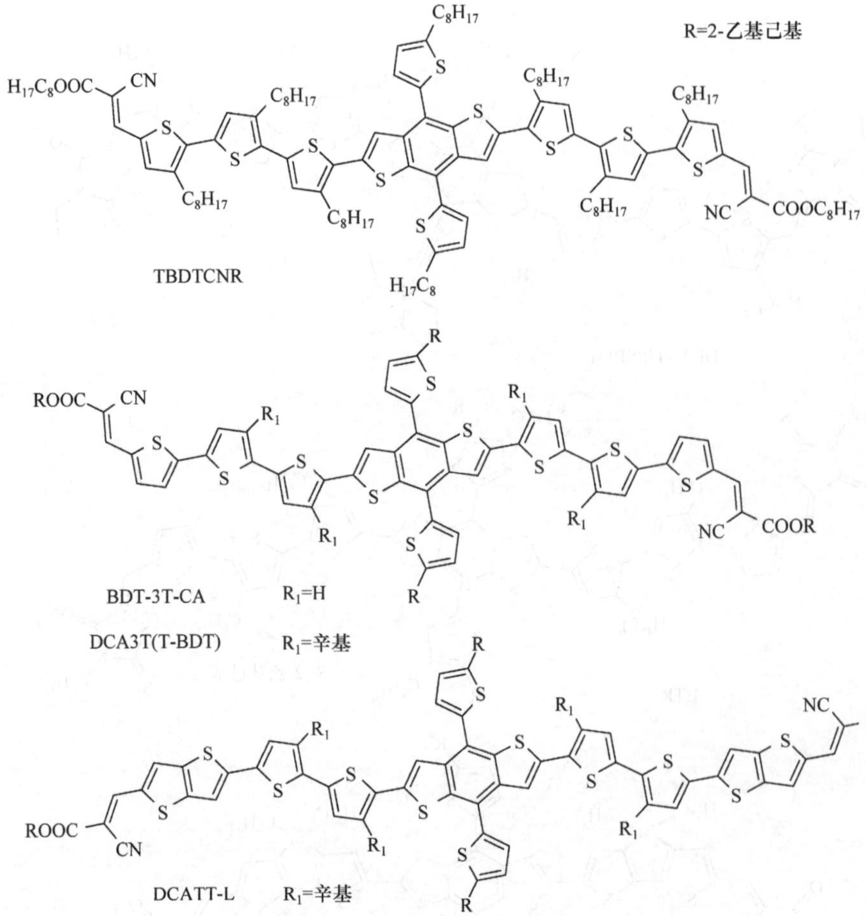

图 2.20 基于二维 BDT 的小分子给体材料的结构式之三

国家纳米科学中心的魏志祥等在 D2 的基础之上报道了单氟以及双氟取代的苯茚二酮端基，将桥连单元替换成 2-已基噻吩并[3, 4-*b*]噻吩单元，从而在分子内由中间单元到末端基团形成给电子能力依次减弱的梯度，设计合成了小分子给体材料 BTID-0F、BTID-1F、BTID-2F (图 2.22) [7]。氟原子取代的分子具有更加优化的活性层形貌，包括更佳的相纯度、梯度分布的晶畴大小以及合适的垂直相分离分布。基于这些材料的反向器件具有很好的性能，其中基于 BTID-1F 的器件能量转换效率为 10.4%，基于 BTID-2F 的器件能量转换效率最高为 11.3%，这也是目前基于富勒烯受体材料的可溶液处理的单层小分子器件的最高能量转换效率。

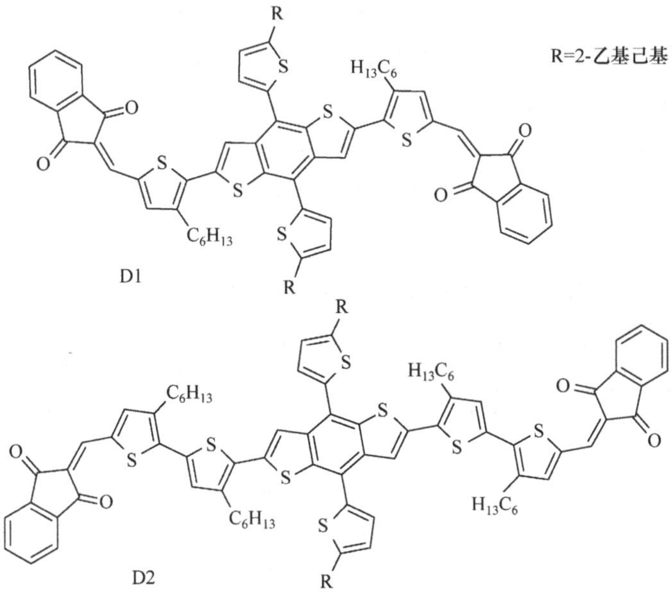

R=2-乙基己基

R　S　$H_{13}C_6$　O　S　S　O　S　O　S　S　O　C_6H_{13}　S　D1　R

R　S　$H_{13}C_6$　C_6H_{13}　S　O　S　O　S　S　S　S　O　S　O　C_6H_{13}　$H_{13}C_6$　S　D2　R

图 2.21　基于二维 BDT 的小分子给体材料的结构式之四

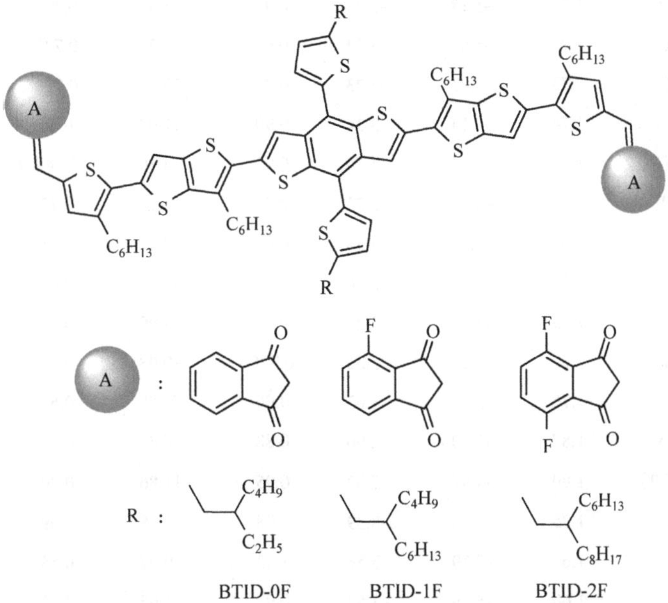

R　S　C_6H_{13}　C_6H_{13}　S　S　A　S　S　S　S　S　A　S　C_6H_{13}　C_6H_{13}　S　R

A ：　O　O　F　O　O　F　O　F　O

R ：　C_4H_9　C_2H_5　C_4H_9　C_6H_{13}　C_6H_{13}　C_8H_{17}

BTID-0F　BTID-1F　BTID-2F

图 2.22　基于二维 BDT 的小分子给体材料的结构式之五

上述基于二维 BDT 的 A-D-A 小分子给体材料的相关性能参数总结于表 2.3。可以看到，目前基于 BDT 单元的小分子给体材料多为中间带隙(1.80 eV 左右)的化合物，基于这些化合物的单层器件显示出较高的开路电压(多数超过 0.90 V，最高为 1.03 V)，较高的填充因子(大多为 0.60 以上，最高为 0.76)，同时短路电流密度相对于寡聚噻吩体系也有明显的提高，单层器件能量转换效率超过 11%[7]，但是相对于聚合物给体材料而言，短路电流密度还是有一定的差距，如何在保持较高的开路电压和填充因子的前提下继续提高短路电流，需要进一步优化分子结构和器件。

表 2.3 基于二维 BDT 的 A-D-A 小分子给体材料的相关性能参数

给体材料	E_g^{opt}/eV	E_{HOMO}/eV	E_{LUMO}/eV	V_{oc}/V	J_{sc}/(mA · cm^{-2})	FF	PCE/%	文献
DR3TBDTT	1.72	–5.02	–3.27	0.93	13.17	0.66	8.12	[38]
				0.92	14.50	0.68	9.06	[39]
				0.886	14.21	0.76	9.58	[40]
DR3TBDTT-HD	1.57	–5.05	–3.26	0.96	11.92	0.59	6.79	[38]
DR3TBDT-2T	1.70	–5.07	–3.29	0.92	12.09	0.72	8.02	[38]
SMPV1	1.79	–5.06	–3.29	0.94	12.5	0.69	8.10	[42]
				1.82	7.7	0.72	10.1	[42]
BDTT-S-TR	1.73	–5.18	–3.25	0.97	13.45	0.705	9.01	[43]
DRSBDTT-EH	1.71	–5.06	–3.33	0.90	13.38	0.725	8.78	[44]
DRSBDTT-BO	1.73	–5.03	–3.23	0.91	13.06	0.718	8.53	[44]
BDTT-O-TR	1.74	–5.14	–3.34	0.90	11.03	0.65	6.50	[45]
DR3TBDTTF	1.73	–5.23	–3.50	0.93	14.10	0.747	9.80	[46]
DRBDT-TT	1.78	–5.13	–3.33	0.92	13.12	0.72	8.70	[47]
DRBDT-STT	1.80	–5.15	–3.34	0.91	12.40	0.71	8.01	[47]
DRT$_3$-TIPSBDT	2.14	–5.15	–3.00	0.97	8.67	0.60	5.03	[48]
BTR	1.82	–5.34	–3.25	0.90	13.90	0.74	9.30	[49]
DRDTSBDTT	1.82	–5.20	–3.33	0.975	10.08	0.51	5.05	[50]
TBDTCNR	1.75	–5.40	–3.63	0.90	9.08	0.66	5.42	[51]
BDT-3T-CA	1.87	–5.20	–2.90	0.88	6.30	0.75	4.16	[52]
DCA3T(T-BDT)	1.80	–4.98	–2.82	0.95	11.86	0.70	7.93	[52]
DCATT-L	1.75	–5.18	–3.39	0.98	11.38	0.69	7.72	[53]
D1	1.61	–5.19	–3.56	1.03	10.07	0.55	5.67	[37]
D2	1.60	–5.16	–3.54	0.92	11.05	0.66	6.75	[37]
BTID-0F	1.71	–4.91	–3.20	0.93	14.0	0.64	8.30	[7]
BTID-1F	1.70	–4.98	–3.28	0.94	15.3	0.72	10.4	[7]
BTID-2F	1.68	–5.05	–3.37	0.95	15.7	0.74	11.3	[7]

2.1.3　基于二噻吩并噻咯(DTS)的 A-D-A 小分子给体材料

2011 年，笔者研究组设计并合成了以 DTS 为中间核的 A-D-A 型小分子 DCAO3TSi[55](图 2.23)。该化合物具有较好的可见光吸收性能、较窄的带隙和很好的平面性，并且固态薄膜状态下该分子具有很好的有序堆积。基于 DCAO3TSi：PCBM 的有机太阳能电池的能量转换效率为 5.84%，开路电压为 0.80 V，短路电流密度为 11.51 mA · cm^{-2}，填充因子为 0.64。笔者研究组将末端的氰基辛酸酯替换成 3-乙基罗丹宁设计合成了 DR3TDTS[56]，经过两步退火处理后，基于该分子的器件能量转换效率也超过了 8%。王兴珠等合成了以 DTS 为核、不同烷基取代的联二噻吩为共轭桥以及双氰基乙烯或氰基乙酸辛酯为末端基团的三个 A-D-A 型小分子化合物 SD1～SD3[57]。改变联二噻吩上的烷基链可以调节化合物的溶解度、吸光性质和分子能级。以氰基乙酸辛酯为末端基团的化合物 SD1 和 SD2 的带隙分别为 1.84 eV 和 1.77 eV，而以双氰基为末端的化合物 SD3 的带隙降低到 1.67 eV。以这三个分子为给体材料制备的光伏器件均表现出较高的开路电压(0.89～0.92 V)，这可能是由于采用联二噻吩作为共轭桥的分子其共轭长度较短，导致了化合物的 HOMO 能级较低。虽然基于这些分子的给体材料的开路电压较高，但其短路电流密度都相对较低，导致了器件的能量转换效率不高，其中基于 SD3：PCBM 的器件能量转换效率最高，为 3.81%。

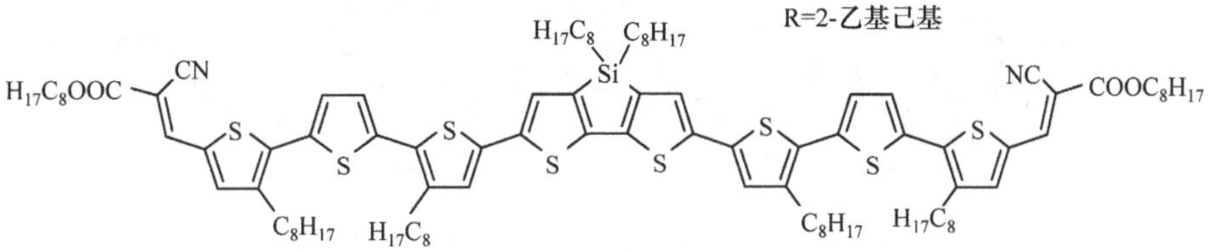

R=2-乙基己基

DCAO3TSi

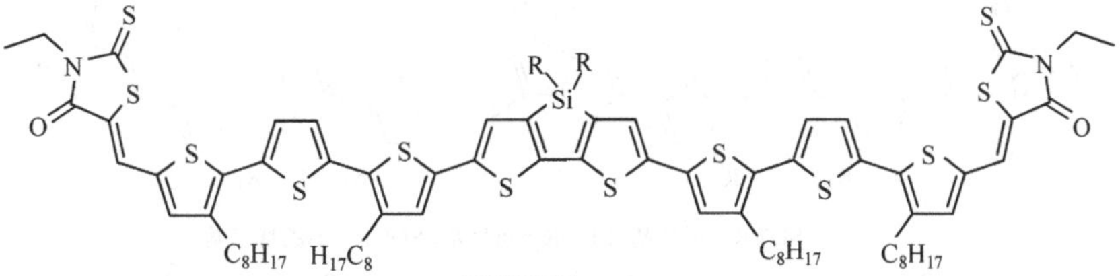

DR3TDTS

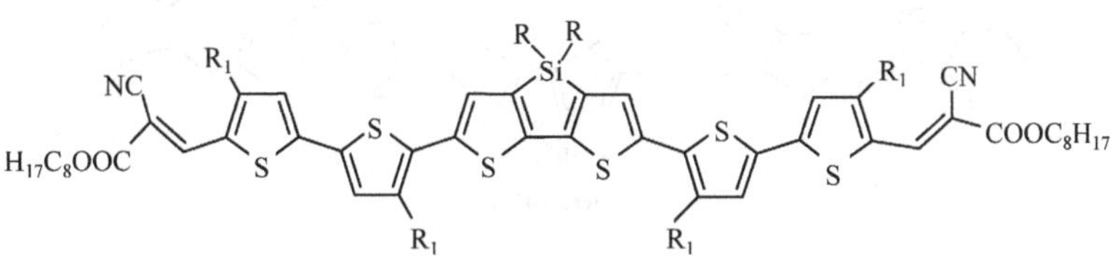

SD1 R_1=H; SD2 R_1=CH_3

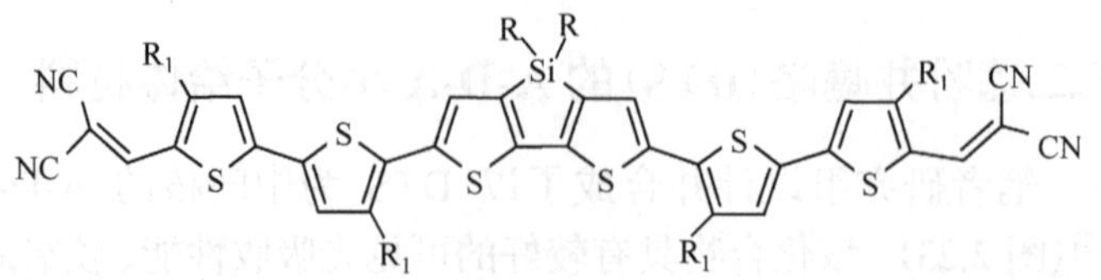

SD3 R_1=正己基

图 2.23 基于 DTS 的小分子给体材料结构式之一

K. H. Kim 等合成了以氰基乙酸辛酯和氰基取代辛酰胺为末端受体单元的小分子 SD4～SD9(图 2.24)[58]。氰基取代辛酰胺上的氢可以与邻近分子羰基上的氧原子形成氢键，从而增强分子间的相互作用。GIWAXS 的测试结果表明，以氰基辛酰胺为端基的化合物 SD7～SD9 分子层间距小于相应基于氰基乙酸辛酯端基的化合物 SD4～SD6。同时，增加共轭桥连噻吩上烷基链的长度会增大空间位阻，降低分子间的有序堆积性能。以这六个化合物为给体材料的光伏器件中，分子 SD4 和 SD5 的器件能量转换效率相对较高，分别为 4.35%和 4.34%。杨楚罗和吴宏斌等设计合成了以三个 DTS 共轭为主链、3-乙基罗丹宁为端基的化合物 RHO-tDTS[59]，其光学带隙较小，为 1.67 eV，基于该分子的器件的能量转换效率为 7.56%。具体参数见表 2.4。

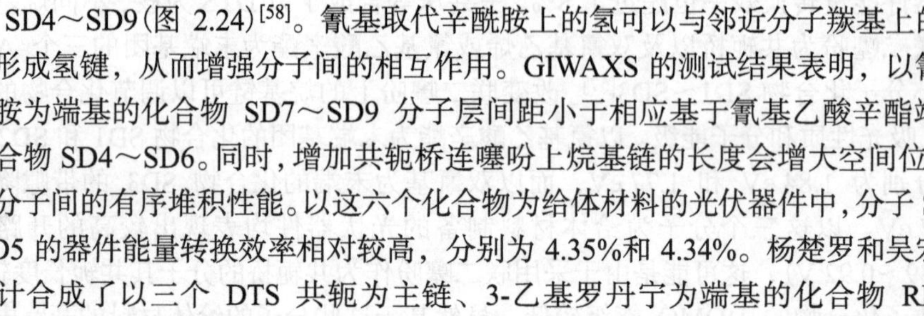

R=2-乙基己基

SD4 R_1=正辛基; SD5 R_1=正癸基; SD6 R_1=2-乙基己基

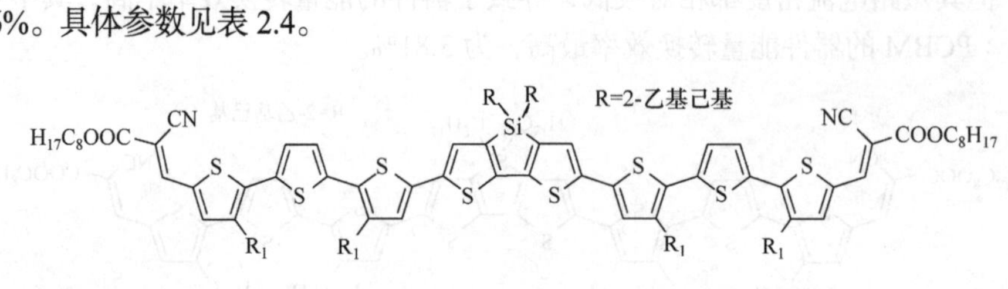

SD7 R_1=正辛基; SD8 R_1=正癸基; SD9 R_1=2-乙基己基

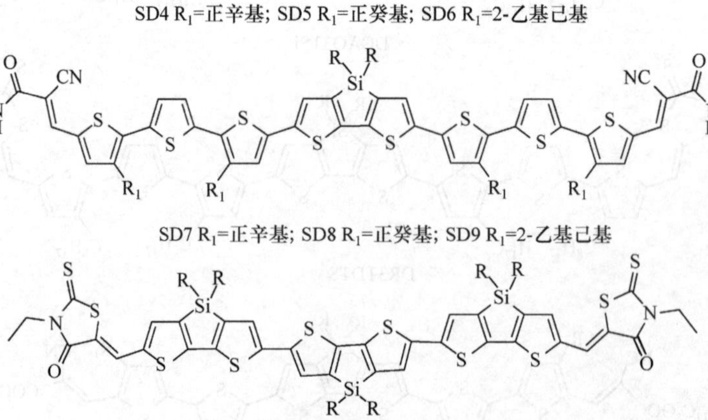

RHO-tDTS

图 2.24 基于 DTS 的小分子给体材料结构式之二

表 2.4 基于 DTS 的 A-D-A 小分子给体材料的相关性能参数

给体材料	E_g^{opt}/eV	E_{HOMO}/eV	E_{LUMO}/eV	V_{oc}/V	J_{sc}/(mA · cm^{-2})	FF	PCE/%	文献
DCAO3TSi	1.73	−4.95	−3.26	0.80	11.51	0.64	5.84	[55]
DR3TDTS	1.66	−4.94	−3.28	0.83	13.97	0.70	8.02	[56]
SD1	1.84	−5.17	−3.37	0.92	6.37	0.56	3.27	[57]
SD2	1.77	−5.08	−3.31	0.89	6.61	0.49	2.88	[57]
SD3	1.67	−5.12	−3.45	0.92	8.73	0.48	3.81	[57]
SD4	1.98	−5.28	−3.52	0.82	9.79	0.54	4.35	[58]
SD5	1.98	−5.27	−3.52	0.82	9.30	0.57	4.34	[58]
SD6	1.99	−5.47	−3.65	0.94	7.75	0.41	3.00	[58]
SD7	2.04	−5.35	−3.50	0.87	7.94	0.47	3.22	[58]
SD8	2.02	−5.34	−3.53	0.86	8.38	0.52	3.75	[58]
SD9	2.04	−5.02	−3.10	0.64	1.25	0.26	0.21	[58]
RHO-tDTS	1.67	−4.92	−3.25	0.89	12.69	0.685	7.56	[59]

2.1.4 二噻吩并吡咯及其类似单元

二噻吩并吡咯作为一个给电子能力很强的结构单元在构筑交替共聚物时会导致聚合物的 HOMO 能级较高，使得器件的开路电压较低。对于小分子，通过调节分子的共轭长度以及组成结构单元的性质可以改善基于二噻吩并吡咯为给体单元的小分子的开路电压。

P. Bäuerle 等通过将 DCV5T 中间的噻吩单元替换为二噻吩并吡咯合成了小分子 SD10 和 SD11，如图 2.25 所示[60]。这两个分子桥连的联二噻吩单元上的烷基链的位置不同，导致分子的堆积方式发生改变，基于分子 SD10 和 SD11 的器件能量转换效率分别为 4.8%和 5.6%。随后他们通过精细调控烷基侧链合成了一系列 A-D-A 型小分子 SD12～SD15[61]。通过改变烷基链的长度和取代位置可以调节化合物的能级以及在有机溶剂中的溶解度。烷基链朝噻吩单元外侧的分子(SD10、SD12 和 SD14)在三氯甲烷溶液的溶解度分别小于所对应的烷基链朝噻吩单元内侧的分子(SD11、SD13 和 SD15)。电化学方法测试的结果显示，烷基链朝内的分子的 HOMO 和 LUMO 能级比相应的烷基链朝外的分子要低。经过溶剂退火工艺处理后，基于这些小分子的太阳能电池的器件能量转换效率都超过了 4.0%，其中基于 SD14 和 SD15 的器件能量转换效率均为 6.1%。

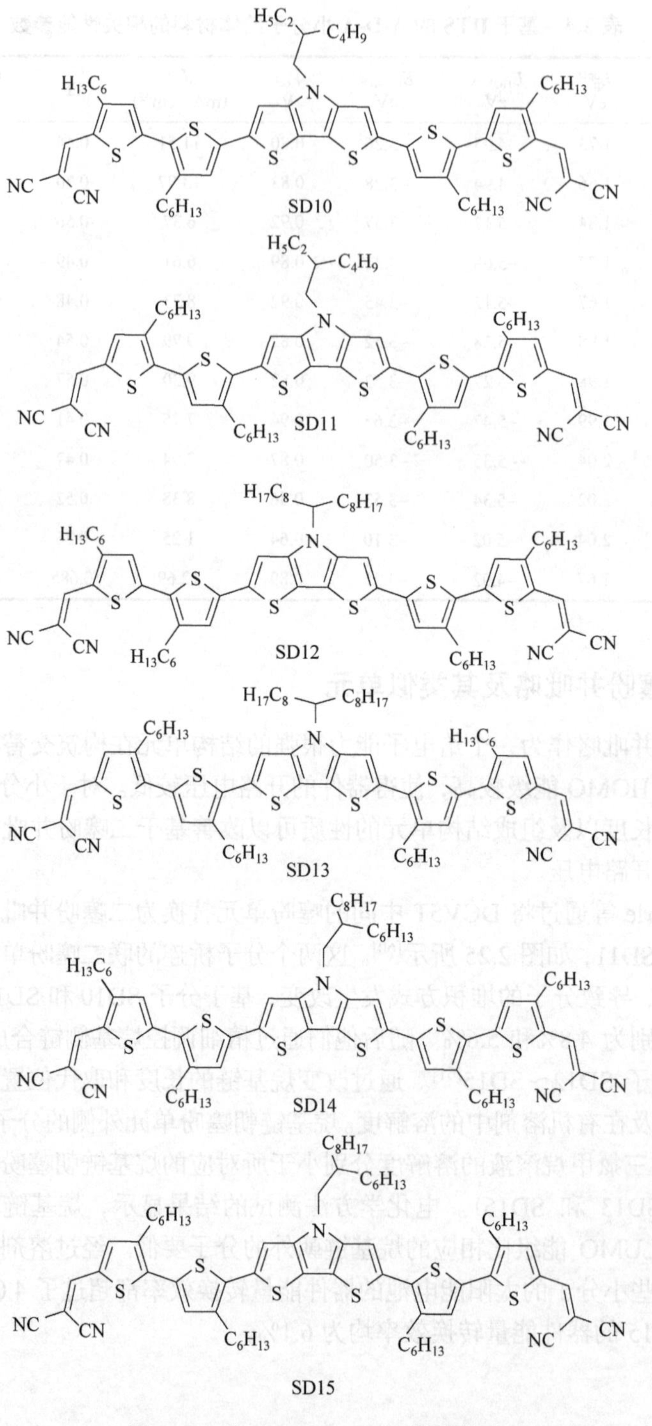

图 2.25 分子 SD10～SD15 的结构式

笔者研究组以二噻吩并吡咯为中间核、烷基取代联三噻吩为共轭桥和辛基罗丹宁为末端吸电子基团设计合成了小分子 DR3TDTN[62] (图 2.26)，该分子在 300～820 nm 范围内有着很强的光吸收并且其带隙只有 1.49 eV。基于 DR3TDTN：$PC_{71}BM$ 共混膜的太阳能电池的能量转换效率只有 3.03%，开路电压为 0.67 V，短路电流密度为 8.22 $mA \cdot cm^{-2}$，填充因子为 0.55。EQE 测试结果显示，基于 DR3TDTN：$PC_{71}BM$ 的光伏器件在 300～800 nm 范围内均有光电响应信号，然而其 EQE 响应的峰值不到 40%，这主要是由于 DR3TDTN 的结晶性太强使得活性层共混薄膜中的 DR3TDTN 和 $PC_{71}BM$ 之间的相分离尺度过大，降低了激子的电荷分离效率。

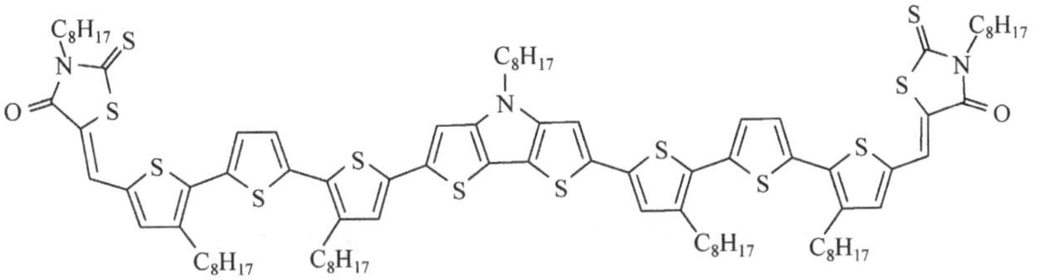

图 2.26　DR3TDTN 的结构式

S. Yagai 等合成了以吲哚并咔唑为给体单元、噻吩吡咯并吡咯二酮(DPP)为受体单元的 A-D-A 型小分子 3, 9-TDPPIC 和 2, 7-TDPPIC(图 2.27)[63]。与化合物 2, 7-TDPPIC 相比，具有更好的线形几何构型的 3, 9-TDPPIC 显示出更高的结晶性和更强的分子间作用。基于这两个分子的光伏器件能量转换效率分别为 1.80%和 1.40%。笔者研究组等以大的稠环结构单元二噻吩并咔唑为中间核、辛基取代联二噻吩为共轭桥、罗丹宁为末端受体单元合成了小分子 DR2TDTCz[64]。该分子具有较好的平面性，在薄膜状态下分子间能形成很好的π-π堆积作用。DR2TDTCz：$PC_{71}BM$ 共混薄膜对空穴和电子的传输性能相当，因此可以降低电荷的累积，减少双分子复合的概率，在制备光伏器件时可以得到高的填充因子。基于 DR2TDTCz：$PC_{71}BM$ 共混膜的太阳能电池的填充因子高达 0.75，其能量转换效率超过 7%。上述分子结构的相关性能参数见表 2.5。

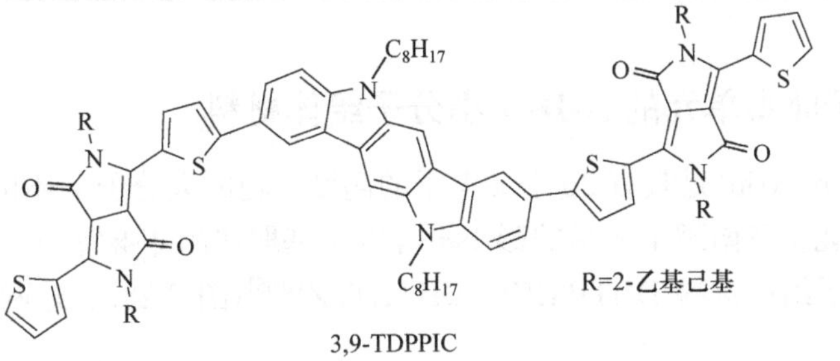

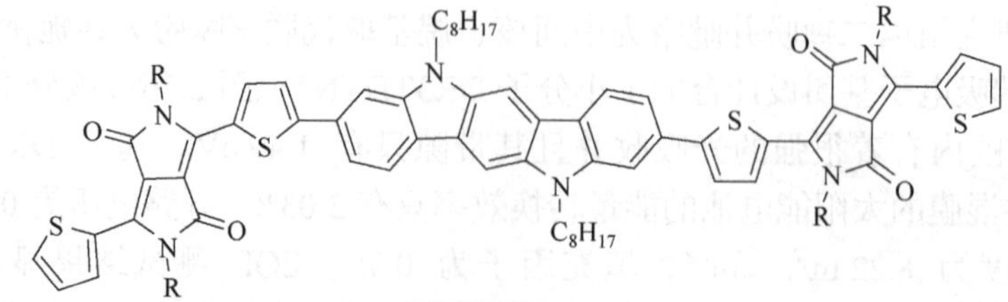

2,7-TDPPIC

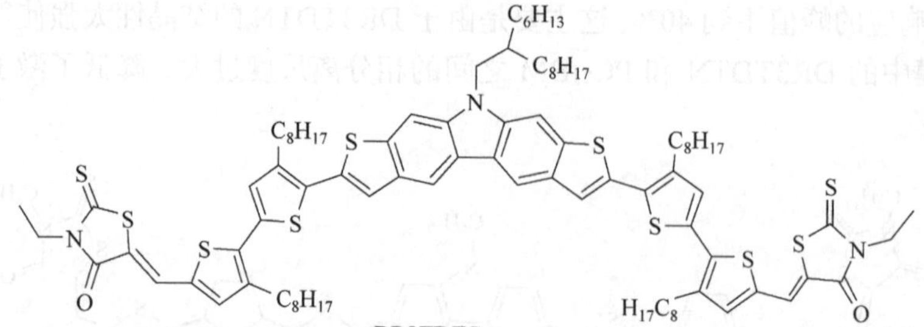

DR2TDTCz

图 2.27 基于稠环结构的部分小分子给体材料化学结构

表 2.5 基于氮杂环单元的 A-D-A 结构的小分子给体材料的相关性能参数

给体材料	E_g^{opt}/eV	E_{HOMO}/eV	E_{LUMO}/eV	V_{oc}/V	J_{sc}/(mA · cm^{-2})	FF	PCE/%	文献
SD10	1.80	−5.28	−3.68	0.829	8.8	0.63	4.8	[60]
SD11	1.78	−5.28	−3.64	0.810	10.5	0.66	5.6	[60]
SD12	1.79	−5.27	−3.67	0.840	8.4	0.66	4.6	[61]
SD13	1.82	−5.30	−3.75	0.829	8.2	0.65	4.4	[61]
SD14	1.81	−5.31	−3.75	0.841	11.4	0.63	6.1	[61]
SD15	1.81	−5.30	−3.73	0.843	10.1	0.72	6.1	[61]
DR3TDTN	1.49	−4.74	−3.26	0.67	8.22	0.55	3.03	[62]
3, 9-TDPPIC	1.78	−5.20	−3.42	0.77	5.91	0.40	1.80	[63]
2, 7-TDPPIC	1.78	−5.28	−3.50	0.72	3.92	0.508	1.40	[63]
DR2TDTCz	1.82	−5.05	−3.31	0.90	10.34	0.75	7.03	[64]

2.1.5 基于卟啉单元的 A-D-A 小分子给体材料

卟啉(porphyrin)是具有 26 个 π 电子的高度共轭的大分子杂环化合物，具有独特的光电性能。华南理工大学的彭小彬等以苯基取代的卟啉锌为中间核单元设计合成了小分子给体材料 DHTBTZP、DHTBTEZP[65](图 2.28)，这两种分子的吸收范围为 300～1000nm。与 DHTBTZP 相比，在卟啉锌与苯并噻二唑单元之间引入了三键的 DHTBTEZP 具有更好的平面性，实现了更有效的共轭，有利于电荷的传输。基于 DHTBTZP 和 DHTBTEZP 的太阳能电池的能量转换效率分别为 0.71%和 4.02%。随后，他们以二苯基卟啉锌通过炔键连接两个二噻吩吡咯并吡咯二酮合成了小分子给体 DPPEZnP-O[66]，该分子的薄膜吸收光谱覆盖了可见光区到近红外区。基于 DPPEZnP-O：PCBM 的光伏器件的能量转换效率为 5.83%，短路电流密度可达 14.97 mA · cm^{-2}，填充因子为 0.53。通过添加 4%的 DIO 调节 DPPEZnP-O：PCBM 活性层的形貌，使得器件的填充因子提高到 0.637，短路电流密度提升至 16.00 mA · cm^{-2}，效率能量转换提高到 7.23%。该研究组通过调节添加剂的挥发速度进行后处理，调节活性层形貌，将基于该分子的器件能量转换效率进一步提高至 7.78%，短路电流密度高达 19.25 mA · cm^{-2}，这是有机太阳能电池领域较高的短路电流密度之一[67]。

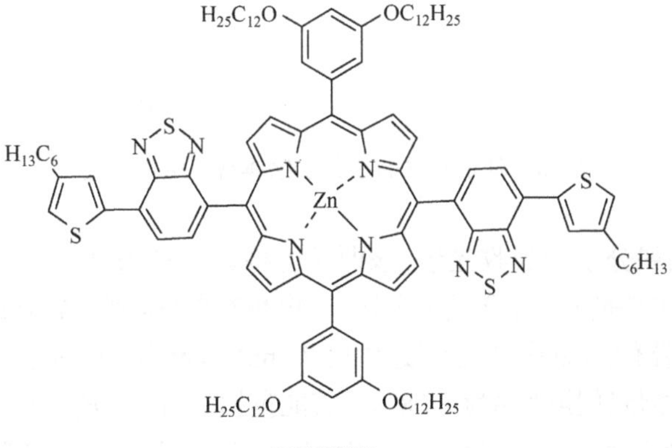

DHTBTZP

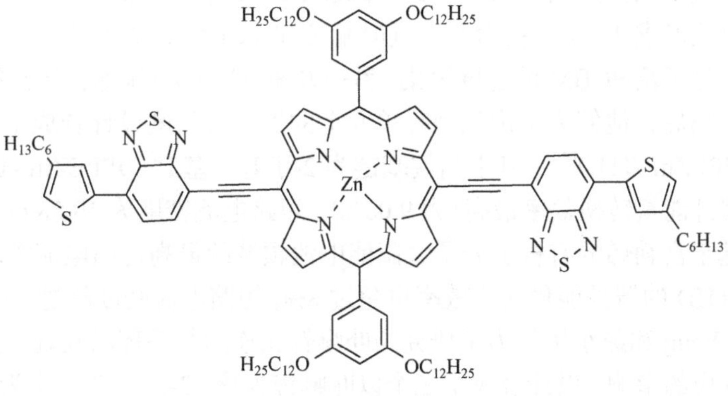

DHTBTEZP

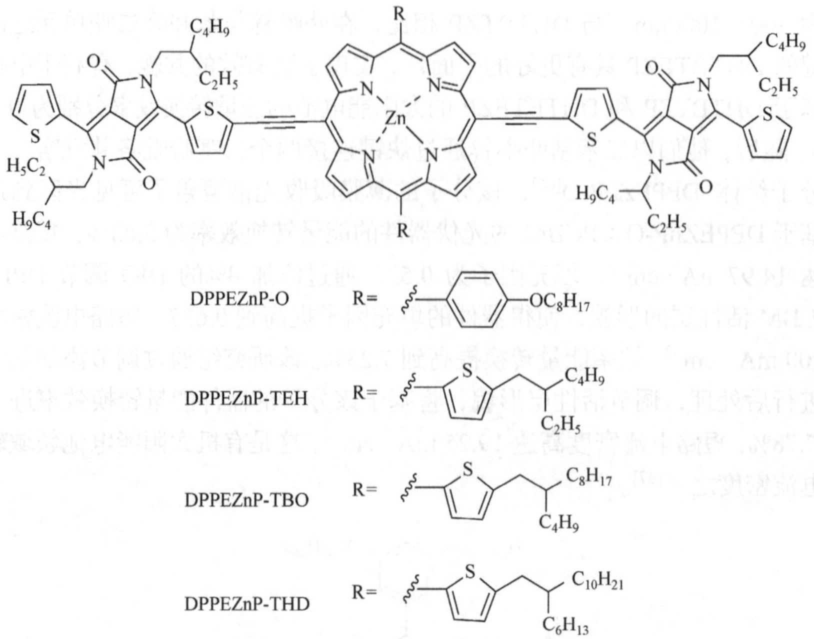

DPPEZnP-O R=
DPPEZnP-TEH R=
DPPEZnP-TBO R=
DPPEZnP-THD R=

图 2.28 基于卟啉的小分子给体材料结构式之一

为进一步拓展分子的吸收光谱，该课题组将 DPPEZnP-O 中二苯基卟啉锌上的烷基苯替换成烷基噻吩单元，合成了小分子 DPPEZnP-TEH[68]。基于 DPPEZnP-TEH：$PC_{71}BM$ 的光伏器件的短路电流密度为 16.76 mA · cm^{-2}，开路电压为 0.78 V，填充因子为 0.618，能量转换效率为 8.08%，其能量损失(E_{loss}=E_g–eV_{oc})低于 0.60 eV。通过添加 0.4%吡啶和 0.4%DIO，短路电流密度进一步提高到 17.50 mA · cm^{-2}，器件能量转换效率也提高到 8.36%。其中添加剂吡啶起到非常重要的作用，吡啶可以和卟啉单元形成 1∶1 的配合物，同时吡啶和 PCBM 的相互作用一方面可以阻止卟啉类小分子及 PCBM 的过度聚集，另一方面可以使卟啉类小分子和 PCBM 更好地混合。随后，他们为了优化噻吩单元上的烷基链长度设计合成了 DPPEZnP-TBO 和 DPPEZnP-THD[69]，其中当烷基链为 2-丁基辛基时(DPPEZnP-TBO)，基于该分子的器件能量转换效率最高(为 9.06%)，短路电流密度为 19.58 mA · cm^{-2}，这也是目前基于富勒烯的有机小分子太阳能电池领域的最高短路电流密度值。基于 DPPEZnP-THD 的器件能量转换效率也超过 8%，短路电流密度超过 17 mA · cm^{-2}。

W. Y. Wong 和彭小彬等为了研究与卟啉锌相连的芳香环以及烷基链对小分子给体材料性质的影响，设计合成了三个以卟啉锌为核、3-乙基罗丹宁为端基、苯环为桥连单元的小分子 **4a**、**4b**、**4c**，其结构式如图 2.29 所示[70]。这三个分子在溶液和薄膜状态下都有两个明显的吸收带，吸收范围为 300～800 nm，并且其光学带隙均较窄。基于这三个分子的器件都有较好的能量转换效率，当中间单元为烷基取代的卟啉锌时(**4c**)，能量转换效率最高为 7.70%，并且能量损失也低于 0.60 eV。E. Palomars 等设计合成了以卟啉锌为中间单元、二辛基三噻吩为桥连单元、2-乙基罗丹宁为端基的 A-D-A 结构的小分子 VC117[71]，基于该分子的器件能量转换效率为 5.50%。

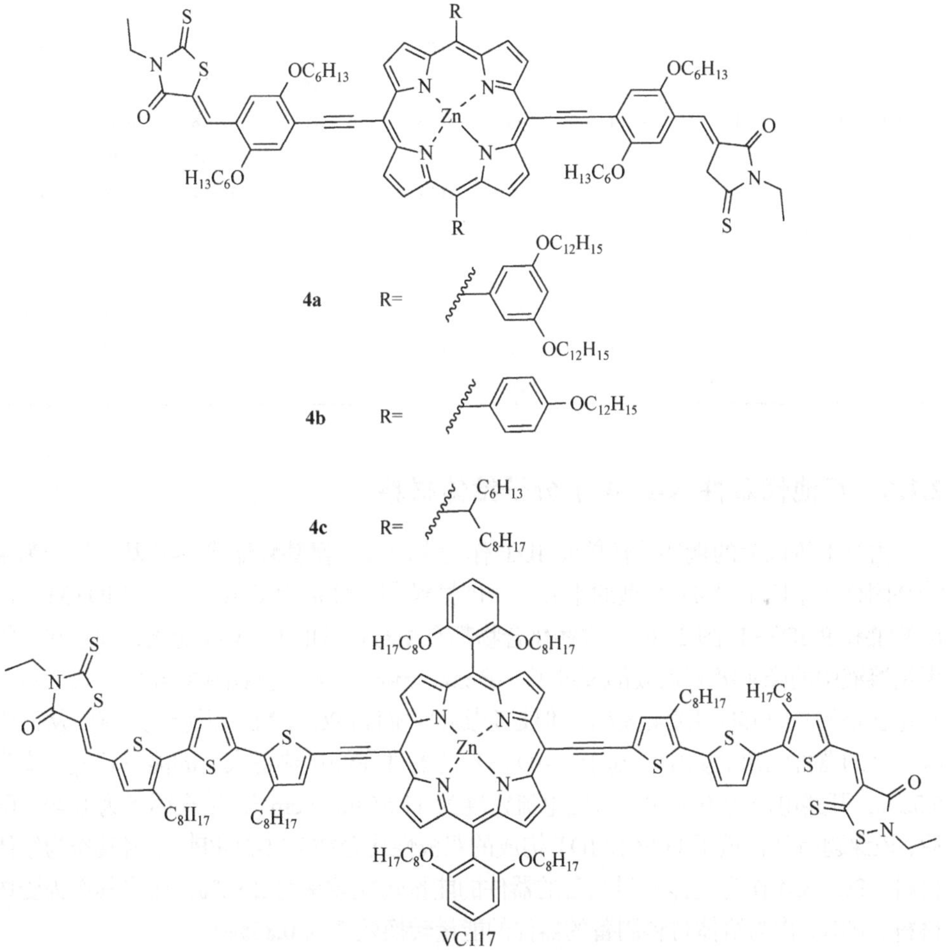

图 2.29　基于卟啉的小分子给体材料结构式之二

总结上述卟啉锌相关的工作，可以发现基于卟啉锌的小分子给体材料通常具有较高的短路电流密度(最高接近 20 mA · cm^{-2})以及较低的能量损失(低于 0.60 eV)，其相关的共混薄膜形貌也已经达到较好的状态，但是开路电压和填充因子还有提高的空间，这需要设计新的分子结构来提高该体系的能量转换效率。上述化合物的相关性能参数见表 2.6。

表 2.6 基于卟啉锌的 A-D-A 结构的小分子给体材料的相关性能参数

给体材料	E_g^{opt}/eV	E_{HOMO}/eV	E_{LUMO}/eV	V_{oc}/ V	J_{sc}/(mA · cm^{-2})	FF	PCE/%	文献
DHTBTZP	—	—	—	0.88	2.81	0.287	0.71	[65]
DHTBTEZP	1.3	−5.2	−3.9	0.85	9.46	0.50	4.02	[65]
DPPEZnP-O	1.36	−5.07	−3.60	0.71	16.00	0.637	7.23	[66]
				0.72	19.25	0.56	7.78	[67]
DPPEZnP-TEH	1.37	−5.14	−3.76	0.78	16.76	0.618	8.08	[68]
				0.74	17.50	0.646	8.36	[69]
DPPEZnP-TBO	1.37	−5.23	—	0.73	19.58	0.634	9.06	[69]
DPPEZnP-THD	1.37	−5.24	—	0.73	17.23	0.655	8.24	[69]
4a	1.60	−5.19	−3.59	0.90	7.20	0.48	3.21	[70]
4b	1.55	−5.15	−3.60	0.80	10.09	0.56	5.07	[70]
4c	1.60	−5.12	−3.52	0.91	13.32	0.64	7.70	[70]
VC117	1.62	−5.13	−3.36	0.76	11.67	0.62	5.50	[71]

2.1.6 其他代表性 A-D-A 小分子给体材料

占肖卫等以大的稠环共轭单元 IDT 作为中间核、氰基酸酯或 3-乙基罗丹宁为末端基团合成了四个 A-D-A 型的小分子给体材料[72]，分别为 C-IDT2T、C-IDT3T、R-IDT2T 和 R-IDT3T(图 2.30)。这些化合物都有相对较低的 HOMO 能级，并且在三氯甲烷溶液中的摩尔吸光系数都超过了 10^5 cm^2 · mol^{-1}。末端基团和共轭单元长度对这些化合物的吸收和能级影响较小，但是会影响它们和 PC$_{71}$BM 共混膜的形貌，从而影响最终的器件结果。其中，基于 R-IDT3T 的器件在经过热退火后的能量转换效率为 5.32%，开路电压为 0.90 V，短路电流密度为 11.55 mA · cm^{-2}，填充因子为 0.49。随后，该课题组又报道了 DPP 和 IDT 构成的双极性化合物 IDT-2DPP[73]，将其作为给体材料、PC$_{71}$BM 作为受体材料制备的器件的能量转换效率为 2.82%，而将其作为受体材料、P3HT 作为给体材料制备的器件的能量转换效率为 0.83%。

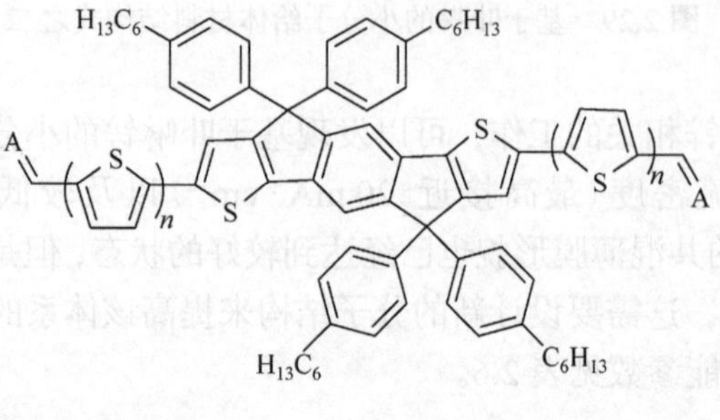

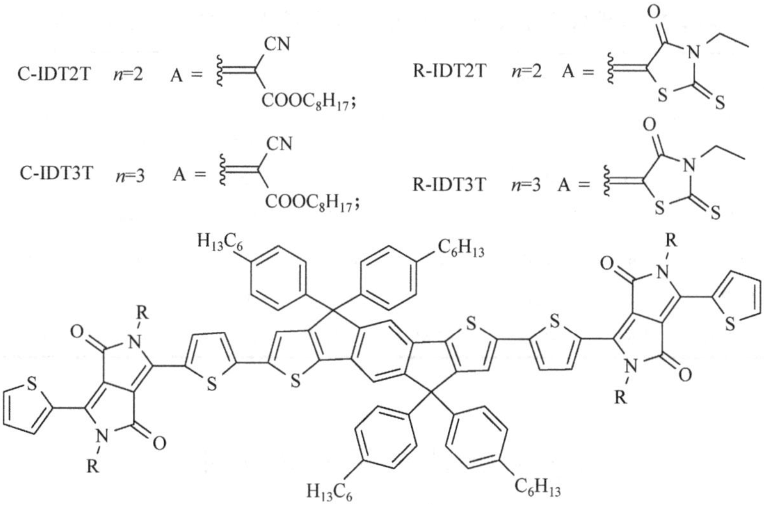

C-IDT2T　n=2　A = CN, $COOC_8H_{17}$;　R-IDT2T　n=2　A =

C-IDT3T　n=3　A = CN, $COOC_8H_{17}$;　R-IDT3T　n=3　A =

IDT-2DPP

图 2.30　IDT 系列化合物的结构式

魏志祥等以大的共轭平面结构 NDT 作为中间单元设计合成了小分子 NDTP-CNCOO[74]，他们将苯环引入到 NDT 的侧链位置，构筑了二维的 NDTP 单元，NDTP 单元能有效地增加共轭面积、增强分子间的π-π相互作用从而利于电荷传输（图 2.31）。基于该分子的器件厚度为 100～300 nm 时，填充因子都在 0.70 以上，这主要归功于其高的空穴迁移率。当活性层厚度在 300 nm 时，器件能量转换效率最高为 7.20%，其中填充因子为 0.71，开路电压为 0.94 V。

上述化合物的相关性能参数见表 2.7。

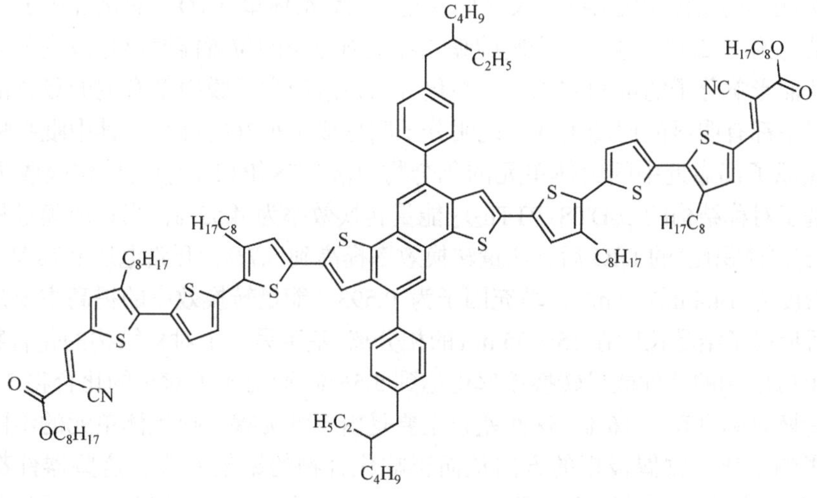

图 2.31　NDTP-CNCOO 的结构式

表 2.7 其他代表性 A-D-A 结构的小分子给体材料的相关性能参数

给体材料	E_g^{opt}/eV	E_{HOMO}/eV	E_{LUMO}/eV	V_{oc}/V	J_{sc}/(mA · cm^{-2})	FF	PCE/%	文献
C-IDT2T	1.92	−5.22	−3.28	0.88	7.98	0.33	2.53	[72]
C-IDT3T	1.90	−5.18	−3.29	0.91	10.52	0.496	5.00	[72]
R-IDT2T	1.86	−5.21	−3.27	0.93	10.11	0.445	4.38	[72]
R-IDT3T	1.88	−5.19	−3.27	0.90	11.55	0.49	5.32	[72]
IDT-2DPP	1.74	−5.11	−3.32	0.88	8.53	0.376	2.82	[73]
NDTP-CNCOO	1.88	−5.18	−3.45	0.94	10.77	0.71	7.20	[74]

2.2 D_1-A-D_2-A-D_1 结构的小分子给体材料

2.2.1 基于二噻吩并噻咯的 D_1-A-D_2-A-D_1 小分子给体材料

上面介绍的主要是 A-D-A 型的小分子给体材料，另一类重要的小分子给体材料是以 G. C. Bazan 和 A. J. Heeger 等为代表发展的可溶性 D-A-D 类材料。他们报道了一系列 D_1-A-D_2-A-D_1 结构的可溶液处理的小分子给体材料[2]，经过分子结构以及器件的优化，基于该体系的化合物的器件能量转换效率也超过了 9%，下面具体介绍。

聚合物中最为成功的设计策略是构筑 D-A 的主链结构，由此出发 G. C. Bazan 课题组设计了以噻咯硅(dithienosilole，DTS)为中间给体单元(D2)，吡啶噻二唑(PT)为相邻的受体单元(A)，双噻吩单元为侧翼给体单元(D1)的化合物 **1**～**4**[75]，具体结构见图 2.32。通过改变吡啶噻二唑上氮原子的位置能明显地改变分子的偶极矩从而影响分子的堆积方式。这些化合物在溶液和薄膜中都有宽的吸收范围，在薄膜中都有明显的肩峰出现，说明分子间形成了很好的堆积，其中吡啶噻二唑上的氮原子都靠近中间给体单元的化合物 **1**[*p*-DTS(PTTh$_2$)$_2$]的单位吸收强度最高。基于对称结构的 *p*-DTS(PTTh$_2$)$_2$ 能量转换效率为 4.52%，当在成膜过程中加入 0.25%(体积比)的 DIO 后，能量转换效率提高到 6.7%，开路电压 0.78 V，短路电流密度为 14.4 mA · cm^{-2}，填充因子为 0.593，能量转换效率的提高主要是加入 DIO 后形成了结晶长度在 15～35 nm 的相分离。基于另一个对称结构的化合物 **2**[*d*-DTS(PTTh$_2$)$_2$]的器件能量转换效率也达到 5.56%，而对于不对称的化合物 **3**，器件能量转换效率只有 3.16%。这些差异主要是由于吡啶噻二唑受体单元的不同排列方向影响了化合物偶极矩的方向从而影响化合物的聚集方式。这些器件都是以 MoO_3 为空穴传输层制备的，而以 PEDOT：PSS 为空穴传输层制备的器件其性能较差，主要是由于 PEDOT：PSS 的弱酸性使 PT 单元质子化而导致体相形貌不佳引起的。

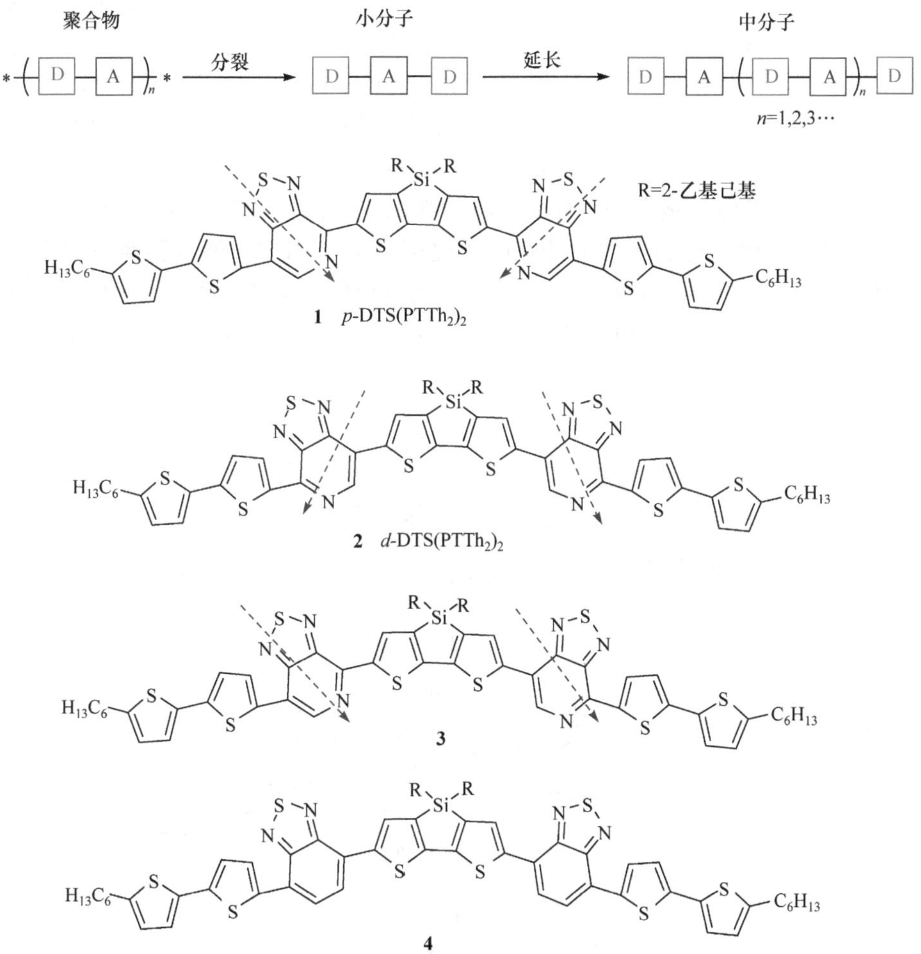

图 2.32 基于 DTS 的化合物 **1**～**4** 的结构式

随后，Bazan 研究组用氟代苯并噻二唑(FBT)作为受体单元合成了化合物 *p*-DTS(FBTTh$_2$)$_2$[76]，FBT 单元的引入避免了 PT 单元上氮原子的质子化，同时 F 原子的引入使受体单元前体的 4、7 位溴原子的反应活性发生了改变，合成目标产物的过程更容易。将 *p*-DTS(FBTTh$_2$)$_2$ 与 PC$_{71}$BM 共混，以 PEDOT：PSS 为空穴传输层制备的器件在 130 ℃热退火后得到的能量转换效率为 5.8%，当添加体积比为 0.4%的 DIO 后，能量转换效率提高至 7.00%，填充因子为 0.68。基于该化合物，G. C. Bazan 与 A. J. Heeger 团队进行了一系列的器件优化工作，依次获得了

7.88%[77]、8.03%[78]、8.24%[79]和 8.94%[80]的能量转换效率；而在正向器件结构中通过使用金属钡作为电子传输层[81]，制备出的最优单层光伏器件的能量转换效率为 9.02%，开路电压为 0.78 V，短路电流密度为 15.47 mA · cm^{-2}，填充因子高达 0.749。基于此化合物的器件通常都有较高的短路电流密度，这与化合物本身具有较宽的吸收有很大关系；但是开路电压通常不高。随后，他们在 *p*-DTS$(FBTTh_2)_2$结构的基础上，通过引入弱的给体单元 SIDT 以降低 HOMO 能级，设计合成了中心对称的 *p*-SIDT$(FBTTh_2)_2$[82]。该化合物在玻璃基底上呈现出分子共轭骨架平面与基底平行(face on)的堆积方式，利于光电转换过程中的电荷传输。基于该化合物的器件的开路电压提高到了 0.91 V，能量转换效率也达到 6.40%。与此同时，该化合物可以进行很好的自组装，通过溶液处理能得到完全结晶的晶畴，说明 *p*-SIDT$(FBTTh_2)_2$在一定程度上具有液晶分子的性质。上述化合物的结构式见图 2.33。

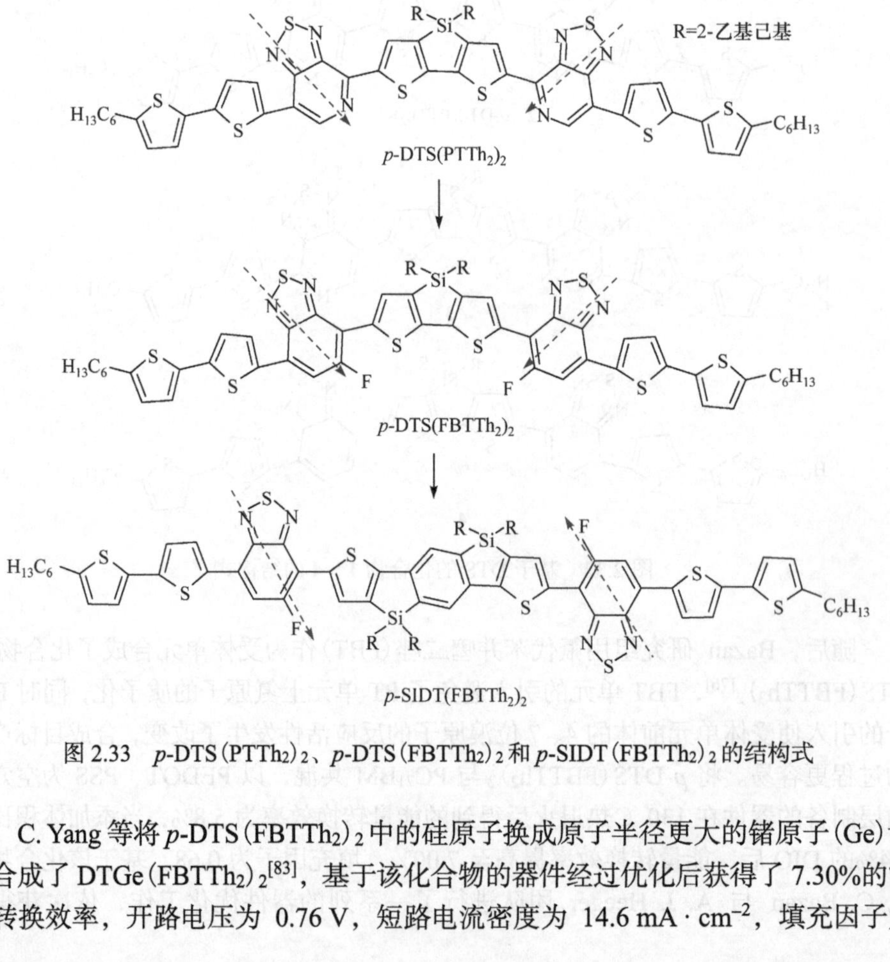

图 2.33 *p*-DTS$(PTTh_2)_2$、*p*-DTS$(FBTTh_2)_2$和 *p*-SIDT$(FBTTh_2)_2$的结构式

C. Yang 等将 *p*-DTS$(FBTTh_2)_2$中的硅原子换成原子半径更大的锗原子(Ge)设计合成了 DTGe$(FBTTh_2)_2$[83]，基于该化合物的器件经过优化后获得了 7.30%的能量转换效率，开路电压为 0.76 V，短路电流密度为 14.6 mA · cm^{-2}，填充因子为

0.653。V. Gupta 等设计合成了共轭长度更长的 DTGe(FBT$_2$Th$_2$)$_2$[84]，基于该分子的器件能量转换效率超过 9%，开路电压为 0.79 V，短路电流密度为 15.9 mA · cm^{-2}，填充因子为 0.73。对薄膜的结构表征发现，该分子在共混膜中形成了超过微米尺度的长程有序结晶，有利于电荷的传输。上述化合物的结构式见图 2.34。

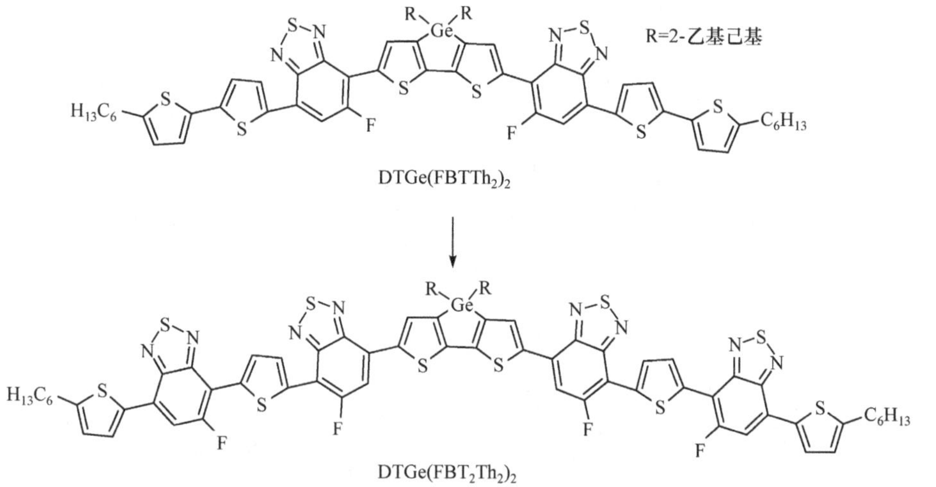

R=2-乙基己基

DTGe(FBTTh$_2$)$_2$

DTGe(FBT$_2$Th$_2$)$_2$

图 2.34　DTGe(FBTTh$_2$)$_2$ 和 DTGe(FBT$_2$Th$_2$)$_2$ 的结构式

G. C. Bazan 等进一步增加化合物的共轭长度，设计合成了分子量介于传统小分子(低于 1000 Da)和聚合物之间的系列化合物[85-87]，它们的结构式见图 2.35。这些化合物具有较长的共轭骨架，其中 X2 和 F3 的共轭长度与分子量较低的寡聚物相当。其中 AT1 是在 DTS 中间单元的两侧通过双噻吩单元各接上两个吸电子的受体单元(FBT)，双噻吩之间由于相邻的烷基链的空间位阻而呈现较大的二面角(57°)，导致整个分子的电子结构在中间部分和侧边单元形成独立的体系。该化合物的薄膜在氯苯溶剂中缓慢干燥后具有很宽的吸收，同时在 775 nm 处有明显的肩峰产生，说明控制成膜条件会对分子的堆积方式具有重要的影响。但由于分子的平面性较差，基于该化合物的器件的能量转换效率仅为 1.30%[86]。对于化合物 X1、X2 和 F1～F3，它们具有较好的平面性，同时这些化合物的共轭骨架接近 U 形，在基态时具有较大的偶极矩，而随着共轭长度的增加(X1、X2)，化合物在溶液中的摩尔吸光系数逐渐增大，HOMO 能级升高。基于这些化合物制备的器件的能量转换效率在 5.8%～6.5%之间。

从上述基于 DTS 的小分子光伏材料的研究结果可以发现，在小分子给体材料中引入给电子能力较强的 DTS 单元可以降低小分子的带隙，扩展吸收范围。值得注意的是，统计结果显示，与基于 DTS 的 D-A 交替共聚物的光伏器件相比，基于

DTS 的小分子所制备的光伏器件表现出更高的开路电压。上述化合物的相关性能参数见表 2.8。

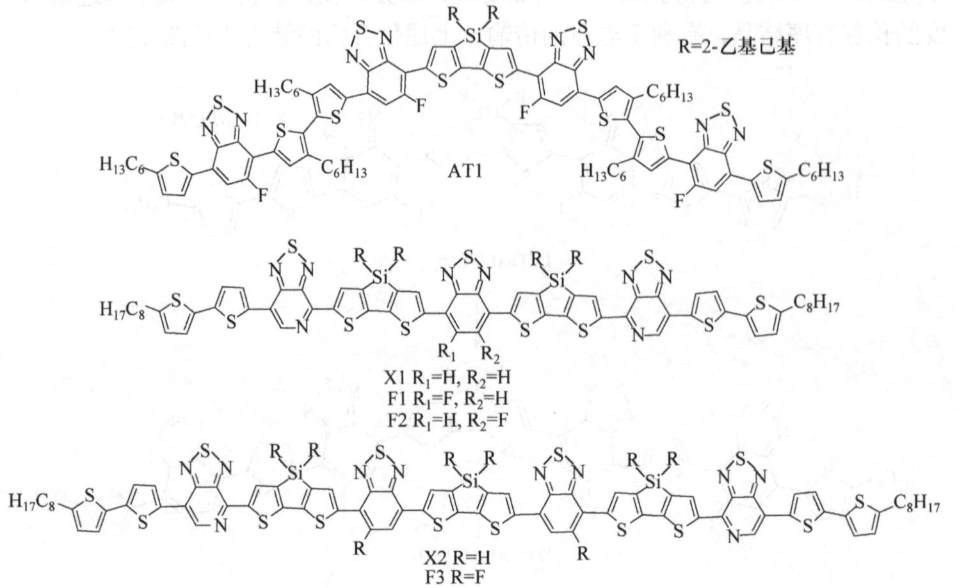

图 2.35 DTS 系列化合物的结构式

表 2.8 基于 DTS 的 D_1-A-D_2-A-D_1 小分子给体材料的相关性能参数

给体材料	E_g^{opt}/eV	E_{HOMO}/eV	E_{LUMO}/eV	V_{oc}/V	J_{sc}/(mA · cm^{-2})	FF	PCE/%	文献
1	1.50	−5.22	−3.72	0.78	14.4	0.593	6.70	[75]
2	1.50	−5.26	−3.76	0.73	12.7	0.60	5.56	[75]
3	1.52	−5.30	−3.78	0.72	9.8	0.45	3.16	[75]
4	1.58	−5.15	−3.57	0.83	0.9	0.258	0.19	[75]
p-DTS($FBTTh_2$)$_2$	1.55	−5.12	−3.34	0.81	12.8	0.68	7.00	[76]
				0.78	15.47	0.749	9.02	[81]
p-SIDT($FBTTh_2$)$_2$	1.84	−5.21	−3.36	0.91	11.0	0.65	6.40	[82]
DTGe($FBTTh_2$)$_2$	1.86	−5.15	−3.65	0.76	14.6	0.653	7.30	[83]
DTGe(FBT_2Th_2)$_2$	1.62	−5.17	−3.40	0.79	15.9	0.73	9.10	[84]
AT1	1.90	−5.29	−3.14	0.75	6.39	0.27	1.30	[86]
X1	1.44	−5.17	−3.73	0.71	13.6	0.60	5.8	[87]
F1	1.47	−5.20	−3.73	0.75	12.9	0.65	6.3	[87]
F2	1.50	−5.26	−3.75	0.76	13.5	0.59	6.1	[87]
X2	1.41	−5.04	−3.71	0.66	15.2	0.64	6.4	[87]
F3	1.45	−5.08	−3.71	0.71	14.2	0.65	6.5	[87]

2.2.2　基于 IDT/IDTT 的 D_1-A-D_2-A-D_1 小分子给体材料

中国科学院化学研究所的侯剑辉等设计合成了 D_1-A-D_2-A-D_1 结构的化合物 IDT($BTTh_2$)$_2$[88]，其中 IDT 单元作为 D2，基于此化合物制备的器件能量转换效率为 4.25%。华盛顿大学的 A. K. Y. Jen 等将更大稠环结构的 IDTT 作为中间单元 D2，同时调节末端 D1 单元的偶极矩，设计合成了四个基于 IDTT 的小分子给体材料，其末端 D1 偶极矩从小到大依次为 DFBT-BT、FBT-TT、FBT-BT、FBT-3T[89]。基于这些材料制备的器件都具有较高的开路电压(0.93～0.99 V)，主要是由于它们具有较低的 HOMO 能级。它们的短路电流密度、填充因子以及能量转换效率与 D1 偶极矩成正相关的关系，其中基于 IDTT-FBT-3T 的器件能量转换效率为 6.54%。此外，用空间电荷限制电流方法(SCLC)测得的迁移率也是随着 D1 偶极矩的增大而增大。这可能是由于 D1 单元偶极矩的增大导致分子的自聚集增强，在给受体界面形成高度的有序性，降低了陷阱态的比例，从而削弱电荷复合；另外 D1 偶极矩的增大也利于提高材料的介电性能，从而利于降低电荷转移态(charge transfer state，CT 态)激子的束缚能，削弱电荷复合，这些都利于获得更高的短路电流密度和填充因子。上述化合物的结构式见图 2.36。

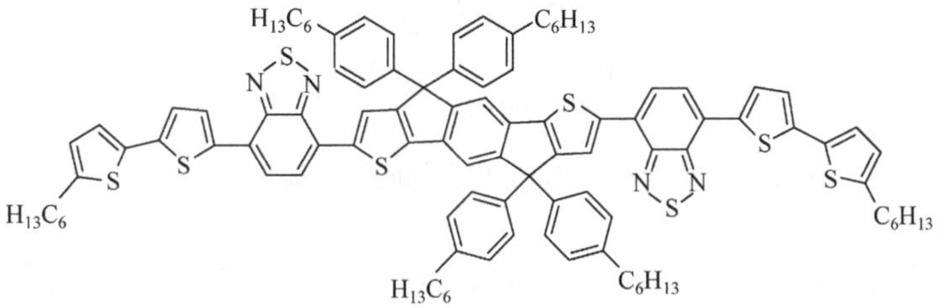

IDT($BTTh_2$)$_2$

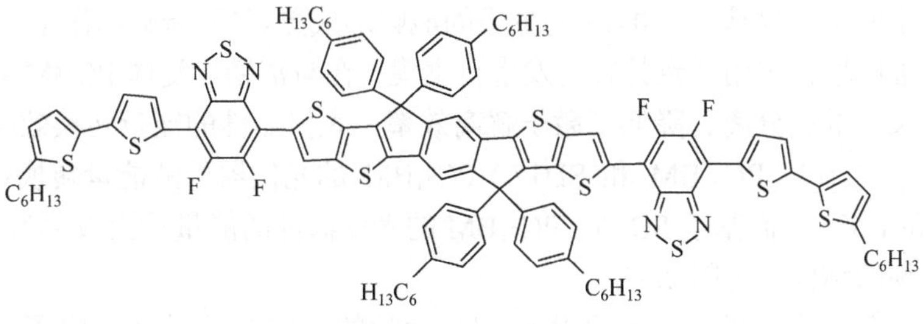

IDTT-DFBT-BT

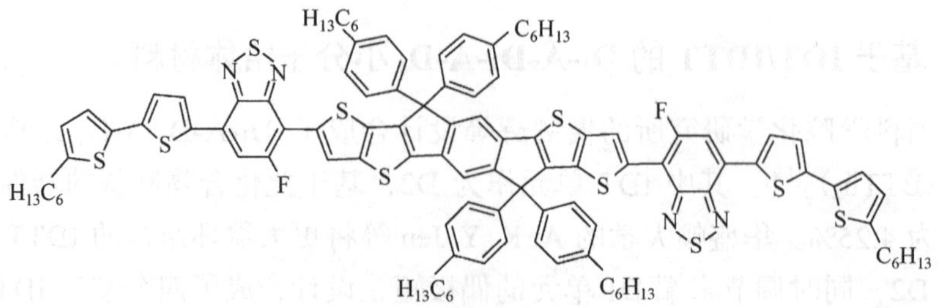

IDTT-FBT-BT

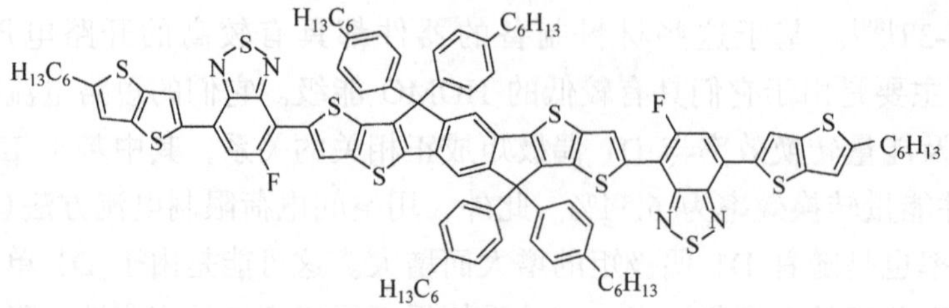

IDTT-FBT-TT

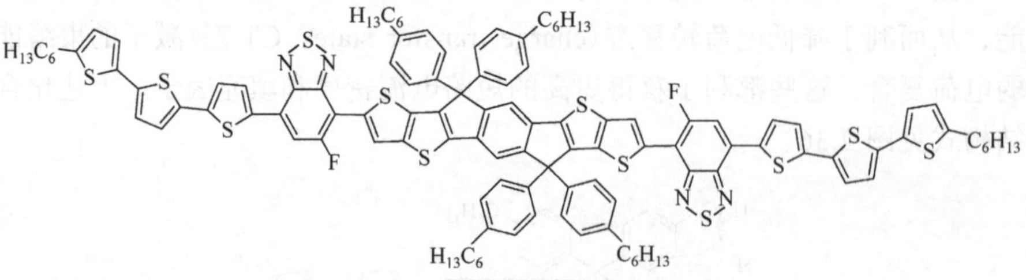

IDTT-FBT-3T

图 2.36 基于 IDT/IDTT 化合物的结构式之一

曹镛等通过在引达省并二噻吩和苯并噻二唑之间引入噻吩作为共轭桥，合成了两个小分子给体 SD16 和 SD17[90]。与 SD16 相比，分子 SD17 在薄膜状态下的吸收光谱的最大吸收峰红移了 10 nm，这是由于将体积较大的己基苯侧链替换成位阻更小的十二烷基后，SD17 的分子间能够形成更好的π-π堆积作用。然而 SD17 分子过强的堆积作用导致其容易发生自聚集，在与富勒烯受体 PCBM 共混时形成了较大尺寸的相分离，降低了激子解离效率，光伏器件的能量转换效率也相对较低，基于 SD17 : $PC_{61}BM$ 和 SD17 : $PC_{71}BM$ 的光伏器件的能量转换效率分别为 2.33%和 1.52%。而基于 SD16 : $PC_{71}BM$ 的光伏器件的能量转换效率为 4.72%。上述化合物的结构式见图 2.37。

北京理工大学的王金亮和华南理工大学的吴宏斌等设计合成了一系列基于 IDT 的 D_1-A-D_2-A-D_1 小分子，其能量转换效率也超过 9%。2015 年，他们设计合成了三个以 IDT 单元为 D_2 的多氟取代的 D_1-A-D_2-A-D_1 小分子，其结构如图 2.38

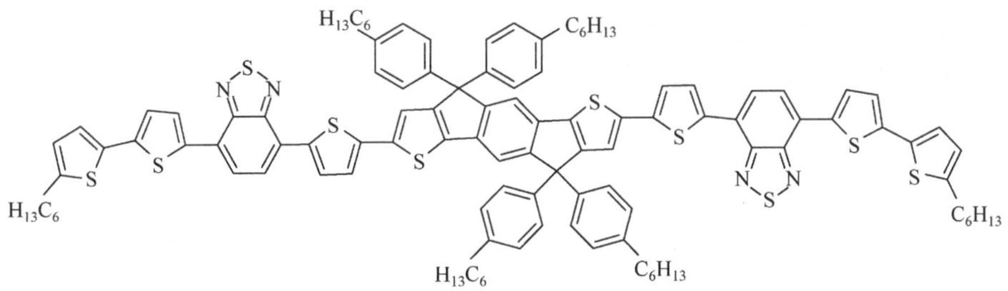

SD16

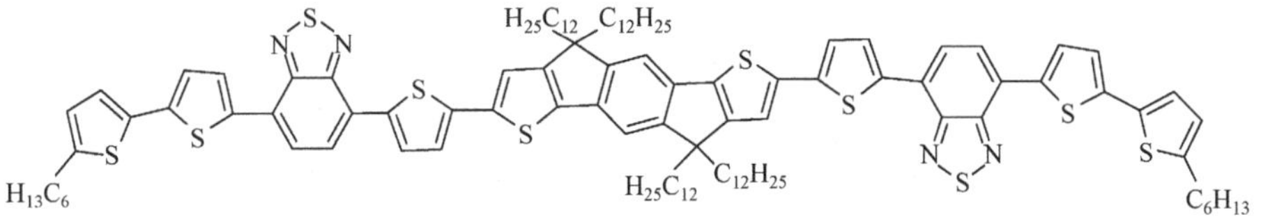

SD17

图 2.37 基于 IDT/IDTT 化合物的结构式之二

所示，BIT-4F 和 BIT-4F-T 是以双氟取代的苯并噻二唑单元(FBT)作为 A 单元[91]。氟原子的引入降低了分子的 HOMO 和 LUMO 能级，在 FBT 和 IDT 单元之间引入噻吩单元则显著地提高了分子在 400～600 nm 范围内的吸收，改善了分子的平面性、增强了 π 电子的离域和在固体状态下的分子堆积；同时 HOMO 能级相对于 BIT 没有明显升高，这利于获得高的开路电压。通过 SVA 优化活性层形貌，基于 BIT-4F-T 的器件获得了 8.10%的能量转换效率，开路电压为 0.90 V，短路电流密度为 11.9 $mA \cdot cm^{-2}$，填充因子高达 0.76，这主要归功于其高而平衡的空穴以及电子迁移率。经过进一步的器件优化，基于 BIT-4F-T 的器件能量转换效率提高到 8.70%，主要是由于其短路电流密度的提高。但基于 BIT 和 BIT-4F 的器件能量转换效率较低，分别为 2.5%和 3.4%。随后，他们将 IDT 和 FBT 之间的噻吩桥连单元替换成呋喃和硒酚单元分别合成了 BIT4FFu 和 BIT4FSe[92]，桥连单元的给电子能力从呋喃、噻吩到硒酚依次增强。这些分子的光学带隙按 BIT4FFu、BIT-4F-T、BIT4FSe 的顺序依次降低，分别为 1.85 eV、1.81 eV 和 1.77 eV，可以看到这些分子都是宽带隙的材料。其 HOMO 能级随着桥连单元给电子能力的增强依次升高，LUMO 能级则依次降低。基于这三个分子的器件在经过二氯甲烷溶剂蒸气退火处理后，填充因子都超过 0.70。相比于 BIT4FFu，BIT-4F-T 和 BIT4FSe 的器件能量转换效率均超过 8%，填充因子超过 0.72，这主要是由于这两者具有更有效的共轭长度以及更好的共混薄膜形貌。

2016 年，王金亮和吴宏斌等在 BIT-4F-T 的基础上，将噻吩桥连单元替换成 2，2′-二噻吩和噻吩[3, 2-*b*]并二噻吩，合成了 BIT4FDT 和 BIT4FTT(图 2.39)[93]。

基于这两个分子的器件也具有较高的开路电压(约 0.89 V)和填充因子，但是短路电流密度比 BIT-4F-T 的稍低，器件能量转换效率分别为 5.71%和 7.57%。

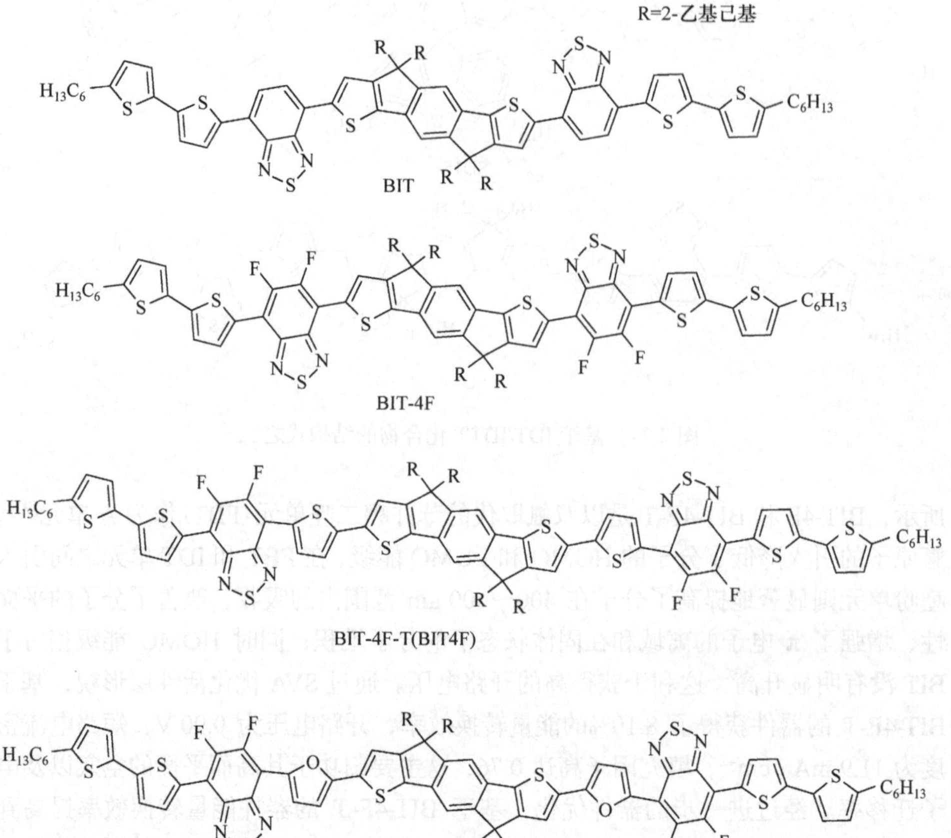

图 2.38 基于 IDT 化合物的结构式之三

2016 年，王金亮和吴宏斌等在 BIT-4F-T 的基础上设计合成了系列中等尺寸分子 BIT*n*F 以及具有相同共轭骨架结构的聚合物 PBIT*n*F(图 2.40)[94]。随着共轭长度的增长，其在溶液和薄膜状态下的最大吸收峰都逐步红移，同时摩尔吸光系数

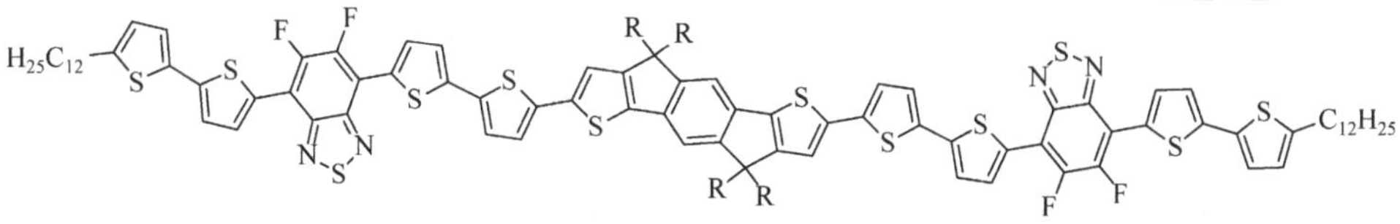

R=2-乙基己基

BIT4FDT

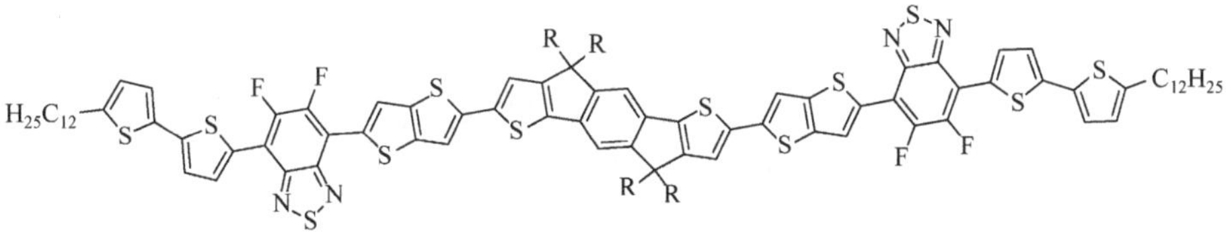

BIT4FTT

图 2.39　基于 IDT 化合物的结构式之四

也逐步增大，其光学带隙由 BIT-4F-T（即文献[94]中的 BIT4F），的 1.81 eV 逐步降低到 BIT10F 的 1.77 eV，聚合物 PBIT*n*F 的光学带隙为 1.77 eV，这说明 BIT10F 的共轭长度达到了该体系的有效共轭长度。HOMO 能级随着共轭长度的增长而降低，LUMO 能级由于更多氟原子的引入而逐步降低，这些分子的电化学带隙都在 2.10 eV 左右。通过 GIWAXS 分析发现，这些寡聚物本身都具有很好的堆积且趋向于 face-on 的堆积方式；与 $PC_{71}BM$ 共混后，这些分子仍然趋向于 face-on 的堆积方式，从而利于电荷的传输。通过热退火（TA）和溶剂蒸气退火（SVA）来优化器件，基于这些寡聚物的器件能量转换效率都高于其对应的聚合物的能量转换效率。其中基于共轭长度最短的 BIT4F 的器件在两步退火（TSA）处理后的填充因子高达 0.77，能量转换效率也超过 8%；以轴对称的缺电子基团 FBT 作为中间单元的 BIT6F 和 BIT10F 的器件能量转换效率明显高于以中心对称的富电子基团 IDT 作为中间单元的 BIT4F 和 BIT8F，其中基于 BIT6F 的器件能量转换效率最佳（为 9.09%），开路电压为 0.89 V，短路电流密度为 13.54 mA · cm^{-2}，填充因子高达 0.76。

王金亮和吴宏斌等还设计合成了以缺电子的 DPP 为中间单元、IDT 为桥连给电子单元的 D_2-A_2-D_1-A_1-D_1-A_2-D_2 型小分子[95]，其结构式如图 2.41 所示。DPP 单元的引入使该系列的小分子的吸收范围有所拓宽（300～900 nm），同时 HOMO 能级较低，尤其是对于噻唑单元取代的小分子 NDPPFBT。通过 THF 的 SVA 处理，基于 NDPPFBT 的器件能量转换效率最高为 7.00%，开路电压为 0.89 V，填充因子较高，为 0.73。

上述相关工作的基本数据总结于表 2.9 中，从这些数据中可以看到，基于 IDT 的 D_1-A-D_2-A-D_1 小分子通常都具有较低的 HOMO 能级，利于获得高的开压（0.90 V）；同时光学带隙在 1.80 eV 左右，属于宽带隙材料，可以用于构筑叠层电

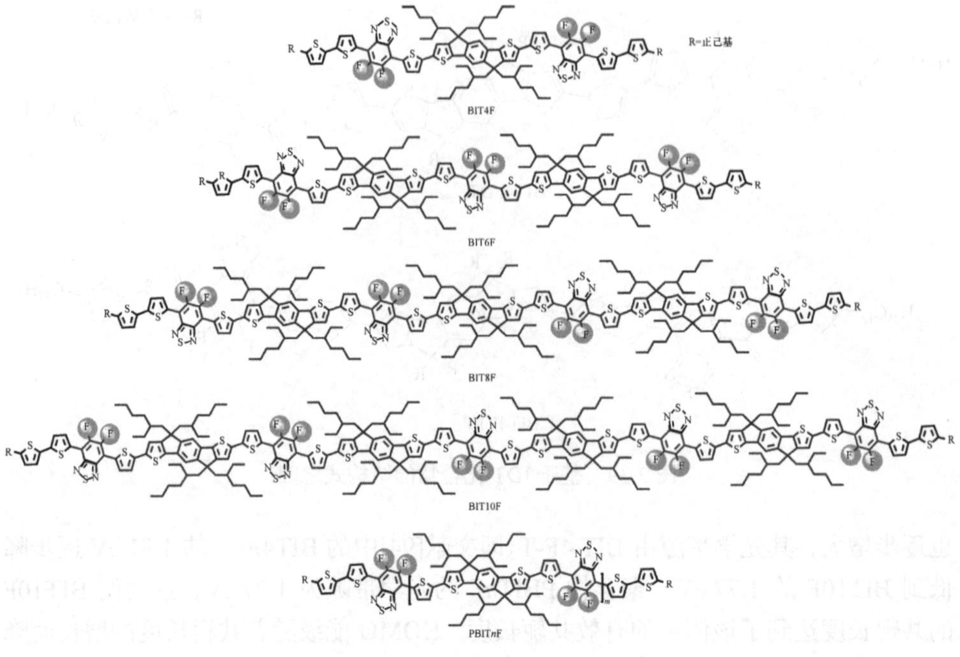

R=正己基

BIT4F

BIT6F

BIT8F

BIT10F

PBIT*n*F

图 2.40　基于 IDT 化合物的结构式之五

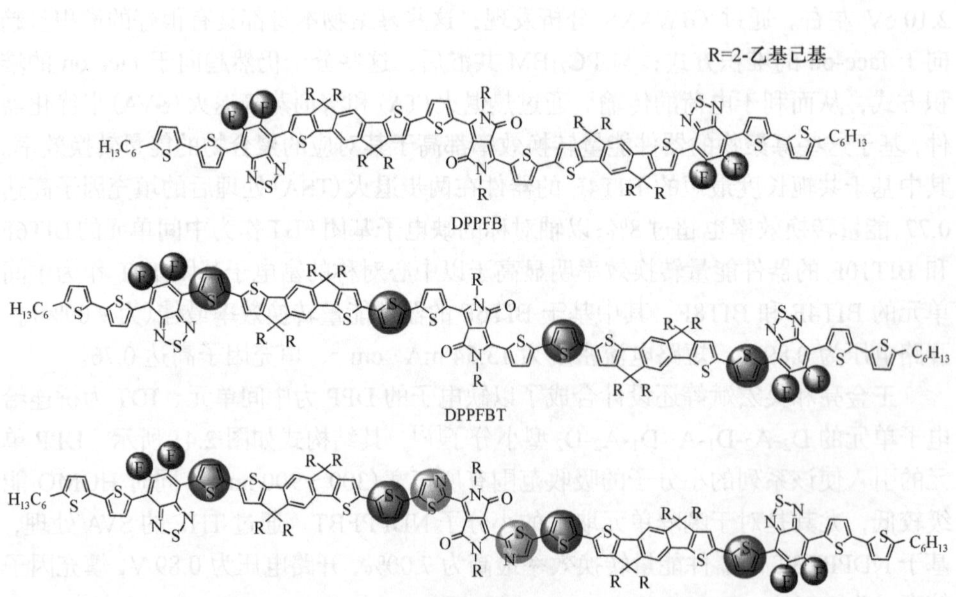

R=2-乙基己基

DPPFB

DPPFBT

NDPPFBT

图 2.41　基于 IDT 化合物的结构式之六

池的前电池。通过 TA、SVA 以及 TSA 器件优化工艺，基于这些分子的器件都具有非常高的填充因子，但是受制于其吸收范围多为 300～700 nm，吸收的光子数有限，导致短路电流密度并不高。要想在保持该体系材料高的开路电压以及填充因子的前提下，进一步提高短路电流密度从而提高能量转换效率仍然需要优化分子设计合成和器件优化。

表 2.9　基于 IDT/IDTT 的 D_1-A-D_2-A-D_1 小分子给体材料的相关性能参数

给体材料	E_g^{opt}/eV	E_{HOMO}/eV	E_{LUMO}/eV	V_{oc}/V	J_{sc}/(mA · cm^{-2})	FF	PCE/%	文献
IDT(BTTh$_2$)$_2$	1.80	−5.21	−3.58	0.93	9.42	0.48	4.25	[88]
IDTT-DFBT-BT	1.78	−5.37	−3.59	0.93	10.0	0.46	4.37	[89]
IDTT-FBT-BT	1.82	−5.39	−3.57	0.99	11.7	0.50	5.75	[89]
IDTT-FBT-TT	1.77	−5.34	−3.57	0.96	12.0	0.53	6.12	[89]
IDTT-FBT-3T	1.69	−5.26	−3.57	0.95	12.4	0.55	6.54	[89]
SD16	1.66	−5.52	−3.86	0.87	9.85	0.551	4.72	[90]
SD17	1.65	−5.46	−3.81	0.87	5.00	0.536	2.33	[90]
BIT	1.77	−5.31	−3.24	0.90	7.2	0.38	2.5	[91]
BIT-4F	1.83	−5.48	−3.32	0.99	9.0	0.38	3.4	[91]
BIT-4F-T (BIT4F)	1.81	−5.33	−3.27	0.90	11.9	0.76	8.10	[91]
				0.89	13.06	0.75	8.70	[94]
BIT4FFu	1.85	−5.31	−3.20	0.89	11.12	0.61	6.01	[92]
BIT4FSe	1.77	−5.28	−3.23	0.87	13.40	0.72	8.41	[92]
BIT4FDT	1.84	−5.30	−3.18	0.88	8.83	0.73	5.71	[93]
BIT4FTT	1.83	−5.30	−3.20	0.89	11.33	0.75	7.57	[93]
BIT6F	1.79	−5.32	−3.17	0.89	13.54	0.76	9.09	[94]
BIT8F	1.78	−5.29	−3.18	0.89	11.06	0.70	6.78	[94]
BIT10F	1.77	−5.28	−3.19	0.91	11.80	0.66	7.10	[94]
PBIT*n*F	1.77	−5.27	−3.22	0.89	9.52	0.56	4.91	[94]
DPPFB	1.59	−5.19	−3.25	0.77	10.11	0.70	5.32	[95]
DPPFBT	1.57	−5.16	−3.27	0.77	11.50	0.65	5.24	[95]
NDPPFBT	1.56	−5.25	−3.37	0.89	10.75	0.73	7.00	[95]

2.2.3　基于 BDT 的 D_1-A-D_2-A-D_1 小分子给体材料

J. Ko 等将 *p*-DTS(PTTh$_2$)$_2$ 的中间单元 DTS 替换成 BDT 单元，合成了两种以 BDT 为 D_2 单元的 D_1-A-D_2-A-D_1 小分子[96]。化合物 FBT-OEtHxBDT 具有更低的光

学带隙和更宽的吸收，但迁移率较低。基于化合物 FBT-TIPSBDT 的器件获得更高的短路电流密度和填充因子，能量转换效率也更高，为 5.69%，开路电压为 0.94 V。上述化合物的结构式见图 2.42。

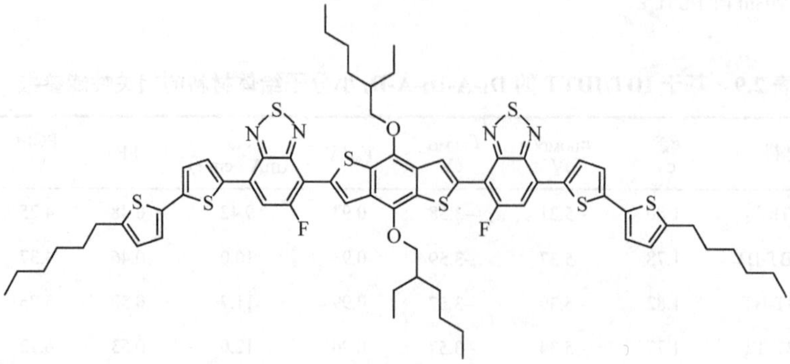

FBT-OEtHxBDT

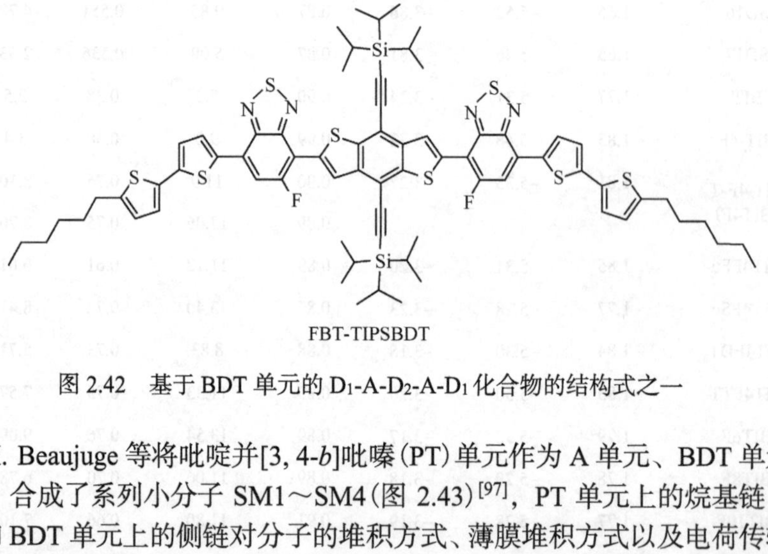

FBT-TIPSBDT

图 2.42 基于 BDT 单元的 D_1-A-D_2-A-D_1 化合物的结构式之一

P. M. Beaujuge 等将吡啶并[3, 4-*b*]吡嗪(PT)单元作为 A 单元、BDT 单元作为 D_2 单元，合成了系列小分子 SM1～SM4(图 2.43)[97]，PT 单元上的烷基链、末端烷基链和 BDT 单元上的侧链对分子的堆积方式、薄膜堆积方式以及电荷传输能力都有较大的影响。其中基于二维 BDT 单元的 SM4 的能量转换效率为 6.5%，明显高于基于一维 BDT 单元的 SM1～SM3(低于 3%)，主要是由于 SM4 的空穴迁移率明显高于 SM1～SM3。

K. Müllen 等将 2-乙基-1-(噻吩并[3, 4-*b*]噻吩)己-1-酮作为 A 单元、BDTT 单元作为 D2 单元，设计合成了小分子 M1～M3，从 M1 到 M3 末端基团逐渐增长；为了研究末端烷基链长度的影响，他们在 M3-C8(即 M3)的基础上缩减烷基链的长度设计合成了 M3-C6、M3-C4[98]。从 M1 到 M3-C8 在溶液和薄膜中随着末端基团的增长而逐渐红移，摩尔吸光系数逐步增大，光学带隙逐步降低，这利于获得较高的短路电流密度。基于 M1 到 M3-C8 分子的器件其短路电流密度、填充因子

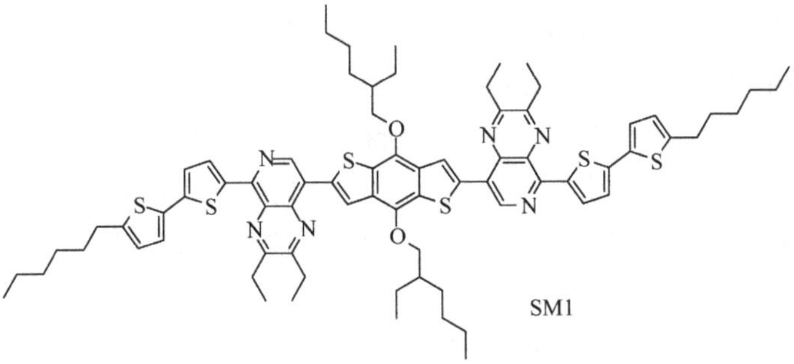

SM1

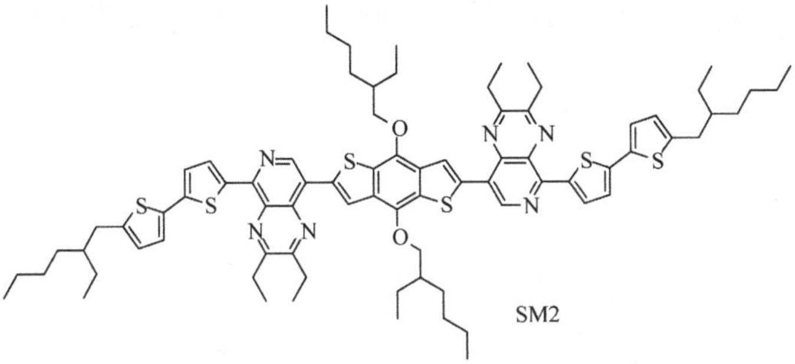

SM2

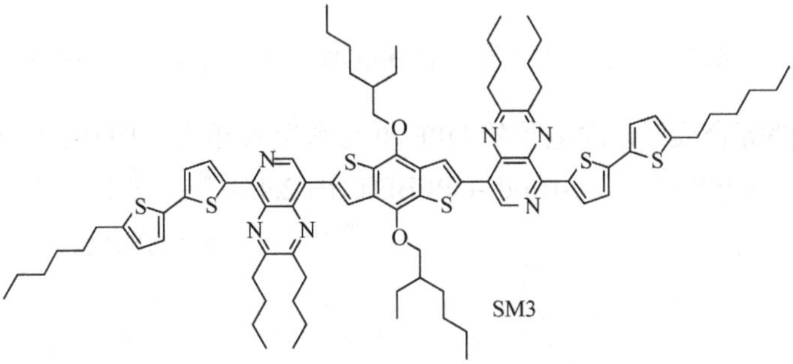

SM3

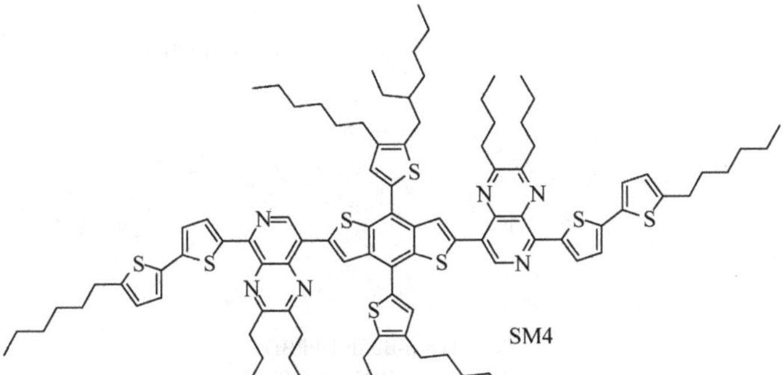

SM4

图 2.43 基于 BDT 单元的 D_1-A-D_2-A-D_1 化合物的结构式之二

以及能量转换效率都随着末端基团的增长而逐步提高，其中基于 M3-C8 的器件能量转换效率最高(为 5.2%)。从 M3-C8 到 M3-C4，它们呈现出相似的光学以及电化学性质，但是随着烷基链长度的减小，所得器件的短路电流密度依次升高，能量转换效率也由 5.2%提高到 6.0%，这主要是由于更短的烷基链利于得到更有效的分子堆积从而利于分子间的电荷传输。上述化合物的结构式见图 2.44。

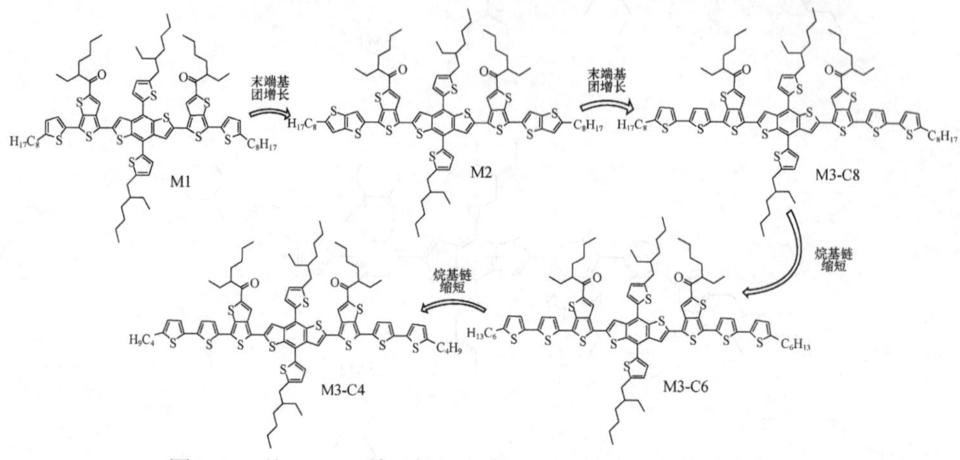

图 2.44 基于 BDT 单元的 D_1-A-D_2-A-D_1 化合物的结构式之三

詹传郎等合成了以缺电子的 DPP 单元作为 A 单元、BDTT 作为 D1 单元的小分子 DPA-diDPPBDT 和 *n*-Bu-di-DPPBDT(图 2.45)[99]。其中，以三苯胺(DPA)作

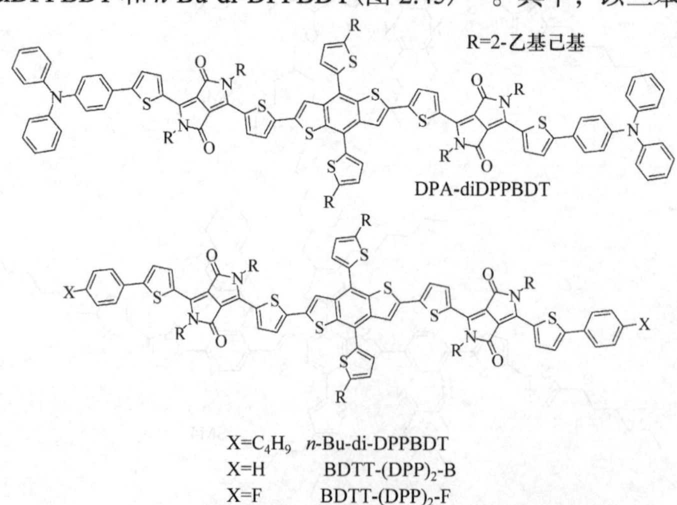

图 2.45 基于 BDT 单元的 D_1-A-D_2-A-D_1 化合物的结构式之四

为末端给电子单元的分子 DPA-diDPPBDT 具有更为红移的紫外-可见吸收以及更好的分子堆积方式，基于它的器件短路电流密度更高，为 15.64 mA · cm^{-2}，能量转换效率为 5.77%。

D. H. Hwang 等合成了具有相同共轭骨架的小分子，不同之处在于其末端分别为苯、氟苯和三氟甲基苯。三氟甲基单元的引入提高了短路电流密度和填充因子，能量转换效率为 6.00%[100]。

上述化合物的相关性能参数见表 2.10。

表 2.10 基于 BDT 的 D_1-A-D_2-A-D_1 小分子给体材料的相关性能参数

给体材料	E_g^{opt}/eV	E_{HOMO}/eV	E_{LUMO}/eV	V_{oc}/V	J_{sc}/(mA · cm^{-2})	FF	PCE/%	文献
FBT-OEtHxBDT	1.73	−5.09	−3.05	0.74	10.22	0.54	4.08	[96]
FBT-TIPSBDT	1.82	−5.34	−3.24	0.94	10.44	0.58	5.69	[96]
SM1	1.88	−5.02	−3.14	0.75	6.7	0.42	2.5	[97]
SM2	1.86	−5.09	−3.23	0.71	3.6	0.37	1.0	[97]
SM3	1.81	−5.05	−3.24	0.81	5.7	0.49	2.5	[97]
SM4	1.87	−5.10	−3.23	0.90	10.5	0.67	6.5	[97]
M1	1.7	−5.2	−3.2	0.87	2.66	0.474	1.1	[98]
M2	1.7	−5.0	−3.2	0.87	8.60	0.50	3.7	[98]
M3-C8	1.6	−5.0	−3.2	0.84	10.83	0.572	5.2	[98]
M3-C6	1.6	−5.0	−3.2	0.82	12.73	0.523	5.5	[98]
M3-C4	1.6	−5.0	−3.2	0.78	13.92	0.55	6.0	[98]
DPA-diDPPBDT	—	−5.08	−3.60	0.62	15.64	0.59	5.77	[99]
n-Bu-di-DPPBDT	—	−5.13	−3.63	0.67	8.35	0.57	3.20	[99]
BDTT-(DPP)$_2$-B	1.57	−5.15	−3.58	0.72	10.41	0.51	3.65	[100]
BDTT-(DPP)$_2$-F	1.56	−5.15	−3.59	0.70	12.88	0.58	4.96	[100]
BDTT-(DPP)$_2$-CF_3	1.55	−5.18	−3.63	0.70	13.80	0.64	6.00	[100]

2.3 其他代表性小分子给体材料

魏志祥等从聚合物 P-BDTdFBT 出发，选取聚合物部分共轭骨架，设计合成了 BDTT 和 5, 6-双氟苯并噻二唑交替的寡聚物给体材料 O-BDTdFBT[101]。与对应的聚合物相比，该寡聚物由于其共轭长度的降低，其紫外-可见吸收在溶液和薄膜状态下都有一定程度的蓝移，光学带隙也更宽，但是其分子堆积更有序、空穴迁移率更高。添加 0.5%的二碘己烷后，基于 O-BDTdFBT 的器件的能量转换效率为 8.10%，开路电压较高，为 0.98 V，填充因子为 0.72，但是受制于其吸收范围，短路电流密度并不高，为 11.92 mA · cm^{-2}。上述化合物的结构式见图 2.46。

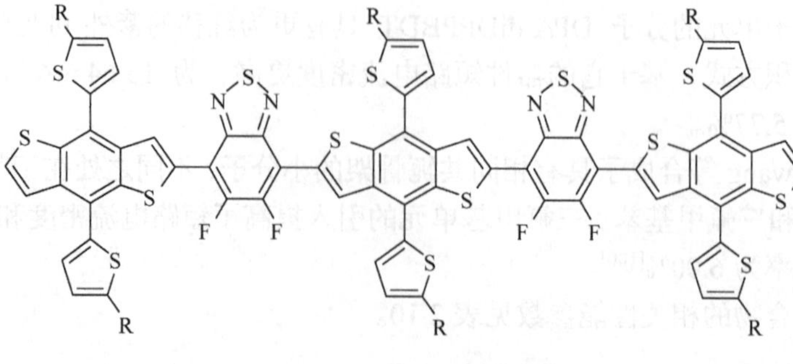

O-BDTdFBT R=2-乙基己基

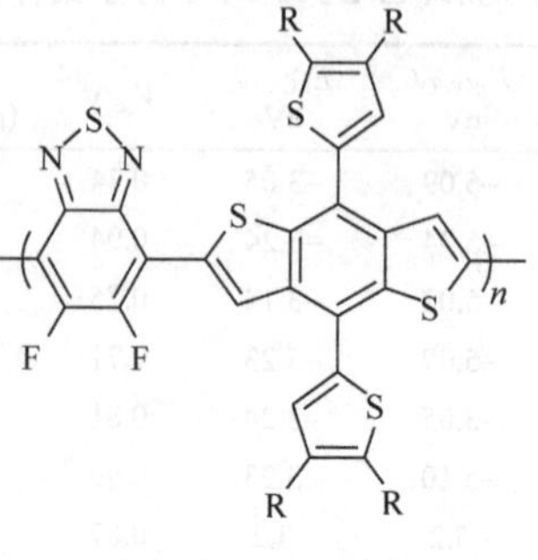

P-BDTdFBT R=辛基

图 2.46 O-BDTdFBT 和 P-BDTdFBT 结构式

魏志祥等采用相同的分子设计策略，从聚合物 PPDT2FBT 出发，设计合成了不同共轭长度的寡聚物 O-1 和 O-2，并进一步采用茚满二酮作为末端设计合成了 M-1 和 M-2[102]。当分子的共轭长度增长时，分子在溶液和薄膜状态下的吸收都有明显的红移，同时吸收强度更强。通过引入末端基团可以有效地降低带隙，同时利于形成更好的分子堆积方式。基于 O-1 的器件能量转换效率只有 1.06%，基于共轭长度更长的分子 O-2 的器件能量转换效率提高到 7.19%；以茚满二酮为末端的 M-1 和 M-2 的器件能量转换效率明显高于 O-1 和 O-2，分别为 9.25%和 8.91%，填充因子均超过 0.70。上述化合物的结构式见图 2.47。

二噻吩吡咯并吡咯二酮(DPP)具有强的吸光性能、良好的光化学稳定性以及容易改性等优点，是 D-A 聚合物光伏材料设计中一种常用的吸电子单元。T. Q. Nguyen 等合成了基于 DPP 染料和苯并呋喃的小分子给体材料 $DPP(TBFu)_2$ (图 2.48) [103]，通过对 $DPP(TBFu)_2$: $PC_{71}BM$ 活性层形貌进行精细地调控，器件的开路电压可达 0.92 V，短路电流密度为 10 $mA \cdot cm^{-2}$，填充因子为 0.48，能量转换效率为 4.4%[104]。

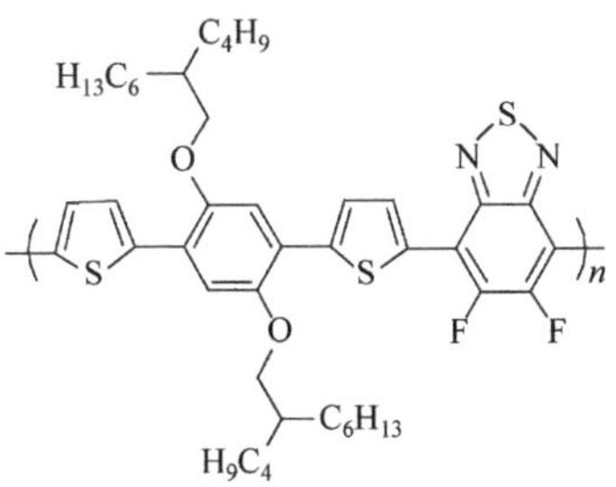

PPDT2FBT

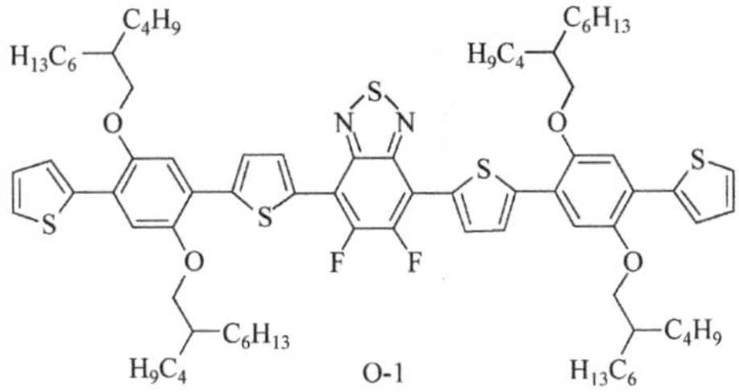

O-1

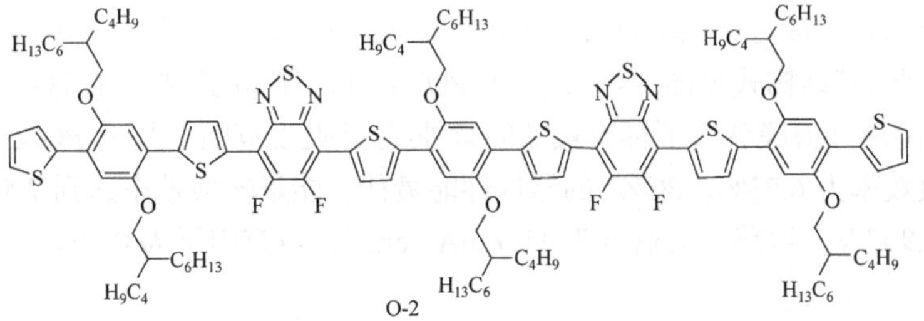

O-2

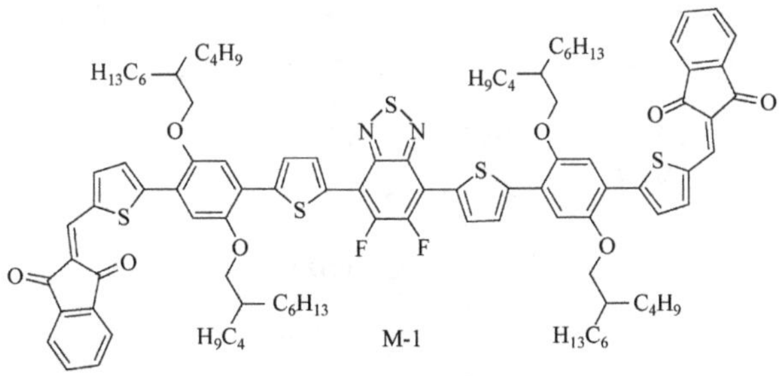

M-1

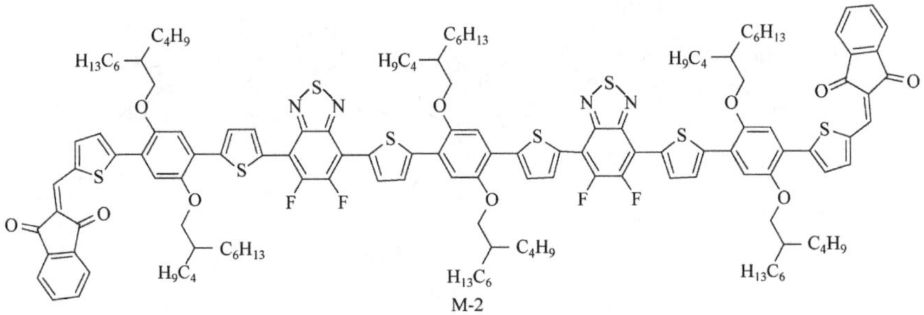

M-2

图2.47　O-1、O-2、M-1和M-2的结构式

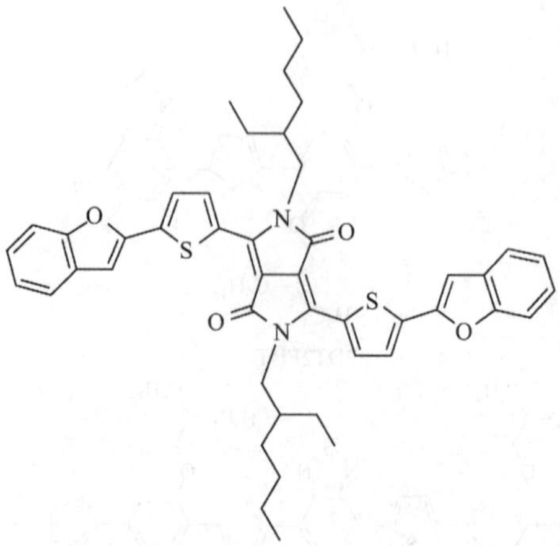

图 2.48 DPP(TBFu)$_2$的结构式

吩噁嗪(phenoxazine，POZ)是一个含有氮和氧原子的杂环非平面单元，L. C. Sun 等设计合成了一系列以 POZ 为中间给体单元的小分子给体材料 POZn[105,106](其结构式见图 2.49)，其中 POZ4 为非对称的结构。在这些化合物中，POZ2 在溶液和薄膜状态下都有最宽的紫外-可见吸收范围，基于 POZ3 的器件的能量转换效率为 6.73%，POZ2 的器件性能最佳，能量转换效率达到 7.44%，开路电压为 0.907 V，短路电流密度为 11.9 mA · cm^{-2}，填充因子为 0.69。

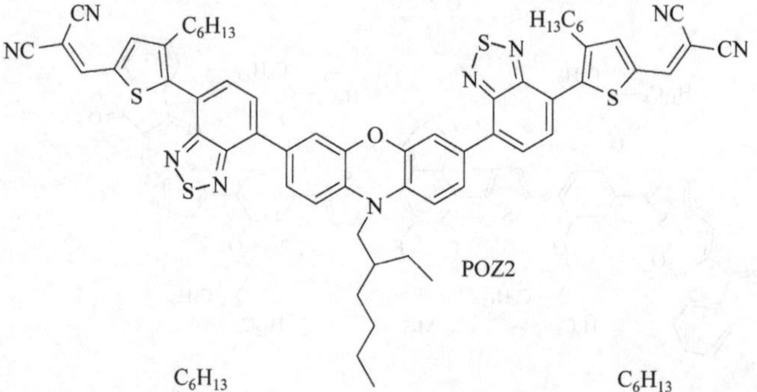

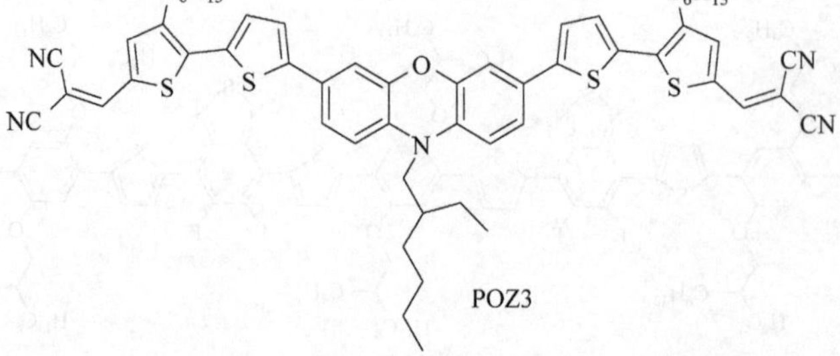

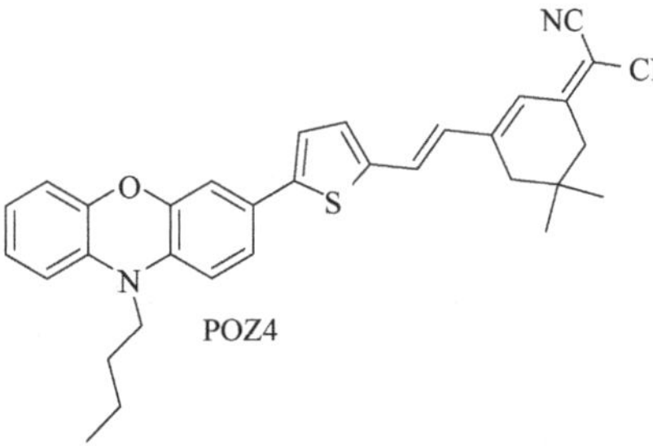

图 2.49 基于吩噁嗪的化合物结构式

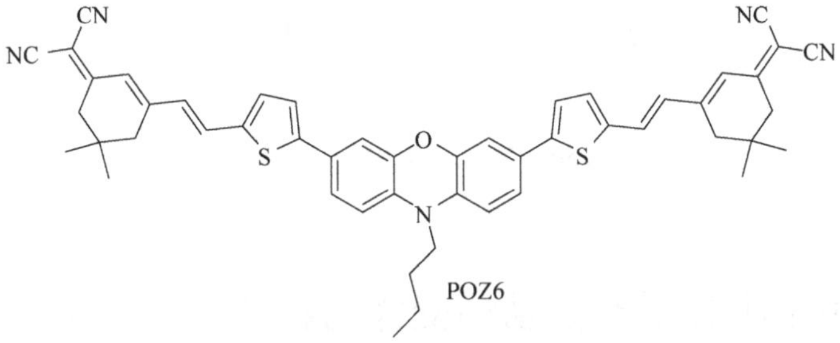

J. Kido 等通过改变侧链烷基链的长度和羟基的数目设计合成了系列方酸染料的化合物 SQ1～SQ4[107]，其结构式见图 2.50。这些化合物在薄膜状态下由于分子内和分子间的相互作用不同而呈现不同的堆积方式，进而有不同的光物理性质和空穴迁移率。但是这些化合物在与 $PC_{71}BM$ 共混的膜中都为 J 聚合，从而提高了光谱的吸收范围，可得到更高的短路电流密度。另外，羟基单元通过分子内的氢键相互作用影响了化合物的 HOMO 能级，SQ1 和 SQ2 有四个羟基，其 HOMO 较低，基于这两个化合物的器件的开路电压都超过了 0.92 V，基于 SQ2 的器件能量转换效率最佳，为 4.0%。

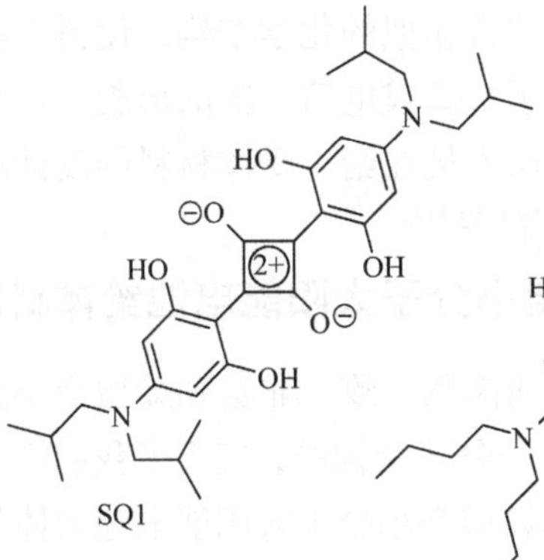

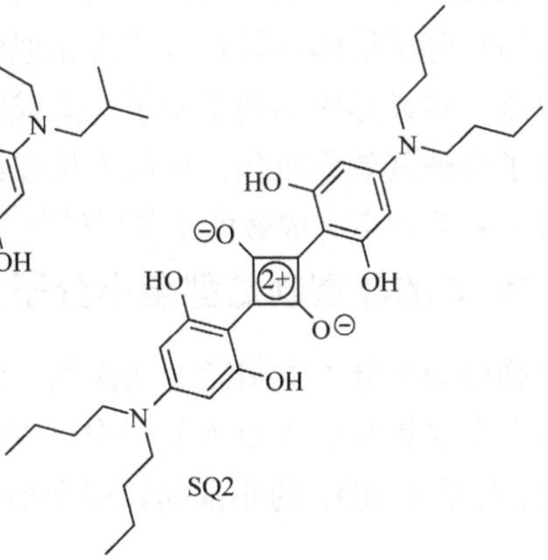

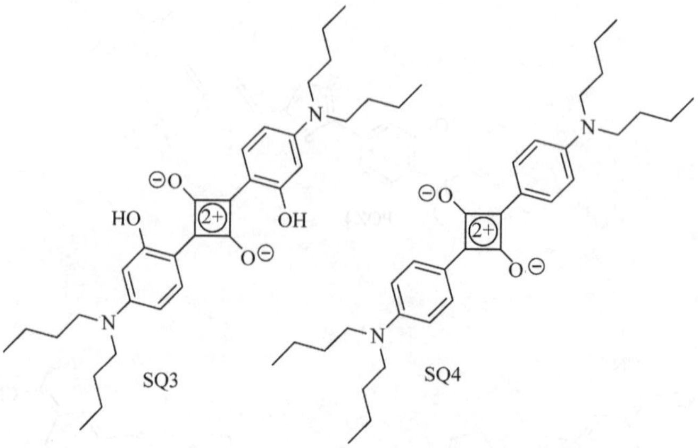

图 2.50 基于方酸的化合物结构式

2.4 适用于小分子非富勒烯受体材料的小分子给体材料

相较于基于聚合物及非富勒烯小分子受体的太阳能电池，非富勒烯型全小分子太阳能电池具有结构确定、无批次问题的优点；相较于基于富勒烯衍生物及小分子给体材料的太阳能电池，它又具有开路电压和吸收范围更易调节的优点。事实上，第一个异质结型太阳能电池就是基于全小分子体系的[108]，但在其后的发展过程中，由于小分子非富勒烯受体材料发展的滞后性，非富勒烯型全小分子太阳能电池的发展比较缓慢，近年来，得益于小分子非富勒烯受体材料的迅猛发展[109-111]，非富勒烯型全小分子太阳能电池再次受到研究者们关注，呈现出良好的发展势头。

非富勒烯型全小分子太阳能电池的优点众多，但是其活性层材料的设计合成与器件的制备优化存在一定的难度。不同于富勒烯衍生物受体材料，小分子非富勒烯受体材料与小分子给体材料具有非常相似的化学结构，使得二者分子间的堆积情形难以控制，容易形成不利于激子解离或电荷传输的形貌，从而使器件效率不甚理想。为了突破其效率瓶颈，科研人员在给、受体材料的设计和活性层形貌的优化上开展了一系列卓有成效的工作[112-116]。

2.4.1 基于 BDT 的非富勒烯型全小分子太阳能电池给体材料

与基于富勒烯的小分子太阳能电池体系一致，非富勒烯型全小分子太阳能电池的给体材料也主要是基于 A-D-A 这一分子结构的，接下来我们将从不同调控单元的角度分类，对基于 BDT 的非富勒烯型全小分子太阳能电池给体材料进行简要介绍。

对中间给体单元的调控包括对共轭骨架长度以及共轭骨架上侧链结构的调控等方面。对其中间给体单元共轭骨架长度的调控主要包括在中心 BDT 单元的两侧添加给电子单元和拉电子单元两类。2016 年，C. J. Brabec 等以 BDT 中心核的两边连接三联噻吩的小分子 BDT-S-TR（图 2.51）为给体材料、NIDCS-MO（图 2.51）小分子为受体材料，通过添加 0.75 vol% DIO 及 2 wt% DTBT 双添加剂的方法取得了 5.33%的器件效率[114]。同年，S. K. Lee 等以三个 BDT 连接三联噻吩的小分子 BDT3TR 为给体材料（图 2.51）、O-IDTBR（图 2.51）为受体材料，获得了 7.09%的器件效率，其中开路电压可达到 1.06 V[115]。随后，在 2017 年，侯剑辉团队合成了三个 BDT 单元相连的宽带隙小分子 DRTB-T（图 2.51），并以 IDIC（图 2.51）为受体分子，活性层经过溶剂退火处理后制备的器件效率超过 9%，开路电压为 0.98 V，J_{sc} 为 14.17 mA · cm^{-2}，FF 为 0.65[112]。除了以上在 BDT 单元两端添加给电子基团的例子外，在其两侧添加拉电子单元也取得了很好的效果，2017 年，基于对高效聚合物给体材料 J52 寡聚化的思想，李永舫团队在二维 BDT 单元两侧引入了拉电子单元苯并三唑（BTz），得到了小分子给体材料 H11（图 2.51），将其与受体 IDIC 搭配后获得了 9.73%的高器件效率 [117]。2018 年，张浩力团队、占肖卫团队和鲁广昊团队合作，在二维 BDT 的两侧引入了拉电子单元 1,3-双噻吩基-5,7-双（2-乙基己基）苯并[1,2-*c*:4,5-*c*′]二噻吩-4,8-二酮（BDD），设计合成了小分子给体材料 SBDT-BDD（图 2.51），它与 IDIC、$PC_{71}BM$ 构成的三组分器件效率接近 11%[118]。侧链影响着分子的溶解度、光谱吸收、分子间堆积以及与另一组分的混溶度等性质，因此对中间给电子单元上的侧链调控也是非富勒烯全小分子活性层中给体设计的重要组成部分。李永舫团队在对 J52 进行寡聚化时，采用与之相同的噻吩烷基侧链设计了分子 H11，同时将二维的噻吩烷基侧链换为一维的烷氧侧链，设计了分子 H12（图 2.51），同样与受体材料 IDIC 搭配制备器件时，H11 获得了 9.73%的器件效率，而 H12 仅获得了 5.51%的效率，他们的研究表明，这是因为 H11 具有更高的吸光系数、更深的 HOMO 能级、更高的空穴迁移率以及与更高的相区纯度[117]。随后，他们将 H11 分子 BDT 单元上的噻吩烷基链换为了噻吩联噻吩乙烯链，设计合成了小分子给体材料 BDT（TVT-SR）$_2$（图 2.51），该分子与 IDIC 搭配后在 110℃下热退火 10 min 后可获得 11.1%的器件效率，与 H11 相比，其填充因子由 0.65 提升至了 0.71，同时器件的光、热稳定性均有所上升，说明 BDT（TVT-SR）$_2$ 是一个较为理想的小分子给体材料[119]。

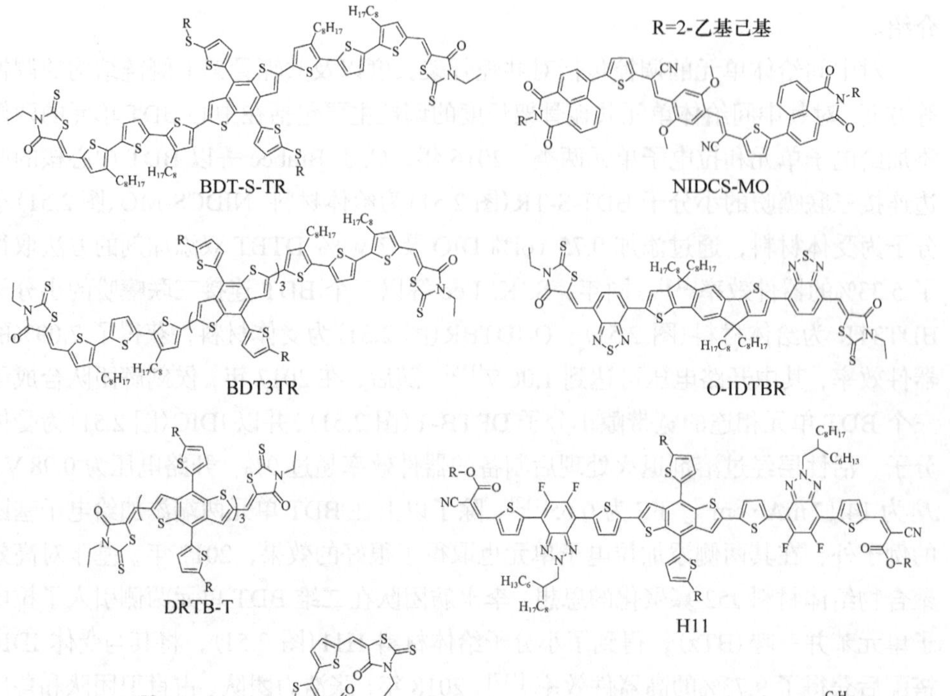

R=2-乙基己基

BDT-S-TR NIDCS-MO

BDT3TR O-IDTBR

DRTB-T H11

SBDT-BDD H12

$BDT(TVT-SR)_2$ IDIC R_1=己基

图 2.51 部分全小分子体系中的给受体材料的化学结构式

在前面章节中我们介绍过高结晶性的具有与其他三联噻吩π桥不同烷基链位置的小分子给体材料 BTR(图 2.52)，研究人员同样将它用于制备非富勒烯型全小分子太阳能电池。2018 年，朱晓张课题组将 BTR 与其课题组开发的弱结晶性窄带隙受体材料 NITI(图 2.52)搭配，并加入 $PC_{71}BM$ 作为第三组分制备了全小分子器件，他们研究发现，基于这三个组分的活性层形貌呈现出分级结构。其中，NITI 限制了 BTR 与 PC71BM 的直接接触，减少了三元器件的开压损失；而 $PC_{71}BM$ 在活性层中形成了连续的电子传输通道，保证了器件具有高的短路电流密度和填充因子，最终该体系获得了高达 13.63%的最佳器件效率[120]。最近，他们又将 BTR 的二维噻吩侧链添加上硫原子与氟原子，设计合成了给体分子 BSFTR(图 2.52)，与窄带隙受体分子 NBDTP-Fout(图 2.52)搭配后经过 60 s 溶剂蒸气退火，获得了接近 12%的二元器件效率[116]。

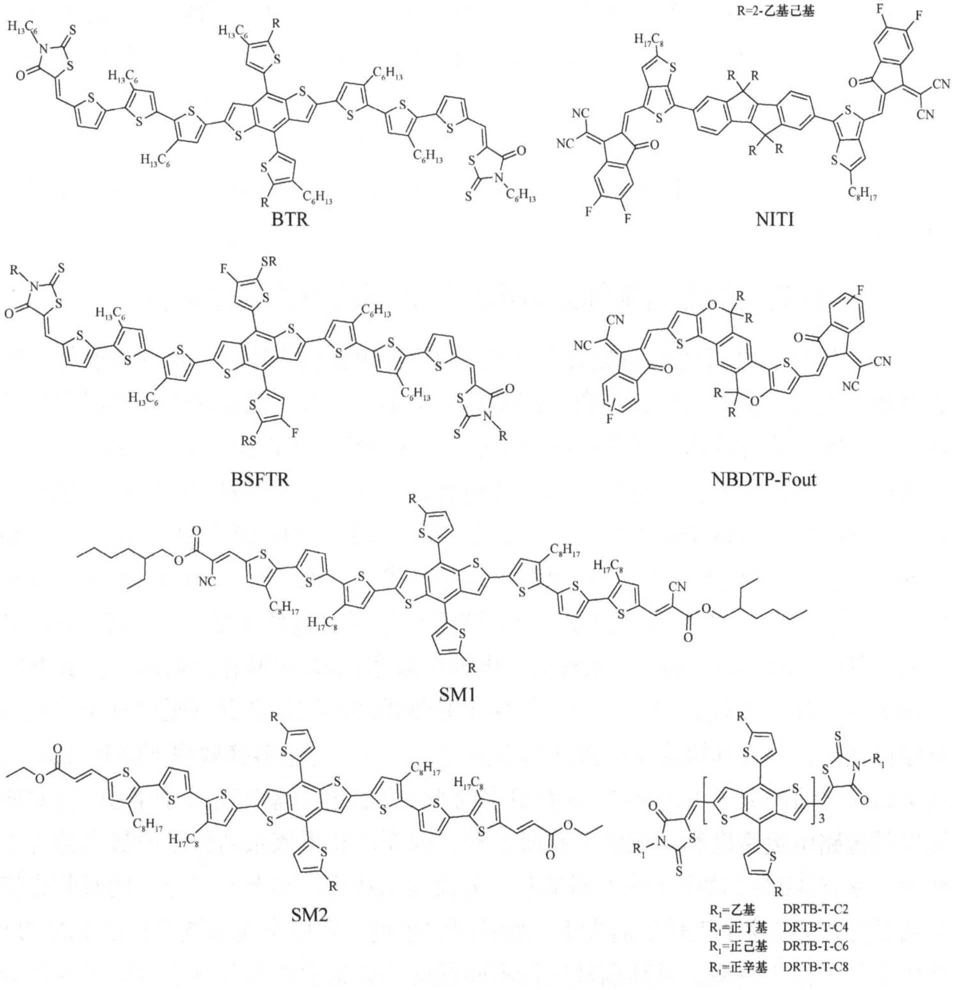

图 2.52 部分全小分子体系中的给受体材料的化学结构式

同样地，研究者们也对末端受体单元即端基进行了一系列调控来提升非富勒烯型全小分子体系的效率。2017 年，李永舫团队将 DR3TBDTT 分子的端基由乙基饶丹宁分别替换为拉电子能力和堆积性能较弱的氰基乙酸异辛酯及乙酸乙酯，设计合成了小分子给体 SM1 和 SM2(图 2.52)，含有氰基的 SM1 具有更强的吸光系数、更高的空穴迁移率以及更深的 HOMO 能级。基于 SM1：IDIC 的器件获得了 10.11%的器件效率，其填充因子高达 73.55%；而基于 SM2：IDIC 的器件则仅获得了 5.32%的器件效率，说明了端基选择的重要性[113]。2018 年，在 DRTB-T 分子的基础上，侯剑辉团队进一步对其端基的烷基链长度进行了调整，合成了 DRTB-T-CX(X = 2, 4, 6, 8)系列分子(图 2.52)，给体分子的堆积方式从 DRTB-T-C2 的 edge on(分子共轭平面与基底平行)逐渐演变到 DRTB-T-C8 的 face on(分子共轭平面与基底垂直)取向排列。与 IT-4F 受体小分子构建的反向结构器件效率分别为 9.52%、11.24%、10.52%和 9.14%。活性层厚度达到 300 nm 时，DRTB-T-C4：IT-4F 体系仍能保持 10.18%的效率，展现了该体系巨大的应用前景[121]。

2.4.2 其他类型的非富勒烯型全小分子太阳能电池给体材料

除了基于 BDT 中心核的给体分子获得了较好的效率以外，一些在富勒烯太阳能电池中表现不俗的给体分子在非富勒烯型全小分子太阳能电池中同样展现出了良好的性能。笔者课题组开发的小分子给体材料 DRCN5T(图 2.53)与 $PC_{71}BM$ 搭配制备的器件，可以获得超过 10%的光电转换效率。基于其良好的吸收和堆积性质，王朝晖课题组将 DRCN5T 与 PDI 类小分子受体 TPH(图 2.53)匹配获得了超过 6%的光电转换效率[122]。笔者课题组设计合成了 IDIC8-H、IDIC8-M 及 IDIC8-F 三个受体小分子(图 2.53)与 DRCN5T 搭配[123]。经过器件优化，基于双氰基茚满二酮端基的 IDIC8-H 获得了 8.00%的光电转换效率；端基甲基化之后的受体 IDIC8-M 的开路电压略有提升(1.004 V)，但由于光学带隙的增加和共混膜中分子堆积的有序性变差，导致其短路电流密度和填充因子降低，光电转换效率下降到 6.31%；端基氟化之后的分子 IDIC8-F，具有更窄的光学带隙和更紧密的分子堆积，使对应器件的短路电流密度和填充因子有所提升，因而能获得该系列分子中最高的光电转换效率(8.42%)，这个工作说明端基上的卤素取代可以显著改善分子的吸收光谱及结晶能力。在这个工作的启发下，笔者课题组进一步以全烷基链取代的 FDICTF 受体小分子作为模型，对其端基进行不同程度的卤素取代(氯取代)得到了受体分子 F-0Cl/ F-1Cl/ F-2Cl(图 2.53)[111]，将它们与 DRCN5T 搭配制备了器件。发现随着氯原子取代个数的增加，受体分子的吸收光谱依次红移，与 DRCN5T 分子的光谱互补性增强，LUMO 能级也依次降低，分子结晶性增强。经过系统地器件优化，基于 DRCN5T：F-0Cl 的光伏器件获得了 5.46%的器件效率，DRCN5T：F-1Cl 获得了 8.12%的效率，而基于 DRCN5T：F-2Cl 的器件获得了高达 9.89%的器件效率。研究表明，这是因为三者中卤素取代程度最高的受体分子具有最强的结晶性和最大吸收波长最长的吸收光谱，有助于获得更高的器件效率。由于 F-2Cl 与 DRCN5T 分子的吸收光谱重叠较多且 DRCN5T 分子的 HOMO 能级相对较高，不利于器件获得高的短路电流密度和开路电压。因此笔者课题组又选用了侯剑辉课题组开发的更宽带隙的小分子 DRTB-T 作为给体，与 F-2Cl 受体共混制备了全小分子光伏器件，基于 DRTB-T：F-2Cl 的光伏器件获得了 10.76%的光电转换效率。除 DRCN5T 外，彭小彬课题组开发的基于卟啉锌中心核的给体分子 DPPEZnP-TBO（图 2.53）在非富勒烯型全小分子器件中也取得了很好的效果。该分子与 $PC_{71}BM$ 搭配时可以获得 9.06%的器件效率，其中短路电流密度为 19.58 $mA \cdot cm^{-2}$，是目前基于富勒烯的有机小分子太阳能电池领域的最高短路电流密度值。2019 年，Alex 课题组与彭小彬课题组合作，将该分子与窄带隙受体分子 6TIC（图 2.53）搭配，通过添加 DIO 且溶剂蒸气退火的方式获得了 12.08%的高器件效率[124]，其中添加 DIO 对给体分子 DPPEZnP-TBO 的作用较为明显，而溶剂蒸气退火则对受体分子

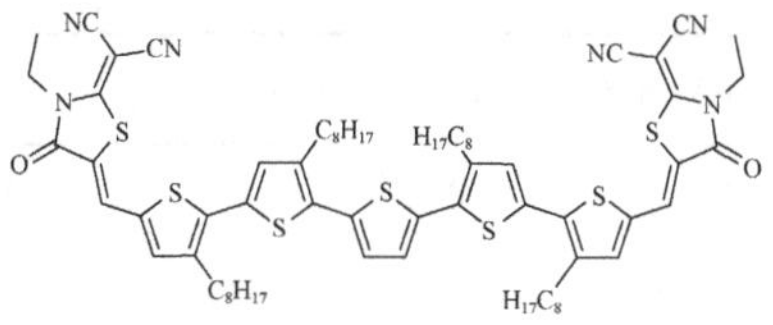

DRCN5T

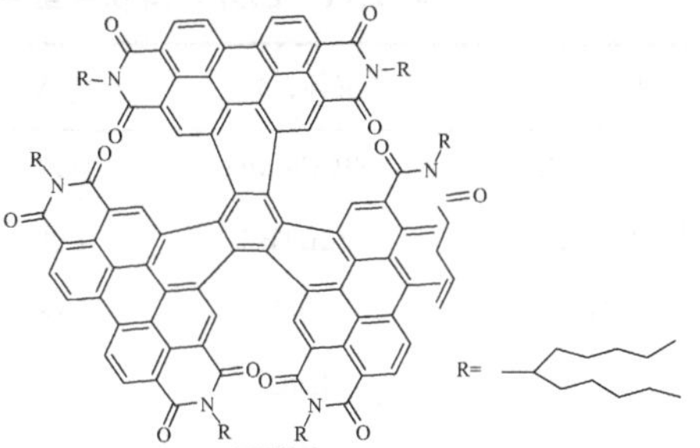

TPH

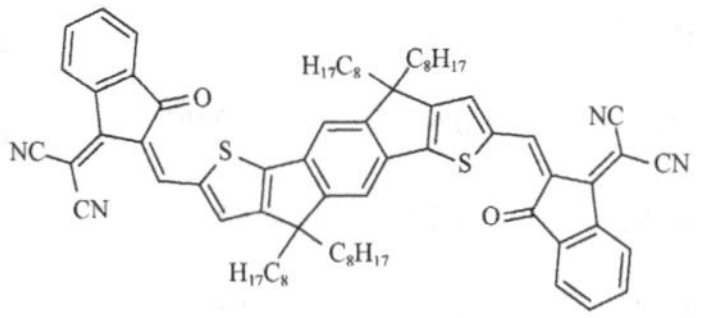

IDIC8-H

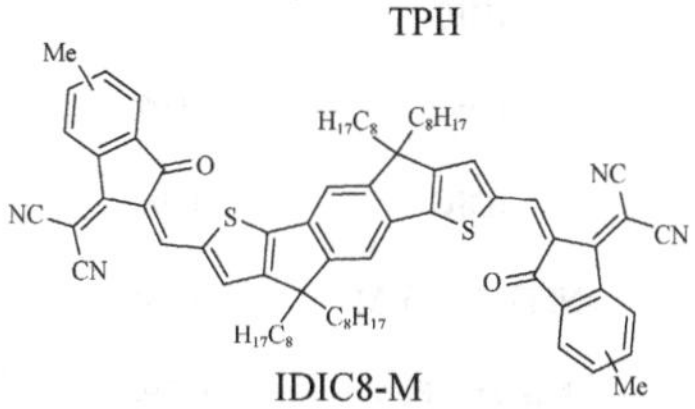

IDIC8-M

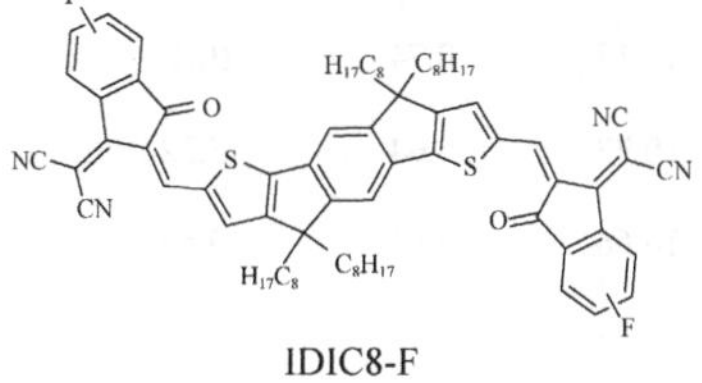

IDIC8-F

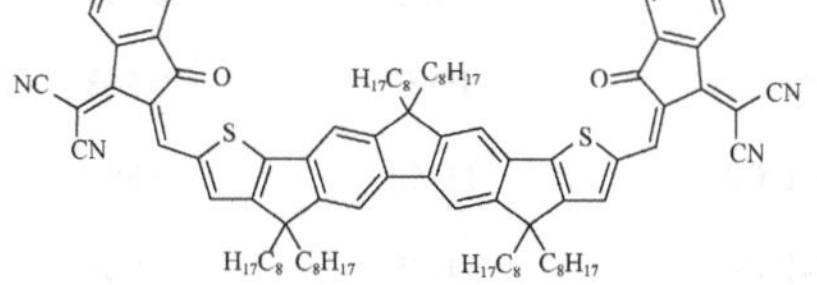

F-0C1

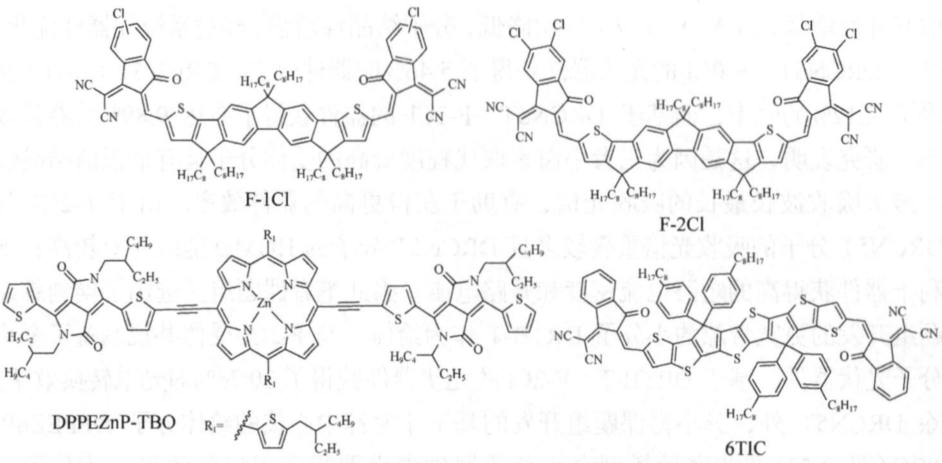

图 2.53 部分全小分子体系中给受体材料的化学结构式

6TIC 较为有效，通过分步调节形貌，获得了有利于提高电荷迁移率及有利于电荷提取的良好形貌。上述部分非富勒烯型全小分子体系相关性能参数见表 2.11。

表 2.11 部分非富勒烯型全小分子体系相关性能参数

给体材料	受体材料	V_{oc}/V	J_{sc}/(mA·cm^{-2})	FF	PCE/(%)	文献
BDT-S-TR	NIDCS-MO	0.97	9.12	0.60	5.33	[114]
BDT3TR	O-IDTBR	1.06	12.10	0.55	7.09	[115]
DRTB-T	IDIC	0.98	14.25	0.65	9.08	[112]
H11	IDIC	0.977	15.21	0.65	9.73	[117]
H12	IDIC	0.955	10.51	0.55	5.51	[117]
SBDT-BDD	IDIC	0.97	16.21	0.69	10.90	[118]
BDT(TVT-SR)$_2$	IDIC	0.98	15.92	0.71	11.10	[119]
BTR	NITI+PC$_{71}$BM	0.94	19.50	0.74	13.63	[120]
BSFTR	NBDTP-Fout	0.796	21.00	0.71	11.97	[116]
SM1	IDIC	0.905	15.18	0.74	10.11	[113]
SM2	IDIC	0.768	10.77	0.64	5.32	[113]
DRTB-T-C2	IT-4F	0.893	16.66	0.64	9.52	[121]
DRTB-T-C4	IT-4F	0.909	18.27	0.68	11.24	[121]
DRTB-T-C6	IT-4F	0.929	17.92	0.63	10.52	[121]

续表

给体材料	受体材料	V_{oc}/V	J_{sc}/(mA·cm^{-2})	FF	PCE/(%)	文献
DRTB-T-C8	IT-4F	0.928	16.15	0.61	9.14	[121]
DRCN5T	TPH	1.04	11.59	0.51	6.16	[122]
DRCN5T	IDIC8-H	0.952	13.44	0.63	8.00	[123]
DRCN5T	IDIC8-M	1.002	10.36	0.61	6.31	[123]
DRCN5T	IDIC8-F	0.864	15.21	0.64	8.42	[123]
DRCN5T	F-0Cl	1.090	9.64	0.53	5.59	[111]
DRCN5T	F-1Cl	0.975	13.07	0.64	8.12	[111]
DRCN5T	F-2Cl	0.906	15.97	0.68	9.89	[111]
DRTB-T	F-2Cl	0.969	17.24	0.64	10.76	[111]
DPPEZnP-TBO	6TIC	0.80	20.44	0.74	12.08	[124]

2.5 本章小结

基于小分子给体材料的有机太阳能电池近年来获得了巨大的进步，其与富勒烯受体共混的可溶液处理单结器件的能量转换效率已超过 11%，与非富勒烯受体共混制备的单结器件的效率超过 12%，与富勒烯及非富勒烯两类受体共混制备的三组分器件效率超过 13%。这些进步离不开器件优化和机理研究等多方面的努力，新分子的设计与优化依然是研究的基础。总结上述工作，在给体材料的设计过程中，需要综合考虑多方面的因素。

(1) 溶解度：可溶液处理是有机太阳能电池相对于无机电池的最重要优势之一，需要给体材料在常见的溶剂中具有良好的溶解性，利于进行器件制备。

(2) 宽而有效的太阳光吸收：给受体材料的吸收与太阳光谱相匹配，可以通过调节分子的共轭长度和给/受电子基团来实现。

(3) 给受体合适的能级匹配：设计的给体材料与受体材料的 HOMO/LUMO 能级相匹配是获得高效率的一个重要前提。

(4) 高的空穴迁移率：给体材料需要高的空穴迁移率，同时要与受体的电子迁移率匹配，利于电荷的传输。

相信通过分子设计、器件优化等多方面的努力，基于小分子给体材料的器件一定可以获得更高的能量转换效率。

参 考 文 献

[1] Chen Y，Wan X，Long G. High performance photovoltaic applications using solution-processed small molecules. Acc Chem Res，2013，46：2645-2655.

[2] Coughlin J E，Henson Z B，Welch G C，et al. Design and synthesis of molecular donors for solution-processed high-efficiency organic solar cells. Acc Chem Res，2014，47:257-270.

[3] Walker B，Kim C，Nguyen T Q. Small molecule solution-processed bulk heterojunction solar cells. Chem Mater，2011，23：470-482.

[4] Mishra A，Bauerle P. Small molecule organic semiconductors on the move：Promises for future solar energy technology. Angew Chem Int Ed，2012，51：2020-2067.

[5] Lin Y，Li Y，Zhan X. Small molecule semiconductors for high-efficiency organic photovoltaics. Chem Soc Rev，2012，41：4245-4272.

[6] Roncali J，Leriche P，Blanchard P. Molecular materials for organic photovoltaics：Small is beautiful. Adv Mater，2014，26：3821-3838.

[7] Deng D，Zhang Y，Zhang J，et al. Fluorination-enabled optimal morphology leads to over 11% efficiency for inverted small-molecule organic solar cells. Nat Commun，2016，7：13740.

[8] Schulze K，Uhrich C，Schüppel R，et al. Efficient vacuum-deposited organic solar cells based on a new low-bandgap oligothiophene and fullerene C_{60}. Adv Mater，2006，18：2872-2875.

[9] Liu Y，Zhou J，Wan X，et al. Synthesis and properties of acceptor-donor-acceptor molecules based on oligothiophenes with tunable and low band gap. Tetrahedron，2009，65：5209-5215.

[10] Liu Y，Wan X，Yin B，et al. Efficient solution processed bulk-heterojunction solar cells based a donor-acceptor oligothiophene. J Mater Chem，2010，20：2464-2468.

[11] Yin B，Yang L，Liu Y，et al. solution-processed bulk heterojunction organic solar cells based on an oligothiophene derivative. Appl Phys Lett，2010，97：023303.

[12] Demeter D，Rousseau T，Leriche P，et al. Manipulation of the open-circuit voltage of organic solar cells by desymmetrization of the structure of acceptor-donor-acceptor molecules. Adv Funct Mater，2011，21：4379-4387.

[13] Liu Y，Wan X，Wang F，et al. Spin-coated small molecules for high performance solar cells. Adv Energy Mater，2011，1：771-775.

[14] He G，Wan X，Li Z，et al. Impact of fluorinated end groups on the properties of acceptor-donor acceptor type oligothiophenes for solution-processed photovoltaic cells. J Mater Chem C，2014，2(7)：1337-1345.

[15] Li Z，He G，Wan X，et al. Solution processable rhodanine-based small molecule organic photovoltaic cells with a power conversion efficiency of 6.1%. Adv Energy Mater，2012，2：74-77.

[16] He G，Li Z，Wan X，et al. Efficient small molecule bulk heterojunction solar cells with high fill factors via introduction of π-stacking moieties as end group. J Mater Chem A，2013，1：1801-1809.

[17] Liu F，Fan H，Zhang Z，et al. Low-bandgap small-molecule donor material containing thieno [3，4-*b*] thiophene moiety for high-performance solar cells. ACS Appl Mater Interfaces，2015，8：3661-3668.

[18] Long G, Wan X, Kan B, et al. Investigation of quinquethiophene derivatives with different end groups for high open circuit voltage solar cells. Adv Energy Mater, 2013, 3: 639-646.

[19] Liu Y, Yang Y, Chen C C, et al. Solution-processed small molecules using different electron linkers for high-performance solar cells. Adv Mater, 2013, 25: 4657-4662.

[20] Wang Z, Li Z, Liu J, et al. Solution-processable small molecules for high-performance organic solar cells with rigidly fluorinated 2, 2′-bithiophene central cores. ACS Appl Mater Interfaces, 2016, 8: 11639-11648.

[21] Zhang Q, Kan B, Liu F, et al. Small-molecule solar cells with efficiency over 9%. Nat Photonics2015, 9: 35-41.

[22] Zuo Y, Zhang Q, Wan X, et al. A small molecule with selenophene as the central block for high performance solution-processed organic solar cells. Org Electron, 2015, 19: 98-104.

[23] Kan B, Li M, Zhang Q, et al. A series of simple oligomer-like small molecules based on oligothiophenes for solution-processed solar cells with high efficiency. J Am Chem Soc, 2015, 137(11): 3886-3893.

[24] Zhang Q, Wang Y, Kan B, et al. A solution-processed high performance organic solar cell using a small molecule with the thieno [3, 2-*b*] thiophene central unit. Chem Commun, 2015, 51: 15268-15271.

[25] Kan B, Zhang Q, Wan X, et al. Oligothiophene-based small molecules with 3, 3'-difluoro-2, 2′-bithiophene central unit for solution-processed organic solar cells. Org Electron, 2016, 38: 172-179.

[26] Liu Y, Wan X, Wang F, et al. High-performance solar cells using a solution-processed small molecule containing benzodithiophene unit. Adv Mater, 2011, 23: 5387-5391.

[27] Zhou J, Wan X, Liu Y, et al. Small molecules based on benzo[1, 2-*b*: 4, 5-*b*′] dithiophene unit for high-performance solution-processed organic solar cells. J Am Chem Soc, 2012, 134: 16345-16351.

[28] Cui C, Min J, Ho C, et al. A new two-dimensional oligothiophene end-capped with alkyl cyanoacetate croups for highly efficient solution-processed organic solar cells. Chem Commun, 2013, 49: 4409-4411.

[29] Long G, Wan X, Kan B, et al. Impact of the electron-transport layer on the performance of solution-processed small-molecule organic solar cells. ChemSusChem, 2014, 7: 2358-2364.

[30] Ni W, Li M, Wan X, et al. A high-performance photovoltaic small molecule developed by modifying the chemical structure and optimizing the morphology of the active layer. RSC Adv, 2014, 4: 31977-31980.

[31] Kan B, Zhang Q, Li M, et al. Solution-processed organic solar cells based on dialkylthiol-substituted benzodithiophene unit with efficiency near 10%. J Am Chem Soc, 2014, 136: 15529-15532.

[32] Zhang Q, Kan B, Wan X, et al. Large active layer thickness toleration of high-efficiency small molecule solar cells. J Mater Chem A, 2015, 3: 22274-22279.

[33] Qiu B, Yuan J, Zou Y, et al. An asymmetric small molecule based on thieno [2, 3-*f*] benzofuran for efficient organic solar cells . Org Electron, 2016, 35: 87-94.

[34] Ni W，Li M，Wan X，et al. A new oligobenzodithiophene end-capped with 3-ethyl-rhodanine groups for organic solar cells with high open-circuit voltage. Sci China Chem，2015，58：339-346.

[35] Kumar C V，Cabau L，Koukaras E N，et al. Solution processed organic solar cells based on A-D-D′-D-A small molecule with benzo[1，2-*b*：4，5-*b*′]dithiophene donor（D′）unit，cyclopentadithiophene donor（D）and ethylrhodanine acceptor unit having 6% light to energy conversion efficiency. J Mater Chem A，2015，3：4892-4902.

[36] Cheng M，Xu B，Chen C，et al. Phenoxazine-based small molecule material for efficient perovskite solar cells and bulk heterojunction organic solar cells. Adv Energy Mater，2015，5：1401720.

[37] Shen S，Jiang P，He C，et al. Solution-processable organic molecule photovoltaic materials with bithienyl-benzodithiophene central unit and indenedione end groups. Chem Mater，2013，25：2274-2281.

[38] Zhou J，Zuo Y，Wan X，et al. Solution-processed and high-performance organic solar cells using small molecules with a benzodithiophene unit. J Am Chem Soc，2013，135：8484-8487.

[39] Yusoff A R B M，Lee S J，Jang J，et al. High-efficiency solution-processed small-molecule solar cells featuring gold nanoparticles. J Mater Chem A，2014，2：19988-19993.

[40] Li M，Liu F，Wan X，et al. Subtle balance between length scale of phase separation and domain purification in small-molecule bulk-heterojunction blends under solvent vapor treatment. Adv Mater，2015，27：6296-6302.

[41] Zuo Y，Wan X，Long G，et al. Device characterization and optimization of small molecule organic solar cells assisted by modelling Simulation of the current-voltage characteristics. Phys Chem Chem Phys，2015，17：19261-19267.

[42] Liu Y，Chen C C，Hong Z，et al. Solution-processed small-molecule solar cells：Breaking the 10% power conversion efficiency. Sci Rep，2013，3：3356.

[43] Cui C，Guo X，Min J，et al. High-performance organic solar cells based on a small molecule with alkylthio-thienyl-conjugated side chains without extra treatments . Adv Mater，2015，27（45）：7469-7475.

[44] Wang Y，Zhang Q，Liu F，et al. Alkylthio substituted thiophene modified benzodithiophene-based highly efficient photovoltaic small molecules. Org Electron，2016，28：263-268.

[45] Min J，Cui C，Heumueller T，et al. Side-chain engineering for enhancing the properties of small molecule solar cells：A trade-off beyond efficiency. Adv Energy Mater，2016，14：1600515.

[46] Wang Z，Xu X，Li Z，et al. Solution-processed organic solar cells with 9.8% efficiency based on a new small molecule containing a 2D fluorinated benzodithiophene central unit. Adv Electron Mater，2016，2（6）：1600061.

[47] Kan B，Zhang Q，Liu F，et al. Small molecules based on alkyl/alkylthio-thieno[3，2-*b*]thiophene-substituted benzo[1，2-*b*：4，5-*b*′]dithiophene for solution-processed solar cells with high performance. Chem Mater，2015，27：8414-8423.

[48] Lim N，Cho N，Paek S，et al. High-performance organic solar cells with efficient semiconducting small molecules containing an electron-rich benzodithiophene derivative. Chem Mater，2014，26：2283-2288.

[49] Sun K，Xiao Z，Lu S，et al. A molecular nematic liquid crystalline material for high-performance organic photovoltaics. Nat Commun，2015，6：6013.

[50] Yi Z，Ni W，Zhang Q，et al. Effect of thermal annealing on active layer morphology and performance for small molecule bulk heterojunction organic solar cells. J Mater Chem C，2014，2：7247-7255.

[51] Patra D，Huang T Y，Chiang C C，et al. 2-Alkyl-5-thienyl-substituted benzo[1，2-*b*：4，5-*b*′]dithiophene-based donor molecules for solution-processed organic solar cells . ACS Appl Mater Inter faces，2013，5：9494-9500.

[52] Zhou H，Zhang Y，Mai C K，et al. Conductive conjugated polyelectrolyte as hole-transporting layer for organic bulk heterojunction solar cells. Adv Mater，2014，26：780-785.

[53] Du Z，Chen W，Chen Y，et al. High efficiency solution-processed two-dimensional small molecule organic solar cells obtained via low-temperature thermal annealing. J Mater Chem A，2014，2：15904-15911.

[54] Wang T，Han L，Wei H，et al. Influence of a π-bridge dependent molecular configuration on the optical and electrical characteristics of organic solar cells. J Mater Chem A，2016，4：8784-8792.

[55] Zhou J，Wan X，Liu Y，et al. A planar small molecule with dithienosilole core for high efficiency solution-processed organic photovoltaic cells. Chem Mater，2011，23：4666-4668.

[56] Ni W，Li M，Liu F，et al. Dithienosilole-based small-molecule organic solar cells with an efficiency over 8%：Investigation of the relationship between the molecular structure and photovoltaic performance. Chem Mater，2015，27：6077-6084.

[57]Ye D，Li X，Yan L，et al. Dithienosilole-bridged small molecules with different alkyl group substituents for organic solar cells exhibiting high open-circuit voltage. J Mater Chem A，2013，1：7622-7629.

[58] Kim K H，Yu H，Kang H，et al. Influence of intermolecular interactions of electron donating small molecules on their molecular packing and performance in organic electronic devices. J Mater Chem A，2013，1：14538-14547.

[59] Li W，Deng W，Wu K，et al. The end-capped group effect on dithienosilole trimer based small molecules for efficient organic photovoltaics. J Mater Chem C，2016，4：1972-1978.

[60] Weidelener M，Wessendorf C D，Hanisch J，et al. Dithienopyrrole-based oligothiophenes for solution-processed organic solar cells. Chem Commun，2013，49：10865-10867.

[61] Wessendorf C D，Schulz G L，Mishra A，et al. Efficiency improvement of solution-processed dithienopyrrole-based A-D-A oligothiophene bulk-heterojunction solar cells by solvent vapor annealing. Adv Energy Mater，2014，4(14)：1400266.

[62] Li M，Ni W，Feng H，et al. Dithienopyrrole based small molecule with low band gap for organic solar cells. Chinese J Chem，2015，33：852-858.

[63] Lin X，Tani Y，Kanda R，et al. Indolocarbazoles end-capped with diketopyrrolopyrroles：Impact of regioisomerism on the solid-state properties and the performance of solution-processed bulk heterojunction solar cells. J Mater Chem A，2013，1：14686-14691.

[64] Feng H，Li M，Ni W，et al. Investigation of the effect of large aromatic fusion in the small molecule backbone on the solar cell device fill factor. J Mater Chem A，2015，3：16679-16687.

[65] Huang Y，Li L，Peng X，et al. Solution processed small molecule bulk heterojunction organic photovoltaics based on a conjugated donor-acceptor porphyrin. J Mater Chem，2012，22：21841-21844.
[66] Qin H，Li L，Guo F，et al. Solution-processed bulk heterojunction solar cells based on a porphyrin small molecule with 7% power conversion efficiency. Energ Environ Sci，2014，7：1397-1401.
[67] Li L，Xiao L，Qin H，et al. High-efficiency small molecule-based bulk-heterojunction solar cells enhanced by additive annealing. ACS Appl Mater Interfaces，2015，7：21495-21502.
[68] Gao K，Li L，Lai T，et al. Deep absorbing porphyrin small molecule for high-performance organic solar cells with very low energy losses. J Am Chem Soc，2015，137(23)：7282-7285.
[69] Gao K，Miao J，Xiao L，et al. Multi-length-scale morphologies driven by mixed additives in porphyrin-based organic photovoltaics. Adv Mater，2016，28：4727-4733.
[70] Wang H，Xiao L，Yan L，et al. Structural engineering of porphyrin-based small molecules as donors for efficient organic solar cells. Chem Sci，2016，7：4301-4307.
[71] Kumar C V，Cabau L，Koukaras E N，et al. A-π-D-π-A based porphyrin for solution processed small molecule bulk heterojunction solar cells. J Mater Chem A，2015，3：16287-16301.
[72] Bai H，Wang Y，Cheng P，et al. Acceptor-donor-acceptor small molecules based on indacenodithiophene for efficient organic solar cells. ACS Appl Mater Interfaces，2014，6：8426-8433.
[73] Bai H，Cheng P，Wang Y，et al. A bipolar small molecule based on indacenodithiophene and diketopyrrolopyrrole for solution processed organic solar Cells. J Mater Chem A，2014，2：778-784.
[74] Zhu X，Xia B，Lu K，et al. Naphtho[1，2-*b*：5，6-*b*′]dithiophene-based small molecules for thick film organic solar cells with high fill factors. Chem Mater，2016，28：943-950.
[75] Takacs C J，Sun Y，Welch G C，et al. Solar cell efficiency，self-assembly，and dipole-dipole interactions of isomorphic narrow-band-gap molecules. J Am Chem Soc，2012，134：16597-16606.
[76] van der Poll T S，Love J A，Nguyen T Q，et al. Non-basic high-performance molecules for solution-processed organic solar cells. Adv Mater，2012，24：3646-3649.
[77] Kyaw A K K，Wang D H，Gupta V，et al. Efficient solution-processed small-molecule solar cells with inverted structure. Adv Mater，2013，25：2397-2402.
[78] Kyaw A K K，Wang D H，Luo C，et al. Effects of solvent additives on morphology，charge generation，transport，and recombination in solution-processed small-molecule solar cells. Adv Energy Mater，2014，4：1301469.
[79] Wang D H，Kyaw A K K，Gupta V，et al. Enhanced efficiency parameters of solution-processable small-molecule solar cells depending on ITO sheet resistance. Adv Energy Mater，2013，3：1161-1165.
[80] Kyaw A K K，Wang D H，Wynands D，et al. Improved light harvesting and improved efficiency by insertion of an optical spacer (ZnO) in solution-processed small-molecule solar cells . Nano Letters，2013，13：3796-3801.
[81] Gupta V，Kyaw A K K，Wang D H，et al. Barium：An efficient cathode layer for bulk-heterojunction

solar cells. Sci Rep，2013，3：1965.
[82] Love J A，Nagao I，Huang Y，et al. Silaindacenodithiophene-based molecular donor：Morphological features and use in the fabrication of compositionally tolerant，high-efficiency bulk heterojunction solar cells . J Am Chem Soc，2014，136(9)：3597-3606.
[83] Moon M，Walker B，Lee J，et al. Dithienogermole-containing small-molecule solar cells with 7.3% efficiency：In-depth study on the effects of heteroatom substitution of Si with Ge. Adv Energy Mater，2015，5：1402044.
[84] Singh S P，Bazan G C，Lai L F，et al. Dithienogermole-based solution-processed molecular solar cells with efficiency over 9%. Chem Commun，2016，52：8596-8599.
[85] Liu X，Sun Y，Hsu B B Y，et al. Design and properties of intermediate-sized narrow band-gap conjugated molecules relevant to solution-processed organic solar cells. J Am Chem Soc，2014，136：5697-5708.
[86] Lai L F，Love J A，Sharenko A，et al. Topological considerations for the design of molecular donors with multiple absorbing units. J Am Chem Soc，2014，136：5591-5594.
[87] Liu X，Sun Y，Perez L A，et al. Narrow-band-gap conjugated chromophores with extended molecular lengths. J Am Chem Soc，2012，134：20609-20612.
[88] Yong W，Zhang M，Xin X，et al. Solution-processed indacenodithiophene-based small molecule for bulk heterojunction solar cells. J Mater Chem A，2013，1：14214-14220.
[89] Intemann J J，Yao K，Ding F，et al. Enhanced performance of organic solar cells with increased end group dipole moment in indacenodithieno[3，2-*b*]thiophene-based molecules. Adv Funct Mater，2015，25：4889-4897.
[90] Liu X，Li Q，Li Y，et al. Indacenodithiophene core-based small molecules with tunable side chains for solution-processed bulk heterojunction solar cells. J Mater Chem A，2014，2：4004-4013.
[91] Wang J L，Yin Q R，Miao J S，et al. Rational design of small molecular donor for solution-processed organic photovoltaics with 8.1% efficiency and high fill factor via multiple fluorine substituents and thiophene bridge. Adv Funct Mater，2015，25：3514-3523.
[92] Wang J L，Xiao F，Yan J，et al. Difluorobenzothiadiazole-based small-molecule organic solar cells with 8.7% efficiency by tuning of π-conjugated spacers and solvent vapor annealing. Adv Funct Mater，2016，26：1803-1812.
[93] Wang J L，Xiao F，Yan J，et al. Toward high performance indacenodithiophene-based small-molecule organic solar cells：Investigation of the effect of fused aromatic bridges on the device performance. J Mater Chem A，2016，4：2252-2262.
[94] Wang J L，Liu K K，Yan J，et al. A series of multifluorine substituted oligomers for organic solar cells with efficiency over 9% and fill factor of 0.77 by combination thermal and solvent vapor annealing. J Am Chem Soc，2016，138：7687-7697.
[95] Wu J，Ma Y，Wu N，et al. 2，2-Dicyanovinyl-end-capped oligothiophenes as electron acceptor in solution processed bulk-heterojunction organic solar cells. Org Electron，2015，23：28-38.
[96] Do K，Cho N，Siddiqui S，et al. New D-A-D-A-D push-pull organic semiconductors with different benzo[1，2-*b*：4，5-*b*′] dithiophene cores for solution processed bulk heterojunction solar cells. Dyes Pigments，2015，120：126-135.

[97] Wolf J, Babics M, Wang K, et al. Benzo[1, 2-*b*: 4, 5-*b'*] dithiophene-pyrido [3, 4-*b*] pyrazine small-molecule donors for bulk heterojunction solar cells. Chem Mater, 2016, 28: 2058-2066.

[98] Duan R, Cui Y, Zhao Y, et al. The importance of end groups for solution-processed small-molecule bulk-heterojunction photovoltaic cells. ChemSusChem, 2016, 9: 973-980.

[99] Tang A, Zhan C, Yao J. Comparative study of effects of terminal non-alkyl aromatic and alkyl groups on small-molecule solar cell performance. Adv Energy Mater, 2015, 5: 1500059.

[100] Kim J H, Park J B, Yang H, et al. Controlling the morphology of BDTT-DPP-based small molecules via end-group functionalization for highly efficient single and tandem organic photovoltaic cells. ACS Appl Mater Interfaces, 2015, 7: 23866-23875.

[101] Yuan L, Zhao Y, Zhang J, et al. Oligomeric donor material for high-efficiency organic solar cells: Breaking down a polymer. Adv Mater, 2015, 27: 4229-4233.

[102] Yuan L, Lu K, Xia B, et al. Acceptor end-capped oligomeric conjugated molecules with broadened absorption and enhanced extinction coefficients for high-efficiency organic solar cells. Adv Mater, 2016, 28: 5980-5985.

[103] Walker B, Tamayo A B, Dang X D, et al. Nanoscale phase separation and high photovoltaic efficiency in solution-processed, small-molecule bulk heterojunction solar cells. Adv Funct Mater, 2009, 19: 3063-3069.

[104] Walker B, Liu J, Kim C, et al. Optimization of energy levels by molecular design: Evaluation of bis-diketopyrrolopyrrole molecular donor materials for bulk heterojunction solar cells . Energ Environ Sci, 2013, 6: 952.

[105] Cheng M, Chen C, Yang X, et al. Novel small molecular materials based on phenoxazine core unit for efficient bulk heterojunction organic solar cells and perovskite solar cells. Chem Mater, 2015, 27: 1808-1814.

[106] Cheng M, Yang X, Chen C, et al. Molecular engineering of small molecules donor materials based on phenoxazine core unit for solution-processed organic solar cells. J Mater Chem A, 2014, 2: 10465.

[107] Chen G, Sasabe H, Sasaki Y, et al. A series of squaraine dyes: Effects of side chain and the number of hydroxyl groups on material properties and photovoltaic performance. Chem Mater, 2014, 26: 1356-1364.

[108] Tang C W. Two layer organic photovoltaic cell. Appl Phys Lett, 1986, 48(2): 183-185.

[109] Lin Y, Wang J, Zhang Z G, et al. An electron acceptor challenging fullerenes for efficient polymer solar cells. Adv Mater, 2015, 27(7): 1170-1174.

[110] Lin Y, He Q, Zhao F, et al. A facile planar fused-ring electron acceptor for as-cast polymer solar cells with 8.71% efficiency. J Am Chem Soc, 2016, 138(9): 2973-2976.

[111] Wang Y, Wang Y, Kan B, et al. High-performance all-small-molecule solar cells based on a new type of small molecule acceptors with chlorinated end groups. Adv Energy Mater, 2018, 8(32): 1802021.

[112] Yang L, Zhang S, He C, et al. New wide band gap donor for efficient fullerene-free all-small-molecule organic solar cells. J Am Chem Soc, 2017, 139(5): 1958-1966.

[113] Qiu B, Xue L, Yang Y, et al. All-small-molecule nonfullerene organic solar cells with high fill

factor and high efficiency over 10%. Chem Mater，2017，29(17)：7543-7553.
[114] Min J，Kwon O K，Cui C，et al. High performance all-small-molecule solar cells：Engineering the nanomorphology via processing additives. J Mater Chem A，2016，4(37)：14234-14240.
[115] Badgujar S，Song C E，Oh S，et al. Highly efficient and thermally stable fullerene-free organic solar cells based on a small molecule donor and acceptor. J Mater Chem A，2016，4(42)：16335-16340.
[116] Wu H，Yue Q，Zhou Z，et al. Cathode interfacial layer-free all small-molecule solar cells with efficiency over 12%. J Mater Chem A，2019，7：15944-15950.
[117] Bin H，Yang Y，Zhang Z-G，et al. 9.73% Efficiency nonfullerene all organic small molecule solar cells with absorption-complementary donor and acceptor. J Am Chem Soc，2017，139(14)：5085-5094.
[118] Huo Y，Gong X-T，Lau T-K，et al. Dual-accepting-unit design of donor material for all-small-molecule organic solar cells with efficiency approaching 11%. Chem Mater，2018，30(23)：8661-8668.
[119] Guo J，Bin H，Wang W，et al. All-small molecule solar cells based on donor molecule optimization with highly enhanced efficiency and stability. J Mater Chem A，2018，6(32)：15675-15683.
[120] Zhou Z，Xu S，Song J，et al. High-efficiency small-molecule ternary solar cells with a hierarchical morphology enabled by synergizing fullerene and non-fullerene acceptors. Nat Energy，2018，3(11)：952-959.
[121] Yang L，Zhang S，He C，et al. Modulating molecular orientation enables efficient nonfullerene small-molecule organic solar cells. Chem Mater，2018，30(6)：2129-2134.
[122] Liang N，Meng D，Ma Z，et al. Triperylene hexaimides based all-small-molecule solar cells with an efficiency over 6% and open circuit voltage of 1.04 V. Adv Energy Mater，2017，7(6)：1601664.
[123] Wang Y，Chang M，Kan B，et al. All-small-molecule organic solar cells based on pentathiophene donor and alkylated indacenodithiophene-based acceptors with efficiency over 8%. ACS Appl Energy Mater，2018，1(5)：2150-2156.
[124] Gao K，Jo S B，Shi X，et al. Over 12% Efficiency nonfullerene all-small-molecule organic solar cells with sequentially evolved multilength scale morphologies. Adv Mater，2019，31(12)：1807842.

第3章

小分子受体材料

相对于数量众多种类丰富的给体材料，受体材料比较单一。在很长一段时间里，业内主要使用富勒烯衍生物作为受体材料。这与富勒烯的球形结构、较高的电子亲和势及电子迁移率等优良性能密不可分。然而富勒烯衍生物具有可见区吸收弱、能级难以调控、合成难度较大、不易提纯、成本高以及形貌稳定性差等缺点。另外，基于富勒烯受体的有机太阳能电池的效率可能已经接近理论极限，难以获得更大的突破。因此，近几年研究者越来越多地关注非富勒烯受体材料的设计合成与器件构筑。与给体材料类似，非富勒烯受体材料也分为聚合物受体材料和寡聚物/小分子受体材料(习惯上也把非聚合物的受体材料称为小分子受体材料)。与聚合物给体材料的广泛研究和应用现状不同，非富勒烯聚合物受体材料种类和研究都较少。但是，基于小分子给体材料同样的优点，相比于聚合物受体材料，小分子受体材料是目前研究最多也是最成功的材料体系。本章首先简单介绍常用的富勒烯受体材料，然后从不同的分子结构类型出发，介绍近年来非富勒烯小分子受体材料的研究进展。

3.1 基于富勒烯的小分子受体材料

富勒烯是一类由碳原子组成的球形分子，根据组成球形分子的碳原子数目可以分为C_{60}、C_{70}、C_{84}、C_{90}和C_{120}等。富勒烯独特的分子结构决定了其独特的物理化学性质，富勒烯的p轨道构成的球形大π键共轭体系，较高的电子亲和势和电子迁移率，使其成为优良的电子受体材料。

1992年，A. J. Heeger和K. Yoshino两个研究组各自独立地发现，在光诱导下，聚合物和球型分子富勒烯C_{60}之间可以发生快速的电荷转移。这一过程的电荷分离效率非常高，可接近100%。聚合物与C_{60}之间能够发生快速电荷转移现象的主要原因有以下几点：首先，C_{60}是一个球形的大共轭体系，体系内的电子离域在由 60 个碳原子组成的分子轨道上，非常容易接受电子；其次，C_{60} 具有三重简并的 LUMO 能级，具有接受 6 个电子的能力，因此表现出很好的负电荷稳定性；最后，从 p 型有机半导体材料到 C_{60} 的光诱导电子转移的时间一般在 45 fs 左右，远快于光致发光过程，电荷分离的量子效率接近饱和。然而，C_{60} 分子在有机溶剂中溶解性很差，且容易发生结晶，这直接限制了 C_{60} 的溶液处理应用。1995 年，F. Wudl 和 J. C. Hummelen 等设计合成了一种可溶的 C_{60} 衍生物 PCBM（图 3.1）[1]，也可写作 $PC_{61}BM$。与 PCBM 相比，基于含 70 个碳原子富勒烯球（C_{70}）的 $PC_{71}BM$ 具有较低的对称性，从而允许更多的能量转移[2]。PCBM 和 $PC_{71}BM$ 具有强电子接受能力、高的电子迁移率、好的溶解性以及与其他共轭有机材料有很好的相溶性等优点，使它们成为近 20 年来有机光伏器件制备过程中最为常用的受体材料。PCBM 类受体材料的一个缺点是其 LUMO 相对较低，这导致基于这一材料的电池开路电压普遍较低。2010 年，李永舫教授研究组合成了一种新型可溶液处理的双茚取代的 C_{60} 类衍生物（简称 ICBA，如图 3.1 所示）[3]。与 PCBM 相比，ICBA 有着更高的溶解度，并且其 LUMO 能级也要高出 0.17 eV，有利于实现更高的开路电压。以 P3HT：ICBA 为活性层的光伏器件的开路电压可达 0.84 V，同样条件下基于 P3HT：PCBM 的光伏器件的开路电压只有 0.60 V。基于 P3HT：ICBA 的器件在经过溶剂退火和热退火之后，器件能量转换效率可达 6.5%[4]。类似地，基于 C_{70} 的 ICBA 类似物，其能量转换效率可以达到 7%以上[5]。

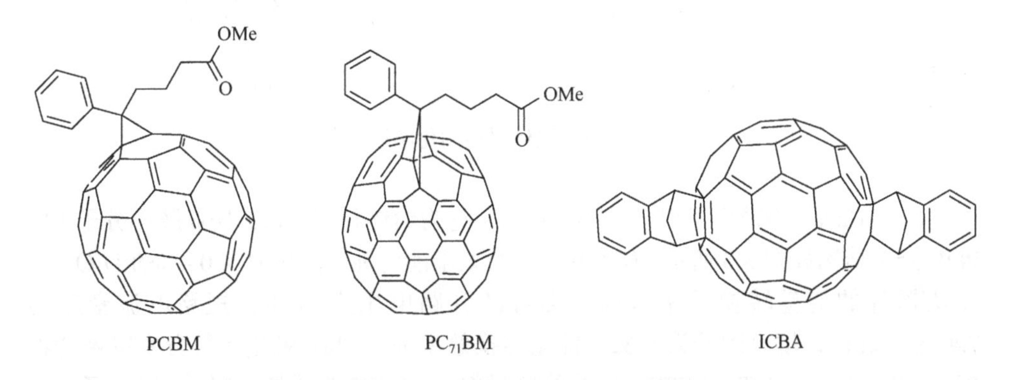

图 3.1　富勒烯衍生物的化学结构

3.2　基于苝二酰亚胺的小分子光伏受体材料

苝二酰亚胺（PDI）由于具有好的吸光性能、高的迁移率以及低的 LUMO 能级，常用于构筑 n 型半导体材料。

2006年，W. S. Shin等合成了4种可溶液处理的PDI衍生物(图3.2)[6]，并通过引入给电子或吸电子单元调节了PDI衍生物的能级。基于P3HT：PDI-C9活性层的太阳能电池器件的开路电压为0.36 V，能量转换效率只有0.182%。与PDI-C9相比，在PDI的侧面引入具有给电子能力的吡咯烷单元的小分子5-PDI的LUMO能级有所提高，基于P3HT：5-PDI的器件的开路电压提高到0.63 V。尽管以这些PDI衍生物为受体材料的光伏器件的PCE很低，但是这一结果显示了PDI单元具有用作小分子光伏受体材料的潜力。

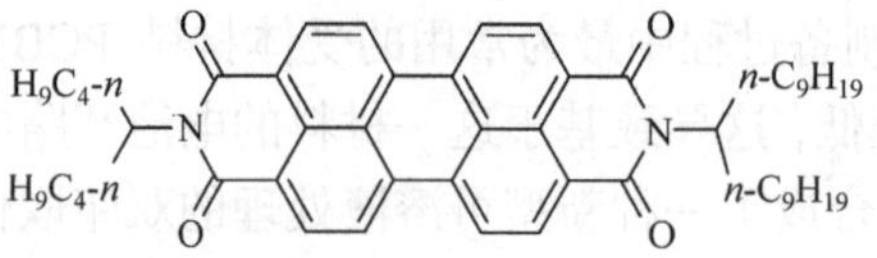

PDI-C9 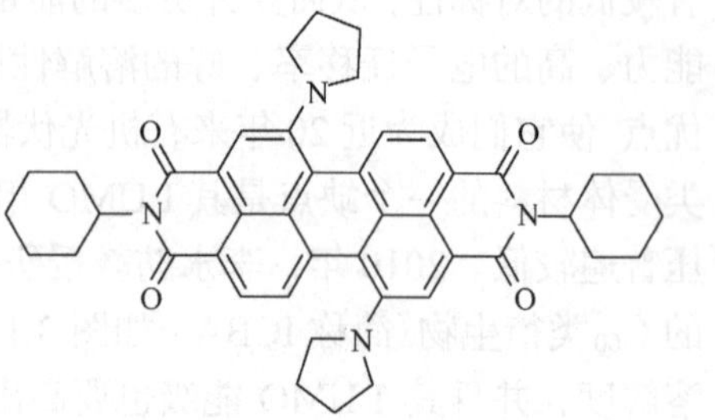　5-PDI

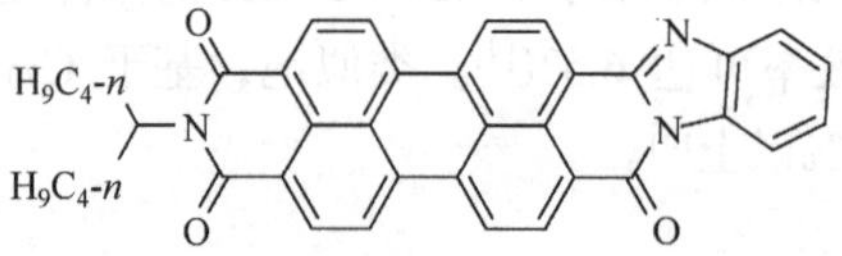

PDI-BI 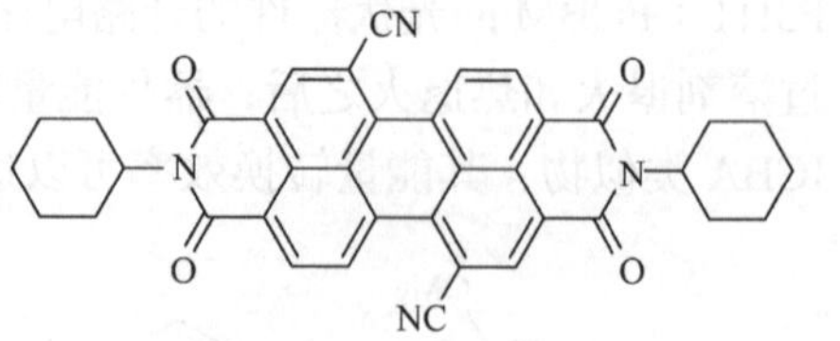　PDI-CN

图3.2　小分子受体材料的化学结构之一

G. C. Bazan等报道了以p-DTS(FBTTh$_2$)$_2$为给体材料、苝二酰亚胺小分子EP-PDI(分子结构如图3.3所示)为受体材料的太阳能电池[7]，在加入0.4%的DIO时，光伏器件的能量转换效率最高，器件的开路电压为0.78，短路电流密度为7.4 mA · cm^{-2}，填充因子为0.52，能量转换效率为3.0%。韩艳春等分别以聚合物PTB7和小分子p-DTS(FBTTh$_2$)$_2$为给体材料、EP-PDI为受体材料[8]，研究了添加剂对活性层形貌的影响。烷基类添加剂(如1,8-二碘辛烷或1,8-二硫醇)与EP-PDI之间的分子间作用较弱，而芳环类添加剂(如氯萘、苯并噻吩、苯并呋喃)与EP-PDI之间具有较强的分子间相互作用。对于PTB7：EP-PDI这一共混薄膜体系，由于共混薄膜中给/受体材料之间的相分离尺度相对较大，加入与EP-PDI具有较强相互作用的芳环类添加剂(如氯萘、苯并噻吩、苯并呋喃)可以减弱EP-PDI分子的自聚集，从而调节PTB7：EP-PDI的相分离尺寸。未加添加剂时，基于PTB7：EP-PDI共混薄膜的光伏器件的能量转换效率只有0.020%，在加入氯萘添加剂后，基于 PTB7：EP-PDI 的光伏器件的能量转换效率提高到 1.65%。对于 p-DTS(FBTTh$_2$)$_2$：EP-PDI 共混薄膜，给/受体之间的相分离尺寸较小，采用与 EP-PDI 之间相互作用较弱的 1,8-二碘辛烷作为添加剂，能够使活性层中的 p-DTS(FBTTh$_2$)$_2$和 EP-PDI 形成较纯的晶区，光伏器件的能量转换效率由未加添加剂时的 0.177%提高到 2.816%。占肖卫等在 PDI 单元的侧面引入两个并三噻吩单元，合成了小分子受体材料 PDI-2DTT[9]。以聚合物 PBDTTT-C-T 和 p-DTS(FBTTh$_2$)$_2$为给体材料的光伏器件的能量转换效率分别为 0.28%和 2.52%。在以 PC$_{71}$BM 为受体材料时，这两个给体材料均表现出超过 6%的器件能量转换效率，而以 PDI-2DTT 为受体时，光伏器件的结果却相差很大。这也说明了在研究非富勒烯小分子受体材料的器件性能过程中，选择合适的给体材料是实现高效率的一个重要因素。

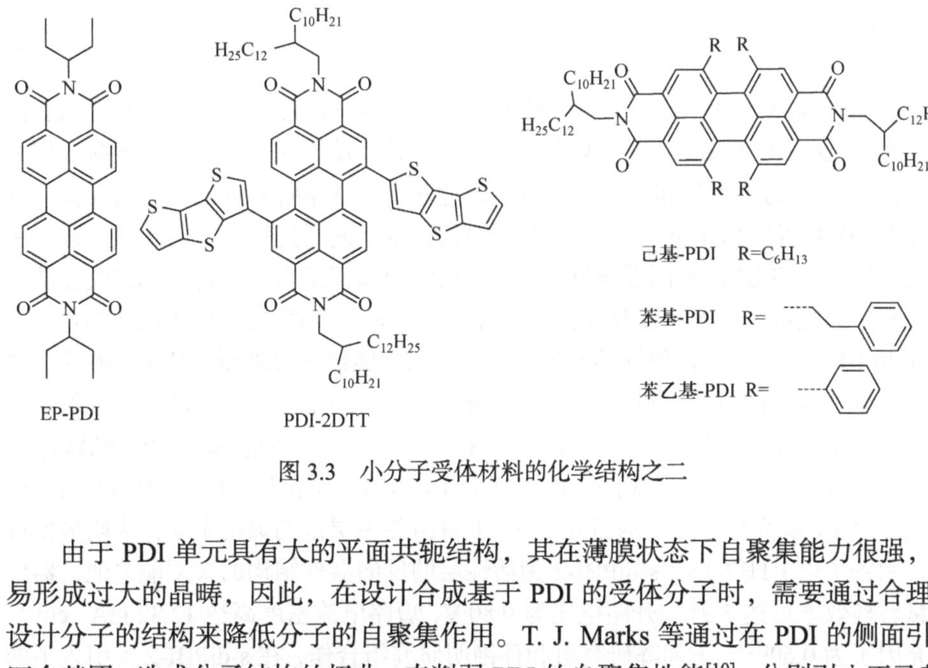

EP-PDI　PDI-2DTT

己基-PDI　R=C_6H_{13}

苯基-PDI　R=

苯乙基-PDI　R=

图 3.3　小分子受体材料的化学结构之二

由于 PDI 单元具有大的平面共轭结构，其在薄膜状态下自聚集能力很强，容易形成过大的晶畴，因此，在设计合成基于 PDI 的受体分子时，需要通过合理地设计分子的结构来降低分子的自聚集作用。T. J. Marks 等通过在 PDI 的侧面引入四个基团，造成分子结构的扭曲，来削弱 PDI 的自聚集性能[10]，分别引入正己基、苯甲基以及苯基，分子的扭曲程度依次增大(图 3.3)。与己基-PDI 相比，苯基-PDI 的 LUMO 能级降低了 0.18 eV。以聚合物 PBTI3T 为给体材料，以这三个 PDI 衍生物为受体材料的太阳能电池器件的能量转换效率也随着分子扭曲程度的增加而不断提高，基于己基-PDI、苯基-PDI、苯乙基-PDI 的光伏器件的能量转换效率分别为 0.65%、1.20%、3.67%。

上述小分子受体材料的相关性能参数列于表 3.1 中。

表 3.1 基于小分子受体材料的能级与相应的光伏性能参数

给体：小分子受体	E_g/eV	E_{HOMO}/eV	E_{LUMO}/eV	V_{oc}/V	J_{sc}/(mA · cm^{-2})	FF	PCE/%	文献
P3HT：PDI-C9	2.13	−5.82	−3.69	0.36	1.32	0.38	0.182	[6]
P3HT：5-PDI	1.60	−5.00	−3.40	0.63	0.25	0.27	0.043	[6]
P3HT：PDI-BI	1.84	−5.56	−3.72	0.37	0.47	0.35	0.061	[6]
P3HT：PDI-CN	1.97	−6.04	−4.07	0.13	0.13	0.30	0.005	[6]
p-DTS(FBTTh$_2$)$_2$：EP-PDI	1.91	—	—	0.78	7.4	0.52	3.0	[7]
PTB7：EP-PDI	1.91	—	—	0.72	4.93	0.47	1.65	[8]
p-DTS(FBTTh$_2$)$_2$：PDI-2DTT	1.70	−5.6	−3.9	0.763	7.21	0.424	2.52	[9]
PBTI3T：己基-PDI	2.07	−5.90	−3.83	1.08	1.51	0.39	0.65	[10]
PBTI3T：苯基-PDI	2.01	−6.02	−4.01	1.02	2.44	0.48	1.20	[10]
PBTI3T：苯乙基-PDI	2.01	−5.92	−3.91	1.02	6.56	0.54	3.67	[10]

王朝晖等设计并合成了一系列平面扭曲程度不同的苝二酰亚胺二聚物 s-diPBI(1～3)、d-diPBI、t-diPBI(图 3.4)[11]。通过一个碳碳单键相连的苝二酰亚胺二聚物 s-diPBI 具有较为灵活的扭曲分子结构，通过两个碳碳单键相连的苝二酰亚胺二聚物 d-diPBI 中两个 PDI 单元之间的二面角接近 90°，而通过稠环方式连接的苝二酰亚胺二聚物 t-diPBI 的平面性很好。分子结构的扭曲程度影响了这些苝二酰亚胺二聚物分子的能级、吸光性以及迁移率。与两个 PDI 单元存在扭曲的 s-diPBI(1～3)和 d-diPBI 相比，平面性较好的 t-diPBI 的 LUMO 能级明显降低。基于这些苝二酰亚胺二聚物为受体材料，PBDTTT-C-T 为给体材料的太阳能电池的器件能量转换效率介于 1.36%～3.11%，其中基于 s-diPBI-2 的光伏器件的能量转换效率最高，为 3.11%，开路电压为 0.72，短路电流密度为 10.36 mA · cm^{-2}，填充因子为 0.42。他们又与 Alex 研究组合作，通过在 ZnO 上自组装单层富勒烯衍生物作为阴极修饰层，制备了以 PTB7-Th：s-diPBI-2 为活性层的反向器件结构的太阳能电池，器件能量转换效率可达 5.9%，开路电压为 0.80 V，短路电流密度高达 12.32 mA · cm^{-2}，填充因子为 0.60[12]。王朝晖研究组和孙艳明研究组合作，在 s-diPBI-2 上引入了两个硫原子，形成了噻吩环，合成了 s-diPBI-S[13]。氯仿中，s-diPBI-S 在 400～600 nm 范围具有较好的吸光性能，最大吸收峰出现在 523 nm 处。循环伏安法测得该分子的 LUMO 能级为−3.85 eV，与 s-diPBI-2 相比，有所提高。基于 PDBT-T1：s-diPBI-S 的光伏器件的能量转换效率可达 7.16%，开路电压高达 0.90 V。而后，他们又通过将 s-diPBI-S 上的硫原子替换成同族的硒原子，合成了受体材料 s-diPBI-Se[14]。与硫原子相比，硒原子具有体积更大、更加自由的最外层电子云，有利于提高分子轨道的重叠度，并提高电荷迁移率。同时，硒原子上的空轨道可以提高分子接

受电子的能力。在不加添加剂的条件下，基于 PDBT-T1：s-diPBI-Se 的光伏器件的能量转换效率为 7.55%；当加入 0.25%的添加剂 DIO 之后，光伏器件的效率提高到 8.47%，开路电压为 0.91 V，短路电流密度为 12.75 mA · cm^{-2}，填充因子为 0.731。

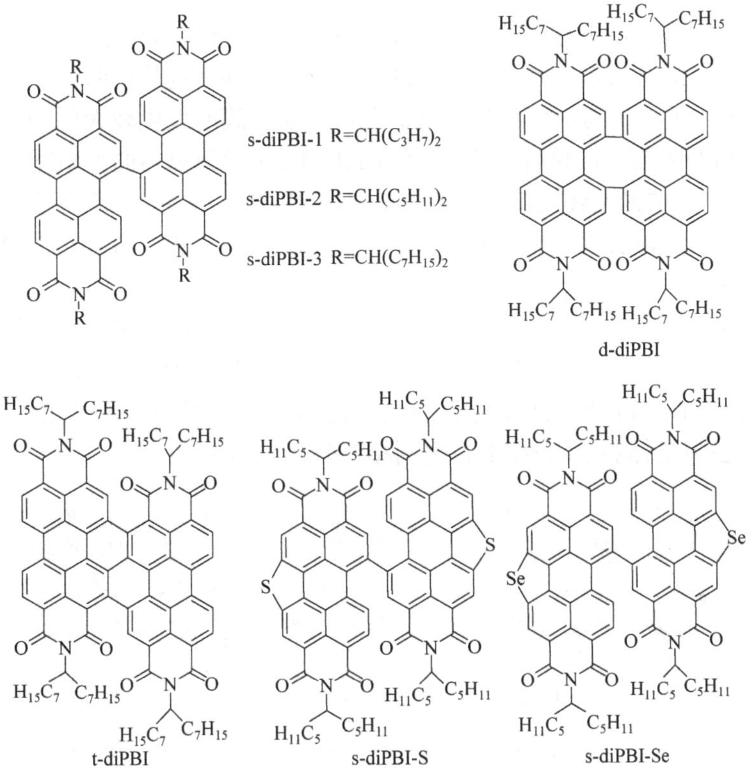

s-diPBI-1 R=CH(C_3H_7)$_2$
s-diPBI-2 R=CH(C_5H_{11})$_2$
s-diPBI-3 R=CH(C_7H_{15})$_2$
d-diPBI
t-diPBI
s-diPBI-S
s-diPBI-Se

图 3.4 小分子受体材料的化学结构之三

C. Nuckolls 等合成了具有螺旋结构的苝二酰亚胺二聚体螺旋-PDI（图 3.5）[15]。该分子的 HOMO 和 LUMO 能级分别为−6.04 eV 和−3.77 eV。他们以 PTB7 或 PTB7-Th 为给体材料制备了光伏器件，通过添加 DIO 或氯萘可以调节共混薄膜的形貌，当同时加入 1%的 DIO 和 1%的氯萘时，光伏器件的能量转换效率最高，分别为 5.21%和 6.05%。空间电荷限制电流法测得的基于 PTB7：螺旋-PDI 共混薄膜的空穴迁移率和电子迁移率分别为 6.7×10^{-5} cm^2 · V^{-1} · s^{-1} 和 2.2×10^{-4} cm^2 · V^{-1} · s^{-1}，相比之下，PTB7-Th：螺旋-PDI 共混薄膜的迁移率有所提高，空穴迁移率和电子迁移率分别为 2.9×10^{-4} cm^2 · V^{-1} · s^{-1} 和 3.4×10^{-4} cm^2 · V^{-1} · s^{-1}。迁移率的提高主要是由于 PTB7-Th 上二维的苯并二噻吩单元有利于提高分子链间的 π-π 堆积作用，从而提高电荷传输能力。随后，他们又合成了具有螺旋结构的苝二酰亚胺三聚体 hPDI3 和四聚体 hPDI4[16]。hPDI3 的 HOMO 和 LUMO 能级分别为−6.23 eV 和−3.86 eV，而 hPDI4 的 HOMO 和 LUMO 能级分别是−6.26 eV 和−3.91 eV。结合苝二酰亚胺二聚体螺旋-PDI 的研究结果可以发现，随着寡聚苝二酰亚胺单元数量的增加，分子的 HOMO 和 LUMO 能级均依次降低。从紫外-可见吸收光谱的测试结果也可以发现，随着寡聚的苝二酰亚胺单元数的增加，分子的吸收范围依次变宽。这些苝二酰亚胺多聚体分子的 PDI 单元之间存在一定的扭曲，削弱了受体分子间的聚集，阻止了与给体材料共混制备活性层薄膜时发生较大的相分离。基于 hPDI3 或 hPDI4 为受体材料、PTB7 或 PTB7-Th 为给体材料的太阳能电池器件都表现出超过 6%的光电转换效率，其中基于 PTB7-Th：hPDI4 的反向结构的太阳能电池器件的能量转换效率高达 8.3%。空间电荷限制电流法测得，基于 PTB7-Th：hPDI3 共混薄膜的空穴迁移率和电子迁移率分别为 $1.0 \times 10^{-4}\ cm^2 \cdot V^{-1} \cdot s^{-1}$ 和 $1.5 \times 10^{-4}\ cm^2 \cdot V^{-1} \cdot s^{-1}$，而 PTB7-Th：hPDI4 共混膜的空穴迁移率和电子迁移率分别为 $1.2 \times 10^{-4}\ cm^2 \cdot V^{-1} \cdot s^{-1}$ 和 $1.5 \times 10^{-5}\ cm^2 \cdot V^{-1} \cdot s^{-1}$。与 PTB7-Th：hPDI3 共混薄膜相比，PTB7-Th：hPDI4 共混薄膜的电子迁移率降低了一个数量级，这可能是由于活性层中受体材料 hPDI4 的比例相对较低所导致的。

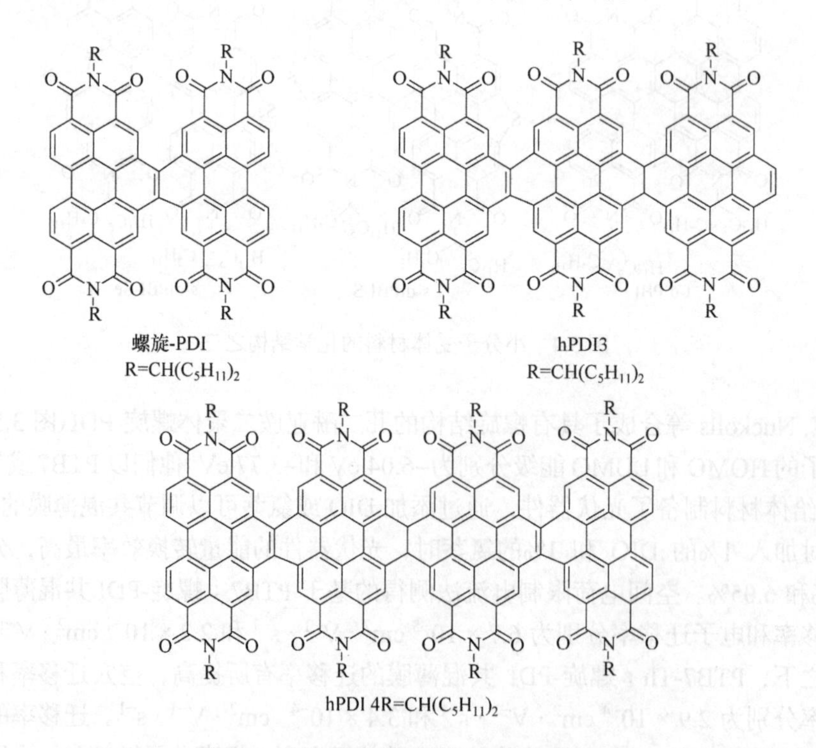

图 3.5 小分子受体材料的化学结构之四

占肖卫等以空间立体结构的三苯胺为中间核，连接三个 PDI 单元，合成了具有准三维立体结构的小分子受体 S(TPA-PDI)(图 3.6)[17]。该分子在三氯甲烷中的最大吸收峰出现在 536 nm 处，而薄膜状态下，分子的吸收范围更宽而最大吸收峰的位置变化不大，这可能是由于准三维的三苯胺结构破坏了分子的堆积。循环伏安法测得，S(TPA-PDI)的 HOMO 和 LUMO 能级分别为−5.40 eV 和−3.70 eV。空间电荷限制电流法测得，S(TPA-PDI)薄膜的电子迁移率为 $3.0 \times 10^{-5}\ cm^2 \cdot V^{-1} \cdot s^{-1}$，与富勒烯衍生物受体材料相比，迁移率低了很多，这可能是其

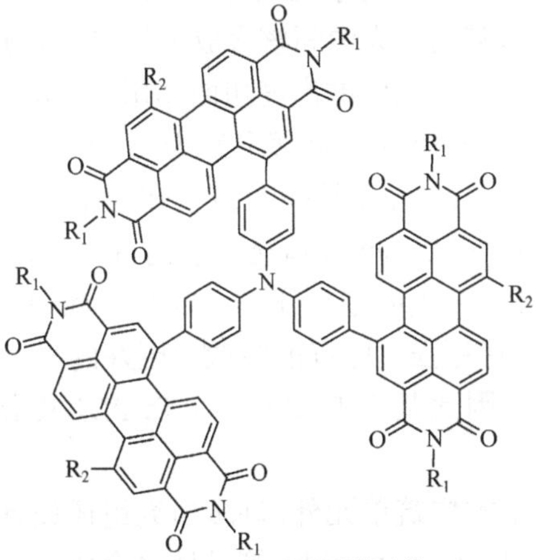

S(TPA-PDI)　R_1=2-乙基己基　$R_2=OC_4H_9$

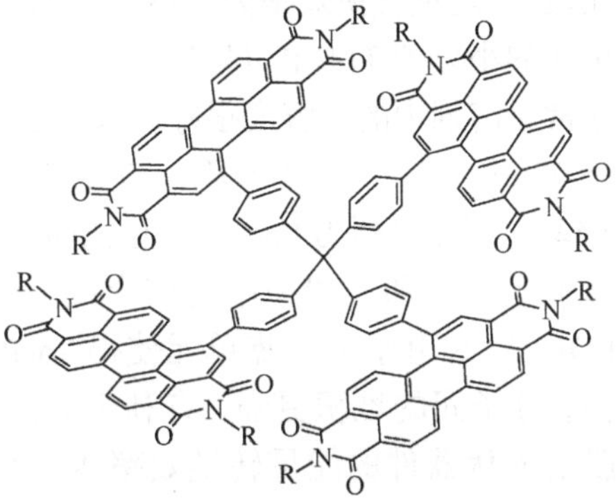

Me-PDI4　R=2-辛基十二烷基

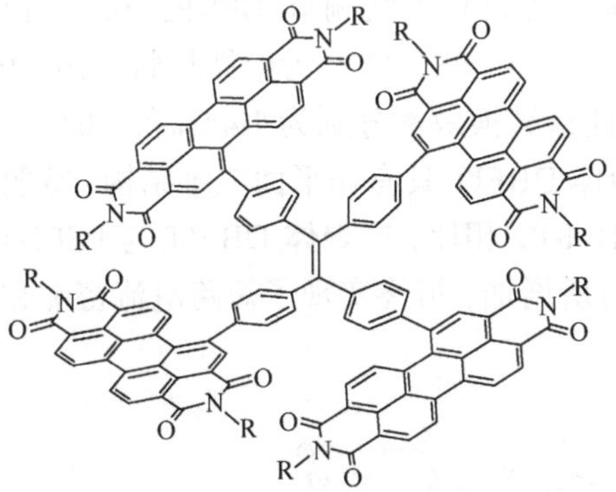

TPE-PDI4　$R=CH(C_6H_{13})_2$

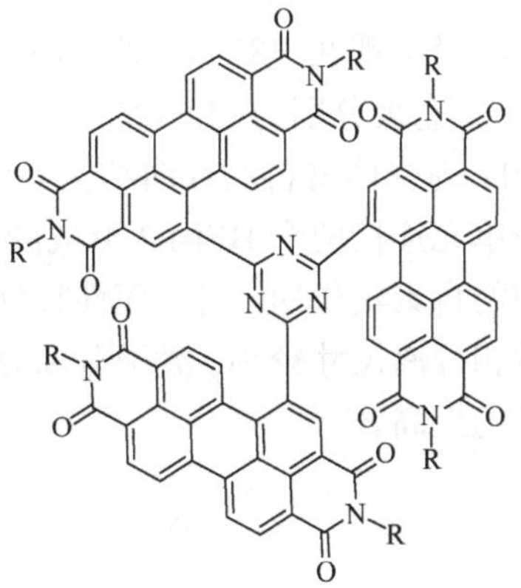

Ta-PDI　R=2-丁基辛基

图 3.6　小分子受体材料的化学结构之五

准三维的分子结构破坏了分子间的 π-π 堆积所导致的。未加添加剂条件下，基于 PBDTTT-C-T：S(TPA-PDI)共混薄膜为活性层的光伏器件的能量转换效率为 1.84%。当加入 5%的 DIO 之后，器件的能量转换效率提高到 3.32%，开路电压为 0.88 V，短路电流密度为 11.92 mA · cm^{-2}，填充因子为 0.336。Q. C. Zhang 等以四苯基甲烷为中间核连接四个 PDI 单元合成了三维的小分子受体 Me-PDI4[18]。分子的 HOMO 和 LUMO 能级分别为−5.96 eV 和−3.82 eV。Me-PDI4 的三维结构导致了分子间的聚集作用很弱，电子迁移率只有 1.78×10^{-6} $cm^2 \cdot V^{-1} \cdot s^{-1}$。以 PBDTTT-C-T 为给体材料制备的光伏器件，当加入 3%的 DIO 作为添加剂时，光伏器件的性能最佳，能量转换效率为 2.73%。Y. He 等以四苯基乙烯为中间核合成了带四个 PDI 单元的小分子 TPE-PDI4[19]。由于四苯基乙烯与 PDI 之间的高度扭曲作用，该分子在常见溶剂中的溶解度很好。该分子的 HOMO 和 LUMO 能级分别为−5.77 eV 和−3.72 eV。基于 PTB7-Th：TPE-PDI4 共混薄膜的光伏器件的能量转换效率为 5.53%，开路电压为 0.91 V，短路电流密度为 11.7 mA · cm^{-2}，填充因子也高达 0.52。彭强等以苯和三嗪为中间核合成了带三个 PDI 单元的小分子 Ph-PDI 和 Ta-PDI[20]。缺电子的三嗪单元使得 Ta-PDI 分子有更强、更宽的吸收，更好的平面性，分子间的堆积更强，有利于电荷的传输。因此基于 PTB7-Th：Ta-PDI 共混膜的光伏器件的能量转换效率达到 9.15%。

除了以苝二酰亚胺结构作为受体分子的基本构筑单元外，许多研究组还设计合成了其他含二酰亚胺结构的小分子受体材料。S. A. Jenekhe 等设计并合成了含二酰亚胺的小分子 BFI-P2 和 DBFIT(图 3.7)[21]。这两个分子的吸光范围较窄，薄膜状态下 BFI-P2 的最大吸收峰出现在 374 nm 处，而二聚体分子 DBFIT 的最大吸收峰出现在 387 nm 处，略有红移。循环伏安法测得 BFI-P2 和 DBFIT 的 LUMO 能级分别为−3.6 eV 和−3.8 eV。基于 PSEHTT 为给体材料，BFI-P2 和 DBFIT 为受体材料的反向结构器件的能量转换效率分别为 1.44%和 5.04%。通过噻吩单元连接两个 BFI-P2 形成的二聚体 DBFIT 具有非平面三维结构，减弱了化合物的自聚集作用。与平面性较好的 BFI-P2 相比，二聚体 DBFIT 与 PSEHTT 共混时相分离尺寸较小，激子分离效率有所增加，最终实现了短路电流密度和填充因子的提高。

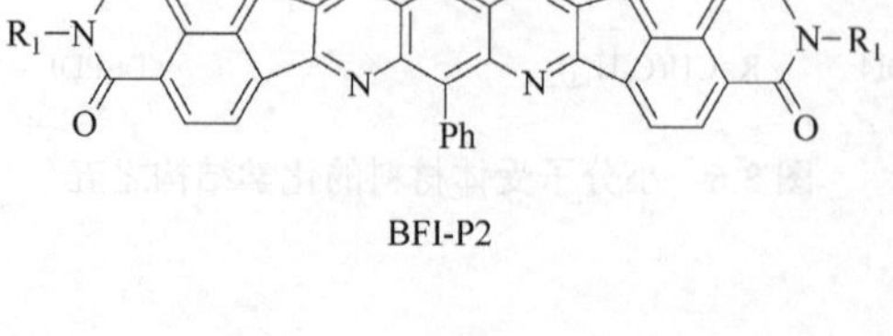

BFI-P2

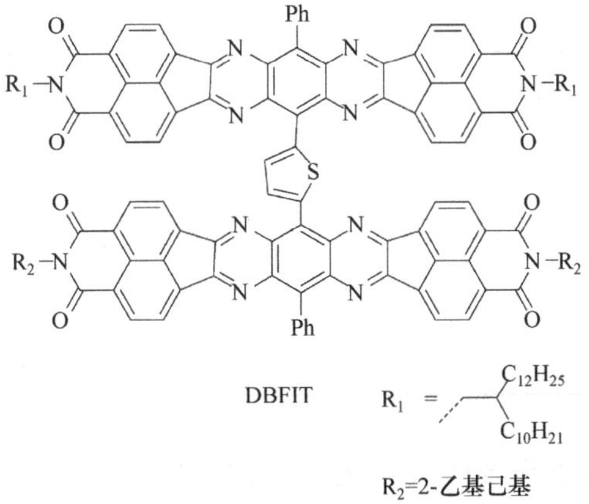

DBFIT R_1 = $C_{12}H_{25}$ / $C_{10}H_{21}$

R_2=2-乙基己基

图 3.7 小分子受体材料的化学结构之六

上述小分子受体材料的能级与光伏性能参数见表 3.2。

表 3.2 小分子受体材料的能级与光伏性能参数

给体：小分子受体	E_g^{opt}/eV	E_{HOMO}/eV	E_{LUMO}/eV	V_{oc}/V	J_{sc}/(mA · cm^{-2})	FF	PCE/%	文献
PBDTTT-C-T：s-diPBI-1	2.03	−5.95	−3.85	0.67	6.68	0.43	1.92	[11]
PBDTTT-C-T：s-diPBI-2	2.05	−5.94	−3.84	0.72	10.36	0.42	3.11	[11]
PBDTTT-C-T：s-diPBI-3	2.08	−5.93	−3.83	0.72	8.86	0.39	2.54	[11]
PBDTTT-C-T：d-diPBI	2.22	−6.08	−3.84	0.74	5.76	0.36	1.54	[11]
PBDTTT-C-T：t-diPBI	1.69	−5.93	−4.16	0.46	5.77	0.51	1.36	[11]
PTB7-Th：s-diPBI-2	2.05	−5.94	−3.84	0.80	12.32	0.60	5.9	[12]
PDBT-T1：s-diPBI-S	2.20	−6.05	−3.85	0.90	11.65	0.655	7.16	[13]
PDBT-T1：s-diPBI-Se	2.22	−6.09	−3.87	0.91	12.75	0.731	8.47	[14]
PTB7-Th：螺旋-PDI	2.07	−6.04	−3.77	0.80	13.55	0.55	6.05	[15]
PTB7-Th：hPDI3	2.03	−6.23	−3.86	0.81	14.5	0.67	7.9	[16]
PTB7-Th：hPDI4	1.96	−6.26	−3.91	0.80	15.2	0.68	8.3	[16]
PBDTTT-C-T：S(TPA-PDI)	1.76	−5.40	−3.70	0.88	11.92	0.336	3.32	[17]
PBDTTT-C-T：Me-PDI4	2.14	−5.96	−3.82	0.77	7.83	0.45	2.73	[18]

续表

给体：小分子受体	E_g^{opt}/eV	E_{HOMO}/eV	E_{LUMO}/eV	V_{oc}/V	J_{sc}/(mA · cm^{-2})	FF	PCE/%	文献
PTB7-Th：TPE-PDI4	2.05	−5.77	−3.72	0.91	11.7	0.52	5.53	[19]
PTB7-Th：Ta-PDI	2.10	−6.03	−3.81	0.78	17.10	0.685	9.15	[20]
PSEHTT：BFI-P2	—	−5.8	−3.6	0.94	3.16	0.49	1.44	[21]
PSEHTT：DBFIT	—	−5.8	−3.8	0.86	10.14	0.58	5.04	[22]

由于器件制备工艺以及所使用的给体材料的差异，在对比不同受体材料的结构与性能关系时，难以得到一个非常确切的结论。不过，从上述研究结果可以看出，在设计非富勒烯受体材料时，一个主要的策略是引入位阻较大的取代基或设计准三维或三维的分子结构来降低受体分子的平面性，从而削弱受体材料在活性层共混薄膜中的自聚集作用，促进给受体共混薄膜形成较好的相分离并获得高的能量转换效率。

3.3 基于二噻吩吡咯并吡咯二酮的小分子光伏受体材料

二噻吩吡咯并吡咯二酮(DPP)是构筑聚合物/小分子给体材料时一个常用的吸电子结构单元，近年来，文献报道了一系列基于DPP单元的受体分子。

2012年，占肖卫报道了一个以三苯胺为中间核、二噻吩吡咯并吡咯二酮为端基的小分子 S(TPA-DPP)(图 3.8)[22]。该分子的 HOMO 和 LUMO 能级分别为 −5.26 eV 和−3.26 eV。基于 P3HT：S(TPA-DPP)共混薄膜的器件的能量转换效率为1.20%，开路电压高达1.18 V，但短路电流密度和填充因子较低。高的开路电压主要归因于该分子较高的LUMO能级，而低的填充因子和短路电流密度可能是由于该分子低的电子迁移率(6.8×10^{-6} · cm^2 · V^{-1} · s^{-1})所导致的。以准三维结构的三苯胺为核，S(TPA-DPP)分子间的堆积作用降低，不利于分子间的电荷传输。随后，他们设计合成了以双苯并噻咯为中间给体单元、二噻吩吡咯并吡咯二酮为末端受体单元的小分子受体材料 DBS-2DPP[23]。该分子的 LUMO 能级为−3.28 eV，以该分子为受体材料，P3HT 为给体材料的光伏器件的开路电压接近 1 V，能量转换效率为 2.05%。S.V. Bhosale 等以萘二酰亚胺为中间单元，两端连接 DPP，设计合成了受体分子 HP1[24]。氯仿中，该分子在 300～850 nm 范围内具有良好的光吸收性能。电化学测试得到 HP1 的 HOMO 和 LUMO 能级分别为−4.92 .9 eV 和−3.46 eV。以 P3HT 为给体材料，该小分子为受体材料的器件的能量转换效率为 1.02%，光伏器件的开路电压为 1.05 V，短路电流密度为 2.15 mA · cm^{-2}，填充因子为 0.45。随后他们将中间核替换为芴，合成了受体分子 DPP-1[25]。循环伏安法测得 DPP-1 的 HOMO 和 LUMO 能级分别为−5.30 eV 和−3.50 eV。与 HP1 相比，改变中间单元，主要调节了分子的 HOMO 能级，而 LUMO 能级变化不大。基于 P3HT：DPP1 的光伏器件的开路电压高达 1.10.V，能量转换效率为 1.20%。 陈红征等在 DPP1 的基础上，在 DPP 末端引入一个氰基取代的噻吩单元，设计合成了小分子 F8-DPPTCN[26]，该分子的 HOMO 和 LUMO 能级分别为−5.31 eV 和−3.65 eV。他们以 P3HT 为给体材料制备了光伏器件，未经热退火处理时，基于 P3HT：F8-DPPTCN 共混薄膜的光伏器件的 PCE 只有 0.20%，经过 95 ℃热退火处理后，光伏器件的能量转换效率提高到 1.95%，进一步优化给体与受体材料的比例以及使用添加剂，当给/受体材料的比例为 1：3，并加入 0.4%的 DIO 作为添加剂时，光伏器件的效率最高，可达 2.37%，填充因子只有 0.39。基于 P3HT：F8-DPPTCN 共混薄膜的空穴迁移率和电子迁移率分别为 9.45×10^{-5} cm^2 · V^{-1} · s^{-1} 和 2.38×10^{-3} cm^2 · V^{-1} · s^{-1}，空穴迁移率和电子迁移率的不匹配可能是光伏器件的填充因子较低的原因。

陈红征等以螺芴单元为核，通过碳碳单键或碳碳三键连接四个 DPP 单元合成了一系列小分子受体材料（图 3.9），并研究了 DPP 上烷基链对分子结构和性质的影响[27]。与通过碳碳单键连接中间单元和末端单元的 SF-DPP 分子相比，通过碳碳三键相连的 SF-A-DPP 分子的最大吸收峰蓝移了约 10nm。DPP 单元上烷基链的改变影响了分子的结晶性能，随着分子上的烷基链由 2-乙基已基变为正辛基，再到正十二烷基，分子的结晶性能依次减弱。他们以 P3HT 为给体材料，研究了以这些分子作为受体材料的光伏器件的性能。尽管这些基于 DPP 单元的小分子具有相近的 LUMO 能级，然而相应光伏器件的开路电压却差别很大，最低只有 0.88 V，最高可达 1.18 V。研究结果表明，DPP 单元上的烷基侧链对受体分子与给体分子之间相互作用影响很大，从而导致了光伏器件开路电压的变化较大。在这些受体分子中，SF-DPPEH 表现出最佳的光伏性能，基于 P3HT：SF-DPPEH 的器件效率能量转换最高，为 3.63%，开路电压高达 1.10 V。随后，他们又在 SF-DPPEH 的基础上进行改进，在 DPP 单元的末端引入一个苯环，设计合成了分子 SF(DPPB)$_4$[28]。分子模拟计算的结果显示，末端苯环单元与相邻噻吩单元之间存在一个 17.9°的二面角，在一定程度上可以削弱分子的堆积作用。以 P3HT 为给体材料，光伏器件的开路电压高达 1.14 V，能量转换效率可达 5.16%。

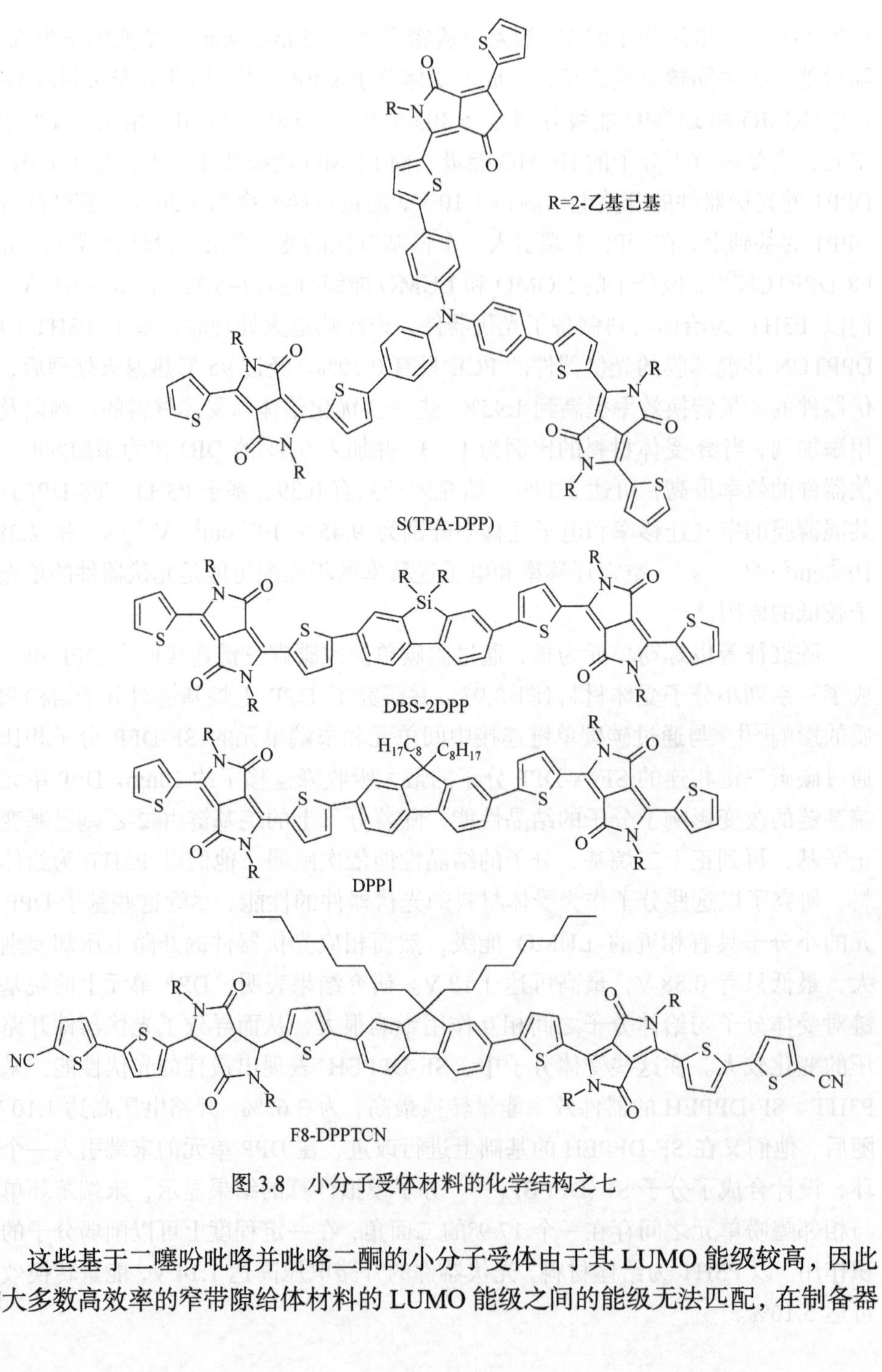

R=2-乙基己基

S(TPA-DPP)

DBS-2DPP

DPP1

F8-DPPTCN

图 3.8 小分子受体材料的化学结构之七

这些基于二噻吩吡咯并吡咯二酮的小分子受体由于其 LUMO 能级较高，因此和大多数高效率的窄带隙给体材料的 LUMO 能级之间的能级无法匹配，在制备器

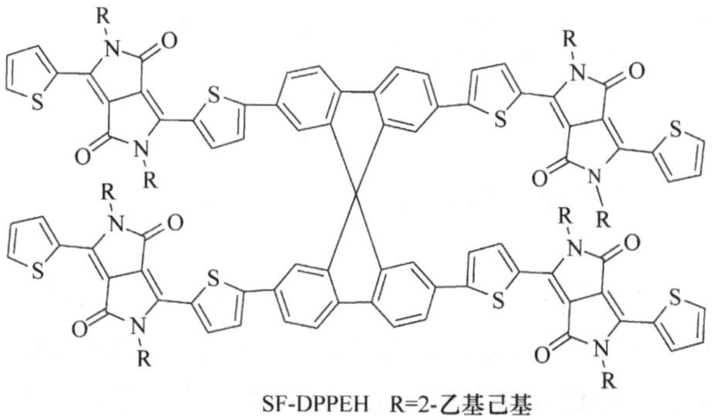

SF-DPPEH　R=2-乙基己基
SF-DPPC8　R=正辛基
SF-DPPC12 R=正十二烷基

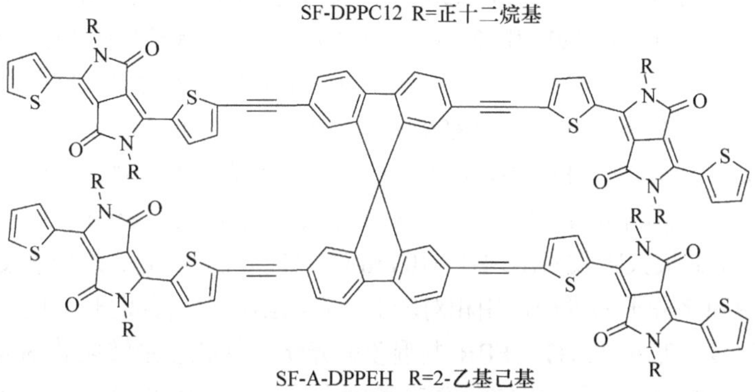

SF-A-DPPEH　R=2-乙基己基
SF-A-DPPC8　R=正辛基
SF-A-DPPC12 R=正十二烷基

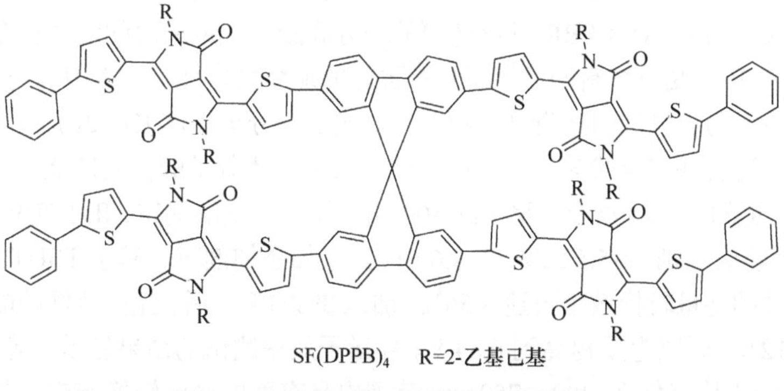

$SF(DPPB)_4$　R=2-乙基己基

图 3.9　小分子受体材料的化学结构之八

件时，给体材料的选择空间较小，一般选择 P3HT，从而限制了基于这类小分子受体材料器件效率的提高。

3.4 基于罗丹宁端基的小分子受体材料

以罗丹宁染料作为末端吸电子单元构筑的 A-D-A 型小分子光伏给体材料表现出很好的光伏性能。E. Lim 等以给电子能力较弱的芴和咔唑单元为中间核、噻吩为桥、罗丹宁为末端拉电子单元合成了小分子受体材料 Cz-RH 和 Flu-RH（图 3.10）[29]。在薄膜状态下，这两个分子的最大吸收峰分别出现在 525 nm 和 510 nm 处，并且出现了吸收的肩峰。吸收肩峰的出现主要归因于分子间的 π-π 堆积作用，说明这两个分子在薄膜状态下具有良好的堆积作用。以咔唑为中间单元的 Cz-RH 的 HOMO 和 LUMO 能级分别为−5.53 eV 和−3.50 eV，以芴为中间单元的 Flu-RH 的 HOMO 和 LUMO 能级分别为−5.58 eV 和−3.53 eV。这两个分子具有较高的 LUMO 能级，在制备光伏器件时可以获得较高的开路电压。以 P3HT 为给体材料，这两个小分子为受体材料制备的光伏器件的能量转换效率分别是 2.56%和 3.08%，开路电压均超过 1 V。I. McCulloch 等将 Flu-RH 的桥联噻吩替换成苯并噻二唑，合成了小分子受体材料 FBR[30]，该分子的 HOMO 和 LUMO 能级分别为−5.70 eV 和−3.57 eV。薄膜状态下，该分子的最大吸收峰出现在 510 nm 处，值得注意的是，该分子没有出现明显的肩峰，说明该分子的堆积作用相对较弱，在与给体材料共混时，更容易形成较小的相分离尺度。基于 P3HT：FBR 共混膜的光伏器件的能量转换效率为 4.11%，高于以 P3HT：PCBM 为活性层的器件效率。他们分别对 P3HT：FBR 和 P3HT：PCBM 的稳定性进行研究，发现 P3HT：PCBM 共混膜的相分离尺寸随着热退火时间的延长明显变大，而 P3HT：FBR 共混薄膜的相分离随着热退火时间的延长变化不大，这说明以 FBR 为受体材料的活性层具有更好的形貌稳定性。占肖卫等将 Flu-RH 分子的中间单元芴替换成引达省并二噻吩，合成了小分子受体 IDT-2BR[31]。以更大的稠环单元引达省并二噻吩为核，可以有效地改善受体分子的吸光性能。与 FBR 相比，IDT-2BR 的最大吸收峰红移了约 100 nm。循环伏安法测得，IDT-2BR 的 HOMO 和 LUMO 能级分别为−5.52 eV 和−3.69 eV。未加添加剂时，基于 P3HT：IDT-2BR 的光伏器件的能量转换效率可达 3.56%，加入 3%的氯萘后，光伏器件的能量转换效率高达 5.12%，开路电压提高到 0.84 V。外量子效率测试的结果显示，基于 P3HT：IDT-2BR 的光伏器件在 300～750 nm 范围内具有宽的光电转换响应，其中 650～750 nm 范围的光电响应主要是由于受体材料吸收光子产生电流。周二军等用苯并噻三唑替换 IDT-2BR 中的苯并噻二唑，合成了 BTA1 受体分子[32]。苯并噻三唑相对较弱的拉电子能力，能够使 BTA1 分子的 LUMO 能级更高，有利于获得高的开路电压。基于 P3HT：BTA1 共混膜的光伏器件获得了 1.02 V 的开路电压和 5.24%的能量转换效率。研究结果表明，对于宽带隙的聚合物，采用带隙更窄的受体材料有望获得增加活性层对太阳光的吸收，从而获得更高的能量转换效率。I. McCulloch 等以烷基取代的引达省并二噻吩单元为中间核，合成了小分子受体材料 O-IDTBR 和 EH-IDTBR[33]。在溶液状态下这两个分子的吸收光谱近似，最大吸收峰均出现在 650 nm 处；薄膜状态下，以空间位阻更大的 2-乙基己基为取代基的 EH-IDTBR 的最大吸收峰出现在 673 nm 处，而以空间位阻相对较小的正辛基为取代基的 O-IDTBR 的最大吸收峰红移至 690 nm 处；此外，经过 130 ℃热退火处理的 O-IDTBR 薄膜和 EH-IDTBR 薄膜的最大吸收峰则分别红移至 731 nm 和 675 nm。这一结果说明，引达省并二噻吩单元上烷基侧链对于分子的聚集和结晶特性有着很大的影响。掠入射广角 X 射线散射(GIWAXS)测试的结果显示，相比于 EH-IDTBR，分子 O-IDTBR 具有更好的薄膜堆积。以聚合物 P3HT 为给体材料，分子 O-IDTBR 和 EH-IDTBR 为受体材料制备的光伏器件的能量转换效率分别可达 6.30%和 6.00%。随后，他们以 O-IDTBR 作为受体材料，以具有良好结晶性能的聚合物 Pff4TBT-2DT 为给体材料制备了光伏器件，其能量转换效率可达 9.95%，开路电压高达 1.07 V[34]。I. McCulloch 等以 O-IDTBR 和 IDFBR 为受体材料，聚合物 P3HT 和 PBDTTT-EFT 为给体材料，制备了活性层为三元共混材料体系的有机太阳能电池[35]。基于 P3HT：O-IDTBR：IDFBR(1：0.7：0.3)三元共混体系光伏器件的能量转换效率可达 7.7%，基于 PBDTTT-EFT：O-IDTBR：IDFBR(1：0.7：0.3)三元共混体系光伏器件的能量转换效率高达 11%。以结晶性能较差的 IDFBR 作为第三组分，能够抑制强结晶性的 O-IDTBR 分子的聚集作用，形成更加理想的活性层形貌，从而得到很好的电子传输性能，电荷的双分子复合减少，并且电荷收集效率提高，实现开路电压、短路电流密度和填充因子的同时提升，最终获得高的能量转换效率。上述小分子受体材料的能级与光伏性能参数见表 3.3。

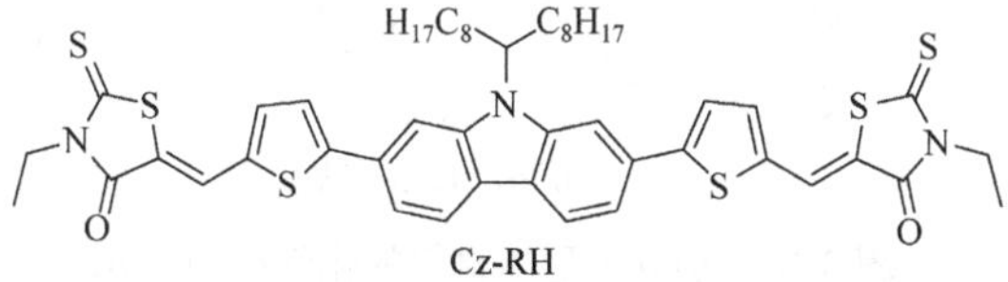

Cz-RH

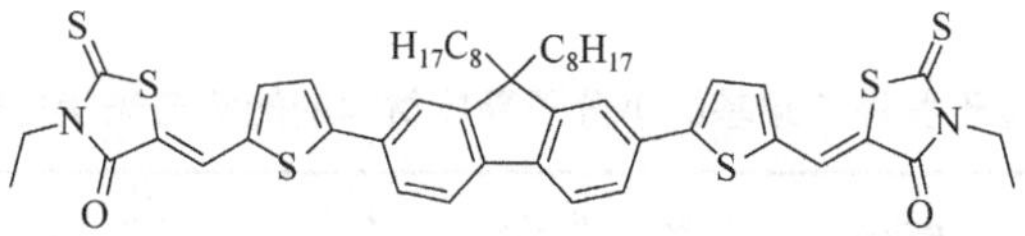

Flu-RH

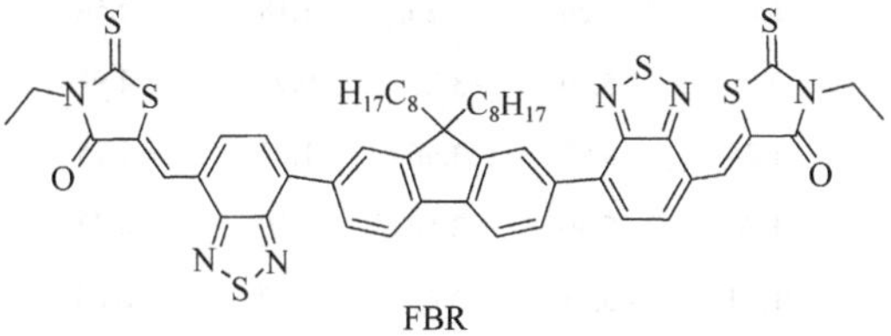

FBR

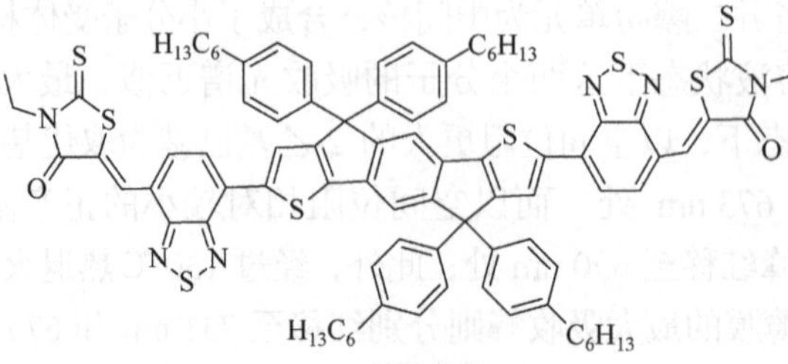

IDT-2BR

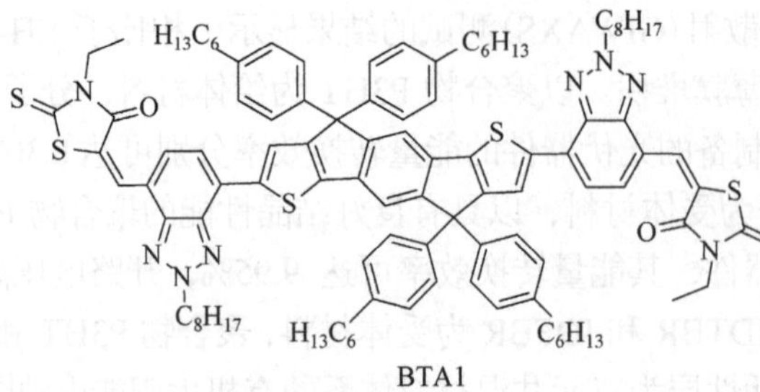

BTA1

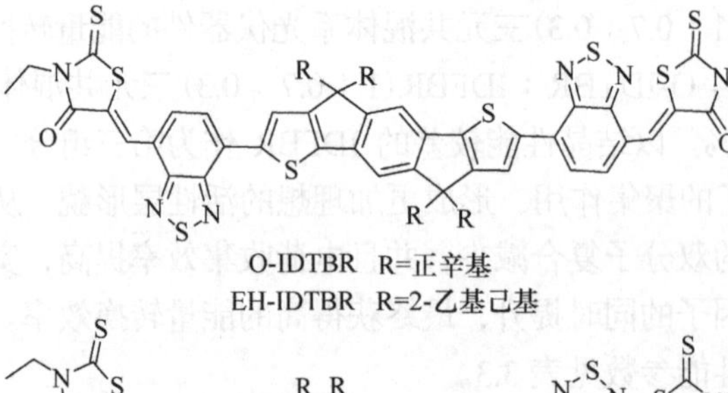

O-IDTBR R=正辛基
EH-IDTBR R=2-乙基己基

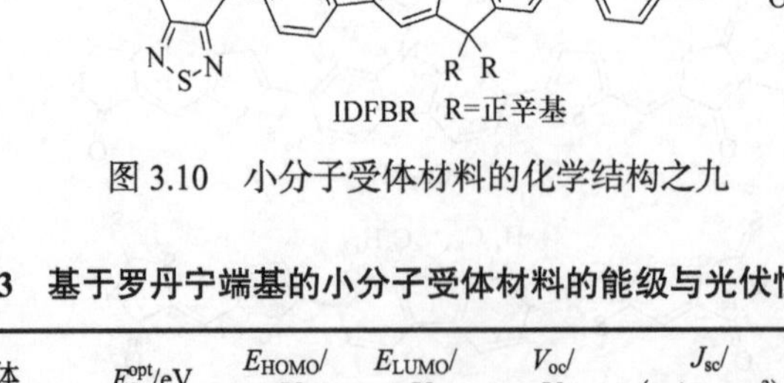

IDFBR R=正辛基

图 3.10 小分子受体材料的化学结构之九

表 3.3 基于罗丹宁端基的小分子受体材料的能级与光伏性能参数

给体：小分子受体	E_g^{opt}/eV	E_{HOMO}/eV	E_{LUMO}/eV	V_{oc}/V	J_{sc}/(mA · cm^{-2})	FF	PCE/%	文献
P3HT：S(TPA-DPP)	1.85	−5.26	−3.26	1.18	2.68	0.379	1.20	[22]
P3HT：DBS-2DPP	—	−5.30	−3.28	0.97	4.91	0.43	2.05	[23]
P3HT：HP1	1.24	−4.92	−3.46	1.05	2.15	0.45	1.02	[24]
P3HT：DPP1	1.80	−5.30	−3.50	1.10	2.42	0.45	1.20	[25]
P3HT：F8-DPPTCN	1.64	−5.31	−3.65	0.97	6.25	0.39	2.37	[26]
P3HT：SF-DPPEH	1.79	−5.26	−3.60	1.10	6.96	0.475	3.63	[27]

续表

给体：小分子受体	E_g^{opt}/eV	E_{HOMO}/eV	E_{LUMO}/eV	V_{oc}/V	J_{sc}/(mA · cm^{-2})	FF	PCE/%	文献
P3HT：SF-DPPC8	1.78	−5.24	−3.55	0.88	5.21	0.409	1.87	[27]
P3HT：SF-DPPC12	1.75	−5.23	−3.57	0.91	3.88	0.401	1.42	[27]
P3HT：SF(DPPB)$_4$	—	−5.26	−3.51	1.14	8.29	0.55	5.16	[28]
P3HT：Cz-RH	2.05	−5.53	−3.50	1.03	4.69	53	2.56	[29]
P3HT：Flu-RH	2.10	−5.58	−3.53	1.03	5.70	52	3.08	[29]
P3HT：FBR	2.14	−5.70	−3.57	0.82	7.95	0.63	4.11	[30]
P3HT：IDT-2BR	1.68	−5.52	−3.69	0.84	8.91	0.681	5.12	[31]
P3HT：BTA1	1.85	−5.51	−3.55	1.02	7.34	0.70	5.24	[32]
P3HT：O-IDTBR	1.63	−3.88	−5.51	0.72	13.9	0.60	6.30	[33]
P3HT：EH-IDTBR	1.68	−3.90	−5.58	0.76	12.1	0.62	6.00	[33]
Pff4TBT-2DT：O-IDTBR	1.63	−3.88	−5.51	1.07	15.0	0.62	9.95	[34]

3.5　基于稠环单元的小分子受体材料

3.5.1　不同中心给电子单元的 A-D-A 型小分子受体材料

与罗丹宁相比，茚满二酮具有更强的吸电子能力，S. E. Watkins 等合成了以辛基或异辛基取代的芴作为中间核、茚满二酮为端基并以噻吩为共轭桥的小分子受体 F8IDT 和 FEHIDT(图 3.11)[36]。通过光电子能谱测得 F8IDT 和 FEHIDT 的 HOMO 能级分别为−5.85 eV 和−5.95 eV。以 F8IDT 和 FEHIDT 这两个分子为受体材料、P3HT 为给体材料的光伏器件的能量转换效率分别为 1.67%和 2.43%，相应的开路电压分别为 0.72 V 和 0.95 V。尽管 F8IDT 和 FEHIDT 的分子结构非常近似，然而以这两个分子为受体的光伏器件的开路电压相差 0.23 V，这主要是两方面原因所导致的：首先，2-乙基己基取代的 FEHIDT 具有更低的 HOMO 能级；其次，与 F8IDT 相比，FEHIDT 与 P3HT 之间的分子间作用更弱。笔者课题组将末端单元茚满二酮替换为拉电子能力更强的双氰基茚满二酮，合成了小分子受体材料 DICTF[37]。循环伏安法测得该分子的 HOMO 和 LUMO 能级分别为−5.67 eV 和−3.79 eV。该分子在可见光范围内有着很好的吸光性能，通过紫外-可见吸收光谱的截止吸收位置计算出其光学带隙为 1.82 eV。以聚合物 PTB7-Th 为给体材料、DICTF 为受体材料制备的光伏器件，其能量转换效率可达 7.93%，开路电压为 0.86 V，短路电流密度为 16.61 mA · cm^{-2}，填充因子为 0.56。

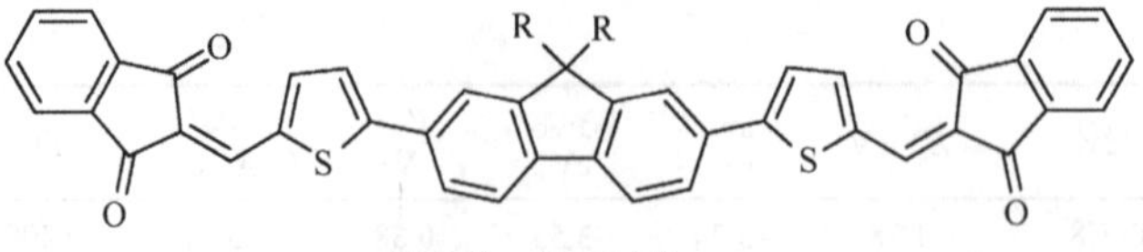

F8IDT R=n-C_8H_{17}

FEHIDT R=2-乙基己基

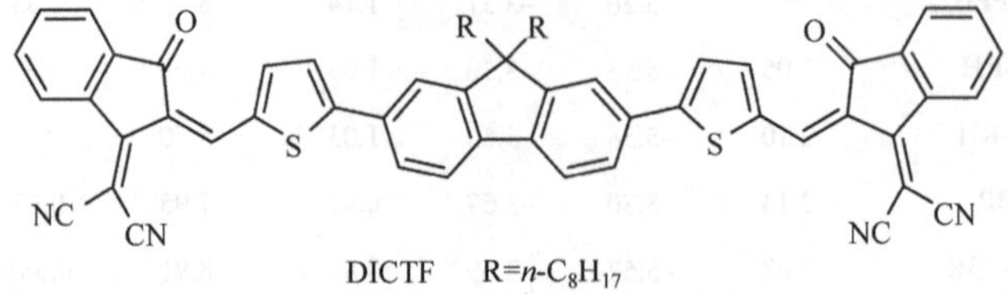

DICTF R=n-C_8H_{17}

图 3.11 小分子受体材料的化学结构之十

占肖卫等使用引达省并二噻吩作为中间核、双氰基茚满二酮作为端基以及噻吩为共轭桥合成了小分子 DC-IDT2T(图 3.12)[38]。引入强吸电子的双氰基茚满二酮后，分子的 LUMO 能级为−3.85 eV，略高于 PCBM 的 LUMO 能级。薄膜状态下，DC-IDT2T 的最大吸收峰出现在 700 nm 处，其光学带隙只有 1.55 eV。以该分子为受体材料，窄带隙 D-A 共轭聚合物 PBDTTT-C-T 为给体材料制备的器件的能量转换效率为 3.93%，开路电压为 0.90 V，短路电流密度为 8.33 mA · cm^{-2}，填充因子为 0.523。随后，他们又通过在 DC-IDT2T 的桥联噻吩单元上引入异辛基，合成了溶解度更好的受体分子 IEIC[39]，该分子的电子迁移率为 1.0×10^{-4} $cm^2 \cdot V^{-1} \cdot s^{-1}$。基于 PTB7-Th：IEIC 共混薄膜制备的器件的能量转换效率可达 6.31%。廖良生等对 IEIC 的分子结构进行调整，将引达省并二噻吩单元中噻吩单元上的硫原子替换为硒原子，合成了小分子受体材料 IDSe-T-IC[40]。体积更大、最外层电子云更加自由的硒原子的引入可以提高分子轨道的重叠，降低带隙并提高电荷迁移率。该分子的光学带隙为 1.52 eV，其 HOMO 和 LUMO 能级分别为−5.45 eV 和−3.79 eV。他们以该分子为受体材料，聚合物 J51 为给体材料，分别选用氯苯、氯苯/1,8 二碘辛烷、氯仿这三种溶剂体系制备了光伏器件，相应的能量转换效率依次分别为 7.46%、6.48%和 8.58%。对于聚合物给体材料 J51，以 IDSe-T-IC 为受体材料制备的光伏器件的能量转换效率明显高于以富勒烯衍生物 $PC_{71}BM$ 为受体材料的器件。

占肖卫等进一步使用更大的稠环结构引达省并二并噻吩为中间单元、双氰基茚满二酮为端基合成了小分子受体 ITIC(图 3.13)[41]，使用更大稠环的引达省并二噻吩为核的 ITIC 的电子迁移率明显提高(3.0×10^{-4} $cm^2 \cdot V^{-1} \cdot s^{-1}$)，最大吸收峰也明显红移，基于 PTB7-Th：ITIC 共混薄膜的器件能量转换效率为 6.80%，开路电

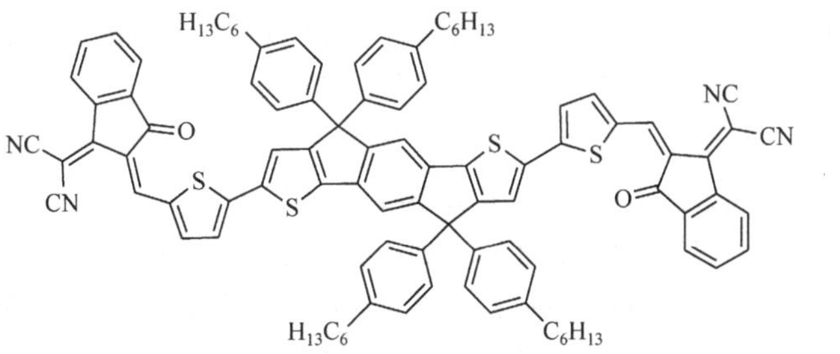

$H_{13}C_6$ C_6H_{13} NC O CN S S S NC CN S O $H_{13}C_6$ C_6H_{13}

DC-IDT2T

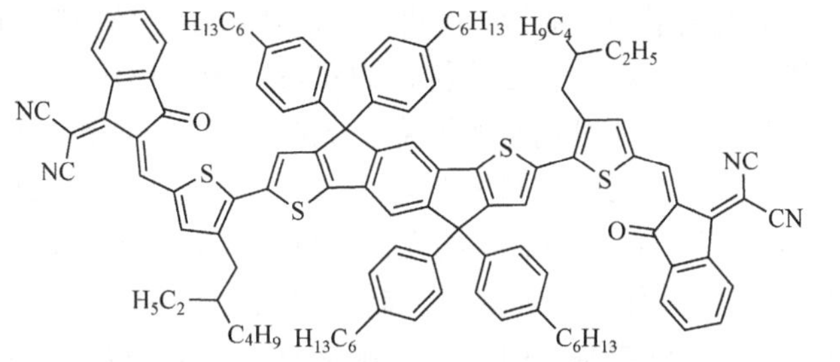

$H_{13}C_6$ C_6H_{13} H_9C_4 C_2H_5 NC O NC S S S S NC CN O H_5C_2 C_4H_9 $H_{13}C_6$ C_6H_{13}

IEIC

$H_{13}C_6$ C_6H_{13} H_9C_4 C_2H_5 NC O NC S Se Se S NC CN O H_5C_2 C_4H_9 $H_{13}C_6$ C_6H_{13}

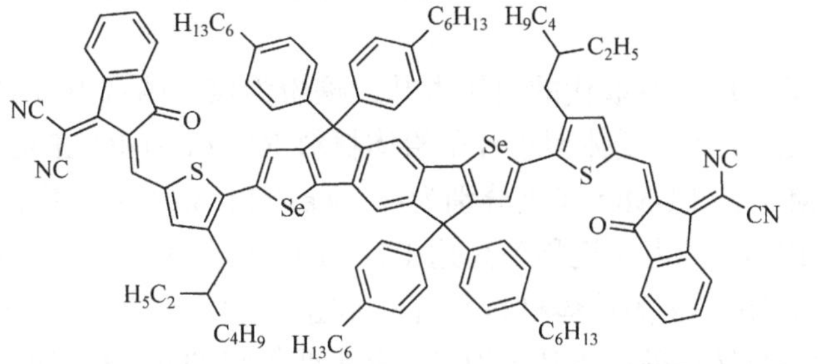

IDSe-T-IC

图 3.12　小分子受体材料的化学结构之十一

压为 0.81 V，短路电流密度为 14.21 mA · cm^{-2}，填充因子为 0.591。李永舫等以 ITIC 为受体材料，以基于苯并双噻吩和二氟取代苯并三氮唑的聚合物材料 J52、J60 和 J61 为给体材料制备了非富勒烯体系的有机太阳能电池器件[42]。与 ITIC 相比，这三个聚合物给体材料的带隙相对较小，给体材料与受体材料的吸收光谱互补。基于 J52、J60 和 J61 的光伏器件的能量转换效率分别为 5.51%、8.97%和 9.53%，相应的开路电压分别为 0.73 V、0.91 V 和 0.89 V。与基于聚合物 J52 的光伏器件相比，基于聚合物 J60 和 J61 的光伏器件的开路电压有了大幅提高，这主要是由于将苯并二噻吩单元上的烷基替换为烷硫基有效地降低了给体材料的 HOMO 能级。

侯剑辉等以 ITIC 为受体材料、宽带隙聚合物 PBDB-T 为给体材料制备了有机太阳能电池[43]。PBDB-T 与 ITIC 的吸收光谱具有较好的互补性，光伏器件的能量转换效率高达 11.21%，开路电压为 0.899 V，短路电流密度为 16.81 mA · cm^{-2}，填充因子为 0.742。值得注意的是，基于 PBDB-T：ITIC 的活性层具有很好的热稳定性，在经过 100 ℃热退火处理 250 h 之后，光伏器件的能量转换效率依然保持在 10.8%，而相应的基于 PBDB-T：$PC_{71}BM$ 的光伏器件的能量转换效率则降低到 4.2%。此外，他们也制备了面积为 1 cm^2 的有机太阳能电池，其光伏器件的能量转换效率可以达到 10.78%。这一结果也说明了非富勒烯体系的有机太阳能电池在商业化大面积生产时具有很大的潜力。随后，占肖卫等将小分子受体材料 ITIC 分子上的苯基替换为噻吩基，合成了小分子受体材料 ITIC-Th（图 3.13）[44]。与 ITIC 相比，该分子的 HOMO 和 LUMO 能级均有所下降，分别为−5.66 eV 和−3.93 eV，使得受体分子的能级可以与更多的给体材料相匹配。分别以聚合物 PTB7-Th 和 PDBT-T1 为给体材料，ITIC-Th 为受体材料制备的光伏器件，其能量转换效率均为 7.5%，分别加入 3%和 1%的氯萘作为添加剂后，器件的能量转换效率分别提高到 8.7%和 9.6%。他们在 ITIC-Th 的端基上引入一个氟原子，合成了受体材料 ITIC-Th1[45]。氟原子的引入使得 ITIC-Th1 分子的 LUMO 能级略微降低，吸收进一步红移，分子堆积更好。FTAZ：ITIC-Th1 共混膜的光伏器件获得了高达 12.1%的能量转换效率。

而后，他们又以己基取代的引达省并二噻吩为核，两端连接双氰基茚满二酮单元，合成了受体-给体-受体型小分子给体材料 IC-C6IDT-IC（IDIC，图 3.13）[46]。该分子的 HOMO 和 LUMO 能级分别为−5.69 eV 和−3.91 eV，空间电荷限制电流法测得 IC-C6IDT-IC 的电子迁移率高达 1.1×10^{-3} cm^2 · V^{-1} · s^{-1}。以吸光范围具有很好互补性的 PDBT-T1 为给体材料制备的非富勒烯体系的有机太阳能电池，相应的光伏器件的能量转换效率可达 8.71%。李永舫等将 ITIC 分子的苯烷基链中正己基由对位移到间位，设计合成了分子 m-ITIC[47]，微小的改变使得新的分子具有更高的膜吸收常数、更好的堆积性能以及更大的电子迁移率。基于这些优点，以 m-ITIC 作为受体材料、聚合物 J61 为给体材料所制备的器件能量转换效率高达 11.77%，短路电流密度为 18.31 mA · cm^{-2}。即使活性层膜厚达到 360 nm 时，器件能量转换效率依然能够超过 8.00%，为太阳能电池的大面积制备创造了有利条件。

占肖卫等在 ITIC 分子的基础上进一步增加并噻吩数目，合成了 INIC 核[48]，并用含不同数目氟原子的末端基团来优化分子结构。中间骨架结构并噻吩数目的增加及末端基团苯环上氟原子个数的增多都有利于材料光谱吸收的红移，INIC3 最大吸收波长达到 744 nm，但相应分子 LUMO 能级呈逐渐降低的趋势。基于聚合物 FTAZ 为给体的光伏器件，随着四个受体分子末端氟原子个数的增加，开路电压值逐渐降低，而相应的短路电流依次升高，填充因子也表现出升高的趋势。

其综合结果是，基于 INIC3 受体分子的光伏器件效率最高，达到 11.5%的光电转换效率。

为了减弱三并噻吩带来的扭曲性，他们在 INIC 的基础上将其中心核两边的三并噻吩中间使用一个五元环隔开，变成 IDTT 核稠环一个噻吩的结构，设计合成了分子 IUIC[49]（图 3.13）。与同样末端基团带两个氟原子、仅中心核共轭长度与之不

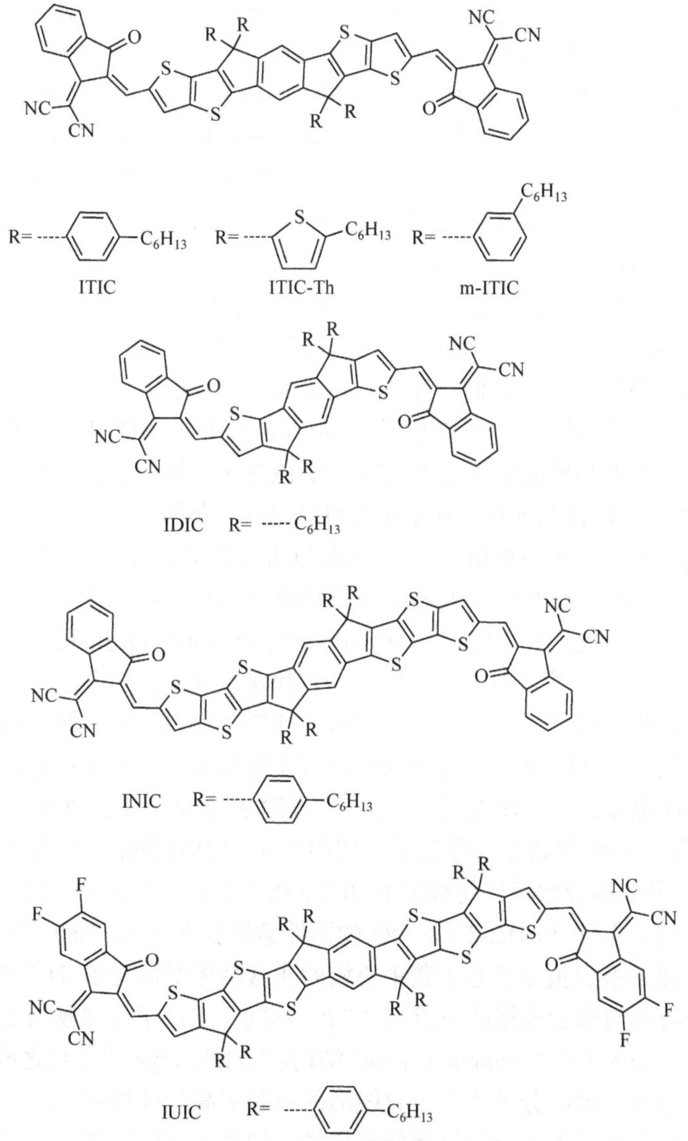

ITIC ITIC-Th m-ITIC

IDIC R= C_6H_{13}

INIC

IUIC

图 3.13 小分子受体材料的化学结构之十二

同的 ITIC 衍生物 ITIC4（也即 IT-4F）相比，IUIC 的薄膜吸收峰大幅红移，最大吸收波长达到了 788 nm，基于能级匹配的考虑，他们选用了窄带隙材料 PTB7-Th 作为给体，二者共混后器件效率达到了 11.2%，短路电流密度高达 21.74 mA · cm^{-2}。

除了给电子能力适中的 IDTT 中心核及其衍生物，一些不同给电子能力中心核的非富勒烯受体分子也被相继报道。笔者所在课题组通过对本课题组前期报道的受体分子 DICTF 进行改进设计，通过将桥联噻吩与芴单元进行稠环化，合成了受体分子 FDICTF（图 3.14）[50]。相比于 DICTF，稠环后的分子 FDICTF 的 HOMO 和 LUMO 能级均有提高，电化学带隙变窄，吸收峰红移了约 65 nm。使用宽带隙给体 PBDB-T 作为给体时，基于 FDICTF 的器件获得了 10.06%的能量转换效率，是当时报道的最高效率之一。除了芴核以外，给电子能力稍强的咔唑单元也被用于构筑非富勒烯受体，2017 年 C. Hsu 课题组报道了以咔唑为中心核，两边稠环噻吩单元的受体 DTCCIC-C17[51]，使用宽带隙给体 PBDB-T 共混时效率可达 9.48%，开路电压高达 0.97 V，短路电流密度与 FDICTF 近似，填充因子为 65%。同时期，孙艳明课题组也采用咔唑并噻吩中心核设计合成了受体 DICC-IC[52]，与受体 DTCCIC-C17 不同的是，他们在咔唑与噻吩的连接处引入的是烷氧苯链，与窄带隙给体 PTB7-Th 搭配后该分子获得了 6%的器件效率。2017 年，朱晓张课题组报道了基于茚并茚中心核的受体分子 NITI[53]，该分子使用了他们之前研究较多的噻吩[3,4-*b*]噻吩（T*b*T）作为 π 桥，并采用双氰基茚满二酮作为末端拉电子单元。该分子的中心核与 π 桥之间的夹角为 25°，具有扭曲的分子结构，但是其摩尔吸光系数却很高，并且吸收截止边可达 832 nm，与宽带隙给体 PBDB-T 搭配后获得了 12.74%的器件效率。后来，他们将 NITI 与高结晶性小分子给体 BTR 搭配，并加入 $PC_{71}BM$ 作为第三组分，制备了全小分子器件。他们发现，基于这三个组分的活性层形貌呈现出分级结构。其中，NITI 限制了 BTR 与 $PC_{71}BM$ 的直接接触，减少了三元器件的开压损失；而 $PC_{71}BM$ 在活性层中形成了连续的电子传输通道，保证了器件具有高的短路电流密度和填充因子。最终，该体系获得了 13.63%的最佳器件效率[54]。2017 年，笔者课题组又报道了以弱给电子能力的萘作为中心核的受体分子 NTIC[55]，该分子的吸收峰比芴核的 FDICTF 略有蓝移，HOMO 和 LUMO 能级都比 FDICTF 低，基于 PBDB-T：NTIC 的器件最终获得了 8.5%的器件效率。2017 年，郑庆东课题组也报道了基于萘中心核的非富勒烯受体分子 DTNR[56]，DTNR 分子中萘中心核与噻吩连接的位点与 NTIC 不同，采用了该课题组之前用于聚合物给体设计中的梯形角形（angular shape）结构。K. Takimiya 课题组之前提出，具有角形结构的萘并二噻吩分子相对于直线形的具有更高的迁移率，通过结构分析他们发现，这是因为角形的分子反而能够提供一种类平面的结构，而直线形的分子平面性则较差。DTNR 分子在可见光区有着良好的吸收并且 LUMO 能级较高，基于 PTB7-Th：DTNR 的器件获得了 9.51%的效率，其开路电压高达 1.08 V，并且

E_{loss}仅为 0.50 eV。基于扩大中心核 π 共轭可以增加其给电子能力、缩窄带隙且提升电荷迁移率的思想[57]，近期笔者课题组又报道了基于蒽中心核的分子 AT-4Cl[58]，与结晶性更高且 HOMO 能级更深的聚合物 PBDB-TF 搭配后，获得了 13.27%的能量转换效率，填充因子可达 75.5%。

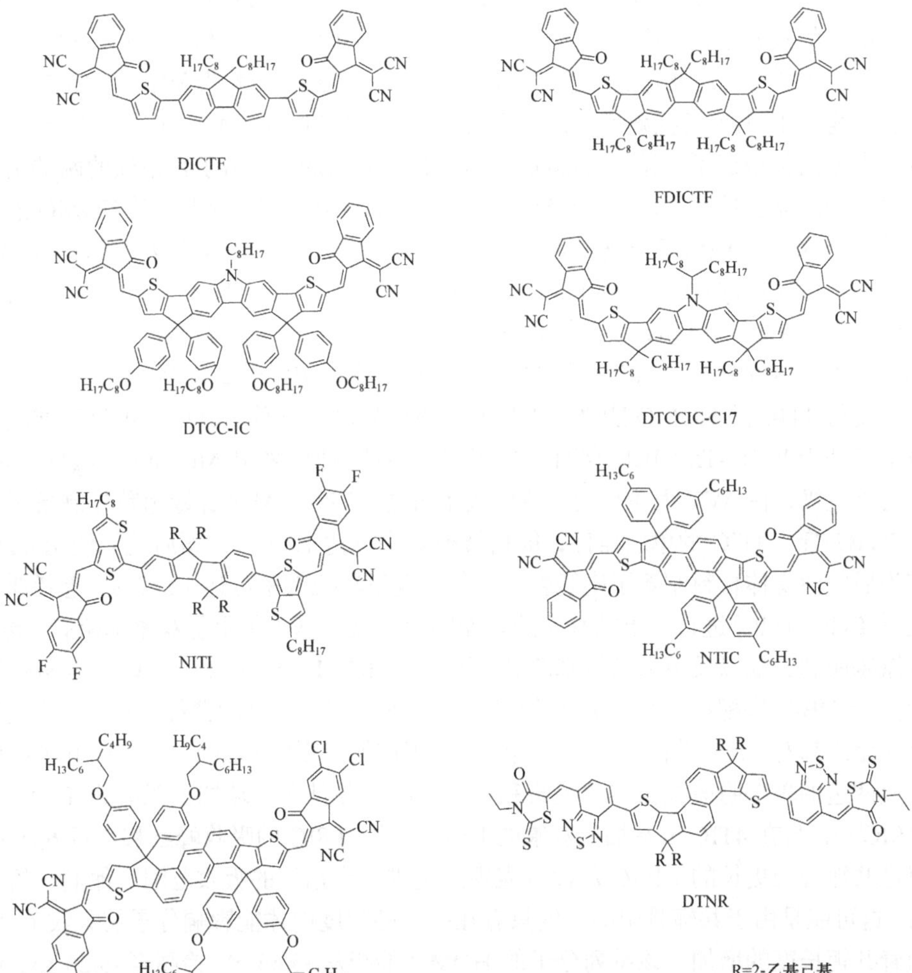

图 3.14　小分子受体材料的化学结构之十三

除了研究弱给电子能力中心核以外，研究者们也对具有强给电子能力的中心核进行了广泛的研究，以期将非富勒烯受体的吸收扩展至近红外区域。2017 年，笔者课题组在更富电子的中心核苯并二噻吩上进行了稠环，设计合成了新型非富勒烯受体 NFBDT[59]。NFBDT 的吸收截止边到达了 800 nm，在与宽带隙给体搭配时有利于获得更高的短路电流密度，基于 PBDB-T：NFBDT 活性层的器件获得了 10.42%的效率，短路电流密度可达 17.85 mA · cm^{-2}。紧接着，他们又在 NFBDT（图 3.15）的基础上对中心给体单元和末端受体单元进行同步修饰，在中心稠环的 BDT 单元的 4,8-位引入给电子基团正辛基，提高了受体分子的 HOMO 能级；在末端基团引入拉电子的氟原子，降低了受体分子的 LUMO 能级。同步缩窄带隙后得到了受体分子 NCBDT[60]，其吸光范围进一步扩展到了 860 nm，与宽带隙给体 PBDB-T 共混后获得了 12.12%转换效率，并且短路电流密度超过 20 mA · cm^{-2}。2018 年，占肖卫课题组又报道了以萘并二噻吩为中心核的 IOIC3[61]，由于在萘核的两端引入了给电子的噻吩单元，并且在萘核上添加了两个给电子的烷氧基，其 HOMO 能级上升至−5.38 eV，吸收峰显著红移，基于 PTB7-Th：IOIC3 的器件效率可达 13.1%，制备的半透明器件效率可达 10.8%（平均透过率 AVT = 16.4%时）。2017 年，占肖卫课题组、Alex 课题组以及笔者课题组几乎同时报道了以具有强给电子性质的并噻吩为中心核的分子 4TIC[62]（结构见图 3.15，也即 IHIC[63]或 TTIC[64]），并噻吩的引入使得 4TIC 的 HOMO 能级大大提升，吸收峰剧烈红移。其中，占肖卫课题组报道了基于 PTB7-Th：IHIC（4TIC）的半透明器件。他们采用 Au（1 nm）/Ag（15 nm）作为上电极，在 AVT 为 36%时，器件效率可达 9.77%。Alex 课题组首先制备了基于 PTB7-Th：4TIC 的单层器件，能量转换效率可达 10.43%，而后他们使用 4TIC 作为后电池受体材料制备了串联叠层器件，能量转换效率可达 12.62%。笔者课题组对 TTIC（4TIC）进行了末端基团的官能团化，其中基于单甲基双氰基茚满二酮、双氰基茚满二酮以及单氟双氰基茚满二酮的 TTIC-M、TTIC 和 TTIC-F 与宽带隙给体 PBDB-T 搭配后，依次获得了 9.97%、10.87%和 9.51%的器件效率。后续这三个课题组都对 4TIC 进行了扩展，其中占肖卫课题组系统报道了将 4TIC 并噻吩中心核两边的单噻吩改变为二并噻吩和三并噻吩，并且在末端加上双氟的 F8IC 及 F10IC[65]，与在 4TIC 末端加上双氟的 F6IC 相比，F8IC 的吸收峰红移了近 62 nm，但是共轭骨架更长的 F10IC 却没有表现出更进一步拓宽的吸收范围。他们分析认为，这可能是由于共轭骨架的长度只有在一定的限度内才能影响分子的吸收范围。随着共轭长度的增加，该系列分子的 HOMO 能级从−5.66 eV 抬高至−5.26 eV，但 LUMO 能级却几乎没有变化，这使得这些主骨架扩展后的分子具有同时获得高的开路电压和短路电流密度的特质。此外，他们发现，这几个受体分子的电子迁移率并非随着共轭骨架的延伸而线性增长，具有适中长度的 F8IC 由于 π-π 堆积更加紧密，具有最高的电子迁移率，基于 PTB7-Th：F8IC：PC71BM 的器件获得了 26.00 mA · cm^{-2} 的短路电流密度和 12.3%的能量转换效率。2016 年，Alex 课题组在 4TIC 的基础上扩展出了吸收更加红移的 6TIC[66]，与 PTB7-Th 搭配后获得了 11.07%的能量转换效率。2018 年，该课题组又将 4TIC 分子稠环处的 sp^3 碳改为氮原子，将吡咯环引入到 4TIC 分子中，合成了具有 SN6 中间核单元的 SN6IC-4F 分子[67]。SN6 中间核单元相对于 4T 中间核来说具有更高的 LUMO 能级，能在保证吸收峰红移的同时保持较高的开路电压。此外，这个中心核保证了非富勒烯受体的结晶性和电荷传输性能，与宽带隙给体 PBDB-T 搭配后获得了 13.2%的器件效率，该分子的成功为非富勒烯稠环的设计提供了新的思路。2017 年，丁黎明课题组引入"C-O 桥"构筑类吡喃环，制备了 CO5 核[68]，获得了更好的平面性和更高的电荷迁移率。鉴于此，他们在并噻吩中心核的基础上采用了同样的策略设计合成了 CO*i*8DFIC[69],平面性的增强使得基于 PTB7-Th:CO*i*8DFIC 的器件获得了 26.12 mA · cm^{-2} 的短路电流密度和 12.16%的能量转换效率。进一步，他们在该体系中加入 PC71BM 作为第三组分。PC71BM 的加入使得该体系的 EQE 在 300～1100 nm 范围内整体提升，最终基于 PTB7-Th：CO*i*8DFIC：PC71BM（1：1.05：0.45）的器件获得了 14%的能量转换效率，短路电流密度达到了 28.20 mA · cm^{-2}，是文献报道的第一个能量转换效率超过 14%的体系[70]。最近，邹应萍课题组设计了基于苯并噻二唑氮杂稠并二噻吩的中心单元，合成了小分子受体 Y6[71]。该分子使用 N 原子上的乙基己基侧链作为空间位阻基团，有效地抑制了分子本身的自聚集效应。苯并噻二唑单元的使用，有效地调控了分子的光谱吸收和电子亲和能。Y6 的吸收波长截止位置达 931 nm，带隙仅为 1.33 eV，其 HOMO 和 LUMO 能级分别为 −5.65 eV 和 4.10 eV。使用具有更深 HOMO 能级的聚合物 PM6 作为给体材料，基于 Y6 的正向和反向结构的器件都能够实现最高达 15.7%的 PCE。最近，通过器件优化[72-74]（包括改变给体、添加第三组分等）以及分子末端基团的改变[75]，基于 Y6 的体系获得了超过 16%的能量转换效率。

3.5.2　不同末端拉电子单元的 A-D-A 型小分子受体材料

在前面章节中我们提到，在 A-D-A 结构中，中间给电子的 D 单元与末端拉电子的 A 单元协同对分子的能级和光谱产生作用。随着越来越多中间给电子单元被开发出来，末端基团的调节对获得预期分子性能的重要性日益凸显，以下我们将介绍在 A-D-A 型非富勒烯受体中末端基团是如何对分子性能产生影响的。

ITIC 具有相对红移的吸收和良好的堆积性能，其末端基团双氰基茚满二酮[76]的作用不可忽视，双氰基茚满二酮本身较大的平面结构和其中双氰基的强拉电子性能都对 ITIC 产生了积极的作用。在 ITIC 的基础上，一系列修饰其末端基团双氰基茚满二酮的研究工作被报道出来。由于在 A-D-A 结构的分子中，其 LUMO 能级主要是由末端基团决定的，所以在末端基团上修饰给电子基团可以提升 LUMO 能级，对器件的开路电压产生积极影响。由于 PBDB-T：ITIC 体系已经获得了很好的光电转换效率，所以如何在不过度影响这个体系活性层形貌的前提下通过修饰获得更高的效率是一个值得研究的问题。2016 年，侯剑辉课题组报道了在 ITIC

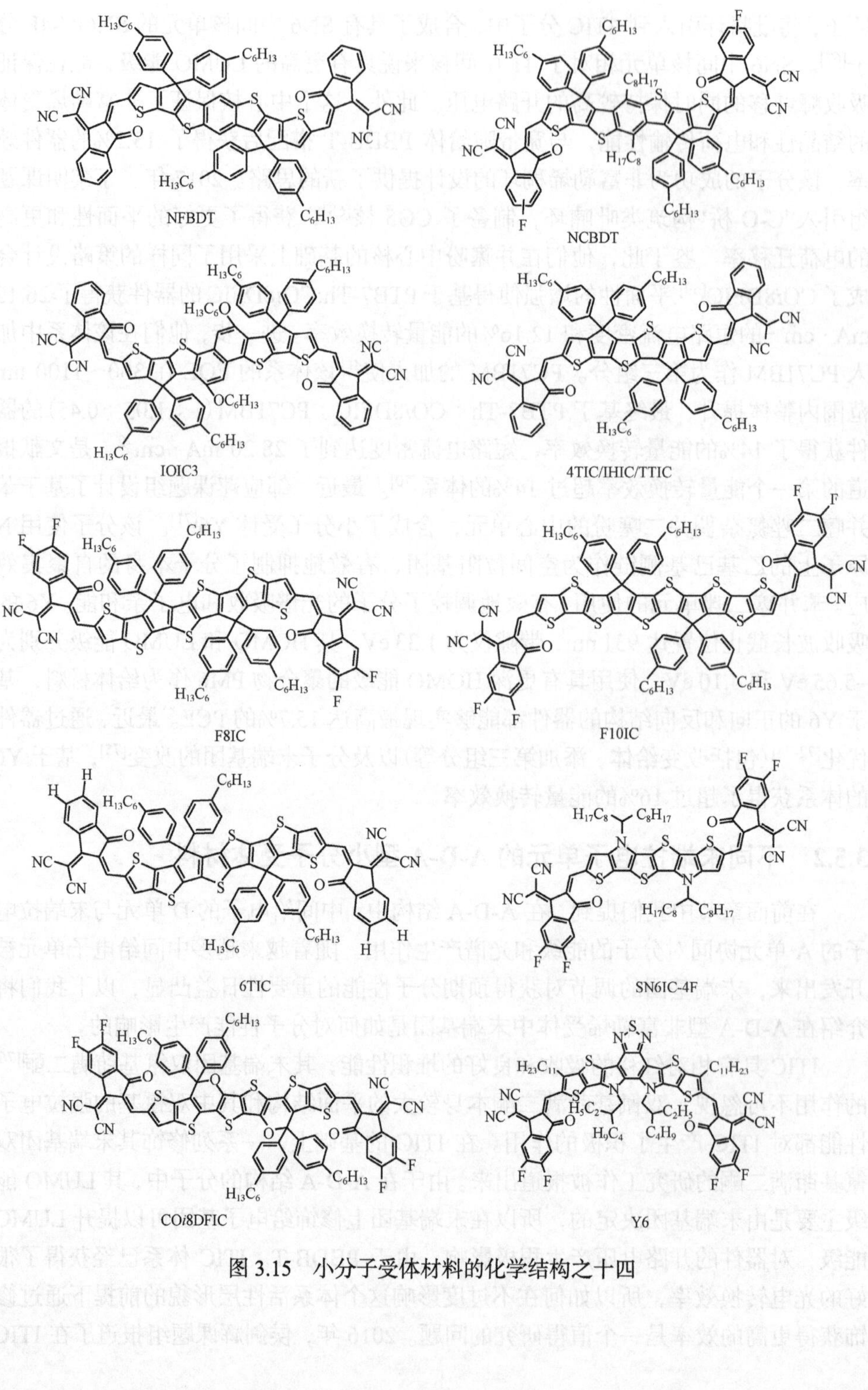

图 3.15 小分子受体材料的化学结构之十四

末端基团上引入一个或两个甲基的分子 IT-M 以及 IT-DM[77](图 3.16)。甲基作为一个位阻很小的弱给电子单元，在末端基团上引入甲基即为在不过分扰动 PBDB-T：ITIC 体系现有高效率的前提下获得更高开路电压的有效方法。与 ITIC 相比，引入一个甲基的分子 IT-M 和引入两个甲基的分子 IT-DM 的 LUMO 能级分别提升了 0.04 eV 和 0.09 eV，对应器件的开路电压由 0.90 V 分别提升到 0.94 V 和 0.97 V。基于 PBDB-T：IT-M 的器件获得了 12.05%的能量转换效率而基于 PBDB-T：IT-DM 的器件效率则略低，主要是由于二甲基的引入降低了激子解离效率，使得短路电流密度下降。紧接着在 2017 年，他们为了研究在双氰基茚满二酮的不同取代位置引入甲氧基对分子能级和形貌的影响，设计合成了分子 IT-OM-1、IT-OM-2、IT-OM-3 及 IT-OM-4[78]。这四个取代位置不同的分子，其 LUMO 能级的变化范围为–3.86～–3.76 eV，此外他们发现，取代位置对分子的构型有很大的影响：当取代基处于 5 位和 6 位时(IT-OM-2 及 IT-OM-3)，分子的平面性保持得较好，而当取代基位于 4 位和 7 位时(IT-OM-1 及 IT-OM-4)，分子构型出现了扭曲。其中，5 位取代的 IT-OM-2 有着最小的 π-π 堆积距离和最高的电子迁移率 1.9×0^{-4} $cm^2\cdot V^{-1}\cdot s^{-1}$。与 PBDB-T 共混后，IT-OM-2 获得了 11.9%的器件转换效率。除了在双氰基茚满二酮的苯环上添加给电子单元，科研工作者们还在双氰基茚满二酮的基础上开发了一些新的端基。2017 年，侯剑辉课题组报道了将 ITIC 的末端双氰基茚满二酮中的苯环替换为噻吩的受体 ITCC[79]。相比于 ITIC，ITCC 表现出更紧密的 π-π 堆积距离和更高的电子迁移率，其 LUMO 能级相对于 ITIC 提升了 0.11 eV，与 PBDB-T 搭配后的开路电压超过 1 V，最终取得了 11.4%的器件效率。为了进一步提升开路电压，他们采用了在 ITCC 分子的基础上引入甲基的方法合成了分子 ITCC-M[80]。ITCC-M 的带隙比 ITIC 宽了 0.11 eV，吸收截止边蓝移了近 50 nm，与 PBDB-T 共混后开路电压达到 1.03 eV，是比较理想的前电池材料。以 PBDB-T：ITCC-M 作为前电池，PBDTTT-E-T：IEICO 作为后电池的正向串联叠层器件获得了 13.8%的器件转换效率，是当时最高效率的叠层器件。

除了以上提到的可以使得双氰基茚满二酮的拉电子性能减弱的端基以外，许多课题组还开发了进一步增强双氰基茚满二酮端基拉电子性能的其他端基，使得基于它们的分子带隙变窄，吸收范围更加红移，有利于获得更高的短路电流密度，并且其中一些基团的引入还改善了基于相应分子的活性层的形貌，获得了很高的填充因子。2017 年，杨楚罗课题组报道了与侯剑辉课题组利用硫原子位置不同的噻吩取代端基 CPTCN，采用 CPTCN 端基的 ITIC 衍生物分子 ITCPTC[81](图 3.16)获得了比 ITIC 更加红移的吸收，并且由于 CPTCN 端基更佳的电子离域性能和硫原子引起的强烈分子间相互作用，ITCPTC 分子有着更佳的平面性和更高的相纯度。与该课题组之前报道的宽带隙给体 PBT1-EH 搭配后获得了 11.8%的能量转换效率，填充因子高达 0.751。之后，杨楚罗课题组又在 CPTCN 的基础上进一步引

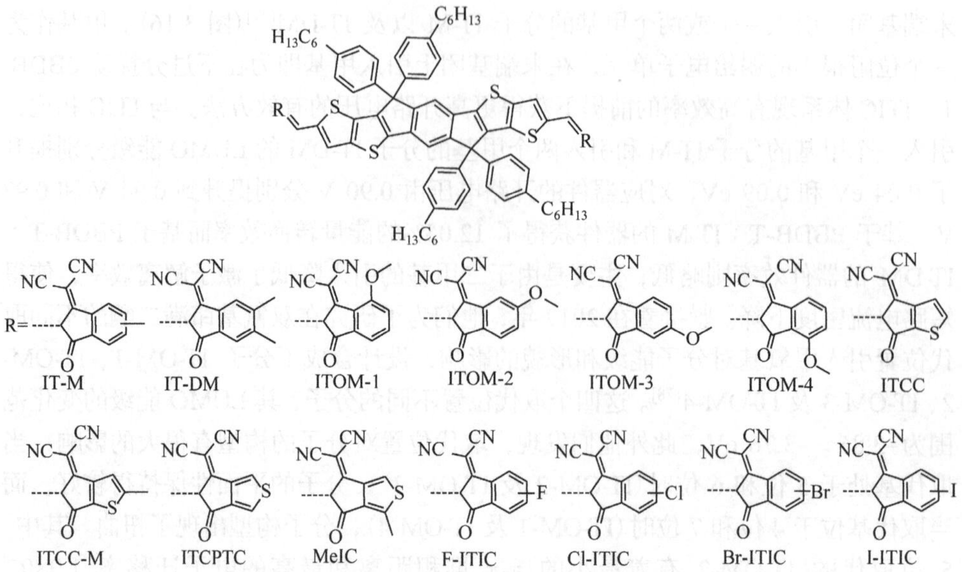

图 3.16 小分子受体材料的化学结构之十五

入了甲基，设计合成了非富勒烯受体 MeIC[82]（图 3.16），与宽带隙给体 J71 搭配后获得了 12.54%的器件效率，开路电压和短路电流密度均高于没有甲基取代的 ITCPTC。在有机半导体材料中引入卤素基团也是增强电负性和增大摩尔吸光系数的常用方法。2016 年，占肖卫课题组设计合成了分子 INIC、INIC1～INIC3，研究了在双氰基茚满二酮端基引入不同个数和不同位置的氟原子对分子性质的影响。随着氟原子个数的增加，分子的 LUMO 能级逐渐下降、吸收峰逐渐红移、电子迁移率逐渐提升，具有二氟端基的 INIC3[48]（图 3.17）获得了 11.5%的器件效率，远高于无氟取代的 INIC（7.7%）。除了对氟原子的个数进行研究以外，他们对氟原子的取代位置也进行了研究。与侯剑辉课题组对甲氧基取代位置研究的结果一致，氟原子在双氰基茚满二酮 5 位和 6 位时得到的分子 INIC2（图 3.17）获得了比氟原子在 7 位时得到的分子 INIC1（图 3.17）更高的器件效率。2017 年，李韦伟课题组在双氰基茚满二酮端基上引入了一系列的卤素取代基团，引入 F、Cl、Br 和 I 基团的分子依次称为 F-ITIC、Cl-ITIC、Br-ITIC 和 I-ITIC[83]（图 3.16）。这些分子均表现出比 ITIC 更强的结晶性、更强的电子迁移率和更红移的吸收峰。与该课题组开发的聚合物给体 PTPDBDT 搭配后，无卤素取代的 H-ITIC 获得了 6.4%的能量转换效率，而卤素取代的四个分子的效率都在 8%以上，其中 Cl-ITIC 和 Br-ITIC 分别取得了 9.5%和 9.4%的效率，这主要得益于基于这两种端基的体系具有更高的短路电流密度和填充因子。除了在 IDTT 的衍生分子上得到了很好的应用，这些新的端基在其他中心核体系上也得到了很广泛的应用，此处不再赘述。

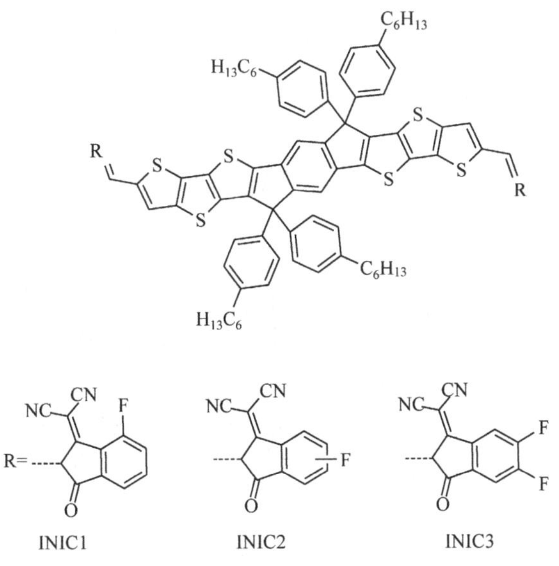

INIC1 INIC2 INIC3

图 3.17 小分子受体材料的化学结构之十六

3.5.3 不同桥联单元的 A-D-A 型小分子受体材料

与 A-D-A 型的小分子给体不同，在多数 A-D-A 型的非富勒烯小分子受体中，A 单元与 D 单元之间往往不存在桥联单元，但是近来的一些研究表明，添加桥联单元或在桥联单元上进行修饰对促进非富勒烯受体效率的进一步提升有重要的意义。引入的桥联单元可以与给体单元或受体单元协同作用，影响分子得能级和堆积性能。

2014 年，占肖卫课题组[84]报道了以 IDT 为核、噻吩单元为桥联单元非富勒烯受体 IEIC（ITIC 的前身）（结构见图 3.18）。相比之前的非富勒烯受体，IEIC 具有强且宽的吸收范围、高的电荷迁移率以及与 PTB7-Th 良好的相容性。与 PTB7-Th 搭配后，在不经任何后处理的情况下可以得到 6.31%的器件效率。2015 年他们又报道了以缺电子单元苯并噻二唑为桥，以拉电子能力弱于双氰基茚满二酮的 3-乙基饶丹宁为端基的分子 IDT-2BR[85]。IDT-2BR 的主骨架具有很好的平面性，同时 IDT 核上的已基苯基与主骨架成一定角度，避免了分子过度地自聚集，与 P3HT 共混后获得了 5.12%的器件效率，远高于 P3HT 与富勒烯衍生物 $PC_{61}BM$ 共混后的效率（3.71%）。

侯剑辉课题组在 IEIC 的结构基础上进行了修饰，将其桥联单元上的烷基链（2-乙基己基）替换成给电子能力更强的烷氧基（2-乙基己氧基），合成了受体分子 IEICO[86]。在聚合物给体中，烷氧基的强给电子能力会抬升基于它的分子的 HOMO

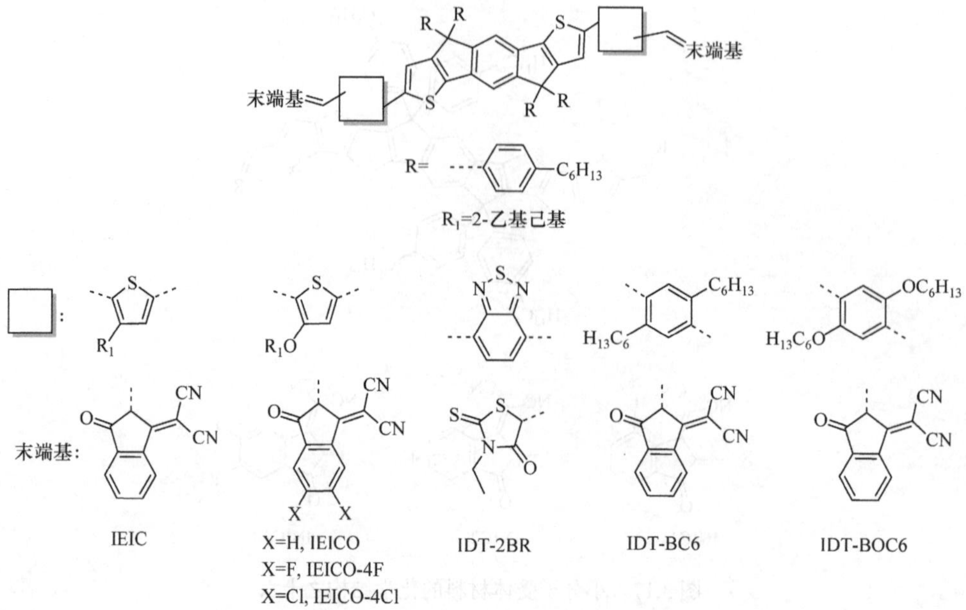

图 3.18 小分子受体材料的化学结构之十七

能级从而降低相应器件的开路电压，但是对于受体分子而言，HOMO 能级在一定的范围内的提高并不会对器件的开路电压产生很大影响。用烷氧链替换烷基链以后，IEICO 分子呈现出比 IEIC 更好的平面性，他们分析这可能是 π 桥上的氧原子与 IDT 核上的硫原子之间的弱相互作用带来的。相比于 IEIC，IEICO 的 HOMO 能级抬升了 0.15 eV，LUMO 能级抬升了 0.05 eV，吸收峰大幅度红移。基于 PBDTTT-E-T：IEICO 的器件获得了高达 17.7 mA · cm^{-2} 的短路电流密度以及 8.4%的器件效率。后来他们又报道了将IEICO的端基增加了两个氟原子的受体材料IEICO-4F[87]。氟原子的引入使得该分子的带隙缩窄到了 1.24 eV，吸收范围拓宽至 1000 nm 附近。使用窄带隙给体 PTB7-Th 作为给体制备的光伏器件，其短路电流密度高达 22.8 mA · cm^{-2}。随后他们又在 IEICO 的端基添加了两个氯原子，设计合成了吸收峰进一步红移的 IEICO-4Cl[88]，IEICO-4Cl 分子的带隙为 1.23 eV，将它与 J52、PBDB-T 以及 PTB7-Th 三个吸收范围不同的给体搭配，获得了不同色彩的器件，在采用 Au(15 nm)作为半透明器件的顶电极时，基于 J52：IEICO-4Cl、PBDB-T：IEICO-4Cl 以及 PTB7-Th：IEICO-4Cl 的器件在平均透过率为 35.1%、35.7%和 33.5%时分别获得了 6.37%、6.24%和 6.97%的能量转换效率。

2017 年，薄志山课题组报道了在 IEIC 基础上使用苯环取代噻吩作为桥联单元，并且在苯环上引入烷基链和烷氧链的分子 IDT-BC6 和 IDT-BOC6[89]。研究两个分子的紫外-可见吸收、电化学能级和器件性能发现，具有烷氧链的分子 IDT-BOC6 具有更为红移的吸收和更良好的器件性能，这是因为桥联单元上的氧原子与 IDT 核上的噻吩硫原子以及末端双键上的 H 原子都存在非共价作用，形成了非共价构象锁。这样的结构使得 IDT-BOC6 具有高度的骨架平面性，基于 PBDB-T：IDT-BOC6 的器件获得了 9.6%的能量转换效率，其开路电压高达 1.01 V。值得注意的是，由于非共价作用替代了繁琐的稠环步骤，该分子的合成非常简单，这对于未来的大规模生产应用具有重要意义。

2016 年，朱晓张课题组结合他们之前在 A-D-A 型小分子给体构筑中的经验，在 IDT 核的两侧引入了带有酯基的噻吩[3,4-*b*]噻吩(T*b*T)，将其作为桥联单元合成了非富勒烯受体 ATT-1(图 3.19)[90]。ATT-1 采用饶丹宁作为末端基团，拥有强拉电子性能的酯基噻吩[3,4-*b*]噻吩单元降低了整个分子的 LUMO 和 HOMO 能级，并且 ATT-1 具有平面的共轭骨架和截止边到 800 nm 的较强吸收。用 PTB7-Th 作为给体的器件效率可达 10.07%。随后他们将 ATT-1 的末端基团变为双氰基茚满二酮合成了分子 ATT-2[91]，基于 PTB7-Th：ATT-2 的器件获得了 9.58%的效率，基于它们的半透明器件也获得了 7.74%的能量转换效率。

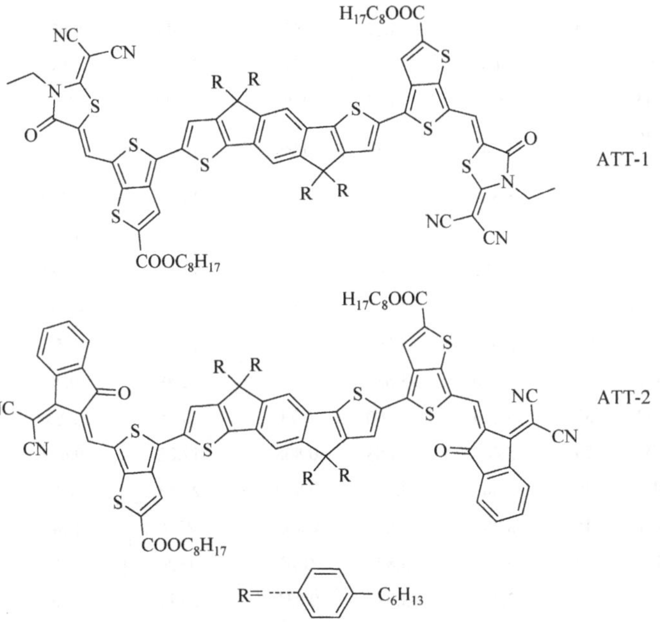

图 3.19　小分子受体材料的化学结构之十八

上述小分子受体的能级与光伏性能参数见表 3.4。

表 3.4 基于茚满二酮端基的小分子受体材料的能级与光伏性能参数

给体：小分子受体	E_g^{opt}/eV	E_{HOMO}/eV	E_{LUMO}/eV	V_{oc}/V	J_{sc}/(mA · cm^{-2})	FF	PCE/%	文献
P3HT：F8IDT	2.10	−5.85	−3.95	0.72	4.82	0.48	1.67	[36]
P3HT：FEHIDT	2.00	−5.95	−3.75	0.95	3.82	0.67	2.43	[36]
PTB7-Th：DICTF	1.82	−5.67	−3.79	0.86	16.61	0.56	7.93	[37]
PBDTTT-C-T：DC-IDT2T	1.55	−5.43	−3.85	0.90	8.33	0.523	3.93	[38]
PTB7-Th：IEIC	1.57	−5.43	−3.82	0.97	13.55	0.48	6.31	[39]
J51：IDSe-T-IC	1.52	−5.45	−3.79	0.91	15.20	0.62	8.58	[40]
PTB7-Th：ITIC	1.59	−5.48	−3.83	0.81	14.21	0.591	6.80	[41]
PDBT-T1：ITIC-Th	1.60	−5.66	−3.93	0.88	16.24	0.671	9.6	[44]
FTAZ：ITIC-Th1	1.55	−5.74	−4.01	0.849	19.33	0.737	12.1	[45]
PDBT-T1：IC-C6IDT-IC	1.62	−5.69	−3.91	0.89	15.05	0.65	8.71	[46]
J61：m-ITIC	1.58	−5.52	−3.82	0.912	18.31	0.705	11.77	[47]
FTAZ：INIC	1.57	−5.45	−3.88	0.957	13.51	0.579	7.7	[48]
FTAZ：INIC1	1.56	−5.54	−3.97	0.929	16.63	0.643	9.9	[48]
FTAZ：INIC2	1.52	−5.52	−3.98	0.903	17.56	0.668	10.6	[48]
FTAZ：INIC3	1.48	−5.52	−4.02	0.857	19.44	0.674	11.5	[48]
PTB7-Th：IUIC	1.41	−5.66	−3.93	0.792	21.51	0.647	11	[48]
PBDB-T：FDICTF	1.63	−5.43	−3.71	0.95	16.09	0.67	10.06	[50]
PBDB-T：DTCCIC-C17	1.60	−5.46	−3.65	0.98	14.27	0.68.	9.48	[51]
PTB7-Th：DTCC-IC	1.59	−5.50	−3.87	0.95	11.23	0.562	6.0	[52]
PBDB-T：NITI	1.49	−5.68	−3.84	0.86	20.67	0.71	12.74	[53]
PBDB-T：NTIC	1.67	−5.58	−3.76	0.935	13.55	0.681	8.63	[54]
PBDB-TF：AT-4Cl	1.60	−5.71	−3.89	0.901	19.52	0.755	13.27	[58]
PTB7-Th：DTNR	1.72	−5.67	−3.75	1.08	15.72	0.56	9.51	[56]
PTB7-Th：ATT-1	1.54	−5.50	−3.63	0.87	16.48	0.70	10.07	[86]
PTB7-Th：ATT-2	1.32	−5.50	−3.90	0.73	20.75	0.63	9.58	[87]
PBDB-T：NFBDT	1.56	−5.40	−3.83	0.868	17.85	0.672	10.42	[59]
PBDB-T：NCBDT	1.45	−5.36	−3.89	0.839	20.33	0.71	12.12	[60]
PTB7-Th：IOIC3	1.45	−5.38	−3.84	0.762	22.9	0.749	13.1	[61]
PTB7-Th：4TIC	1.40	−5.28	−3.87	0.78	18.8	0.72	10.43	[62]
PTB7-Th：6TIC	1.37	−5.21	−3.83	0.831	20.11	0.666	11.07	[66]
PTB7-Th：F8IC	1.27	−5.43	−4.00	0.64	25.12	0.676	10.9	[65]
PTB7-Th：F10IC	1.25	−5.26	−3.96	0.732	20.83	0.668	10.2	[65]
PTB7-Th：SN6IC-4F	1.32	−5.52	−4.11	0.78	23.2	0.73	13.2	[67]

续表

给体：小分子受体	E_g^{opt}/eV	E_{HOMO}/eV	E_{LUMO}/eV	V_{oc}/V	J_{sc}/(mA · cm^{-2})	FF	PCE/%	文献
PTB7-Th：COi8DFIC	1.26	−5.50	−3.88	0.68	26.12	0.682	12.16	[68]
PM6：Y6	1.81	−5.65	−4.10	0.82	25.2	0.761	15.7	[71]
PBDB-T：IT-M	1.60	−5.58	−3.98	0.94	17.44	0.735	12.05	[77]
PBDB-T：IT-DM	1.63	−5.56	−3.93	0.97	16.48	0.706	11.29	[77]
PBDB-T：IT-OM-1	1.67	−5.50	−3.76	1.01	12.31	0.51	6.3	[78]
PBDB-T：IT-OM-2	1.59	−5.49	−3.86	0.93	17.53	0.73	11.9	[78]
PBDB-T：IT-OM-3	1.64	−5.52	−3.80	0.97	16.38	0.68	10.8	[78]
PBDB-T：IT-OM-4	1.63	−5.49	−3.81	0.96	14.69	0.56	7.9	[78]
PBDB-T：ITCC	1.67	−5.42	−3.23	1.01	15.9	0.71	11.4	[79]
PBDB-T：ITCC-M	1.68	−5.50	−3.67	1.03	14.5	0.657	10.01	[80]
PBT1-EH：ITCPTC	1.58	−5.62	−3.96	0.95	16.5	0.751	11.8	[81]
J71：MeIC	1.58	−5.67	−3.92	0.918	18.41	0.742	12.54	[82]
PTPDBDT：F-ITIC	1.56	−5.65	−4.09	0.94	14.1	0.66	8.8	[83]
PTPDBDT：Cl-ITIC	1.56	−5.70	−4.14	0.94	15.6	0.65	9.5	[83]
PTPDBDT：Br-ITIC	1.53	−5.73	−4.20	0.93	15.4	0.66	9.4	[83]
PTPDBDT：I-ITIC	1.55	−5.68	−4.14	0.95	14.5	0.65	8.9	[83]
PBDTTT-E-T：IEICO	1.34	−5.32	−3.95	0.82	17.7	0.58	8.4	[86]
PBDTTT-EFT：IEICO-4F	1.24	−5.44	−4.19	0.739	22.8	0.594	10.0	[87]
PBDB-T：IDT-BC6	1.75	−5.55	−3.82	0.92	5.63	0.44	2.3	[89]
PBDB-T：IDT-BOC6	1.63	−5.51	−3.78	1.01	17.52	0.54	9.6	[89]
P3HT：IDT-2BR	1.68	−5.52	−3.69	0.84	8.91	0.681	5.12	[85]

3.6 本章小结

纵观近年来设计合成非富勒烯受体材料的研究进展可以看出，非富勒烯受体材料分子设计主要是从分子能级以及分子骨架的平面性这两大方面入手。

通过分子能级的调控，非富勒烯受体材料能够与高效率的给体材料的 HOMO 和 LUMO 能级实现较好的匹配，从而促进激子的分离与传输。同时，在保证激子有效分离的前提下，提高分子的 LUMO 能级，有望在制备光伏器件时获得更高的开路电压。此外，通过进一步调节受体分子的 HOMO 能级可以有效调控分子的吸光性能，使得受体材料的吸收光谱与给体材料的吸收光谱互补，从而吸收更多的太阳能，有利于获得更高的短路电流密度和能量转换效率。

目前给体材料的种类和结构较多，而平面性和结晶性能随着给体材料结构的不同而变化，因此在给体/受体材料的筛选与匹配过程中需要结合给体/受体材料结晶性的特点展开。对于结晶性能较强的给体材料，相应的非富勒烯受体材料须具有相对较弱的结晶性，从而保证与给体材料共混时具有较好的相容性，对于 PDI 这种平面性很好的结构单元，目前一般是从扭曲的平面结构、准三维结构以及三维结构入手来削弱分子的聚集作用和结晶性能，从而设计合成新的受体材料。对于以罗丹宁、茚满二酮、双氰基茚满二酮等染料单元为末端的小分子受体材料，目前的研究主要是通过调节侧链的长度和种类来合理调整分子的聚集作用和堆积性能，从而实现在与给体材料共混时形成良好的形貌，此外，构建三组分共混体系也是调控活性层形貌的一个重要手段。

总的来看，近年来非富勒烯体系受体分子的合成与器件制备研究取得了迅猛的发展，这一结果已为有机太阳能电池的应用打下坚实基础。因此，未来非富勒烯体系有机太阳能电池的研究重点有可能是电池的大面积制备工艺以及太阳能电池的稳定性。

参考文献

[1] Hummelen J C，Knight B W，Lepeq F，et al. Preparation and characterization of fulleroid and methanofullerene derivatives. J Org Chem，1995，60(3)：532-538.

[2] Yao Y，Shi C，Li G，et al. Effects of C_{70} derivative in low band gap polymer photovoltaic devices:Spectral complementation and morphology optimization. Appl Phys Lett，2006，89(15)：153507.

[3] He Y，Chen H Y，Hou J，et al. Indene-C_{60} bisadduct:A new acceptor for high-performance polymer solar cells. J Am Chem Soc，2010，132(4)：1377-1382.

[4] Zhao G，He Y，Li Y，et al. 6.5% Efficiency of polymer solar cells based on poly (3-hexylthiophene) and indene-C_{60} bisadduct by device optimization. Adv Mater，2010，22(39)：4355-4358.

[5] Guo X，Cui C，Zhang M，et al. High efficiency polymer solar cells based on poly (3-hexylthiophene)/indene-C_{70} bisadduct with solvent additive. Energy Environ Sci，2012，5(7)：7943-7949.

[6] Shin W S，Jeong H H，Kim M K，et al. Effects of functional groups at perylene diimide derivatives on organic photovoltaic device application. J Mater Chem，2006，16(4)：384-390.

[7] Sharenko A，Proctor C M，van der Poll T S，et al. A high-performing solution-processed small molecule：Perylene diimide bulk heterojunction solar cell. Adv Mater，2013，25(32)：4403-4406.

[8] Li M，Liu J，Cao X，et al. Achieving balanced intermixed and pure crystalline phases in PDI-based non-fullerene organic solar cells via selective solvent additives. Phys Chem Chem Phys，2014，16(48)：26917-26928.

[9] Cheng P，Zhao X，Zhou W，et al. Towards high-efficiency non-fullerene organic solar cells：Matching small molecule/polymer donor/acceptor. Org Electron，2014，15(10)：2270-2276.

[10] Hartnett P E，Timalsina A，Matte H R，et al. Slip-stacked perylenediimides as an alternative

strategy for high efficiency nonfullerene acceptors in organic photovoltaics. J Am Chem Soc, 2014, 136(46): 16345-16356.

[11] Jiang W, Ye L, Li X, et al. Bay-linked perylene bisimides as promising non-fullerene acceptors for organic solar cells. Chem Commun, 2014, 50(8): 1024-1026.

[12] Zang Y, Li C Z, Chueh C C, et al. Integrated molecular, interfacial, and device engineering towards high-performance non-fullerene based organic solar cells. Adv Mater, 2014, 26(32): 5708-5714.

[13] Sun D, Meng D, Cai Y, et al. Non-fullerene-acceptor-based bulk-heterojunction organic solar cells with efficiency over 7%. J Am Chem Soc, 2015, 137(34): 11156-11162.

[14] Meng D, Sun D, Zhong C, et al. High-performance solution-processed non-fullerene organic solar cells based on selenophene-containing perylene bisimide acceptor. J Am Chem Soc, 2016, 138(1): 375-380.

[15] Zhong Y, Trinh M T, Chen R, et al. Efficient organic solar cells with helical perylene diimide electron acceptors. J Am Chem Soc, 2014, 136(43): 15215-15221.

[16] Zhong Y, Trinh M T, Chen R, et al. Molecular helices as electron acceptors in high-performance bulk heterojunction solar cells. Nat Commun, 2015, 6: 8242.

[17] Lin Y, Wang Y, Wang J, et al. A star-shaped perylene diimide electron acceptor for high-performance organic solar cells. Adv Mater, 2014, 26(30): 5137-5142.

[18] Chen W, Yang X, Long G, et al. A perylene diimide (PDI) -based small molecule with tetrahedral configuration as a non-fullerene acceptor for organic solar cells. J Mater Chem C, 2015, 3(18): 4698-4705.

[19] Liu Y, Mu C, Jiang K, et al. A tetraphenylethylene core-based 3D structure small molecular acceptor enabling efficient non-fullerene organic solar cells. Adv Mater, 2015, 27(6): 1015-1020.

[20] Duan Y, Xu X, Peng Q, et al. Pronounced effects of a triazine core on photovoltaic performance-efficient organic solar cells enabled by a PDI trimer-based small molecular acceptor. Adv Mater, 2017, 29(7): 1605115.

[21] Li H, Earmme T, Ren G, et al. Beyond fullerenes: Design of nonfullerene acceptors for efficient organic photovoltaics. J Am Chem Soc, 2014, 136(41): 14589-14597.

[22] Lin Y, Cheng P, Li Y, et al. A 3D star-shaped non-fullerene acceptor for solution-processed organic solar cells with a high open-circuit voltage of 1.18 V. Chem Commun, 2012, 48(39): 4773-4775.

[23] Lin Y, Li Y, Zhan X. A solution-processable electron acceptor based on dibenzosilole and diketopyrrolopyrrole for organic solar cells. Adv Energy Mater, 2013, 3(6): 724-728.

[24] Patil H, Gupta A, Bilic A, et al. A solution-processable electron acceptor based on diketopyrrolopyrrole and naphthalenediimide motifs for organic solar cells. Tetrahedron Lett, 2014, 55(32): 4430-4432.

[25] Patil H, Zu W X, Gupta A, et al. A non-fullerene electron acceptor based on fluorene and diketopyrrolopyrrole building blocks for solution-processable organic solar cells with an impressive open-circuit voltage. Phys Chem Chem Phys, 2014, 16(43): 23837-23842.

[26] Li S，Yan J，Li C，et al.A non-fullerene electron acceptor modified bythiophene-2-carbonitrile for solution-processedorganic solar cells. J Mater Chem A，2016，4(10)：3777-3783.

[27] Wu X F，Fu W F，Xu Z，et al. Spiro linkage as an alternative strategy for promising nonfullerene acceptors in organic solar cells. Adv Funct Mater，2015，25(37)：5954-5966.

[28] Li S, Liu W, Shi M, et al. A spirobifluorene and diketopyrrolopyrrole moieties based non-fullerene acceptor for efficient and thermally stable polymer solar cells with high open-circuit voltage. Energy Environ Sci，2015，9(2)：604-610.

[29] Kim Y，Song C E，Moon S J，et al. Rhodanine dye-based small molecule acceptors for organic photovoltaic cells. Chem Commun，2014，50(60)：8235-8238.

[30] Holliday S, Ashraf R S, Nielsen C B, et al. A rhodanine flanked nonfullerene acceptor for solution-processed organic photovoltaics. J Am Chem Soc，2015，137(2)：898-904.

[31] Wu Y，Bai H，Wang Z，et al. A planar electron acceptor for efficient polymer solar cells. Energy Environ Sci，2015，8(11)：3215-3221.

[32] Xiao B，Tang A，Zhou E，et al. Achievement of high V_{oc} of 1.02 V for P3HT-based organic solar cell using a benzotriazole-containing non-fullerene acceptor. Adv Energy Mater，2017：1602269.

[33] Holliday S，Ashraf R S，Wadsworth A，et al. High-efficiency and air-stable P3HT-based polymer solar cells with a new non-fullerene acceptor. Nat Commun，2016，7：11585.

[34] Baran D，Kirchartz T，Wheeler S，et al. Reduced voltage losses yield 10% efficient fullerene free organic solar cells with >1V open circuit voltages. Energy Environ Sci，2016，9(12)：3783-3793.

[35] Baran D，Ashraf R S，Hanifi D A，et al. Reducing the efficiency-stability-cost gap of organic photovoltaics with highly efficient and stable small molecule acceptor ternary solar cells. Nat Mater，2016，16(3)：363-369.

[36] Winzenberg K N，Kemppinen P，Scholes F H，et al. Indan-1，3-dione electron-acceptor small molecules for solution-processable solar cells：A structure-property correlation. Chem Commun，2013，49(56)：6307-6309.

[37] Li M，Liu Y，Ni W，et al. A simple small molecule as an acceptor for fullerene-free organic solar cells with efficiency near 8%. J Mater Chem A，2016，4(27)：10409-10413.

[38] Bai H，Wang Y，Cheng P，et al. An electron acceptor based on indacenodithiophene and 1，1-dicyanomethylene-3-indanone for fullerene-free organic solar cells. J Mater Chem A，2015，3(5)：1910-1914.

[39] Lin Y，Zhang Z G，Bai H，et al. High-performance fullerene-free polymer solar cells with 6.31% efficiency. Energy Environ Sci，2015，8(2)：610-616.

[40] Li Y，Zhong L，Wu F P，et al. Non-Fullerene polymer solar cells based on a selenophene-containing fused-ring acceptor with photovoltaic performance of 8.6%. Energy Environ Sci，2016，9(11)：3429-3435.

[41] Lin Y, Wang J, Zhang Z G, et al. An electron acceptor challenging fullerenes for efficient polymer solar cells. Adv Mater，2015，27(7)：1170-1174.

[42] Bin H，Zhang Z G，Gao L，et al. Non-fullerene polymer solar cells based on alkylthio and fluorine substituted 2D-conjugated polymers reach 9.5% efficiency. J Am Chem Soc，2016，138(13)：4657-4664.

[43] Zhao W, Qian D, Zhang S, et al. Fullerene-free polymer solar cells with over 11% efficiency and excellent thermal stability. Adv Mater, 2016, 28(23): 4734-4749.
[44] Lin Y, Zhao F, He Q, et al. High-performance electron acceptor with thienyl side chains for organic photovoltaics. J Am Chem Soc, 2016, 138(14): 4955-4961.
[45] Fu W, Dai S, Wu Y, et al. Single-junction binary-blend nonfullerene polymer solar cells with 12.1% efficiency. Adv Mater, 2017: 1700144.
[46] Lin Y, He Q, Zhao F, et al. A facile planar fused-ring electron acceptor for as-cast polymer solar cells with 8.71% efficiency. J Am Chem Soc, 2016, 138(9): 2973-2976.
[47] Yang Y, Zhang Z G, Bin H, et al. Side-chain isomerization on an n-type organic semiconductor ITIC acceptor makes 11.77% high efficiency polymer solar cells. J Am Chem Soc, 2016, 138(45): 15011-15018.
[48] Dai S, Zhao F, Zhang Q, et al. Fused nonacyclic electron acceptors for efficient polymer solar cells. J Am Chem Soc, 2017, 139(3): 1336-1343.
[49] Jia B, Dai S, Ke Z, et al. Breaking 10% efficiency in semitransparent solar cells with fused-undecacyclic electron acceptor. Chem Mater, 2018, 30(1): 239-245.
[50] Qiu N, Zhang H, Wan X, et al. A new nonfullerene electron acceptor with a ladder type backbone for high-performance organic solar cells. Adv Mater, 2017, 29(5): 1604964.
[51] Hsiao Y-T, Li C-H, Chang S-L, et al. Haptacyclic carbazole-based ladder-type nonfullerene acceptor with side-chain optimization for efficient organic photovoltaics. ACS appl Mater Interfaces, 2017, 9(48): 42035-42042.
[52] Cao Q, Xiong W, Chen H, et al. Design, synthesis, and structural characterization of the first dithienocyclopentacarbazole-based n-type organic semiconductor and its application in non-fullerene polymer solar cells. J Mater Chem A, 2017, 5(16): 7451-7461.
[53] Xu S J, Zhou Z, Liu W, et al. A twisted thieno[3,4-*b*]thiophene-based electron acceptor featuring a 14-π-electron indenoindene core for high-performance organic photovoltaics. Adv Mater, 2017, 29(43): 1704510.
[54] Zhou Z, Xu S, Song J, et al. High-efficiency small-molecule ternary solar cells with a hierarchical morphology enabled by synergizing fullerene and non-fullerene acceptors. Nat Energy, 2018, 3(11): 952-959.
[55] Yi Y-Q-Q, Feng H, Chang M, et al. New small-molecule acceptors based on hexacyclic naphthalene (cyclopentadithiophene) for efficient non-fullerene organic solar cells. J Mater Chem A, 2017, 5(33): 17204-17210.
[56] Ma Y, Zhang M, Tang Y, et al. Angular-shaped dithienonaphthalene-based nonfullerene acceptor for high-performance polymer solar cells with large open-circuit voltages and minimal energy losses. Chem Mater, 2017, 29(22): 9775-9785.
[57] Dai S, Zhao F, Zhang Q, et al. Fused nonacyclic electron acceptors for efficient polymer solar cells. J Am Chem Soc, 2017, 139(3): 1336-1343.
[58] Feng H, Yi Y-Q-Q, Ke X, et al. New anthracene-fused nonfullerene acceptors for high-efficiency organic solar cells: Energy level modulations enabling match of donor and acceptor. Adv Energy Mater, 2019, 9(12): 1803541.

[59] Kan B, Feng H, Wan X, et al. Small-molecule acceptor based on the heptacyclic benzodi (cyclopentadithiophene) unit for highly efficient nonfullerene organic solar cells. J Am Chem Soc, 2017, 139 (13): 4929-4934.

[60] Kan B, Zhang J, Liu F, et al. Fine-tuning the energy levels of a nonfullerene small-molecule acceptor to achieve a high short-circuit current and a power conversion efficiency over 12% in organic solar cells. Adv Mater, 2018, 30 (3): 1704904.

[61] Zhu J, Xiao Y, Wang J, et al. Alkoxy-induced near-infrared sensitive electron acceptor for high-performance organic solar cells. Chem Mater, 2018, 30 (12): 4150-4156.

[62] Shi X, Zuo L, Jo S B, et al. Design of a highly crystalline low-band gap fused-ring electron acceptor for high-efficiency solar cells with low energy loss. Chem Mater, 2017, 29 (19): 8369-8376.

[63] Wang W, Yan C, Lau T-K, et al. Fused hexacyclic nonfullerene acceptor with strong near-infrared absorption for semitransparent organic solar cells with 9.77% efficiency. Adv Mater, 2017, 29 (31): 1701308.

[64] Gao H-H, Sun Y, Wan X, et al. Design and synthesis of low band gap non-fullerene acceptors for organic solar cells with impressively high J_{sc} over 21 mA · cm^{-2}. Sci China Mater, 2017, 60 (9): 819-828.

[65] Dai S, Li T, Wang W, et al. Enhancing the performance of polymer solar cells via core engineering of NIR-absorbing electron acceptors. Adv Mater, 2018, 30 (15): 1706571.

[66] Shi X, Chen J, Gao K, et al. Terthieno[3, 2-*b*]thiophene (6T) based low bandgap fused-ring electron acceptor for highly efficient solar cells with a high short-circuit current density and low open-circuit voltage loss. Adv Energy Mater, 2018, 8 (12): 1702831.

[67] Huang C, Liao X, Gao K, et al. Highly efficient organic solar cells based on *S*, *N*-heteroacene non-fullerene acceptors. Chem Mater, 2018, 30 (15): 5429-5434.

[68] Xiao Z, Liu F, Geng X, et al. A carbon-oxygen-bridged ladder-type building block for efficient donor and acceptor materials used in organic solar cells. Sci Bull, 2017, 62 (19): 1331-1336.

[69] Xiao Z, Jia X, Li D, et al. 26 mA · cm^{-2} J_{sc} from organic solar cells with a low-bandgap nonfullerene acceptor. Sci Bull, 2017, 62 (22): 1494-1496.

[70] Xiao Z, Jia X, Ding L. Ternary organic solar cells offer 14% power conversion efficiency. Sci Bull, 2017, 62 (2095-9273): 1562.

[71] Yuan J, Zhang Y, Zhou L, et al. Single-junction organic solar cell with over 15% efficiency using fused-ring acceptor with electron-deficient core. Joule, 2019, 3 (4): 1140-1151.

[72] Fan B, Zhang D, Li M, et al. Achieving over 16% efficiency for single-junction organic solar cells. Sci China Chem, 2019, 62 (6): 746-752.

[73] An Q, Ma X, Gao J, et al. Solvent additive-free ternary polymer solar cells with 16.27% efficiency. Sci Bull, 2019, 64 (2095-9273): 504.

[74] Xu X, Feng K, Bi Z, et al. Single-Junction Polymer solar cells with 16.35% efficiency enabled by a platinum (ii) complexation strategy. Adv Mater, 2019, 31 (29): 1901872.

[75] Cui Y, Yao H, Zhang J, et al. Over 16% efficiency organic photovoltaic cells enabled by a chlorinated acceptor with increased open-circuit voltages. Nat commun, 2019, 10 (1): 2515.

[76] He G, Li Z, Wan X, et al. Efficient small molecule bulk heterojunction solar cells with high fill factors

via introduction of π-stacking moieties as end group. J Mater Chem A，2013，1(5)：1801-1809.

[77] Li S，Ye L，Zhao W，et al. Energy-level modulation of small-molecule electron acceptors to achieve over 12% efficiency in polymer solar cells. Adv Mater，2016，28(42)：9423-9429.

[78] Li S，Ye L，Zhao W，et al. Significant influence of the methoxyl substitution position on optoelectronic properties and molecular packing of small-molecule electron acceptors for photovoltaic cells. Adv Energy Mater，2017，7(17)：1700183.

[79] Yao H，Ye L，Hou J，et al. Achieving highly efficient nonfullerene organic solar cells with improved intermolecular interaction and open-circuit voltage. Adv Mater，2017，29(21)：1700254.

[80] Cui Y，Yao H，Gao B，et al. Fine-tuned photoactive and interconnection layers for achieving over 13% efficiency in a fullerene-free tandem organic solar cell. J Am Chem Soc，2017，139(21)：7302-7309.

[81] Xie D，Liu T，Gao W，et al. A novel thiophene-fused ending group enabling an excellent small molecule acceptor for high-performance fullerene-free polymer solar cells with 11.8% efficiency. Solar RRL，2017，1(6)：1700044.

[82] Luo Z，Bin H，Liu T，et al. Fine-tuning of molecular packing and energy level through methyl substitution enabling excellent small molecule acceptors for nonfullerene polymer solar cells with efficiency up to 12.54%. Adv Mater，2018，30(9)：1706124.

[83] Yang F，Li C，Lai W，et al. Halogenated conjugated molecules for ambipolar field-effect transistors and non-fullerene organic solar cells. Mater Chem Front，2017，1(7)：1389-1395.

[84] Lin Y，Zhang Z-G，Bai H，et al. High-performance fullerene-free polymer solar cells with 6.31% efficiency. Energy Environ Sci，2015，8(2)：610-616.

[85] Wu Y，Bai H，Wang Z，et al. A planar electron acceptor for efficient polymer solar cells. Energy Environ Sci，2015，8(11)：3215-3221.

[86] Yao H，Chen Y，Qin Y，et al. Design and synthesis of a low bandgap small molecule acceptor for efficient polymer solar cells. Adv Mater，2016，28(37)：8283-8287.

[87] Yao H，Cui Y，Yu R，et al. Design，synthesis，and photovoltaic characterization of a small molecular acceptor with an ultra-narrow band gap. Angew Chem Int Ed，2017，129(11)：3091-3095.

[88] Cui Y，Yang C，Yao H，et al. Efficient semitransparent organic solar cells with tunable color enabled by an ultralow-bandgap nonfullerene acceptor. Adv Mater，2017，29(43)：1703080.

[89] Liu Y，Zhang Z，Feng S，et al. Exploiting noncovalently conformational locking as a design strategy for high performance fused-ring electron acceptor used in polymer solar cells. J Am Chem Soc，2017，139(9)：3356-3359.

[90] Liu F，Zhou Z，Zhang C，et al. A thieno[3，4-*b*]thiophene-based non-fullerene electron acceptor for high-performance bulk-heterojunction organic solar cells. J Am Chem Soc，2016，138(48)：15523-15526.

[91] Liu F，Zhou Z，Zhang C，et al. Efficient semitransparent solar cells with high NIR responsiveness enabled by a small-bandgap electron acceptor. Adv Mater，2017，29(21)：1606574.

第4章

有机小分子太阳能电池器件的构筑与优化

有机太阳能电池能量转换效率在近十年得到巨大提升的主要原因，除了前面讨论的新型活性层给受体材料的设计与合成外，还与活性层形貌的调控与优化、界面修饰层的发展以及器件结构的创新等各个方面的器件优化工艺日益成熟密不可分。本系统介绍目前文献中报道的器件优化工艺。

4.1 器件结构的优化

基于溶液处理的本体异质结(bulk heterojunction，BHJ)结构的有机太阳能电池是当前研究的主流，因为溶液处理具有成本低、可大面积印刷等优势，是有机太阳能电池最引人注目的优势之一。为了提高有机太阳能器件的效率乃至稳定性，近年来，研究者们在太阳能器件结构的构筑和优化方面进行了深入的研究。以铟锡氧化物(ITO)透明电极收集空穴或者电子来分类，有机太阳能器件分为正向结构器件和反向结构器件(又叫反转结构器件)；以共混活性层的层数来分类，有机太阳能器件可分为单结器件和叠层器件(图 4.1)。

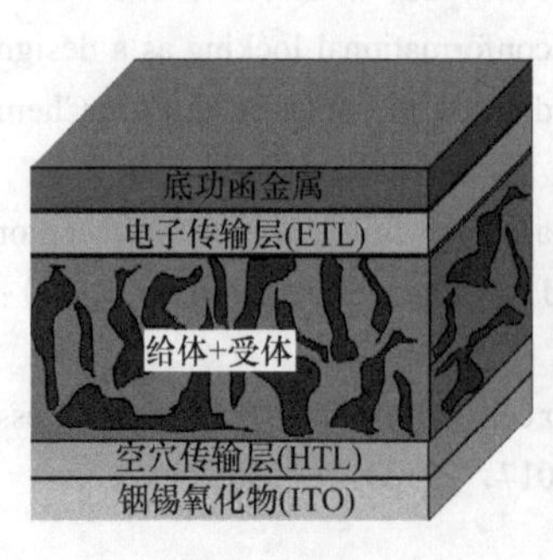

(a) 正向结构器件

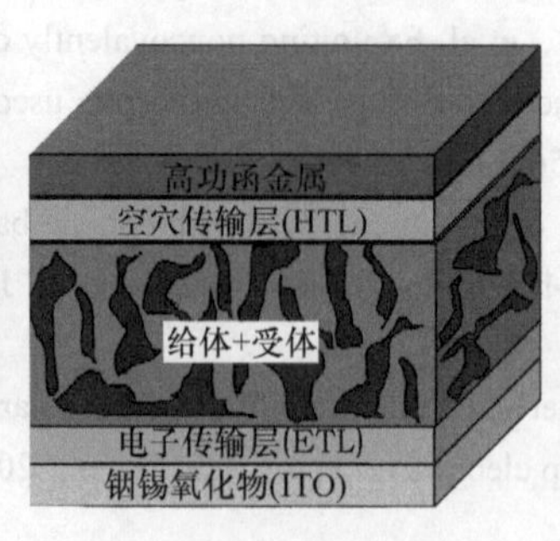

(b) 反向结构器件

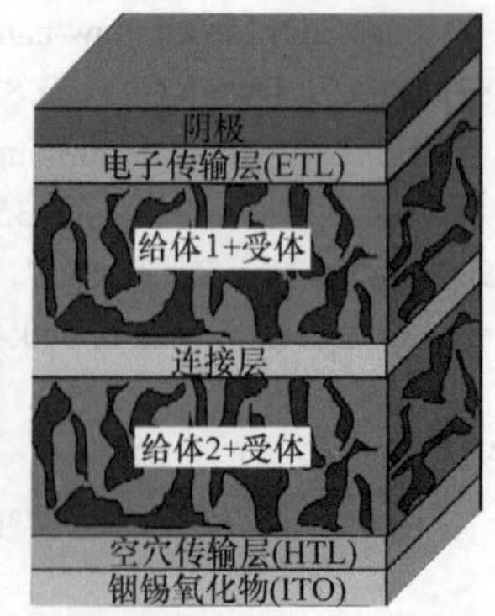

(c) 叠层器件

图 4.1 本体异质结有机太阳能电池结构示意图

4.1.1　正向结构器件

所谓正向结构的有机太阳能器件，是基于传统有机太阳能电池的器件结构而言，即以聚合物 PEDOT：PSS 修饰的 ITO 作为器件正极，以低功函金属如 Ca、Al 等作为器件负极[图 4.1(a)]，这样 ITO 收集空穴，低功函金属收集电子。无论基于小分子还是聚合物的太阳能器件，正向结构都是研究和应用最多的器件结构。而无论对于正向结构器件还是反向结构器件的优化，主要集中在界面层材料的选择和优化方面，在 4.3 节中将详细介绍。但是对于正向结构器件而言，酸性的 PEDOT：PSS 修饰层对 ITO 会有一定的腐蚀作用，而且易吸潮，从而影响器件的稳定性。同时，低功函金属电极对环境中的氧气和水十分敏感，很容易被氧化而降低器件的性能。近年来，通过界面修饰改变电极的极性，反向结构的有机太阳能电池应运而生[图 4.1(b)]。

4.1.2　反向结构器件

通过使用电荷传输层材料来修饰活性层和电极之间的界面可以改变电极的极性，使 ITO 为阴极，高功函金属如 Ag、Au 等为阳极，电荷移动方向反向，因而得到反向结构器件。反向结构器件相比于正向结构器件有诸多优点：①具有非常好的环境稳定性，因为在反向结构器件中，ITO 作为阴极，避免了使用具有腐蚀性且易吸潮的 PEDOT：PSS，而是选择 TiO_x、ZnO 等稳定性好的材料来修饰 ITO，并且以高功函的 Ag、Au 等金属作为阳极，这些金属稳定性强，从而免于使用容易与空气中的氧气和水分发生反应的低功函金属，如 Al、Ca 等；②在反向结构器件中，通过溶液旋涂方法制得的活性层中由于表面能的影响，往往是富勒烯受体在底部浓度较高、给体在顶部浓度较高，反向结构器件可以利用这种自发形成的固有的垂直相分布，使活性层和电极之间形成更好的能级排列，可以有效提高电荷传输效率和收集效率；③界面层的使用会对可见光的光场分布产生极大的影响，同一材料体系使用反向结构器件相比于正向结构器件可以吸收更多的光，从而可以获得更高的短路电流密度；④反向结构器件还可以使用可溶液加工的 PEDOT：PSS 等为顶电极修饰层，这有利于将来通过“卷对卷”(roll-to-roll)的工艺大规模生产有机太阳能电池。反向结构同样适用于叠层器件。反向结构广泛应用于基于聚合物给体材料的单结有机太阳能电池的研究中，已经取得了约 11%的能量转换效率[1]。然而，尽管如此，近年来对可溶液处理的小分子反向太阳能电池的研究还是比较少。

2012 年，J.T.Lin 等[2]报道了基于 BODIPY 染料的衍生物(化合物结构如图 4.2 所示)和 $PC_{71}BM$ 的反向结构器件，器件结构是 ITO/Ca/BODIPY 染料：$PC_{71}BM/MoO_3/Ag$，活性层是通过旋涂 BODIPY 染料和 $PC_{71}BM$ 的氯仿混合溶液制备得到的，基于 BODIPY 染料的反向器件都获得了较高的开路电压(>0.90 V)，其中基于 t-FBF 分子的器件的开路电压是 0.988 V，短路电流密度是 8.25 mA · cm^{-2}，填充因子是 0.395，能量转换效率是 3.22%。

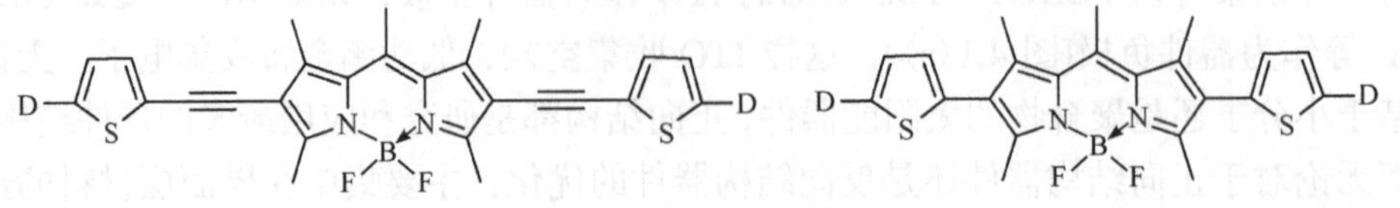

t-FBF: D=D1
t-2,7-CBD: D=D2
FBF: D=D1
2,7-CBD: D=D2
D$_1$ D$_2$ $H_{13}C_6$ C_6H_{13}

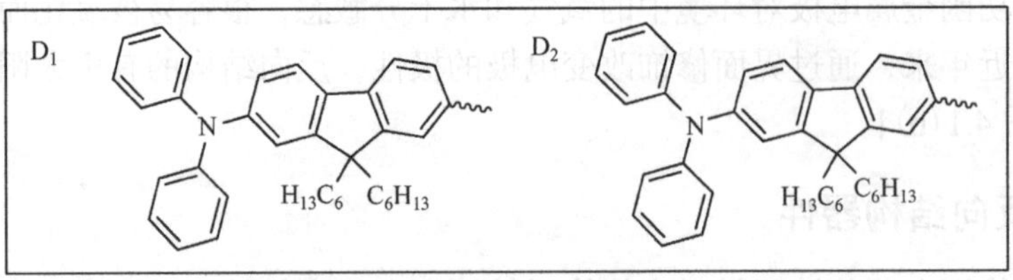

图 4.2 基于 BODIPY 染料的衍生物的分子结构式[3]

2013 年，Y. Matsuo 等[4]报道了基于卟啉衍生物小分子 TE-Por：PC$_{61}$BM 的反向结构器件，器件结构是 ITO/TiO$_x$/TE-Por：PC$_{61}$BM/MoO$_x$/Au(图 4.3)，取得了 1.6%的能量转换效率，短路电流密度是 4.6 mA · cm^{-2}，开路电压是 0.90 V，填充因子是 0.39，该器件在空气中表现出非常好的稳定性，28 天后其效率保持了初始值的 73%。

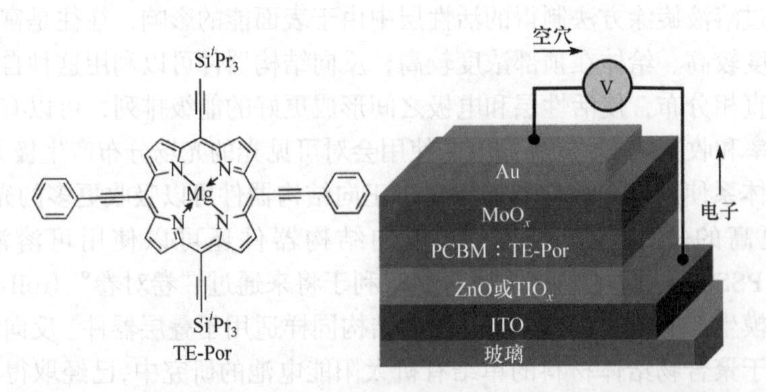

图 4.3 TE-Por 的分子结构式和以 ZnO 和 TiO$_x$ 为电子传输层的反向结构器件的结构示意图[4]

2013 年，A. J. Heeger 等[5]制备了基于 *p*-DTS(FBTTh$_2$)$_2$：PC$_{71}$BM 的反向结构器件(图 4.4)，用溶胶-凝胶法制备的 ZnO 作为电子传输层，并且通过在 ZnO 层上旋涂一层聚合物电解质 PEIE 来进一步降低 ZnO 的功函(从 4.5 eV 到 3.8 eV)，从而提高了内建电场，有利于电荷的传输，并且减少了陷阱复合，同时提高了器件的开路电压、短路电流密度和填充因子。在最优条件下，器件的能量转换效率达 7.88%，短路电流密度是 15.2 mA · cm^{-2}，开路电压是 0.773 V，填充因子是 67%，内量子效率在 480nm 和 600nm 的波长处接近 100%。此外，与正向结构器件相比，该反向结构器件具有非常好的稳定性，在空气中放置 15 天后能量转换效率仍然保持为初始的 70%。

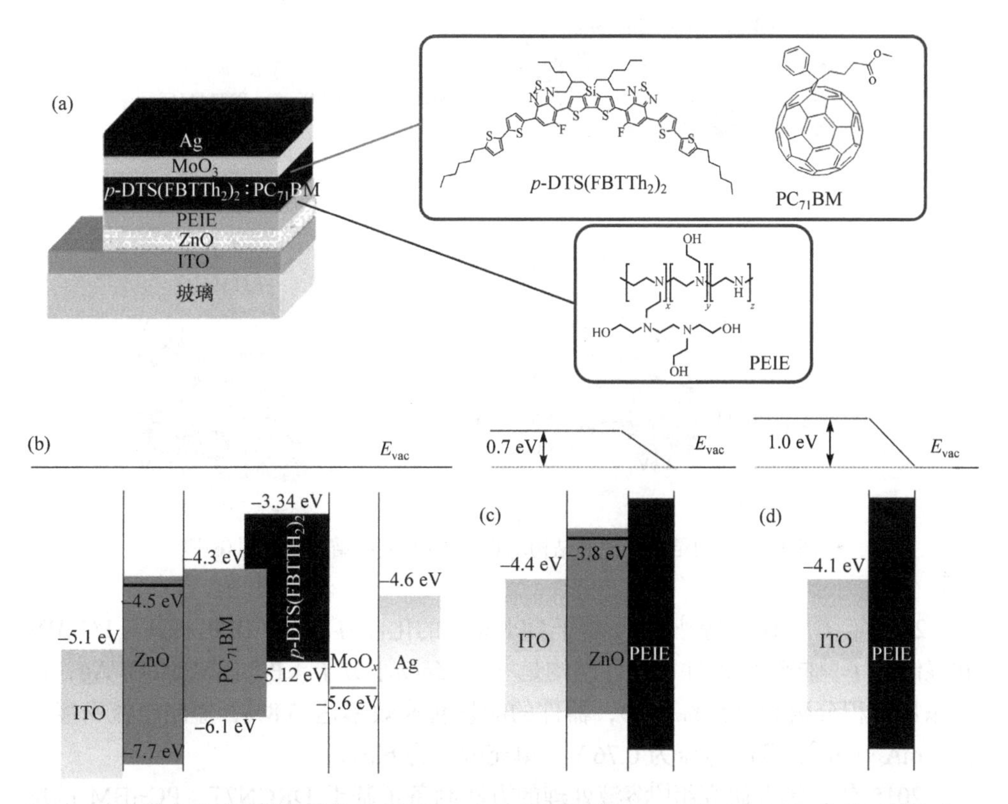

图 4.4　(a)反向结构器件的结构示意图和 *p*-DTS(FBTTh2)2、PC71BM 和 PEIE 的分子结构式；(b～d)反向结构器件各组分的能级结构示意图[5]

J. Min 等[3]将铝掺杂的 ZnO(AZO)和共轭聚电解质 P3TMAHT 结合作为电子传输层，制备了基于 N(Ph-2T-DCN-Et)3：PC71BM 的反向结构器件(分子结构式和器件结构如图 4.5 所示)。AZO 不仅具有强的导电性，其厚度对器件性能没有太大影响，而且使用溶胶-凝胶法制备时处理温度是 140℃，相对较低。此外，P3TMAHT 的引入将 AZO 的功函从 4.2 eV 降低到 3.82 eV，更有利于电荷的传输和收集，而且增强了 AZO 层和有机活性层之间的相容性。因此，基于该电子传输层的反向结构器件性能较好于基于 AZO 的器件，获得了较高的开路电压(0.898 V *vs*.0.840 V)

和较高的填充因子(49.2% *vs.* 44.5%)，并且未封装的器件在空气中放置 15 天后能量转换效率保持了初始的 70%。

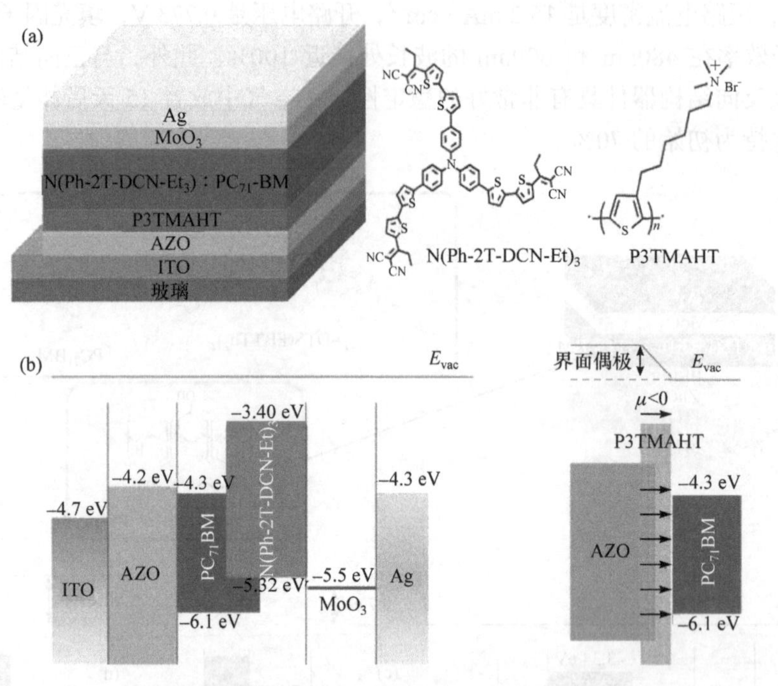

图 4.5 反向结构器件的结构示意图(a)及能级结构示意图(b)[3]

2014 年，C. Adachi 等[6]合成了基于 DPP 单元的化合物 BDT：DPP，将其与 $PC_{71}BM$ 共混制备了反向结构器件，器件结构是 ITO/ZnO/小分子：$PC_{71}BM/MoO_x$/Ag，通过添加体积分数为 1%的 DIO，器件的能量转换效率达 5.8%，短路电流密度为 12.2 mA · cm^{-2}，开路电压为 0.76 V，填充因子为 62%。

2015 年，笔者研究组[7]溶液处理的方法制备了基于 DRCN7T：$PC_{71}BM$ 的反向结构的器件（图 4.6），器件结构是 ITO/ZnO 纳米颗粒/DRCN7T：$PC_{71}BM$/PEDOT：PSS/Ag，取得了 8.84%的能量转换效率，高于正向结构器件的性能。光学模拟结果表明，反向结构器件的性能好主要是由于其可以吸收更多的光子，从而导致短路电流密度更高，并且该器件表现出非常好的稳定性，在空气中放置 3 个月后器件的性能没有明显的衰减。

同年，S. A. Chen 等以溶胶-凝胶法制备的 ZnO 与 C_{60} 的复合材料 Zn-C_{60} 作为电子传输层，制备了基于 PTB7-Th：$PC_{71}BM$ 的反向结构器件，该新型电子传输层的引入提高了电子的收集效率，能量转换效率达 9.35%，短路电流密度为 15.73 mA · cm^{-2}，填充因子达 0.74。此后，他们将该电子传输层应用于基于小分子

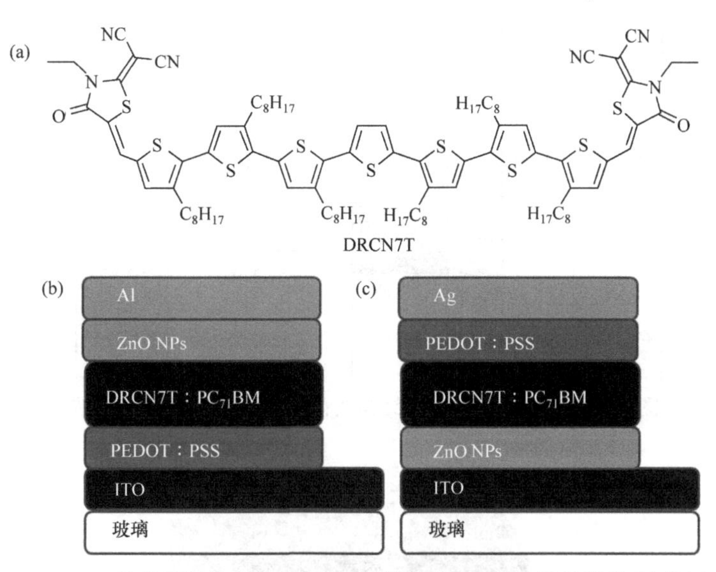

图 4.6　DRCN7T 的分子结构(a)，正向器件结构(b)和反向器件结构(c)的示意图[7]

p-DTS(FBTTh$_2$)$_2$：PC$_{71}$BM 的反向结构器件中[8]，器件结构如图 4.7 所示，获得了 8.3%的能量转换效率，此外，他们进一步在 Zn-C$_{60}$ 表面旋涂一层 NPC$_{60}$-OH 或者 NPC$_{70}$-OH，消除了 Zn-C$_{60}$ 表面的电荷陷阱，提高电子迁移率，最终获得了 9.14%的能量转换效率。

2016 年，G. W. Ho 等[9]制备了基于 SMDPPEH：PC$_{61}$BM 的反向结构器件(图 4.8)，以氟取代的 TiO$_x$ 为电子传输层，以氟表面活性剂修饰的 PEDOT：PSS 为空穴传输层，器件获得了 2.9%的能量转换效率。与以 TiO$_x$ 作为电子传输层的器件相比，以氟取代的 TiO$_x$ 作为电子传输层的器件不存在“光浴”效应。在空气中放置 326 h 后，该器件仍然保持了初始效率的 80%。

(a)

p-DTS(FBTTh$_2$)$_2$　　PC$_{71}$BM

PCBE-OH　　NPC$_{60}$-OH　　NPC$_{70}$-OH

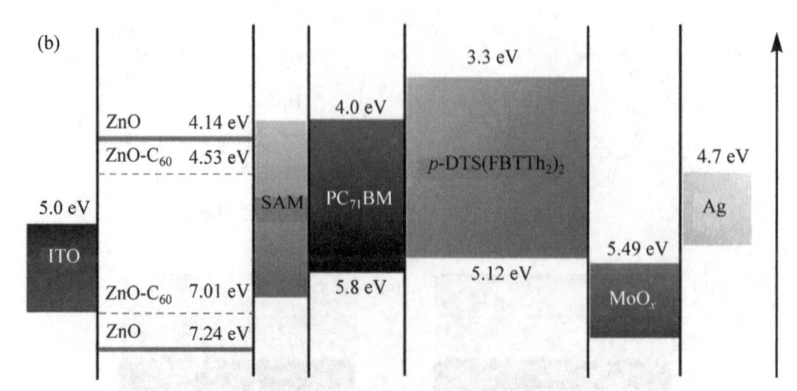

图 4.7 (a)各组分的分子结构式；(b)器件能级结构示意图[8]

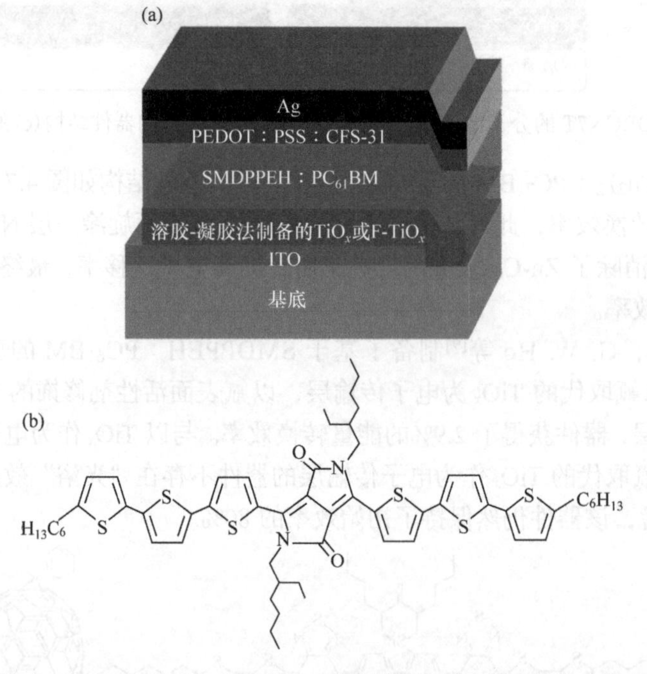

图 4.8 (a)基于 SMDPPEH：$PC_{61}BM$ 的反向器件结构；(b)SMDPPEH 的分子结构式[9]

魏志祥等[10]合成了一系列以氟取代的茚满二酮为末端基团、以二维的苯并二噻吩单元为核的小分子(结构式见图 2.22)，以这些小分子为给体、以 $PC_{71}BM$ 为受体制备了构型为 ITO/ZnO/活性层/MoO_x/Ag 的反向结构器件。氟原子的引入提高了分子的结晶性，所有的分子都更倾向于采取 face on(分子共轭平面与基底垂直)的堆积方式，有利于电荷的传输。此外，垂直相分离分布研究表明，小分子给体更倾向于分布在表面，$PC_{71}BM$ 分布在下部，有利于电荷的收集。基于两个氟原子取代的 BTID-2F 的器件取得了 11.06%的能量转换效率，填充因子高达 76%；基于一个氟原子取代的 BTID-1F 的器件取得了 10.37%的能量转换效率。

4.1.3 叠层器件

经过近十年的发展，单结有机太阳能电池的效率已经超过 10%，但是尽管如此，单结有机太阳能电池效率进一步的提高受到几方面的限制。首先，虽然新型窄带隙的聚合物和小分子给体材料的开发拓宽了有机太阳能电池活性层的吸收光谱范围，但是仍然有 60%的太阳光没有被吸收。其次，由于有机材料本身较低的载流子迁移率(一般为 10^{-7}～10^{-3} $cm^2 \cdot V^{-1} \cdot s^{-1}$)限制了活性层厚度(不能制备得太厚，～100 nm)，因此器件不能吸收足够的光子。此外，高能光子超出带隙宽度的多余能量，会使材料本身发热，降低器件的开路电压。因此，叠层太阳能电池应运而生，它由两结或者多结具有互补吸收光谱的活性层材料组成，有效地拓宽了器件对太阳光的吸收光谱，可以克服单结太阳能电池的缺陷，从而提高电池的能量转换效率。最常用的叠层太阳能电池是以串联形式通过连接层将各活性层连接起来[图 4.9(a)]，前面基于宽带隙材料的电池利用波长较短的光，后面基于较窄带隙材料的电池利用透射进去的波长较长的光，这样就能够最大限度地利用太阳光，从而可以进一步提高器件的性能。

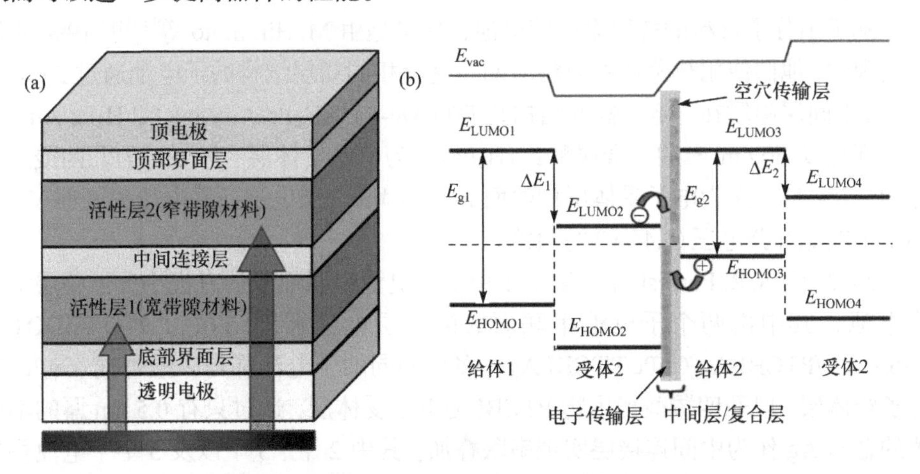

图 4.9 叠层器件的结构示意图(a)和能级图(b)

理想情况下，连接层和各子电池之间应是欧姆接触，连接层拉平前电池受体材料的费米能级和后电池给体材料的费米能级，使两个子电池的载流子在此处发生复合完成回路[图 4.9(b)]；叠层器件的开路电压是各子电池的开路电压之和，短路电流密度取决于较小的子电池的短路电流密度的数值。高效的连接层应该符合以下几个原则：①正向结构器件中，电子收集层和空穴收集层需要具有合适的能级，能够有效地从前电池和后电池分别收集电子和空穴，并分别阻挡前电池和后电池中空穴和电子的传输；②连接层应具有较强的导电性，不产生电势损失；③连接层应具有高透光性，不影响后电池的光吸收；④连接层应具有良好的抗溶剂性能，保证连接层的各层及后电池的活性层制备的过程中不会破坏下面的膜；⑤环境友好、可溶液处理、稳定性好，以适合大规模制备。对正向结构的叠层有机太阳能电池，文献中报道的中间连接层由 n 型/p 型的金属氧化物或者聚合物组成，如 ZnO/PEDOT：PSS、TiO_x/PEDOT：PSS、ZnO/MoO_3、ZnO/CPE-K 等，都取得了较好的结果。

早期文献中报道的可溶液处理的叠层有机太阳能电池大部分是基于聚合物给体材料和富勒烯受体材料的，基于聚合物给体的双结有机太阳能电池效率达 11.62%[11]，三结有机太阳能电池效率达 11.83%[12]。而近年来发展的有机小分子太阳能电池有诸多独特的优点：具有确定的化学结构和分子量，从而能保证器件性能重现性好、没有批次差异问题，开路电压较高，小分子易于合成和提纯，具有较高的迁移率，同时能级和带隙也能进行有效的调控[13]。德国 Heliatek 公司采用真空蒸镀制备的以小分子为给体的三结有机太阳能电池能量转换效率已达到了 13.2%，创造了有机太阳能电池的新纪录。本节简要介绍基于小分子的叠层有机太阳能电池的进展。

基于小分子材料的叠层太阳能电池，最早是由 M. Hiramoto 等[14]于 1990 年制备实现的，他们使用热蒸镀的方法将两个完全相同双层结构的子电池通过 2 nm 厚的 Au 中间层串联在一起，器件结构是 ITO/Me-PTC/H_2Pc/Au/MePTC/H_2Pc/Au。子电池都是以 50 nm 厚的无金属酞菁（H_2Pc）作为电子给体层、70 nm 的苝四羧酸衍生物（ME-PTC）作为电子受体层构建而成，该串联叠层电池开路电压为 0.78 V，略小于子电池开路电压（0.44 V）的两倍。

2002 年，S. R. Forrest 等[15]制备了由多个电池串联而成的有机小分子叠层太阳能电池，其中由两个子电池串联而成的叠层电池器件结构为 ITO/PEDOT：PSS/CuPc/PTCBI/Ag/CuPc/PTCBI/Ag。多个相同的子电池都是以酞菁铜（CuPc）为电子给体层，以苝四羧酸衍生物 PTCBI 为电子受体层，通过只有 0.5 nm 厚的不连续的金属 Ag 作为中间连接层实现串联叠加。其中 2 个、3 个以及 5 个子电池叠加的器件，在 AM 1.5G100 mW · cm^{-2} 下能量转换效率分别为 2.5%、2.3%和 1.0%，开路电压分别为 0.93 V、1.20 V 和 1.23 V。从结果可以看出，两结子电池串联很好地实现了开路电压以及能量转换效率的叠加，而对于多个相同的子电池叠加，由于受透过太阳光强逐渐减弱的影响，器件的能量转换效率逐渐降低，开路电压的叠加作用逐渐减弱。

2006 年，G. Dennler 等[16]首次报道了聚合物/有机小分子杂化叠层太阳能电池，并首次在叠层电池中使用吸收光谱互补的两种不同材料应用于不同子电池中

(图 4.10)。前电池是溶液旋涂制备的以 P3HT 为电子给体材料和以 $PC_{61}BM$ 为电子受体材料的共混活性层，后电池是热蒸镀制备的以酞菁锌 ZnPc 和以 C_{60} 为电子受体的活性层，以 1 nm 厚的 Au 为中间连接层。P3HT：$PC_{61}BM$ 共混薄膜的吸收在 375～630 nm 之间，ZnPc：C_{60} 共混薄膜的吸收在 600～800 nm 之间，很好地实现了吸光范围的互补，以及对太阳光谱的有效利用。器件表征结果表明，叠层电池的开路电压成功地实现了前后子电池开路电压的叠加，但其能量转换效率由于受到短路电流和填充因子的制约，与单个电池的能量转换效率相比，并没有任何优势。叠层器件较低的器件性能主要是由于子电池中活性层厚度没有经过优化。

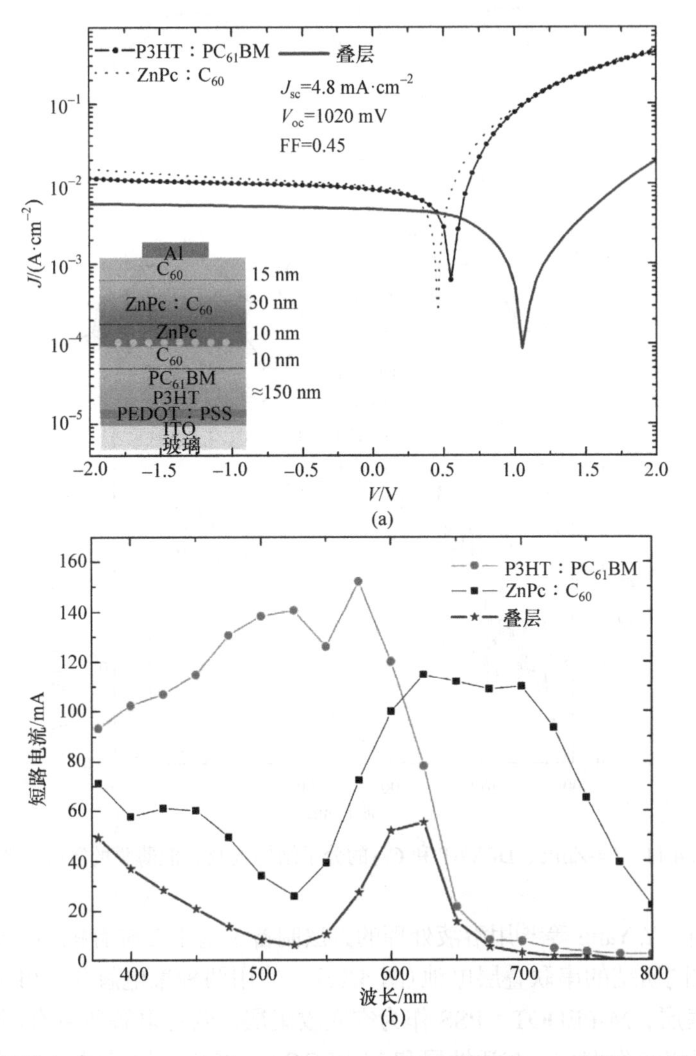

图 4.10　(a)单结电池 P3HT：$PC_{61}BM$、ZnPc：C_{60} 和叠层器件的 *J-V* 曲线；(b)短路处各单结电池和叠层电池的光谱响应[16]

2011 年，M. Riede 等[17]使用热蒸镀工艺制备了基于具有互补吸收光谱的小分子材料的叠层太阳能电池，分子结构式及共混薄膜的吸收光谱如图 4.11 所示。经过热退火处理后，DCV6T：C_{60} 薄膜的最大吸收峰在 570 nm 处，F4-ZnPc：C_{60} 的最大吸收峰在 630 nm 处，吸收截止波长在 800 nm，两者吸收光谱互补，覆盖了可见光谱的范围。基于 DCV6T：C_{60} 的单结器件的能量转换效率为 4.9%，基于 F4-ZnPc：C_{60} 的单结器件的能量转换效率为 3.9%，通过调节连接层的厚度和热退火温度，叠层器件最终获得了 6.07%的能量转换效率。

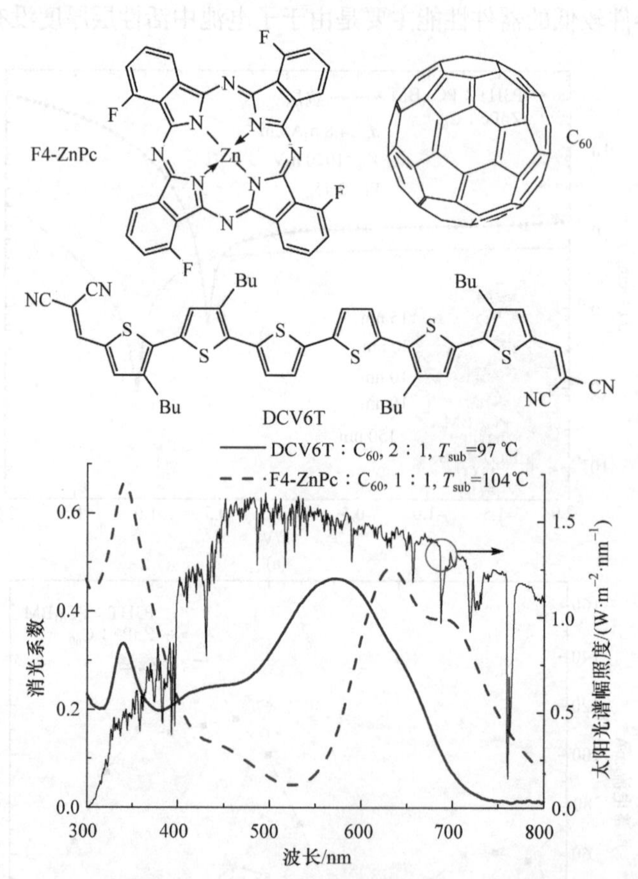

图 4.11 F4-ZnPc、DCV6T 和 C_{60} 的分子结构式及共混薄膜的吸收光谱[17]

2013 年，Y. Yang 等[18]用溶液处理的方法制备了基于二维有机小分子 SMPV1：$PC_{71}BM$ 的同质结的串联叠层电池（图 4.12），使用两种聚电解质 CPE1/CPE2 层作为电子收集层，M-PEDOT：PSS 作为空穴收集层。两种电解质带有不同亲电性的官能团，可以自发取向，在活性层和 M-PEDOT：PSS 之间形成永久偶极，降低能垒，有利于各界面处形成欧姆接触，实现了叠层器件的开路电压等于两个子电池的开路电压之和，为 1.82 V，填充因子达 72%，能量转换效率为 10.1%。

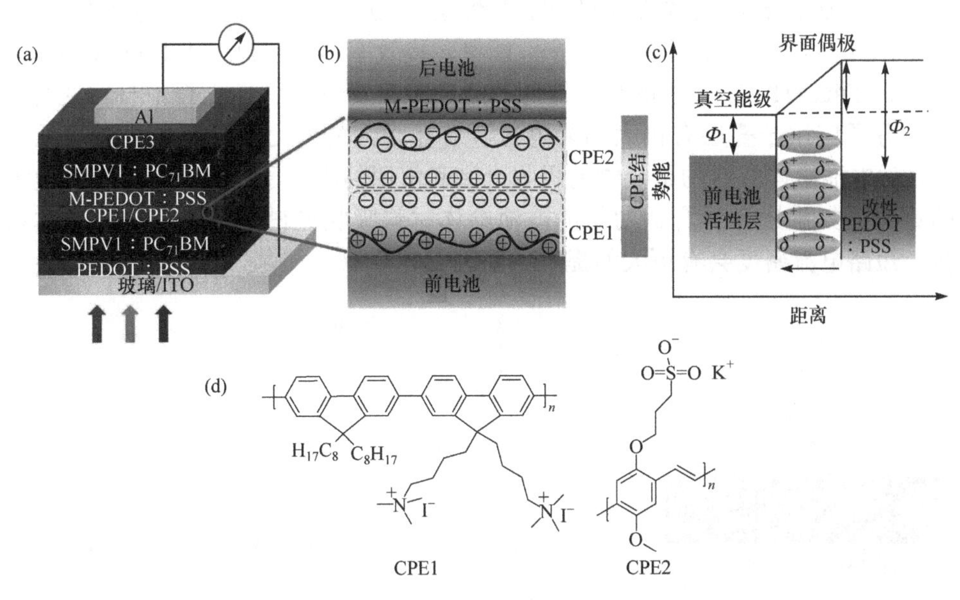

图 4.12 (a)同质结的串联叠层器件结构示意图；(b)自组装的双层聚电解质；(c)连接层的能级图；(d)CPE1 和 CPE2 的分子结构式[18]

2016 年，黄飞等[19]将共轭聚合物 PF3N-2TNDI 与 PEDOT：PSS 结合作为连接层构筑了正向结构的叠层器件，并且在 PF3N-2TNDI 和 PEDOT：PSS 之间蒸镀了一层 2 nm 的银以进一步降低电荷复合，该连接层使在旋涂处理后电池活性层溶液时，前电池不被破坏，并且使空穴和电子在此处有效复合。以窄带隙的小分子 DPPEZnP-THE 为后电池给体材料、以宽带隙的聚合物 PThBDTP 为前电池给体材料制备了叠层器件(器件结构如图 4.13 所示)，这两种材料吸收光谱互补，并且相应的单结器件都具有较高的能量转换效率。通过光学模拟，理论指导调节中间连接层、前后子电池的活性层厚度以获得最大的短路电流密度，叠层器件在 100 mW · cm^{-2} 的太阳光下获得了 11.35%的能量转换效率，与子电池相比，能量转换效率提高了 30%。另外，他们以塑料基底制备了柔性叠层器件，获得了超过 10%的能量转换效率。

2016 年，笔者研究组[20]以三个有机小分子作为叠层电池的前电池给体材料、以聚合物 PTB7-Th 为后电池给体材料制备了一系列正向结构的叠层器件，中间连接层为 ZnO/PEDOT：PSS(结构式如图 4.14 所示)，除了电极需要使用热蒸镀制备，其他步骤都是可溶液处理的。基于这三个小分子的单结器件具有较高的开路电压和较高的短路电流密度，因此叠层器件具有较高的开路电压

(约为 1.65 V)，和大于 10 mA · cm^{-2} 的短路电流密度。其中以 DR3TSBDT：$PC_{71}BM$ 为前电池的叠层器件的开路电压为 1.689 V，短路电流密度为 10.51 mA · cm^{-2}，填充因子为 64.6%，能量转换效率达 11.47%。基于 DR3TBDTT 分子和 DRBDT-TT 分子的叠层器件的能量转换效率也都超过了 10%，说明有机小分子应用于叠层有机太阳能电池具有非常大的潜力。从吸收光谱可以看出，后电池给体材料的聚合物的吸收光谱和使用的小分子的吸收光谱仍有很大的重叠，如果选择更合适的与前电池给体材料吸收光谱互补的后电池给体材料，短路电流密度会有更大的提升空间。

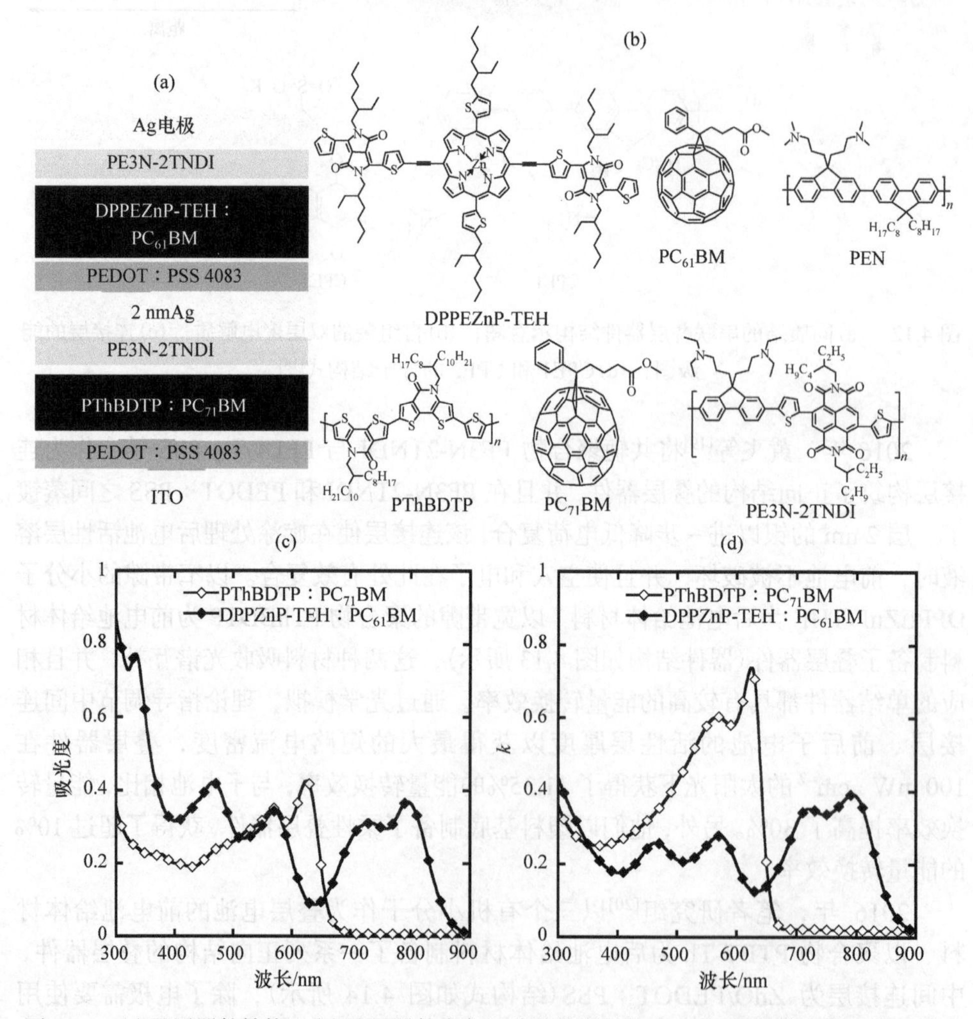

图 4.13 (a)叠层器件结构；(b)叠层器件中各组分的分子结构式；(c)混合薄膜的吸收光谱；(d)两种薄膜的消光系数 k[19]

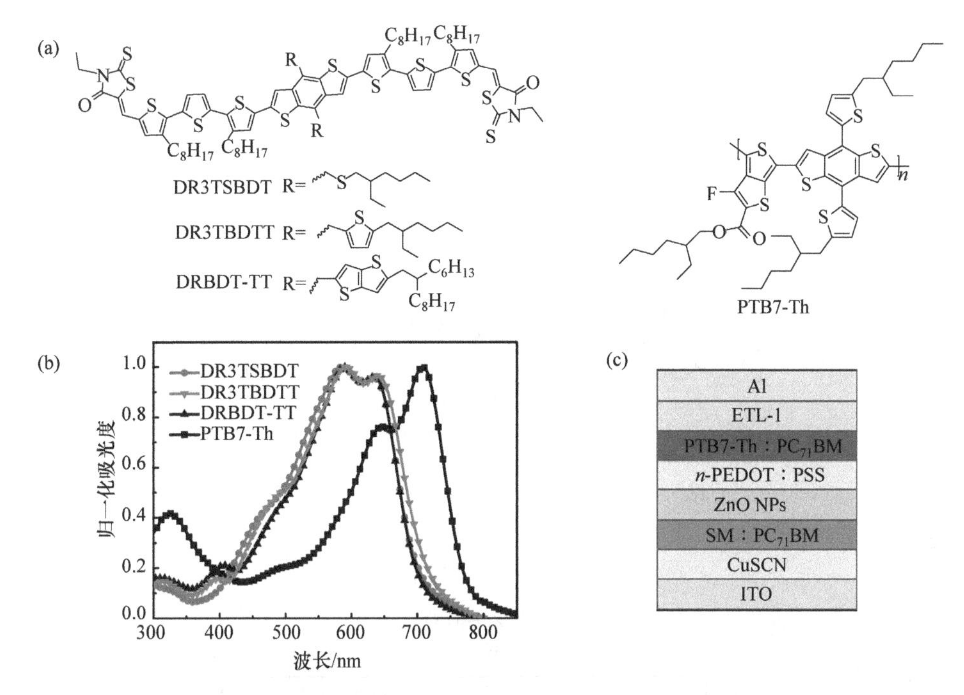

图 4.14　(a) 相关分子的结构式；(b) 小分子给体和 PTB7-Th 在薄膜状态下的归一化紫外-可见吸收光谱；(c) 叠层器件结构示意图[20]

2016 年，笔者研究组和彭小彬课题组合作[21]，后电池采用小分子 DPPEZnP-TBO，其吸收光谱与 DR3TSBDT 的非常互补，从而制备了前后电池的活性层均为小分子给体材料的叠层器件(图 4.15)。通过优化前电池的活性层厚度，叠层器件的短路电流密度达 12.29 mA · cm^{-2}，这是当时报道的叠层器件中最高的短路电流密度，开路电压等于子电池开路电压之和，在 AM1.5G100mV · cm^{2}(1 sun) 的照射下，器件获得了 12.50%的能量转换效率，在 0.3 sun 的照射下获得了约 13%的能量转换效率，这也是当时报道的可溶液处理的有机太阳能电池能量转换效率的最高值。

基于非富勒烯受体的单层电池迅猛发展，陈红征课题组在 2016 年报道了一例开压加和可达 1.97V 的串联叠层器件[22]。他们利用 P3HT：SF(DPPB)$_4$ 作为前电池材料，PTB7-Th：IEIC 作为后电池材料，采用 MoO_3/Ag/PFN 作为中间连接层，最终获得了 8.48%的器件效率。他们将这块高开路电压的电池用于光解水，显示了有机叠层器件的应用潜力。2017 年，颜河课题组报道了一例前后电池使用同一活性层的高开路电压的叠层器件。他们巧妙地利用 PEDOT：PSS 中的水分在温和的加热条件下水解二乙基锌前驱体，生成 PEDOT：PSS/ZnO 中间连接层，该法不仅在低温下有效地除去了 PEDOT：PSS 中的水分，还使得连接层之间变得更加紧

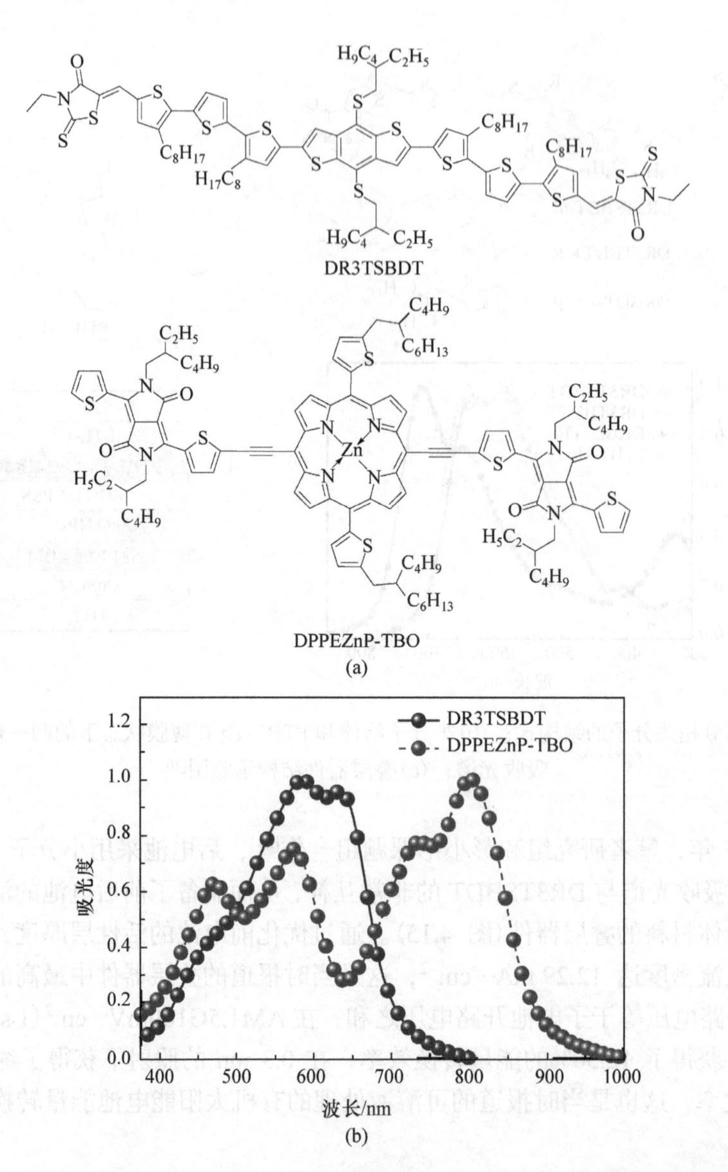

图 4.15 (a) DR3TSBDT 和 DPPEZnP-TBO 的结构式；(b) 两种化合物在薄膜状态下的紫外-可见吸收光谱[21]

密，最终他们获得了 10.8%的效率和高达 2.1V 的开路电压[23]。侯剑辉课题组于 2017 年报道了一例效率高达 13.8%的叠层电池[24]。他们将 ITIC 的双氰基茚满二酮中的苯环换作甲基噻吩，得到受体 ITCC-M(图 4.16)，将其与 PBDB-T 组合作为前电池，控制吸收波长低于 750 nm 且开压高达 1 V，而后电池则采用了吸收可到 900 nm 的 IEICO 作为受体，与吸收在红光区的给体 PBDTTT-E-T 匹配。利用该课题组报道的聚合物电解质 PCP-Na[25]作为空穴引出层，与 ZnO 纳米粒子形成中间复合层，制成的叠层电池开压为 1.79 V，短路电流密度为 12.0 mA · cm^{-2}，填充因子为 0.641。

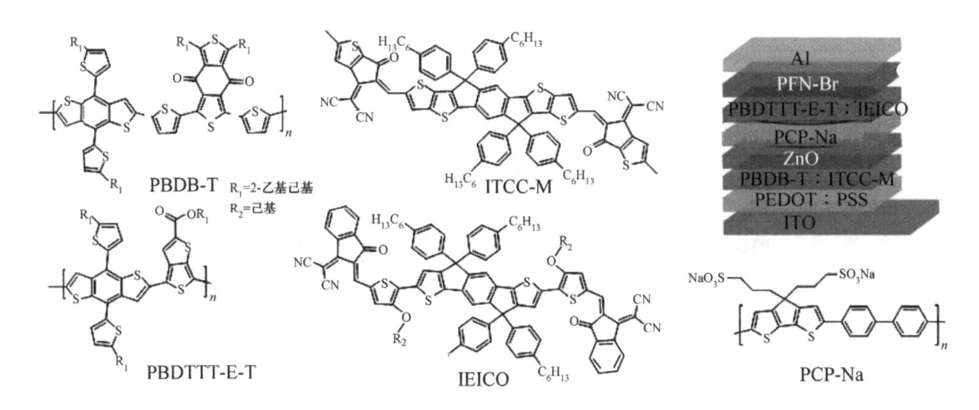

图 4.16　前电池、后电池和中间层相关分子的结构式以及器件结构示意图[24]

2018 年年初，侯剑辉课题组又报道了效率接近 15%的叠层电池[26]。首先，他们选择了更窄带隙的后电池材料 IEICO-4F（图 4.17），其半峰宽相对于先前报道的 IEICO 显著红移了 62 nm。接下来，为了形成与后电池匹配的 J_{sc}，前电池的光吸收范围需要进一步拓宽。他们选择吸收边在 780 nm 的 IT-M 作为电子受体取代 ITCC-M，以提高前电池的吸收范围并减少后电池在短波方向的光子利用。另外，PBDB-T 的吸收主要分布在 514～616 nm 之间，低于 500 nm 的吸收比较弱，为了更有效地利用蓝光区域，选用 J52-2F 作为给体与 IT-M 搭配，其中 J52-2F 的吸收半峰宽相对于 PBDB-T 蓝移了 42 nm，这样的材料选择将有助于前电池实现高的 J_{sc}。

2018 年，笔者研究组与国家纳米科学中心丁黎明课题组、华南理工大学曹镛和叶轩立研究团队合作，制备的有机叠层太阳能电池经国家光伏质检中心验证其效率为 17.29%（图 4.18），这是当时文献报道的有机/高分子太阳能电池光电转化效率的世界最高纪录，这一结果把有机太阳能电池的研究推上了一个新的高度[27]。我们首先建立了一个半经验模型，在模型中首先设定后电池有效吸收截止边、EQE 数值（或 E_{loss} 值）以及填充因子，这样就可以推算出不同 E_{loss}（或 EQE）时可达到的效率，并可以据此选择前电池材料。基于此模型对前后子电池的要求，我们选用吸收截止边约 1050nm 的 PTB7-Th：CO*i*8DFIC：PC71BM[28]作为后电池，吸收截止边位于 740 nm 的 PBDB-T：F-M[29]作为前电池，二者的光谱重叠较少且开路电压在相应吸收范围的电池中都是较高值，采用溶液处理的方式制备了反向结构的叠层器件，最终得到了17.36%的效率。这一研究成果缩小了有机太阳能电池与其他光伏技术之间的差距，极大地提升了人们对有机太阳能电池效率的预期和信心。基于我们提出的半经验模型分析，有机叠层太阳能电池的效率有望超过20%。

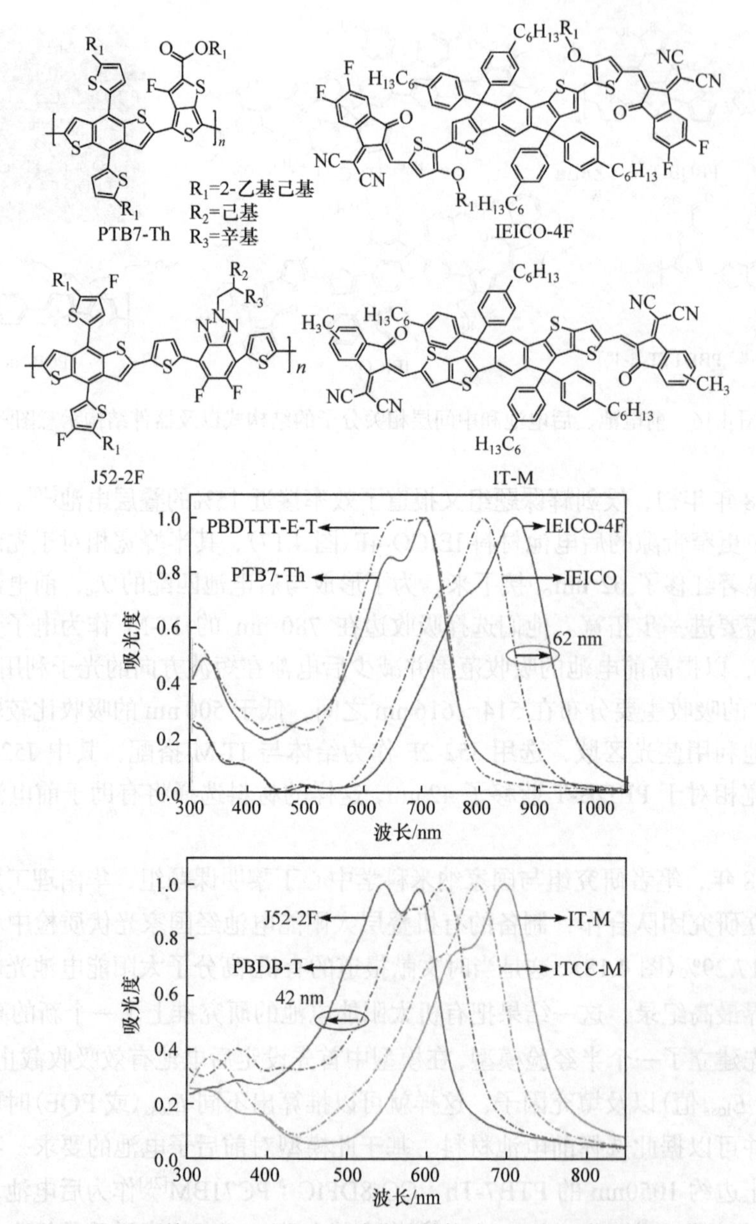

图4.17 叠层前电池、后电池相关分子结构式以及归一化吸收光谱[26]

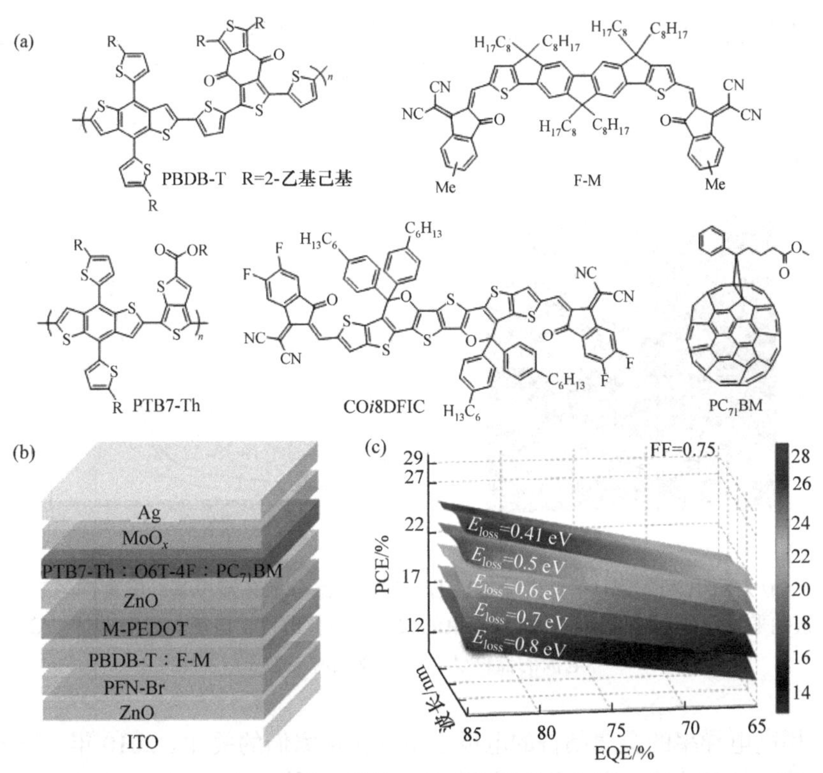

图 4.18 (a)叠层前电池、后电池的分子结构；(b)叠层器件结构[27]；(c)不同 EQE(或 E_{loss})高度下的叠层器件效率预测

以上研究结果表明，对叠层器件来说，总的开路电压是各子电池的开路电压之和，如果各子电池采用吸收光谱互补的活性层材料，就可以实现器件的全光谱吸收，从而获得较高的短路电流密度。并且，通过进一步优化中间连接层材料，提高电荷的传输和收集效率，有机太阳能电池的能量转换效率可以进一步得到提高，相信经过材料和器件方向的进一步努力，叠层器件会很快实现 20%以上的效率。

4.1.4 柔性器件

随着有机光伏器件效率的提升，其距离实际应用也越来越近，在未来的大面积印刷制备中，具有柔性器件结构的有机太阳能电池是一个重要方向。器件的机械柔性与底层电极材料密切相关，好的底层电极应该具有高的透过性，好的机械弯折韧性，低的表面粗糙度，较低的电阻以及好的热膨胀稳定性。现在普遍应用的基于铟锡氧化物(ITO)的电极虽然其他几项参数都非常好，但是其机械脆性限制了它在柔性器件中的应用。

在其代替物中，多壁碳纳米管和石墨烯衍生物在可见光区能保持 80%透过率的情况下都只能做到百欧级别的方块电阻，这使得器件效率不佳[30,31]。J. L. Blackburn课题组利用电导率较高的单壁碳纳米管取得了相对较好的效果(图 4.19)，他们基于P3HT：$PC_{61}BM$ 体系，获得了超过 3%的能量转换效率[32]，但是单壁碳纳米管制备步骤烦琐，限制了其大规模应用。

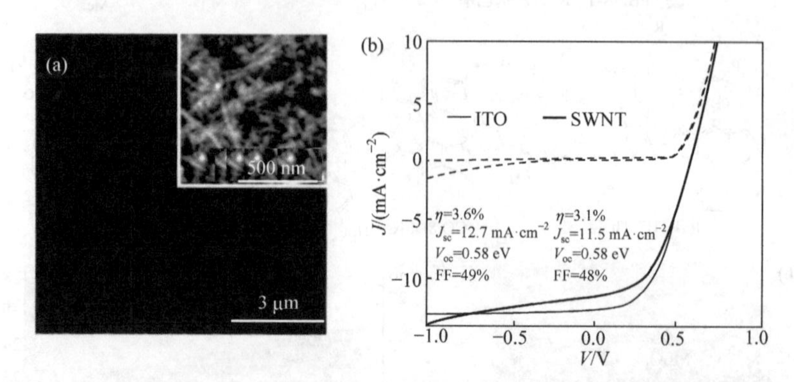

图 4.19 (a)大面积 AFM 图(单壁碳纳米管通过超声喷涂分散在羧甲基纤维素钠溶液中，羧甲基纤维素钠采用硝酸刻蚀，插图为纳米管束的放大图)；(b)ITO 电极与单壁碳纳米管(SWNT)电极的器件 *J-V* 曲线及相应参数[32]

利用高电导率的金属制备的电极也备受科学家们的关注。2010 年，崔屹课题组利用静电纺丝技术制备了铜纳米纤维(图 4.20)[33]，在 90%透过率的情况下，其方块电阻仅 50 $\Omega\cdot sq^{-1}$，用这种电极材料制备的基于 P3HT：$PC_{61}BM$ 体系的有机太阳能电池效率与 ITO 电极相当，可达 3%。但是由于静电纺丝也不适用于大规模制备，因此限制了其应用。

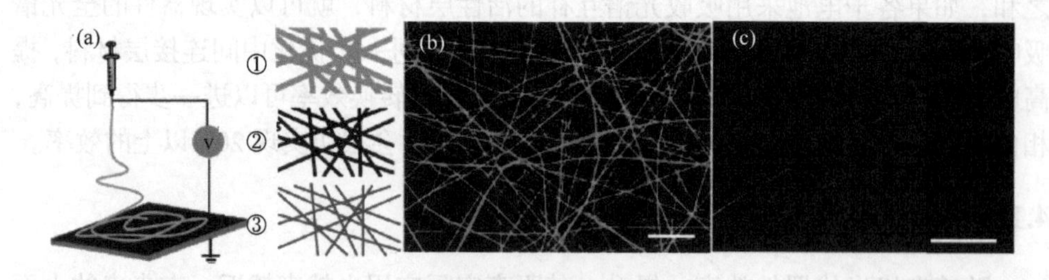

图 4.20 铜纳米纤维的制备和表征[33]

(a)左边为静电纺丝示意图，右边为铜纳米线的制备过程：①静电纺丝制备 $CuAc_2$/PVA 的复合物纤维；②在空气中煅烧第一步的纤维，得到 CuO 纤维；③在 H_2 氛围下将 CuO 还原为 Cu。(b)静电纺丝制备的 CuO 纤维 SEM 图(标尺：10 μm)。(c)单根铜纳米线可达 100 μm 的 SEM 示意图(标尺：20 μm)

溶液法制备的银纳米线具有与 ITO 相当的方块电阻和透过率(透过率为 80%时，方块电阻为 10^{-20} $\Omega\cdot sq^{-1}$)，并且具有较高的功函(4.5 eV)，很有替代 ITO 的潜力。但银纳米线也具有一定的缺点，比如其较大的粗糙度容易造成活性层刺穿致使器件短路。为了解决这个问题，Pei（裴启兵）课题组利用转移的方法将银纳米线从玻璃上转移到透明的交联聚合物上并包覆起来[34]，Gaynor 利用压片的方法将银纳米线嵌入到导电聚合物 PEDOT：PSS 中[35]。2015 年，Kwanyong Seo 课题组在聚对苯二甲酸乙二醇酯（PET）基板上利用在银纳米线上方旋涂一层阴极界面层聚合物 PFN 的方法（图 4.21）实现了低温下柔性反向器件底电极的制备，基于 PTB7：$PC_{61}BM$ 体系的器件能量转换效率达 6.17%，且在弯折半径≤5 mm 时效率可以保持 96%[36]。

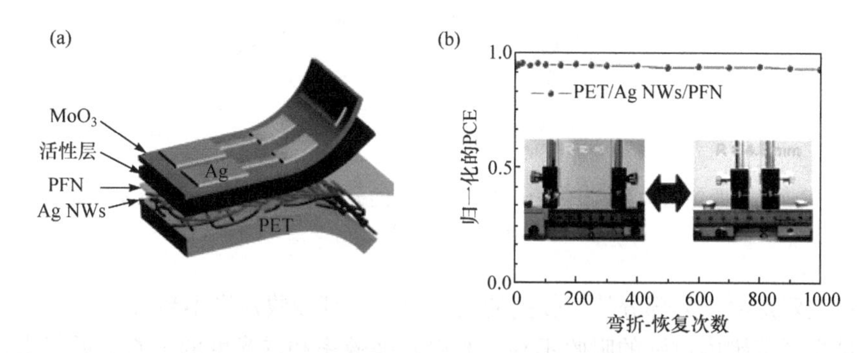

图 4.21　(a)器件结构示意图：活性层位于 PFN/Ag NWs 阴极和 Ag 阳极之间；(b)柔性器件弯折过程示意图[36]

2019 年，周印华课题组报道了在聚酰亚胺中包埋银纳米线（Ag NWs@PI）的柔性基底上制备的基于小分子非富勒烯受体的太阳能电池(图 4.22)，其效率超过 11%[37]。该柔性电极的方块电阻为(24.4±1.7) Ω · sq^{-1}，与 ITO 电极相近，且其表面粗糙度极低，仅为(1.5±0.5) nm，同时，该柔性电极的耐热性好，在 150℃下热退火 4h 后方块电阻仅变为原方块电阻的 1.1 倍。他们在该基底上制备了基于 PBDB-T-2F：IT-4F 的器件，获得了 11.6%的器件效率，在玻璃/ITO 参比刚性电极上该器件的效率为 12.3%，这说明该电极在有机柔性器件的制备中具有实际应用价值。

4.1.5　半透明器件

半透明器件在有机太阳能电池的光伏建筑一体化应用上享有重要地位。器件通常由透明的底电极加上半透明的顶电极组成，要求器件在可见光范围内（370～740 nm）的平均透过率（AVT）尽可能高，由于缺少了顶电极的反射作用，光子利用率下降，器件效率下滑。此外，对于蒸镀的金属半透明顶电极而言，金属层的减薄会使其电导率下降，致使器件串联电阻增大，使得器件效率下降。在过去的近二十年里，尽管非透明器件的效率大大提升，但是半透明器件的效率提升却相对滞

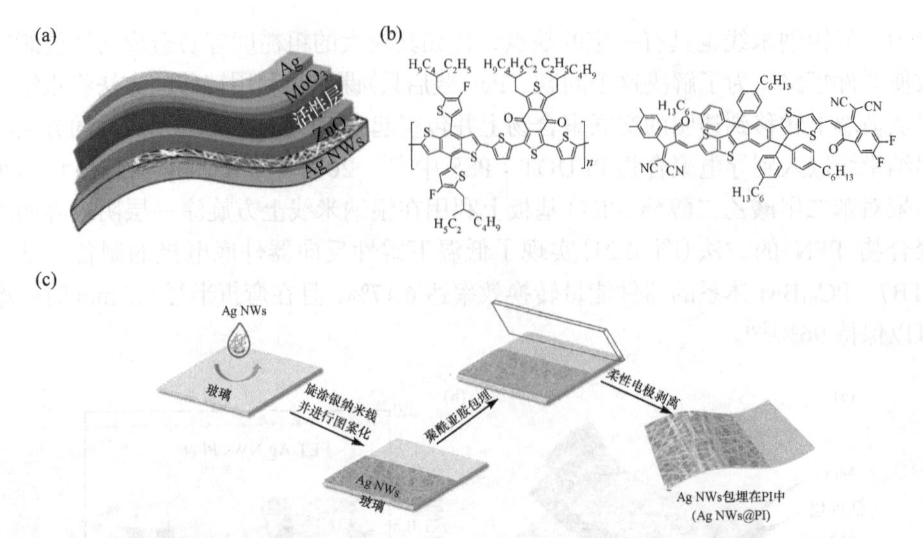

图 4.22 (a)柔性器件结构示意图；(b)活性层材料的分子结构；(c)Ag NWs@PI 柔性电极制备过程示意图[37]

后，这主要是由于大部分效率较高的活性层材料其吸收范围不超过 800 nm[38,39]，在可见光区范围内过强的吸收不利于光电转换效率和透光度的平衡。近年来，随着具有近红外区域吸收的高效率非富勒烯小分子受体的快速发展，半透明器件也进入了迅速发展的阶段。

2017 年，朱晓张课题组利用新的近红外区非富勒烯受体 ATT-2（吸收范围 600～940 nm，带隙 1.32 eV）与窄带隙给体 PTB7-Th 组合，制备了半透明器件（图 4.23）[40]。基于此体系的非透明器件（顶电极蒸镀了 100 nm 厚的金属银）效率为 9.58%，当将银层的厚度改为 20 nm 时，其可见区透光度达 37%，器件效率为 7.74%。随后，占肖卫课题组将新的非富勒烯受体 IHIC（吸收截止边为 898 nm，带隙 1.38eV）与 PTB7-Th 搭配，制备了半透明器件，其顶电极为 1 nm 厚的金加上 15 nm 厚的银，在 36%的透过率下器件效率可达 9.77%[41]。

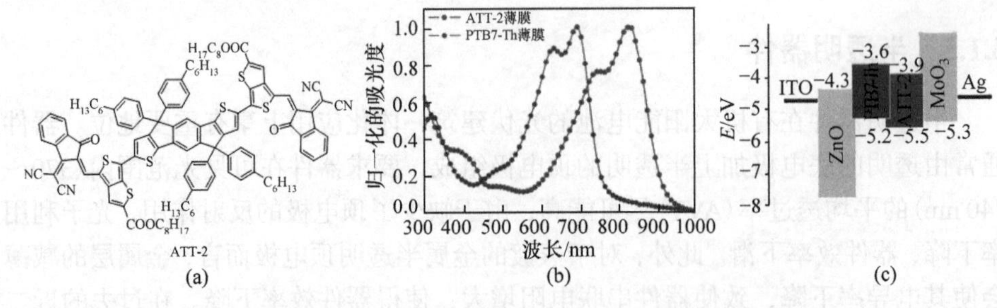

图 4.23 ATT-2 结构式(a)，相关吸收光谱(b)以及器件的能级结构(c)[40]

2017 年，侯剑辉课题组又报道了以近红外区材料 IEICO 为基础的非富勒烯受体材料 IEICO-4Cl（吸收截止边为 1010 nm，带隙 1.23eV）的半透明器件（图 4.24）[42]。他们将 IEICO-4Cl 与三种不同的聚合物给体（J52, PBDB-T 和 PTB7-Th）混合，得到了从紫经蓝到青三种颜色的器件，其非透明器件的效率分别为 9.65%±0.33%，9.43%±0.13%，及 10.0%±0.2%，当用 15 nm 厚的金作为顶电极时，三者的半透明器件效率分别达到了 6.37%,6.24%及 6.97%，其可见光区透光率分别为 35.1%，35.7%及 33.5%。

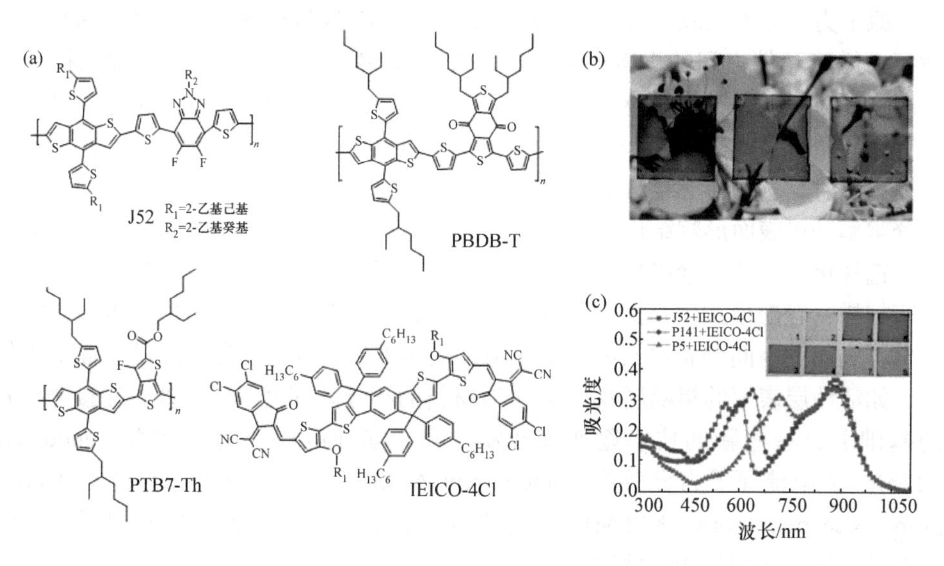

图 4.24　(a) 相关分子的结构式；(b) 基于三种不同聚合物的器件颜色；(c) 基于三种不同聚合物的活性层的吸收光谱[42]

4.2　活性层形貌的调控

4.2.1　活性层形貌的理想特征

在本体异质结结构的活性层中，由于材料的结晶性及相容性等性质存在差异，不同的给体材料和受体材料形成的共混膜会形成不同的相分离形貌。在有机半导体材料中，激子扩散距离约为 10 nm，为了获得高效的激子扩散与解离，给体材料和受体材料需要形成尺寸在 10～20 nm 的相分离。另外，为了减少自由的电子和空穴在传输过程中发生复合，实现高效的电荷传输，给体材料和受体材料需要形成各自连续的互穿网络结构。因此，理想的活性层形貌是给体和受体材料形成尺度在 10～20 nm 且各自连续的互穿网络的相分离结构。除此之外，较高的相纯度以及适合的垂直相分离形貌对于电荷的传输与收集也至关重要。通过对活性层形貌的调控与优化，可以获得接近理想状态的给体/受体材料的相分离形貌，从而可以实现更高的太阳能器件性能。下面将介绍一些常用的活性层形貌的表征方法，以及活性层形貌的调节方法。

4.2.2 活性层形貌的表征方法

1. *原子力显微术*

原子力显微术(atomic force microscopy，AFM)通过检测待测样品表面和一个微型力敏感元件之间的极微弱的原子间相互作用力来研究物质的表面结构及性质。将一对微弱力极端敏感的微悬臂一端固定，另一端的微小针尖接近样品，这时针尖与样品的相互作用力将使得微悬臂发生形变或运动状态发生变化(图 4.25)。扫描样品时，利用传感器检测这些变化，就可获得作用力分布信息，从而以纳米级分辨率获得表面形貌结构信息及表面粗糙度信息。在探测样品表面形貌时，AFM可以选择接触模式与轻敲模式。接触模式中，探针一直以恒定的力接触样品表面进行扫描；轻敲模式中，探针以固定的振幅周期性地接触样品表面，可以同时给出材料表面的空间分布以及相位变化图，从而可以得到活性层薄膜的表面形貌信息，如活性层表面的粗糙度及给体/受体材料的相分离程度等。此外，在接触模式的基础上，一些新的技术逐渐被开发出来，如导电原子力显微术(conductive AFM)、光电流原子力显微术(photocurrent AFM)、开尔文探针力显微术(Kelvin probe force microscopy，KPFM)等。这些新技术在表征形貌的同时，也能检测材料表面乃至体相的相关物理性质。

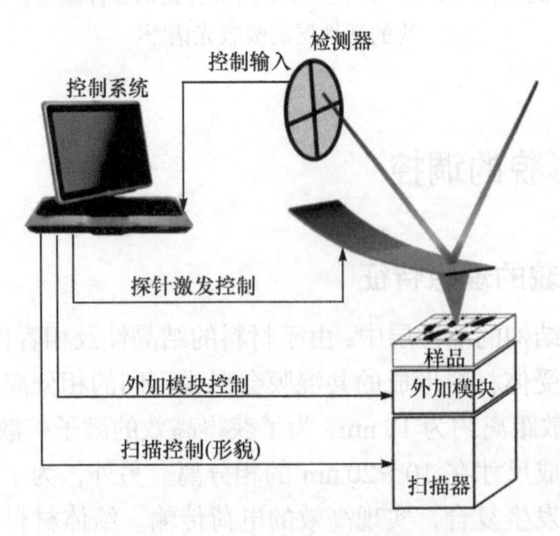

图 4.25 原子力显微术原理示意图

2. 扫描电子显微术

扫描电子显微术(scanning electron microscopy，SEM)的理论基础是样品与电子的相互作用。当焦点特别小的高能电子束轰击薄膜样品时，被电子束轰击的区域会产生背散射电子、二次电子、俄歇电子、透射电子以及各种不同波段的电磁辐射。相对于电磁波，高能电子具有更大的动量，根据德布罗意公式可以得出基于高能电子束的表征技术拥有更高的理论分辨率，可以达到纳米级别。

通过检测样品激发的二次电子即可得到样品的扫描电子显微术图像。二次电子来自样品表面 5～10 nm 的区域，对样品表面的状态十分敏感，能够清晰地显示样品表面的微观形貌。因此，扫描电子显微术是一种十分有用的材料表面形貌的检测手段，对有机薄膜样品也不例外。此外，可以通过截面扫描电子显微术(cross-section SEM)表征活性层的截面形貌。扫描电子显微术的截面样品可以通过液氮脆断太阳能器件的方式获得。

3. 透射电子显微术

透射电子显微术(transmission electron microscopy，TEM)也是基于样品与电子的相互作用的形貌表征技术，具有纳米级的分辨率。与扫描电子显微术不同，透射电子显微术检测的是样品背面的透射电子。透射电子穿过了活性层共混薄膜的内部，因此能够反映出薄膜中给体和受体两相的信息。对于有机材料的共混薄膜，由于给体材料电子云密度一般较低，其富集的区域电子容易透过，所以在 TEM 图中为显浅色；受体材料如 PCBM 电子云密度较大，其富集的区域对电子的散射较强，透过的电子较小，在 TEM 图中显深色。此外，如果制备出了活性层截面的切片，那么就可以通过截面透射电子显微镜技术得到活性层垂直方向上的相分离形貌信息。

4. 掠入射广角 X 射线散射

掠入射广角 X 射线散射(grazing incidence wide-angle X-ray scattering，GIWAXS)技术的基本原理与 X 射线衍射技术相同。当入射角很小(小于临界角)，X 射线发生全反射，进行样品表面的 X 射线散射测量，获取样品表层信息，去除基底干扰，即为掠入射 X 射线散射。掠入射 X 射线散射实验装置必须具有高的角度分辨率和良好的准直系统。为了获得良好的信噪比并增加测试的效率，实验中一般会选择性能优异的同步辐射光源，并配备如图 4.26 所示的二维面探测器。

掠入射广角 X 射线(能量一般在 10 keV 左右)照射到有机薄膜样品上时，X 射线会与样品结晶区域里规则排列的分子相互作用而发生散射。散射的 X 射线强度会在一些空间角度上得到加强，在另一些空间角度上削弱，从而得到与样品结晶结构相对应的特征衍射图案。衍射信息的空间角度与晶体结构之间的相互关系用

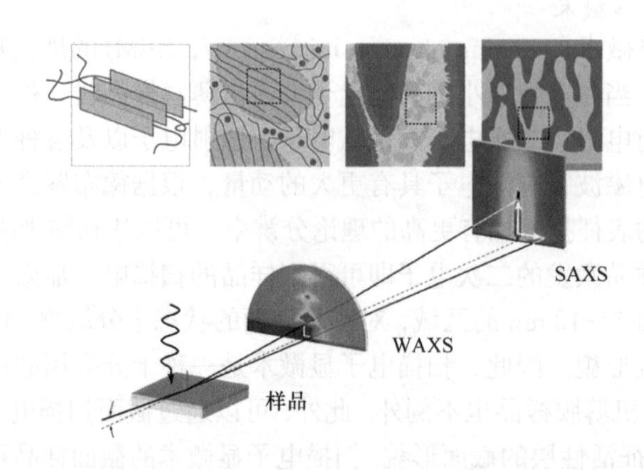

图 4.26 掠入射广角 X 射线散射与掠入射小角 X 射线散射原理示意图

布拉格公式可以描述：$2d\sin\theta = n\lambda$。其中，d 是晶面之间的距离；λ是 X 射线的波长；θ是衍射角；n 是正整数。因此，通过衍射峰所对应的衍射角即可得到晶格参数 d 的数值。将 X 射线衍射技术应用到有机共混薄膜样品的测试中，可以获得诸如 π-π 堆积距离、烷基链撑开的主链之间的距离等信息。借助于谢乐公式，还可以根据衍射峰的半峰宽估算出结晶区域的平均大小。此外，探测器水平方向的衍射图案反映了样品水平方向上的信息，而探测器竖直方向上的衍射图案则反映了样品垂直方向上的信息。这样，通过对比不同种类的衍射峰在二维面探测器中的分布便可以推测出样品内部的分子排列取向（主链的 π 平面垂直于基底或平行于基底）。

5. 掠入射小角 X 射线散射

小角 X 射线散射(SAXS)对于不均匀电子密度较为敏感，由于探测的衍射角度较小，该技术可以分析 1～100 nm 尺度范围的形貌信息。为了获得更好的信噪比，通常使用掠入射小角 X 射线散射(grazing incidence small-angle X-ray scattering, GISAXS)分析薄膜的纳米尺度形貌。掠入射小角 X 射线散射的实验装置与光路同掠入射广角 X 射线散射实验类似，也采用同步辐射光源进行掠入射实验，并且通常使用二维探测器，不同之处在于由于探测的衍射角度较小，所以样品与探测器间的距离更长，探测距离一般为 1～4 m。GISAXS 被用于本体异质结活性层中给体与受体材料的形貌分析，衍射峰的强度 I 为散射矢量 q 的函数，可以从中得到本体异质结共混薄膜中两相之间的距离。

6. 共振软 X 射线散射

采用硬 X 射线，两相的对比取决于电子密度的差异，这就为有机材料/有机材料和聚合物/聚合物共混膜形貌的研究带来了困难。而共振软 X 射线散射(resonant soft X-ray scattering，R-SoXS)提供了一个更为方便的途径，通过调节 X 射线的能量，达到近边共振，从而可以观察增强的散射对比及化学差异，并避免使用氘代试剂。

由于共振软 X 射线对特定的化学键具有高的敏感性，在某一 X 射线能量下的散射强度会得到增强，尽管两种材料在近边 X 射线吸收精细结构(NEXAFS)中只有很小的差别。因此，软 X 射线可以得到有用的结构信息。对于一些共混薄膜中两组分电子密度对比度较小的情况，通过 TEM 和 SAXS 很难得到形貌信息，而相比于传统的硬 X 射线，共振软 X 射线由于具有增强的散射对比度和强度，通过利用共混薄膜中不同组分的软 X 射线能量在光学参数上的不同，可以获得相分离尺寸分布的信息。

4.2.3　活性层形貌的调控方法

1. 主体溶剂的选择

主体溶剂对活性层的形貌及器件性能有很大的影响，恰当的主体溶剂对给体和受体材料形成良好的相分离形貌至关重要。有关主体溶剂对活性层形貌以及光伏性能影响的研究主要集中于聚合物太阳能电池。A. J. Heeger 等报道了以聚合物 PCDTBT 为给体材料、$PC_{71}BM$ 为受体材料的太阳能电池(图 4.27)。当使用氯苯或氯仿作为溶剂时，制得的 PCDTBT：$PC_{71}BM$ 共混膜中给体和受体材料的相分离尺度过大，而以邻二氯苯为溶剂制得的共混膜中给体和受体材料相分离尺度较小，有利于激子的扩散与解离。因此，以邻二氯苯(*o*-dichlorobenzene，DCB)作为溶剂时，器件呈现出更高的能量转换效率(6.1%)，而以氯苯和氯仿(chloroform，CF)作为溶剂时，器件的光伏性能较低[43]。

对于 P3HT：$PC_{61}BM$ 共混薄膜，使用不同的溶剂不仅影响共混薄膜的平面相分离形貌，还会改变 P3HT 和 $PC_{61}BM$ 的垂直相分离相貌[44]。如图 4.28 所示，以甲苯(toluene)、氯苯(chlorobenzene，CB)、二甲苯(xylene)为溶剂的活性层薄膜呈现出更有利的垂直相分离形貌，即给体材料 P3HT 在收集空穴的底电极附近的含量更高，有利于电荷的收集；而在以氯仿为溶剂的薄膜中，P3HT 在收集电子的顶电极附近的含量更高。以甲苯、氯苯、二甲苯为溶剂的太阳能器件获得了 3%左右的能量转换效率，而以氯仿为溶剂的太阳能器件的能量转换效率仅 0.4%。

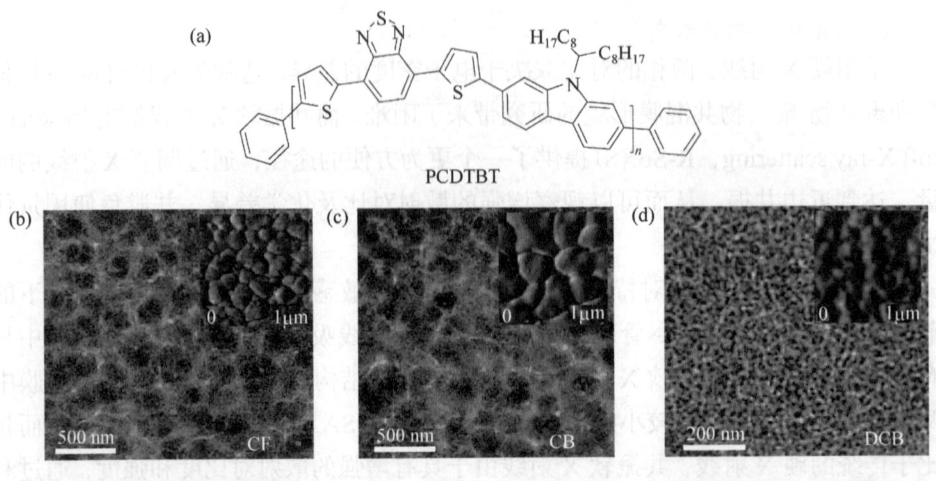

图 4.27 (a) PCDTBT 的分子结构 (a) 及采用不同溶剂得到的 PCDTBT：$PC_{71}BM$ 活性层的 TEM 图像：(b) 氯仿，(c) 氯苯，(d) 邻二氯苯，其中右上角的插图为 AFM 图像[43]

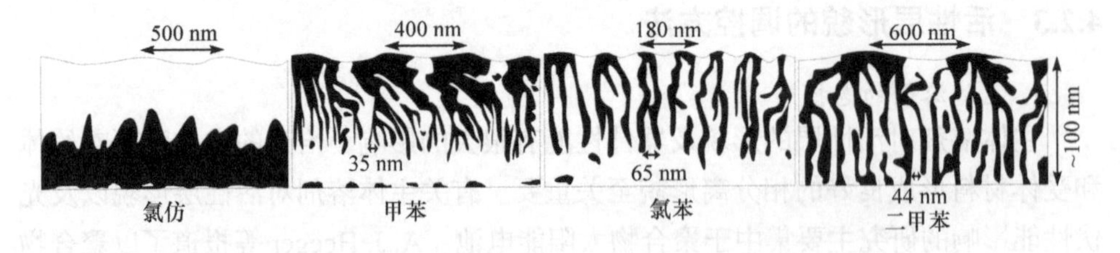

图 4.28 不同溶剂制得的 P3HT：$PC_{61}BM$ 共混膜的形貌示意图[44]

另外，使用共混溶剂也是调节活性层形貌的一种有效的方法。T. P. Russell 等研究了邻二氯苯与氯仿 ($CHCl_3$) 的共混溶剂对基于 pDPP：$PC_{71}BM$ 共混薄膜的形貌及太阳能器件性能的影响[45]。从 pDPP：$PC_{71}BM$ 活性层薄膜的原子力显微镜图像和透射电子显微镜图像 (图 4.29) 中可以看出，使用共混溶剂制得的薄膜中给体材料 pDPP 和受体材料 $PC_{71}BM$ 之间呈现出纳米尺度的纤维状相分离，而使用氯仿单一溶剂制得的薄膜则呈现出较大的相分离尺度。因此，以氯仿为溶剂时，器件的能量转换效率较低，为 1.05%，短路电流密度仅为 2.75 mA · cm^{-2}。当使用邻二氯苯/氯仿的共混溶剂 (体积比为 1：4) 时，器件的能量转换效率提高到 5.6%，短路电流密度达到 14.84 mA · cm^{-2}。

以上研究结果表明，主体溶剂 (或共混溶剂) 不仅影响给体/受体材料的相分离尺度，还会影响给体/受体材料在垂直方向的分布。恰当的主体溶剂不仅需要对给体/受体材料有良好的溶解性，还需要考虑不同溶剂对活性层形貌带来的影响。因此，选择适合的溶剂对于实现高的光伏性能非常重要。

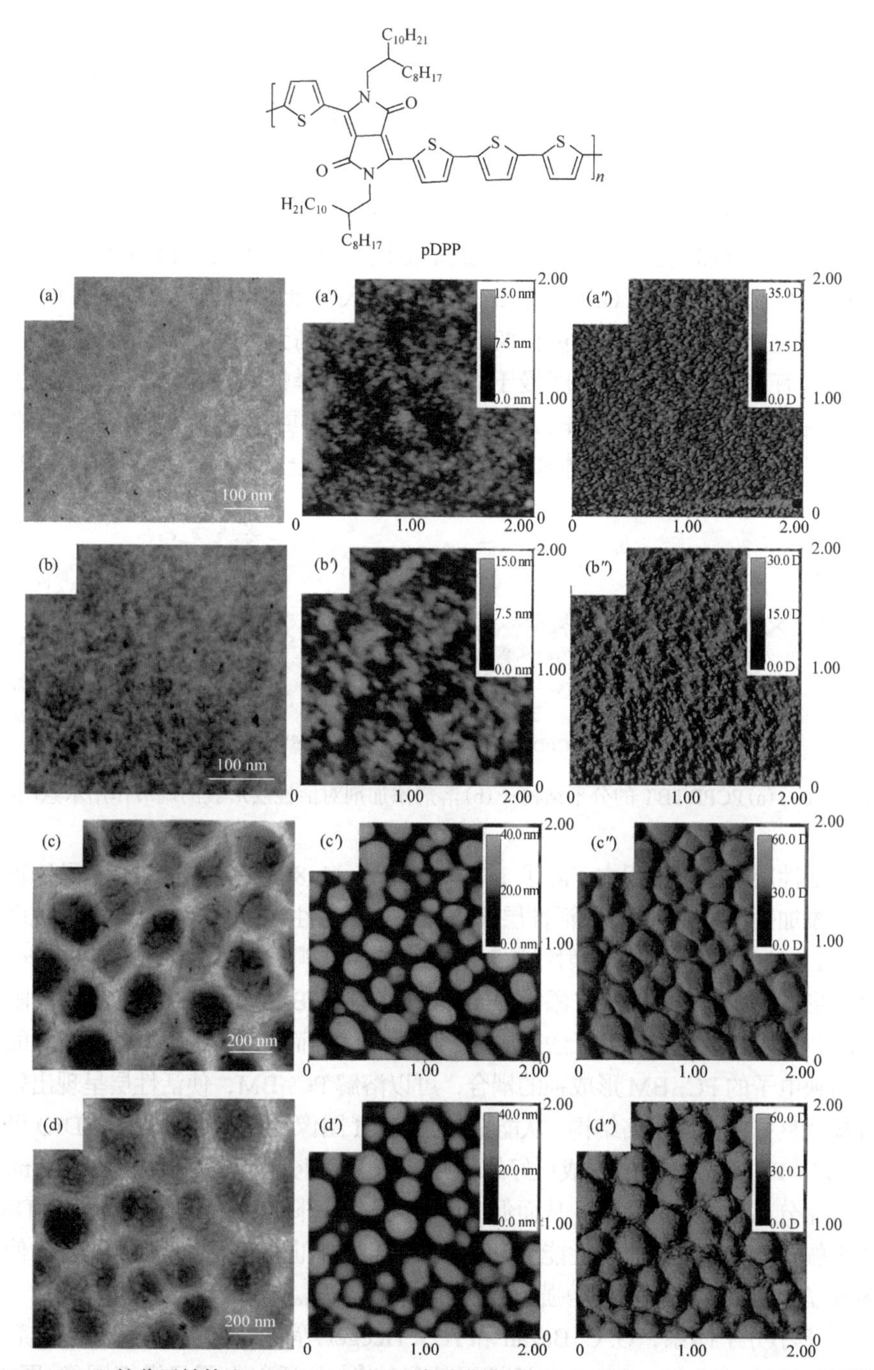

图 4.29　pDPP 的分子结构和 pDPP：$PC_{71}BM$ 共混膜的 TEM(a～d)及 AFM(a′～d′, a″～d″)图像[45]

(a，a′，a″)以 DCB：$CHCl_3$ 共混溶剂制备的薄膜；(b，b′，b″)将(a)薄膜进行热退火处理；(c，c′，c″)以氯仿为溶剂制备的薄膜；(d，d′，d″)将(c)薄膜进行热退火处理[44]

2. 溶剂添加剂

向给受体材料的混合溶液中添加少量的第二种溶剂即溶剂添加剂可在活性层溶液旋涂成膜的过程中对形貌进行调控。目前常用的溶剂添加剂有 1, 8-辛二硫醇(1, 8-octanedithiol， ODT)、1, 8-二碘辛烷(1, 8-diiodooctane， DIO)、1-氯萘(1-chloronaphthalene，CN)、硝基苯、二苯甲醚等。

通过溶剂添加剂调节活性层形貌最早被用于 PCPDTBT：PCBM 共混体系的活性层。A. J. Heeger 和 G. C. Bazan 等通过加入少量的 1, 8-辛二硫醇(ODT)，使 PCPDTBT：PCBM 器件的能量转换效率从 2.8%提高到 5.5%[46]。这是由于 1, 8-辛二硫醇具有高沸点，挥发速度慢于氯苯，并且选择性溶解主体溶剂(氯苯)中的 PCBM，在旋涂成膜过程中，PCBM 会在溶剂中停留更长时间，从而导致给体分子形成更好的结晶，并且使给体和受体材料形成更适合的相分离尺度(图 4.30)[47]。

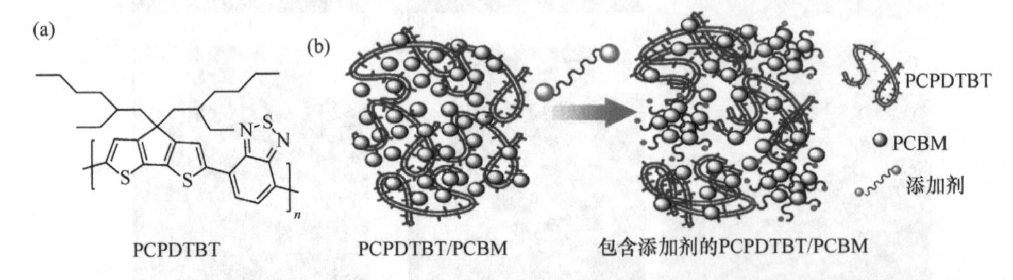

图 4.30 (a) PCPDTBT 的分子结构；(b) 溶剂添加剂对活性层形貌的调节作用示意图[47]

在活性层制备的过程中，除了 1, 8-辛二硫醇，1, 8-二碘辛烷(DIO)也是比较常用的溶剂添加剂，对许多聚合物活性层体系和小分子活性层体系具有良好的形貌调节作用。L. X. Chen 等使用小角 X 射线散射研究了 1, 8-二碘辛烷对活性层 PTB7：$PC_{71}BM$ 活性层形貌的影响[48]。对于未添加 DIO 的薄膜，$PC_{71}BM$ 形成较大的聚集体，阻碍了 $PC_{71}BM$ 插入到给体相中，无法形成互穿网络结构。而 DIO 含有电负性较强的碘原子，与缺电子的 $PC_{71}BM$ 形成强的耦合，可以溶解 $PC_{71}BM$，使活性层呈现出较小的相分离及良好的互穿网络结构。从能量过滤 TEM 图像可以看出[49]，添加 DIO 可以促使 PTB7：$PC_{71}BM$ 活性层形成更好的相分离形貌，相分离尺度平均在 20～40 nm，与理想的相分离尺度十分接近，从而促进激子的解离，降低电荷的复合，所以 DIO 的加入大幅提升了器件的光伏性能。同时，DIO 的添加也促进了 PTB7 的结晶，使分子 face-on 方向的 π-π 堆积明显增强，有利于电荷的传输。

对于小分子体系，G. C. Bazan 和 A. J. Heeger 等以 1，8-二碘辛烷为溶剂添加剂优化 DTS$(PTTh_2)_2$：$PC_{71}BM$ 活性层的形貌[50]。从透射电子显微镜图像(图 4.31)可以看出，使用纯溶剂制得的 DTS$(PTTh_2)_2$：$PC_{71}BM$ 共混膜中给体和受体的相分离尺度在 20～30 nm，而添加 0.25%(体积分数)DIO 后，给体和受体相分离尺度略微降低，达到 15～20 nm，更接近于理想的相分离尺度。相分离尺度的降低使给体/受体相的接触界面增大，有利于激子的扩散与解离。当溶剂中 DIO 的添加量为 0.25%(体积分数)时，器件效率从 4.52%(未使用添加剂的器件)提高到 7.0%[51]。

除了高沸点溶剂可以作为溶剂添加剂，聚二甲基硅氧烷[poly(dimethylsiloxane)，PDMS]也可以作为溶剂添加剂来调节活性层形貌。如图 4.32 所示，添加 PDMS 可以降低 1-EtHx：$PC_{61}BM$ 共混薄膜的相分离尺度及表面粗糙度，使器件的能量转换效率从 1.25%提高到 2.16%[52]。笔者研究组也通过添加 PDMS 调节活性层形貌，降低给体和受体材料的相分离尺度，基于 DR3TBDT：$PC_{71}BM$ 的器件的能量转换效率从 6.92%提高到 7.38%[53]，基于 DR3TBDTT：$PC_{71}BM$ 的器件的能量转换效率从 7.51%提高到 8.12%[54]。

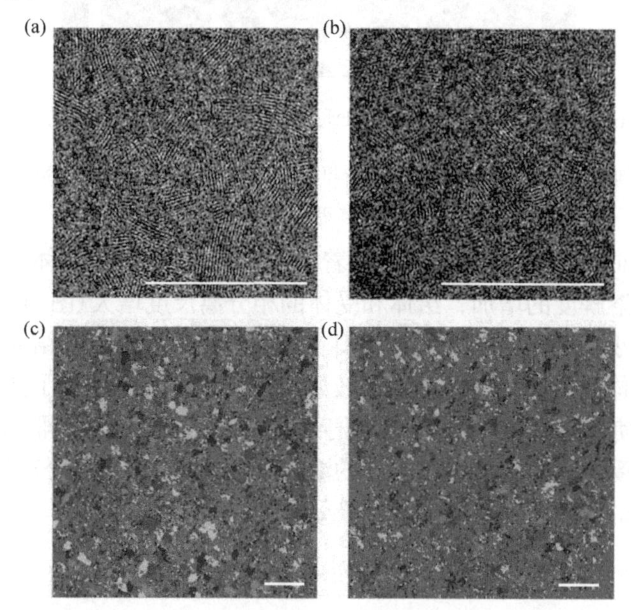

图 4.31　DTS($PTTh_2$)$_2$：$PC_{71}BM$ 活性层的 TEM 图像(标尺为 100 nm)[50]

(a，c)未添加 DIO；(b，d)添加 0.25%的 DIO

C_4H_9　H_5C_2　$H_{13}C_6$　S　S　N　O　O　N　S　S　C_6H_{13}　C_2H_5　C_4H_9

1-EtHx

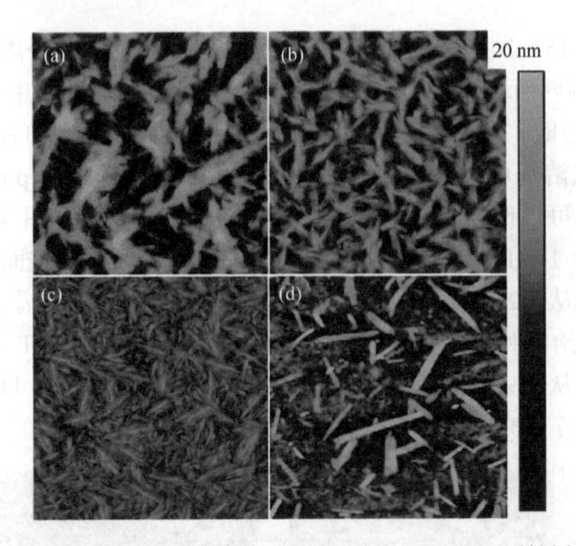

图 4.32 1-EtHx 的分子结构及经热退火处理的 1-EtHx：$PC_{61}BM$ 活性层的 AFM 图像[52]

(a) 未添加 PDMS；(b) 添加 0.05 mg · mL^{-1} PDMS；(c) 添加 0.1 mg · mL^{-1} PDMS；(d) 添加 0.5 mg · mL^{-1} PDMS

J. R. Reynolds 等[55]研究发现，随着给体材料 $iI(TT)_2$ 与受体材料 $PC_{61}BM$ 在溶剂添加剂中溶解度的增加，给体和受体的相分离尺度增大(图 4.33)，他们将相分离尺寸的大小归因于给体和受体材料在溶剂中的溶解性以及结晶生长时间的不同。使用对给体和受体材料溶解性都较好的溶剂添加剂，延长了活性层材料结晶的生长时间，使相分离尺度过大，不利于激子的扩散，从而导致器件效率降低；而使用对给体和受体材料溶解性都较差的溶剂添加剂，会导致相分离尺度较为合理，从而得到更高的空穴迁移率和能量转换效率。

(a)

$iI(TT)_2$ R=2-乙基己基

PDMS　TEG　DEG-DBE

HD　NMP　DIO　CN

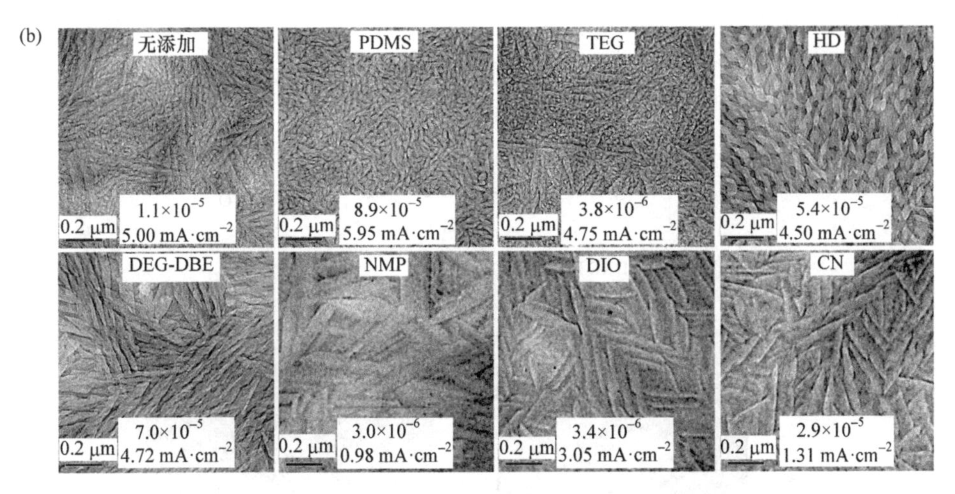

图 4.33　(a) iI(TT)$_2$ 和溶剂添加剂的分子结构；(b) iI(TT)$_2$：$PC_{61}BM$ 活性层的 TEM 图像[34]

3. 热退火处理

以上介绍的两种形貌调节方法，均是在旋涂过程中对活性层形貌进行调节的。还可以在活性层薄膜形成后，可以通过一些后处理手段对活性层形貌进行调节，如热退火和溶剂蒸气退火。

热退火(thermal annealing，TA)处理是对活性层薄膜在一定温度下进行热处理，促进薄膜中的分子移动，进而调节分子的堆积及给受体材料的相分离形貌。笔者研究组即通过热退火优化 DRDTSBDTT 与 $PC_{71}BM$ 共混体系的活性层形貌(图 4.34)[56]。GIWAXS 与 TEM 的研究结果显示，在未进行热退火处理的活性层薄膜中，DRDTSBDTT 的结晶性很差，并且 DRDTSBDTT 和 $PC_{71}BM$ 未形成明显的相分离；经过热退火处理后，共混膜中的结晶尺寸与相宽度都明显增大，形成互穿网络的相分离形貌，有利于电荷的传输。热退火处理后，器件的短路电流密度与填充因子明显提高，能量转换效率从 3.36%(未退火器件)提高到 5.05%。

2014 年，笔者研究组通过热退火优化 DRCN7T 与 $PC_{71}BM$ 的共混薄膜形貌[57]。如图 4.35 所示，经过 90 ℃热退火处理后衍射峰强度增强，从共混薄膜中可以观察到更精细的多级衍射峰，说明给体分子经过热退火处理后结晶性提高。从 TEM 图像可以看出，对于 90 ℃热退火处理后的 DRCN7T：$PC_{71}BM$ 共混薄膜，高度结晶的纤维状的相区得到增强，并且相区尺寸与共混薄膜(100)方向的晶畴(约 15 nm，由谢乐公式计算得到)非常接近，说明由 TEM 测得的活性层中有一相是高度有序排列的 DRCN7T，这种高度结晶的纤维状的互穿网络结构的形貌有利于空穴的传输，因此太阳能器件的短路电流密度和填充因子退火处理后明显提高，器件能量转换效率从 3.46%(未经退火处理的太阳能器件)大幅提升至 9.30%。

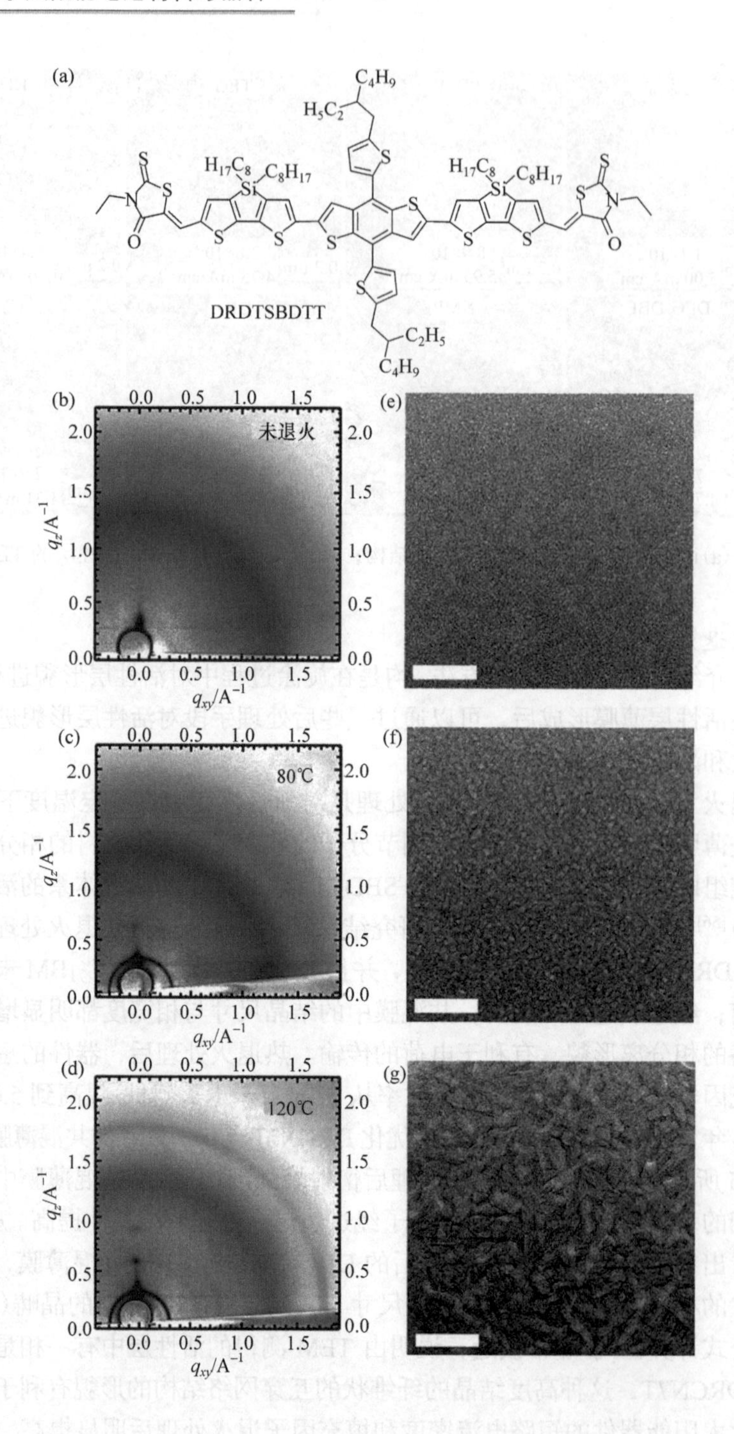
(a)
DRDTSBDTT
(b)
未退火
(c)
80℃
(d)
120℃
(e)
(f)
(g)
q_z/A^{-1}
q_{xy}/A^{-1}

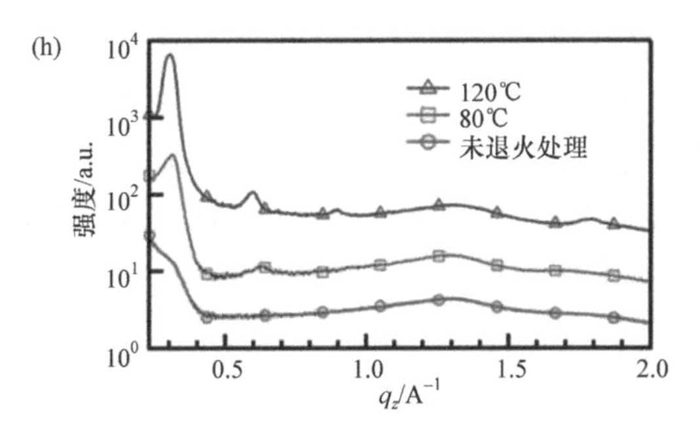

图 4.34　DRDTSBDTT 的分子结构(a)，DRDTSBDTT：PC$_{71}$BM 共混膜的 GIWAXS 谱图(b~d)、TEM 图像(e~g，标尺为 200 nm)[(b，e)未退火处理，(c，f)经 80 ℃热退火处理，(d，g)经 120 ℃热退火处理]以及 GIWAXS 谱图在垂直于平面方向的积分曲线(h)[56]

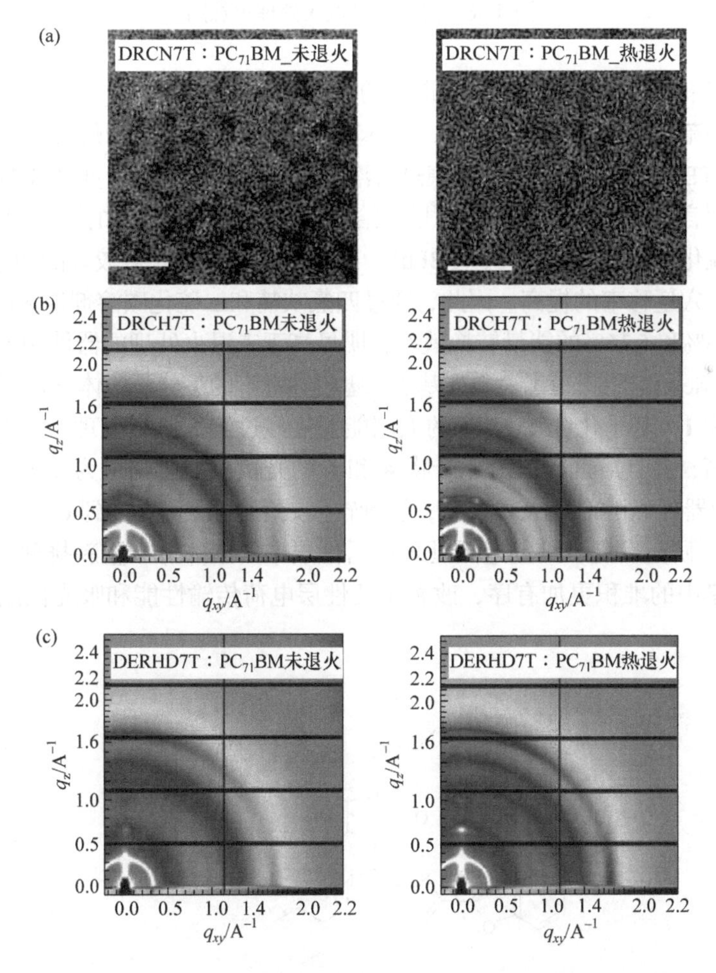

图 4.35　(a)DRCN7T：PC$_{71}$BM 共混膜的 TEM 图像(标尺为 200 nm)；(b)纯的 DRCN7T 薄膜的掠入射广角 X 射线散射图；(c)DRCN7T：PC$_{71}$BM 共混薄膜的掠入射广角 X 射线散射图[57]

4. 溶剂蒸气退火处理

如图 4.36 所示，溶剂退火是指将适量的退火溶剂置于相对密闭的容器中，使容器中含有一定量的退火溶剂蒸气，然后将旋涂好的活性层薄膜放置于溶剂蒸气氛围中，溶剂蒸气能够渗透到活性层共混膜中，使共混膜中的分子进行移动，获得一种对光伏性能较有利的形貌。

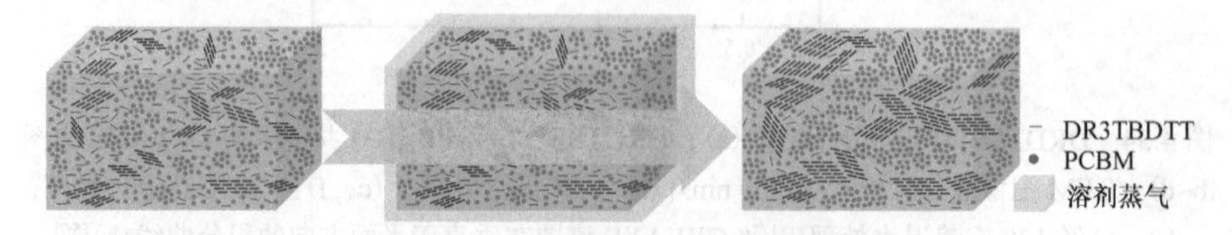

图 4.36　溶剂蒸气退火处理示意图

退火溶剂的选择对于溶剂蒸气退火的效果非常重要。K. Sun 研究组以四氢呋喃(THF)、二硫化碳(CS_2)、氯苯、邻二氯苯、氯仿、丙酮、二氯甲烷(DCM)为退火溶剂对 DPP(TBFu)$_2$：$PC_{71}BM$ 共混膜进行溶剂蒸气退火处理[58]。如图 4.37 所示，对于该体系而言，选用蒸气压较高并且对给体具有中等溶解能力的退火溶剂(如四氢呋喃和二硫化碳)，可以使 DPP(TBFu)$_2$：$PC_{71}BM$ 共混膜获得较好的相分离形貌，并且促进空穴迁移率的提高。因此，通过四氢呋喃和二硫化碳溶剂退火的器件分别获得了 5.15%和 5.16%的能量转换效率，明显高于未退火处理的器件(0.55%)。

P. Bäuerle 研究组报道了一系列基于二噻吩并吡咯的小分子给体材料(图 4.38)[59]。除了化合物 **1**，基于化合物 **2**～**6** 的太阳能器件经过溶剂退火处理后，器件效率均有明显提高，并且溶剂退火对化合物 **4** 和 **6** 的光伏性能影响最为显著。以化合物 **6** 为给体的器件经溶剂退火处理后，能量转换效率由 1.1%提高到 6.1%，填充因子高达 0.72。研究发现，溶剂退火处理使活性层中的给体分子重新排列，使给体分子在共混膜中的堆积更加有序，改善了活性层电荷传输性能和吸光性能。

DPP(TBFu)$_2$

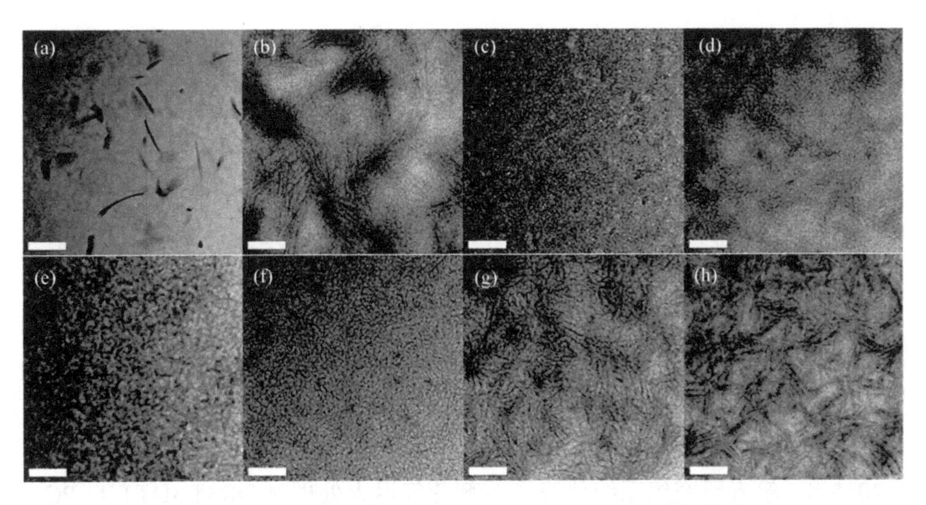

图 4.37　DPP(TBFu)$_2$的分子结构和 DPP(TBFu)$_2$：PC$_{71}$BM 共混膜的 TEM 图像[58]

(a)未进行溶剂蒸气退火；(b)氯仿溶剂蒸气退火处理；(c)丙酮溶剂蒸气退火处理；(d)二氯甲烷溶剂蒸气退火处理；(e)四氢呋喃溶剂蒸气退火处理；(f)二硫化碳溶剂蒸气退火处理；(g)氯苯溶剂蒸气退火处理；(h)邻二氯苯溶剂蒸气退火处理。标尺为 200 nm

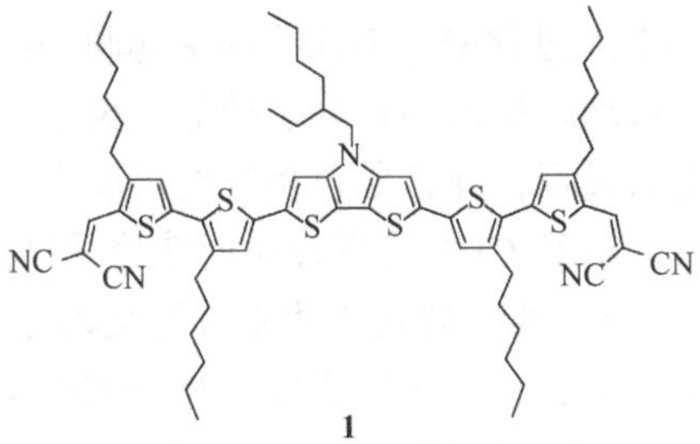

1 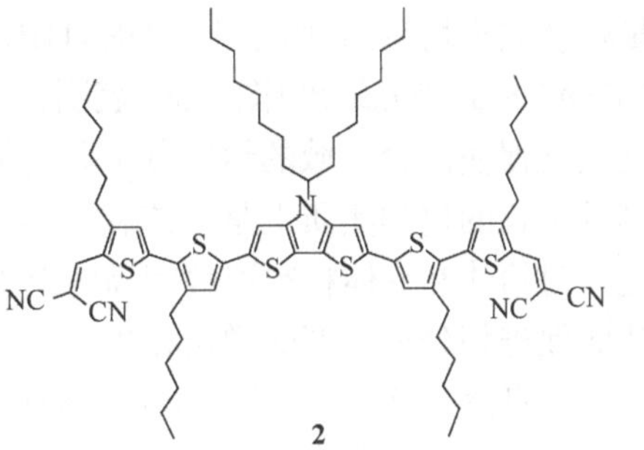　　2

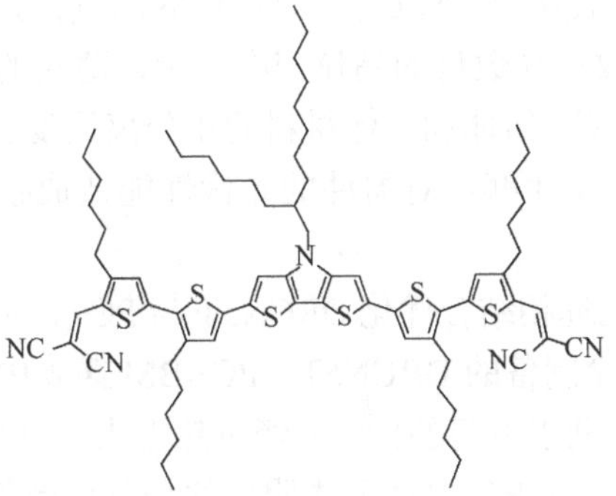

3 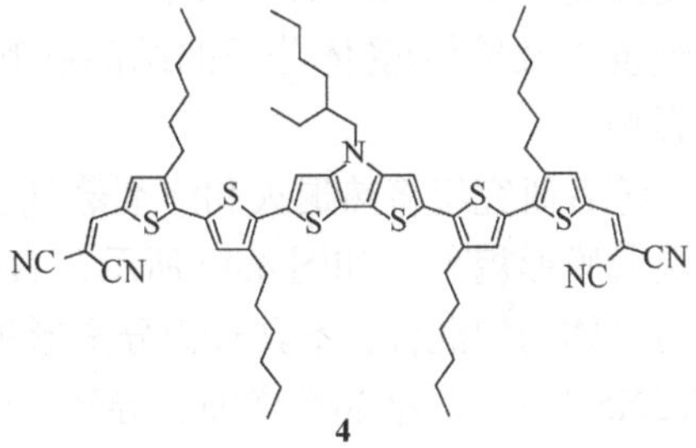　　4

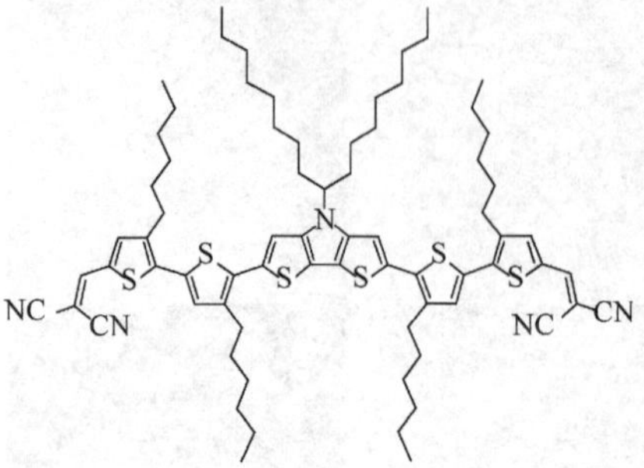

图 4.38 化合物 **1**～**6** 的分子结构[59]

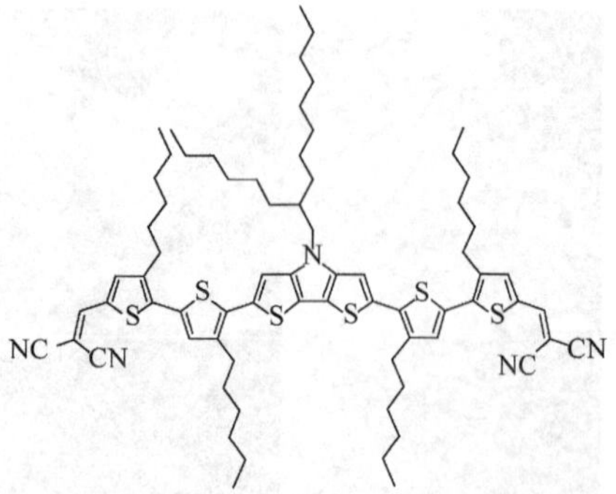

2015 年，笔者研究组系统研究了溶剂蒸气退火处理对 DR3TBDTT 与 $PC_{71}BM$ 的共混薄膜形貌及光伏性能的影响[60]。未经溶剂蒸气退火处理的太阳能器件能量转换效率为 7.98%；以给受体材料的不良溶剂四氢呋喃（THF）和二氯甲烷（CH_2Cl_2）作为退火溶剂的太阳能器件获得了～8.5%的能量转换效率；以良溶剂二硫化碳（CS_2）和氯仿（$CHCl_3$）作为退火溶剂的太阳能电池获得了较好的器件性能，器件能量转换效率均达到 9%以上。DR3TBDTT：$PC_{71}BM$ 共混薄膜的 TEM、RSoXS 和 GIWAXS 的研究结果（图 4.39）表明，在溶剂退火过程中，渗入活性层薄膜中的溶剂蒸气促使混合区域的给体分子和受体分子移动，从而导致分子结晶、聚集，结晶及生长的过程实质上是给体和受体相纯化的过程，并且导致相分离尺度发生变化。对给体和受体材料溶解度高的退火溶剂（CS_2 和 $CHCl_3$）更容易促使分子结晶，从而促进相分离尺度的增长和相纯度的改善，导致器件的光伏性能获得大幅提高。对于不良溶剂 THF，其驱动分子运动的能力较低，对分子结晶以及相分离的影响较弱，因此，器件性能的提高并不明显。不良溶剂 CH_2Cl_2 具有更低的沸点，其蒸气渗入共混薄膜内，促进成核和生长，导致更高数量的晶粒密度，所以薄膜的结晶度提高，而相分离尺度降低。研究结果表明，给体和受体材料的相分离尺度、相的纯度以及给体/受体分子的结晶度和结晶尺寸都会对器件的光伏性能造成很大的影响。

笔者研究组将热退火和溶剂蒸气退火处理相结合优化 DRCN5T 与 $PC_{71}BM$ 的共混薄膜形貌[61]。如图 4.40 所示，直接旋涂制备的 DRCN5T：$PC_{71}BM$ 薄膜中给体与受体均匀混合，不具有相分离形貌，不利于电荷的传输；经过热退火处理后，DRCN5T 分子的结晶性增强，导致 DRCN5T 和 $PC_{71}BM$ 形成明显的相分离形貌；通过进一步的溶剂蒸气退火处理后，活性层中的 DRCN5T 和 $PC_{71}BM$ 形成纤维状且连续的互穿网络形貌，有利于激子的扩散、分离及电荷的传输，最终取得了 10.08%的高效率。

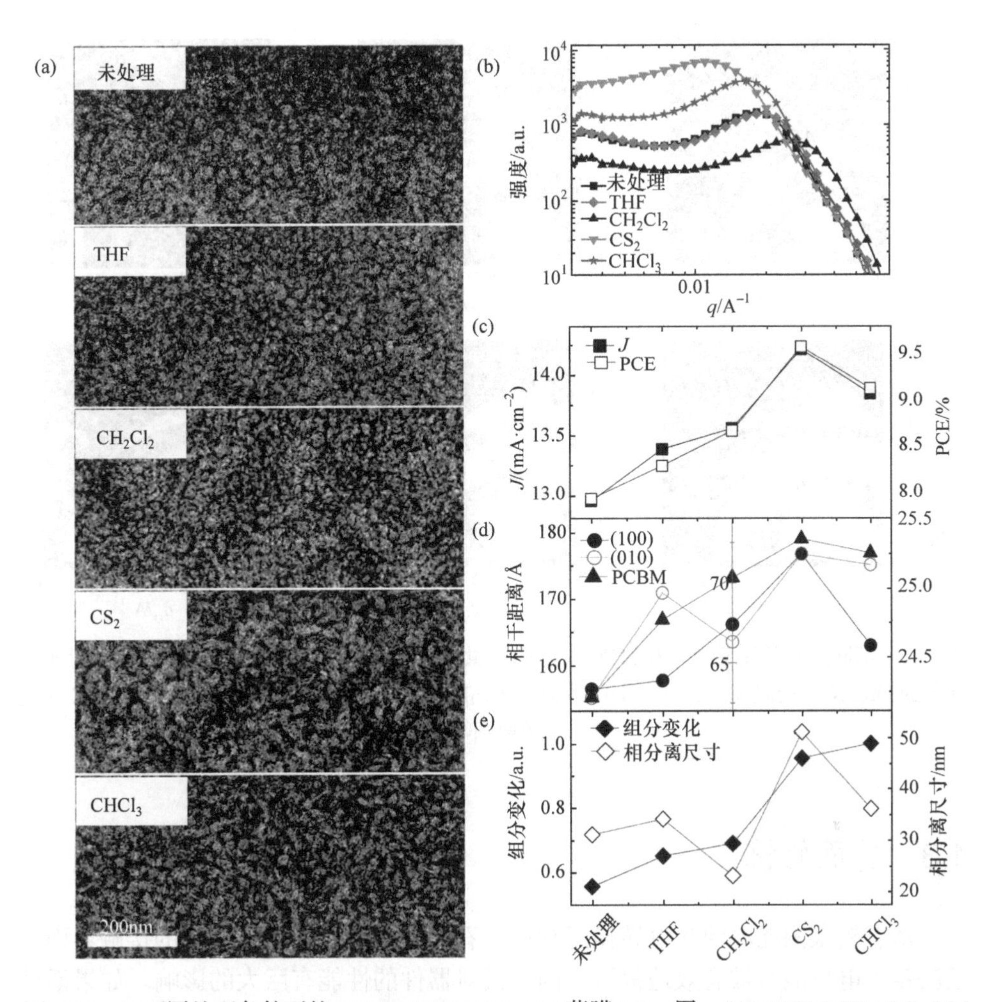

图 4.39　(a)不同处理条件下的 DR3TBDTT：$PC_{71}BM$ 薄膜 TEM 图；(b)DR3TBDTT：$PC_{71}BM$ 共混薄膜的 RSoXS 图；(c) 光伏性能参数(短路电流密度及光电转换效率)与处理条件的关系图；(d) DR3TBDTT 在(100)及(010)方向的晶畴尺寸及 $PC_{71}BM$ 晶畴尺寸与处理条件的关系图；(e) 组分变化及相分高尺度与处理条件之间的关系[60]

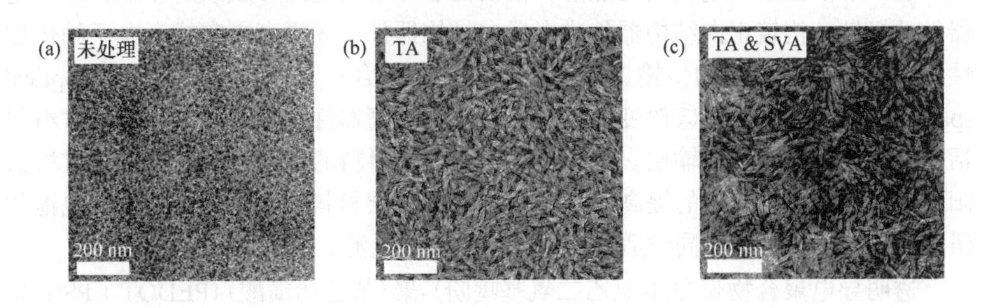

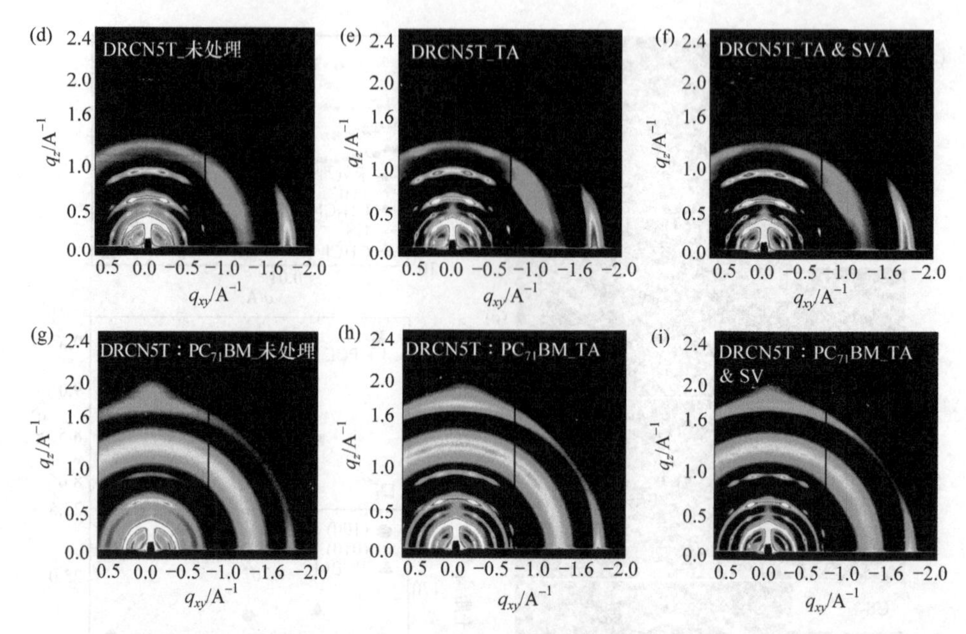

图 4.40 不同处理条件下的 DRCN5T：$PC_{71}BM$ 共混薄膜的 TEM 图像(a，b，c)及不同处理条件下的 DRCN5T 薄膜(d，e，f)、DRCN5T：$PC_{71}BM$ 共混薄膜(g，h，i)的二维掠入射 X 射线散射图[61]

4.3 界面修饰

从有机太阳能电池光电转换过程可以看出，活性层与电极之间的接触界面直接决定了电荷能否被有效地提取，因此其对器件的性能有巨大的影响。如果活性层与电极之间存在接触势垒，无法形成欧姆接触时，会导致大量电荷累积，引起双分子复合从而降低器件的性能。为了改善电极与活性层之间的接触，通常在二者之间添加一层电极修饰层(或称电荷传输层)。电荷传输层主要起到以下几个作用：①调节活性层与电极间的能垒，使活性层和电极之间形成欧姆接触；②决定器件的极性，构筑正向结构器件或者反向结构器件；③提高空穴或者电子的传输性，阻挡另一种电荷的传输，减小界面处电荷复合；④作为光学调制层(optical spacer)，增加光吸收；⑤改变活性层的形貌和提高器件的稳定性。界面层材料包括空穴传输层和电子传输层。近年来新型界面层材料的发展极大地促进了有机太阳能电池能量转换效率的提高[62]，尽管新型界面层材料针对聚合物太阳能电池的研究比较广泛，但是其同样适用于小分子太阳能电池。

透明导电聚合物聚(3,4-亚乙二氧基噻吩)-聚(苯乙烯磺酸)(PEDOT：PSS)作为阳极修饰层材料，被广泛应用于有机太阳能电池和有机发光二极管中。对于正向结构器件，使用铟锡氧化物(ITO)导电玻璃为阳极，使用 PEDOT：PSS 修饰 ITO 电极表面可以起到平滑 ITO 粗糙表面，减小漏电流，且提高和稳定电极功函数的作用，提高电荷传输和空穴的收集效率，从而提高器件的能量转换效率。但是 PEDOT：PSS 具有酸性，对 ITO 会有一定的腐蚀作用，而且易吸潮，从而会导致器件稳定性的降低，因此发展制备新的空穴传输层材料来取代 PEDOT：PSS 对制备高效率和高稳定性的太阳能器件非常重要。空穴传输层材料包括可溶液处理的无机过渡金属化合物如 MoO_3 和 V_2O_5、WO_3 和 CuSCN[63]等，有机聚电解质和石墨烯等。

笔者研究组[64]通过简单的氧化剥离碳纤维的方法制备了石墨烯量子点(GQDs)，并将其作为有机太阳能电池的空穴传输层。GQDs 具有尺寸较小且均匀、导电性较好的特征，GQDs 薄膜对 ITO 玻璃的透光性没有明显的影响，功函数为 4.9 eV。因而制备了以 GQDs 为空穴传输层的基于 DR3TBDT：$PC_{71}BM$ 的正向结构器件，器件结构是 ITO/GQDs/DR3TBDT：$PC_{71}BM$/LiF/Al，获得了 6.82%的能量转换效率，与以 PEDOT：PSS 为空穴传输层的器件的性能(6.92%)相当。此外，与以 PEDOT：PSS 为空穴传输层的器件的稳定性相比，以 GQDs 为空穴传输层的器件的稳定性有明显的改善(图 4.41)。

T. D. Anthopoulos 等[63]用 CuSCN 替代 PEDOT：PSS 作为空穴传输层制备了基于聚合物或者小分子的正向结构器件。CuSCN 具有较宽的带隙(>3.5 eV)，具有很好的空穴传输能力和电子阻挡能力，且在 400～1300 nm 波长范围内平均透光率为 89%(图 4.42)。以 CuSCN 为空穴传输层，基于 *p*-DTS$(FBTTh_2)_2$：$PC_{71}BM$ 的器件的开路电压为 0.80V，填充因子为 0.62，短路电流密度为 14.2 $mA \cdot cm^{-2}$，能量转换效率为 7.0%，与以 PEDOT：PSS 为空穴传输层的器件的性能相当[65]。

真空热蒸镀的 Ca 或 LiF 通常用来修饰正向结构器件中的阴极铝，但是这些低功函金属对空气中的水和氧气非常敏感，导致器件不稳定，且真空蒸镀工艺和大规模“卷对卷”生产不兼容。文献中报道的电子传输层材料包括无机氧化物材料、水/醇溶性的聚电解质和水/醇溶性富勒烯衍生物[66]。

(a)

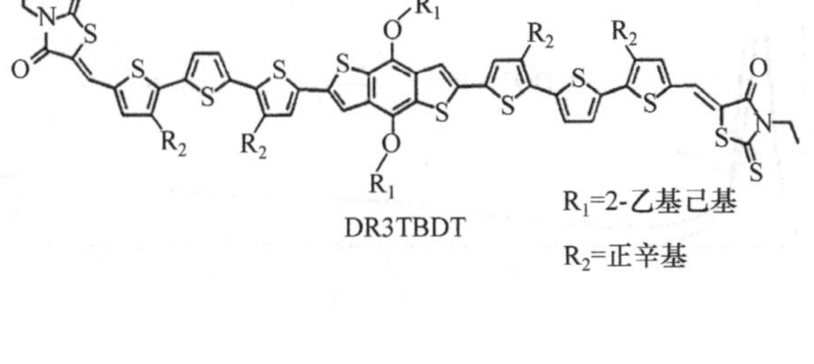

DR3TBDT

R_1=2-乙基己基

R_2=正辛基

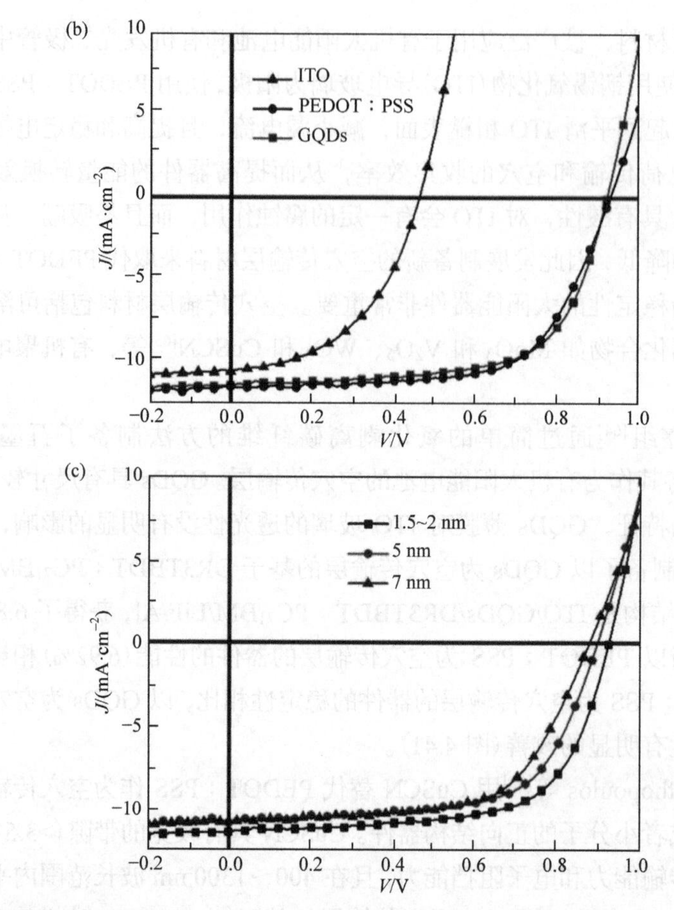

图 4.41 (a) DR3TBDT 的结构式；(b) 没有空穴传输层和分别以 PEDOT：PSS 和 GQDs 为空穴传输层时基于 DR3TBDT：$PC_{71}BM$ 的器件的 *J-V* 曲线；(c) 基于不同厚度 GQDs 器件的 *J-V* 曲线[64]

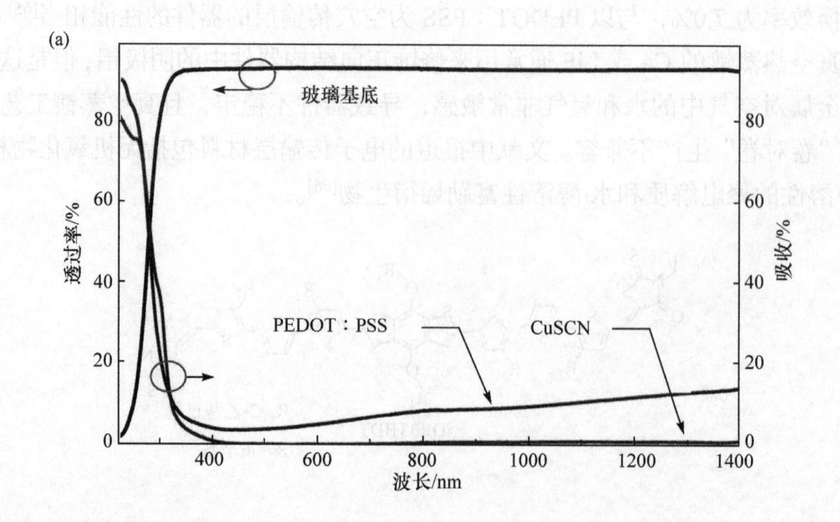

(b)

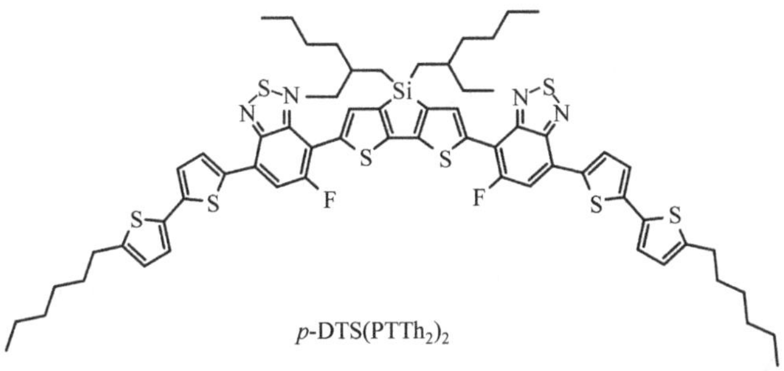

p-DTS(PTTh$_2$)$_2$

图 4.42　(a) 45 nm 厚的 PEDOT：PSS 和 CuSCN 薄膜的寄生吸收光谱；(b) *p*-DTS(FBTTh$_2$)$_2$ 的结构式

G. C. Bazan 等制备了基于 *p*-DTS(FBTTh$_2$)$_2$：PC$_{71}$BM 的正向器件，器件结构是 ITO/PEDOT：PSS/*p*-DTS(FBTTh$_2$)$_2$：PC$_{71}$BM/ETL/Al，当以 Ca 为电子传输层时[65]，能量转换效率为 7.0%。当用 ZnO[67]和 Ba[68]替代 Ca 时，太阳能器件分别获得了 8.94%和 9.02%的能量转换效率。当以 Ba 为电子传输层时，器件的串联电阻减小，并联电阻增大，并且短路时陷阱复合减弱，有利于电荷的收集。此外，Ba 的功函数较低，数值为–2.7 eV，提高了内建电场(图 4.43)，更有利于电荷的提取，因而器件获得了较高的填充因子(0.749%)，能量转换效率为 9.02%。

2014 年，笔者研究组[69]基于小分子 DR3TBDT：PC$_{71}$BM 体系系统研究了不同电子传输层(LiF、ZnO 和 PFN)对器件性能的影响。研究发现，与以 LiF 或者 ZnO 为电子传输层的器件相比，以 PFN 为电子传输层的器件可以吸收更多的光子，并且器件中存在更少的双分子复合，有利于电荷的传输和收集，因此获得了 0.70 的填充因子，器件的能量转换效率从 7.18%提高到 8.13%。此外，基于小分子 DRCN7T：PC$_{71}$BM 的器件[57]以 PFN 为电子传输层时，填充因子为 68.7%，获得了 9.30%的能量转换效率。基于小分子 DR3TSBDT：PC$_{71}$BM 的器件[70]使用富勒烯衍生物 ETL-1 作为电子传输层，获得了接近 10%的能量转换效率。

2015 年，笔者研究组[71]使用简单的方法制备了碳量子点，将其作为电子传输层应用于基于小分子 DR3TBDTT：PC$_{71}$BM 的太阳能电池中，器件结构是 ITO/PEDOT：PSS/DR3TBDTT：PC$_{71}$BM/ETLs/Al，器件的电流密度-电压(*J*-*V*)曲线如图 4.44 所示。碳量子点尺寸均一(1～2 nm)，以碳量子点为电子传输层(ETL)的器件与以 LiF 为电子传输层的器件相比，串联电阻更小，并联电阻更大，双分子复合更少，有利于电荷的传输和收集，从而填充因子从 60.8%提高到 63.7%，能量转换效率提高到 7.78%。此外，以碳量子点为电子传输层的器件在空气中放置 186 h 后，仍然保持了初始效率的 80%，表现出较好的稳定性。

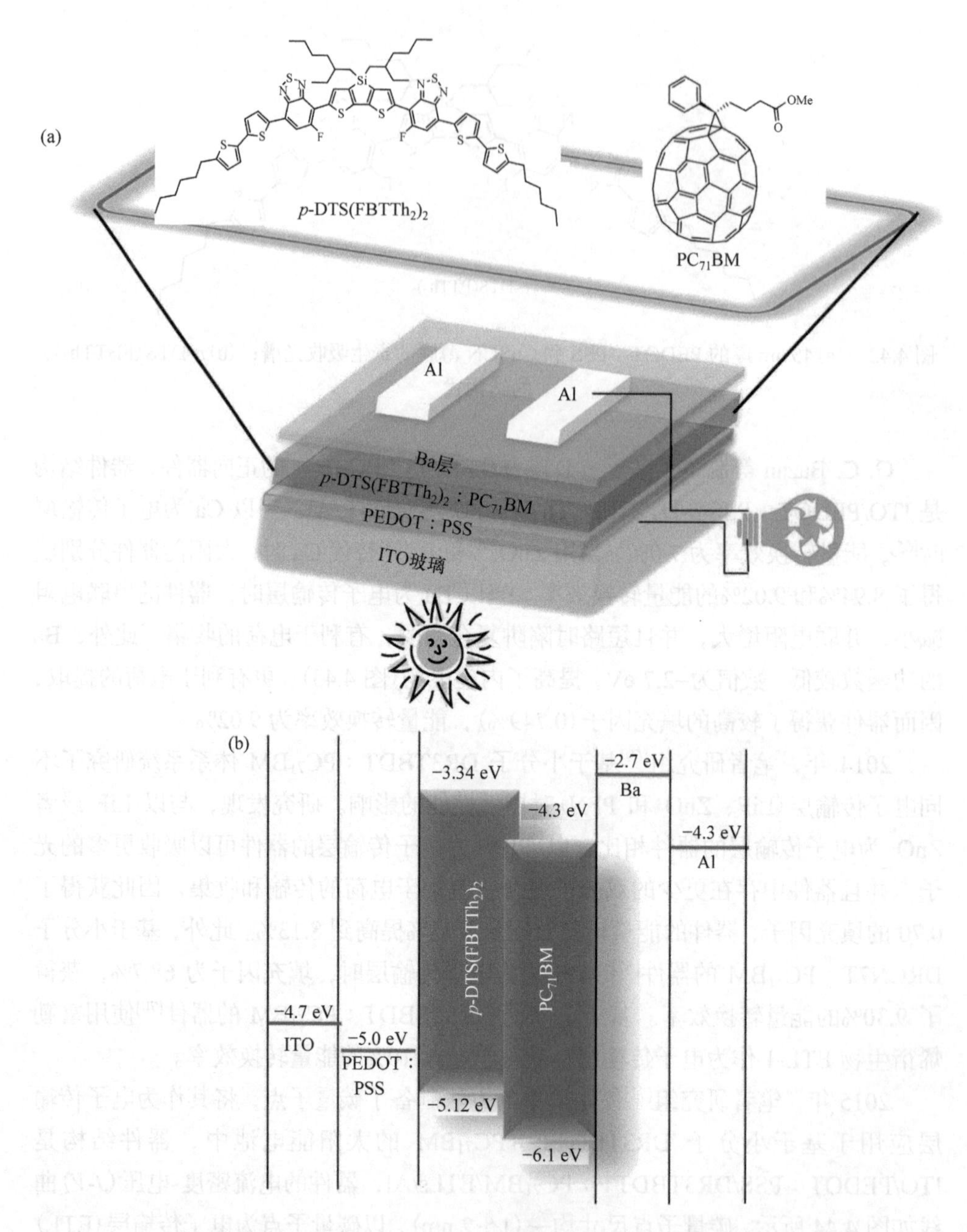

图 4.43 (a)器件结构示意图；(b)ITO/PEDOT：PSS/*p*-DTS(FBTTh2)2：PC71BM/Ba 层/Al 能级示意图

近些来，新型高效的空穴传输层和电子传输层材料的发展和研究表明，合适的界面层可以使活性层和电极之间形成欧姆接触，使器件得到最佳的光吸收效率，

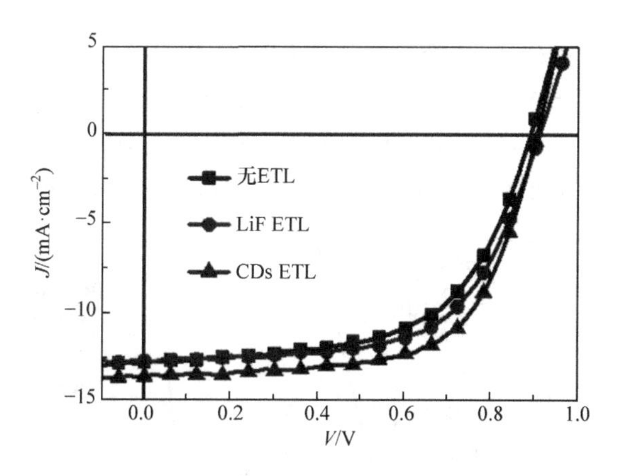

图 4.44　没有电子传输层及分别以 LiF 和 CDs 为电子传输层时器件的 *J-V* 曲线

抑制双分子复合，使开路电压、短路电流密度和填充因子都达到最大值。另外，界面层也会影响活性层的平面形貌和垂直相分布。尽管效率高且稳定性好的器件的界面层已经有了很大的进展，但是相信进一步通过精细设计制备具有合适的光、电、化学性质的界面层材料，有机太阳能电池的能量转换效率仍然可以得到很大的提高。

4.4　其他优化方法

在活性层或者界面层中，加入功能性第三组分可以改变器件内部的电学性质或者结构性质(活性层的形貌)，从而可以有效提高有机太阳能电池的性能。在电学性质方面，第三组分作为能量转移剂或者电荷传递者，提高电荷的传输性能；在结构方面，第三组分在共混膜中起到模板的作用有利于分子的自组装，改善给受体相区尺寸，使活性层达到近乎理想的形貌，从而有利于激子的解离和电荷的传输。第三组分包括小分子或者染料分子、金属纳米微粒、量子点等，近年高效非富勒烯受体材料的不断发展，为三元器件中第三组分的选择提供了更多的可能。

在基于富勒烯衍生物受体的发展阶段中，三元太阳能电池的组合形式主要分为两种，一种是采用两种能级结构不同的富勒烯衍生物共同作为受体，如 C. W. Chu 等[72]在 BDT6T：$PC_{71}BM$ 体系中添加 15%(质量分数)ICBA，形成了阶梯状的能级结构(图 4.45)，有利于电荷的转移，并且使活性层形成了更好的形貌，有利于激子的解离和电荷的传输，载流子的寿命得以延长，从而使短路电流密度从 10.70 mA · cm^{-2} 提高到 12.00 mA · cm^{-2}，能量转换效率从 5.74%提高到 6.43%。2014 年，占肖卫课题组报道在明星聚合物给体 PTB7 与 $PC_{71}BM$ 的体系中加入 15%

的 ICBA，能量转换效率由 7.35%提升至 8.24%[73]，由于 ICBA 的 LUMO 能级高于 $PC_{71}BM$，所以 ICBA 的加入使得器件开压由 0.70 上升至 0.72，而由于 ICBA 可以在 PTB7 与 $PC_{71}BM$ 之间形成能级阶梯，所以为电荷转移提供了更多路径，使得短路电流密度和填充因子亦有所提高，其能级结构如图 4.46 所示。

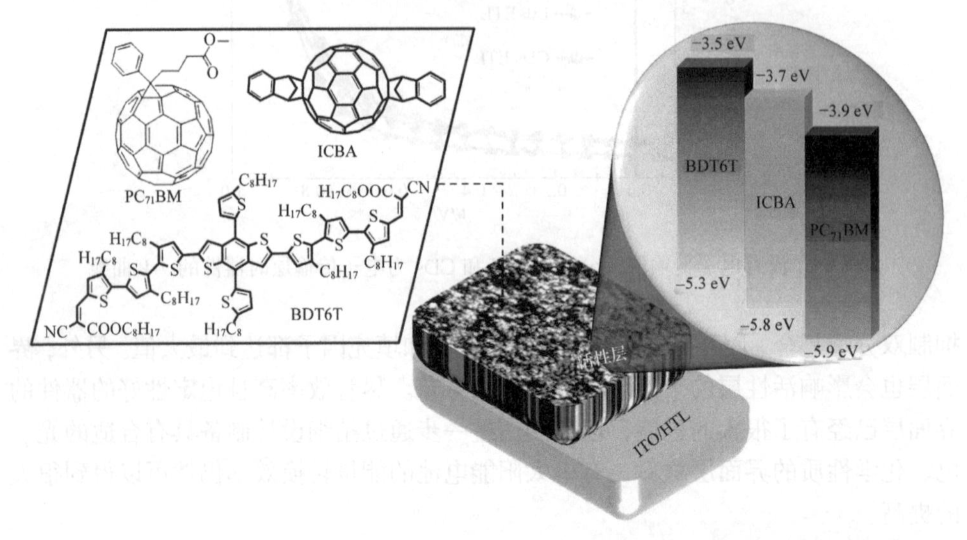

图 4.45　BDT6T、$PC_{71}BM$ 和 ICBA 的分子结构式及器件的能级结构示意图

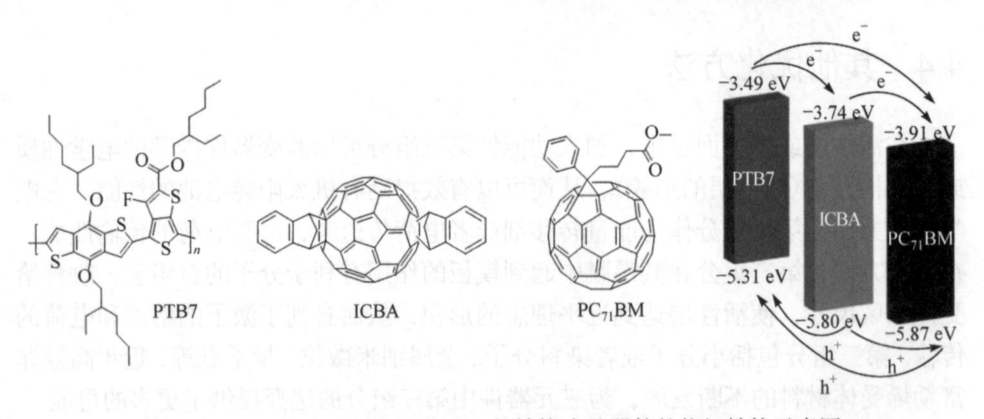

图 4.46　PTB7、ICBA 和 $PC_{71}BM$ 的结构式及器件的能级结构示意图

另一种是采用两种吸收光谱互补的给体分子共同作为给体，如 C. W. Chu 等[74]在 SMD：$PC_{61}BM$ 小分子体系中添加小分子 BDT6T，结构式如图 4.47 所示。SMD 与 BDT6T 的紫外-可见吸收光谱互补，可以使器件更充分地利用太阳光，提高短路电流密度。此外，BDT6T 提高了 SMD 的结晶性，改善了活性层的形貌，有利于电荷的传输。与双组分 BDT6T：$PC_{61}BM$ 体系相比，基于该三组分体系的器件其短路电流密度、开路电压和填充因子都有所提高，能量转换效率提高到

6.3%，比基于双组分 BDT6T：$PC_{61}BM$ 的器件的能量转换效率高 37%。魏志祥等在聚合物体系 PBDTTPD-HT：$PC_{71}BM$ 中添加结晶度高的小分子给体材料 BDT-3T-CNCOO（如图 4.48 所示），聚合物/小分子/$PC_{71}BM$ 三元共混的紫外吸收强度在短波长处高于小分子/$PC_{71}BM$ 二元共混薄膜的吸收，在长波长处高于聚合物/$PC_{71}BM$ 二元共混薄膜的吸收。此外，通过各种形貌分析发现，PBDTTPD-HT：$PC_{71}BM$ 薄膜的结晶性非常差，而且没有明显的相分离，加入小分子后形成的三元共混薄膜有了明显的相分离，并且小分子促进了三元共混体系中给体相的结晶，因此，获得了较高的填充因子，能量转换效率从 6.85%提高到了 8.40%[75]。

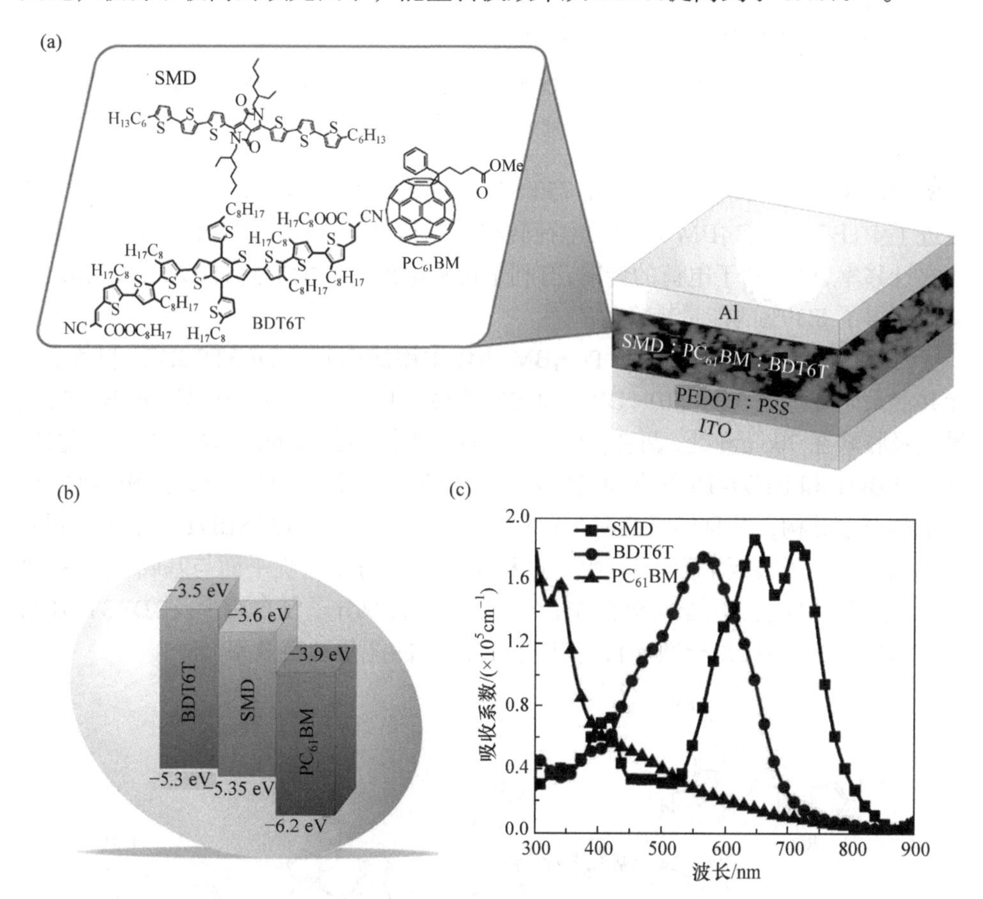

图 4.47　(a) SMD、BDT6T 和 $PC_{61}BM$ 的化学结构式；(b) 能级图；(c) SMD、BDT6T 和 $PC_{61}BM$ 薄膜的紫外-可见吸收光谱

又如，彭小彬等[76]在 PTB7：$PC_{71}BM$ 体系中添加窄带隙小分子 DPPEZnP-O（图 4.49）。DPPEZnP-O 薄膜的最大吸收峰在 810 nm 处，截止波长为 900 nm，PTB7 薄膜的最大吸收峰在 680 nm 处，与 DPPEZnP-O 的吸收光谱互补，因此

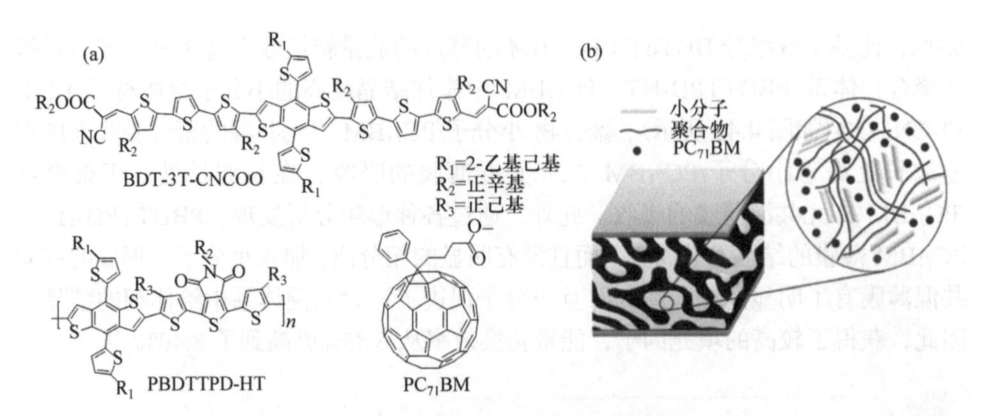

图 4.48 (a) BDT-3T-CNCOO、PBDTTPD-HT 和 $PC_{71}BM$ 的结构式；(b) 三元共混体系的活性层形貌，小分子提高了给体的结晶性

DPPEZnP-O 的加入增强了器件在 750～900 nm 范围内的吸收，此外，DPPEZnP-O 促进了 PTB7 和 $PC_{71}BM$ 之间的电荷转移，三组分体系比二组分体系具有更高的空穴迁移率，更有利于电荷的传输，有利于短路电流密度的提高 (17.22 $mA \cdot cm^{-2}$)，从而获得了 8.39%的能量转换效率。

C. Yang 等[77]在 PTB7-Th：$PC_{71}BM$ 主体中添加小分子 DR3TSBDT，制备了三元共混太阳能电池（图 4.50）。DR3TSBDT 的最大吸收峰在 586 nm 处，PTB7-Th 的最大吸收峰在 706 nm 处，两者吸收互补，有利于提高器件的短路电流密度。此外，DR3TSBDT 和 PTB7-Th 具有相当的表面能，所以二者之间具有良好的相容性，形成了类合金结构，并且能级匹配，有利于电荷的转移。DR3TSBDT 的加入，得到了 face on（分子共轭平面与基底平行）和 edge on（分子共轭平面与基底垂直）排列的三元共混活性层，结晶性增强，电荷迁移率提高，双分子复合减少。在 DR3TSBDT 的添加量为 25%（质量分数）时，获得了 12.10%的能量转换效率。

(a)

R=2-乙基己基
PTB7

$PC_{71}BM$

DPPEZnP-O

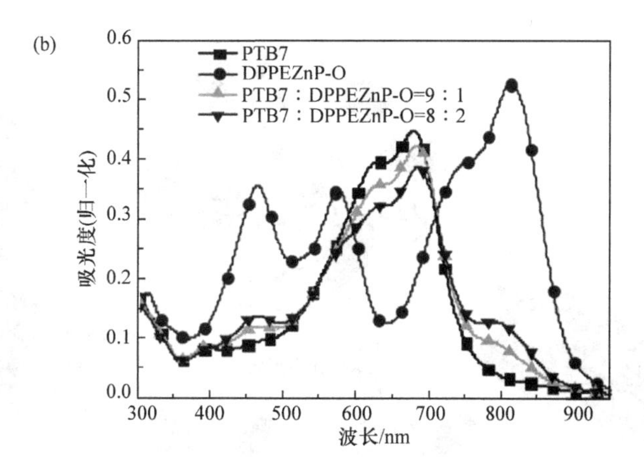

图 4.49　PTB7、DPPEZnP-O 和 $PC_{71}BM$ 的结构式(a)及归一化的紫外-可见吸收光谱(b)

在基于非富勒烯受体的发展阶段中，三元太阳能电池中的三元组分形式主要分为三种，第一种是使用两个组分共同作为给体材料。2016 年，Jenekhe 等报道了第一例此类三元器件[78]，利用两种给体 PSEHTT 和 PBDTT-EFT(PTB7-Th)和一个新的非富勒烯受体 DBFI-EDOT(如图 4.51 所示)制备活性层。相比于 PSEHTT：DBFI-EDOT 二元器件，三元组分的器件效率从 8.1%提升到 8.52%，短路电流密度由 13.82 mA cm^{-2} 提升到 15.67 mA cm^{-2}。近年来，随着非富勒烯小分子受体的快速发展，其吸收范围覆盖了紫外-可见及近红外光区，极大地拓展了三元器件材料选择的空间。

(a)

DR3TSBDT

$PC_{71}BM$

PTB7-Th

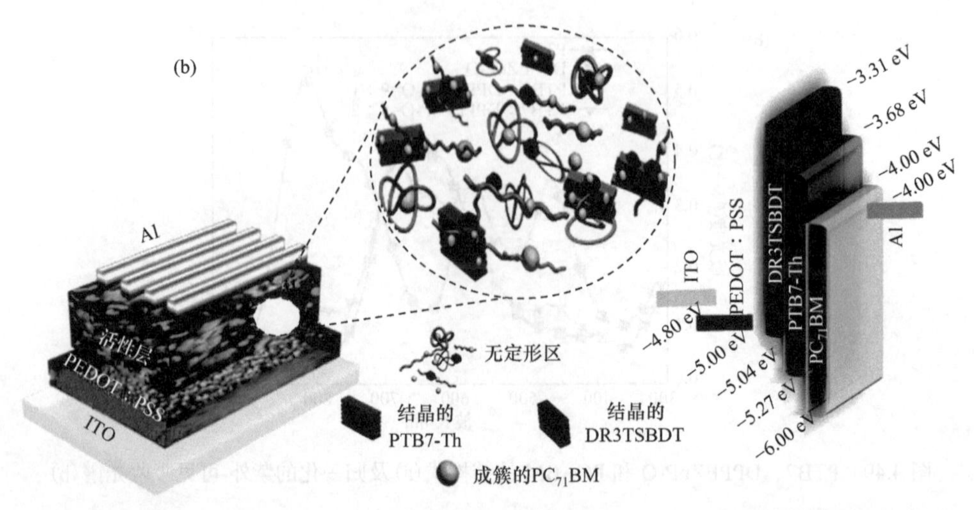

图 4.50　(a) PTB7-Th、DR3TSBDT 和 $PC_{71}BM$ 的分子结构式；(b) 三组分器件结构、活性层构成及能级结构示意图

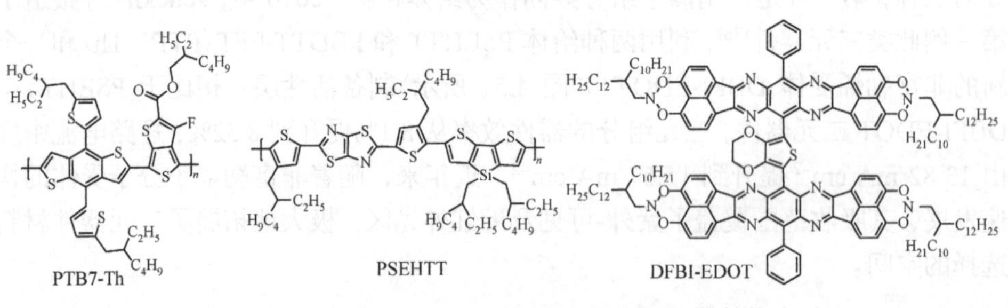

PTB7-Th　　PSEHTT　　DFBI-EDOT

图 4.51　PTB7-Th、PSEHTT 和 DFBI-EDOT 的结构式

第二种是采用两个吸收光谱互补或存在能量转移的非富勒烯受体共同作为受体材料。例如，孙艳明等[79]报道了基于一种给体和两种非富勒烯受体的三组分有机太阳能电池(结构式如图 4.52 所示)。PDBT-T1、ITIC-Th 和 Sdi-PBI-Se 吸收光谱互补，覆盖整个可见光范围，有利于器件更充分地利用太阳光。两种小分子受体作用力独特，互容性较好，破坏了彼此的结晶性，但活性层保持了两相的结构，有利于激子的解离和电荷的传输。三元共混活性层中，聚合物给体 PDBT-T1 更易形成纤维状结构，两种受体充分混合形成均一相，分别有利于空穴和电子的传输。经过优化，在 ITIC-Th 和 Sdi-PBI-Se 质量比为 1：1 时器件获得了 10.27%的能量转换效率，均高于基于两组分的器件的效率。又如，侯剑辉课题组采用宽带隙共轭聚合物 J52、中带隙非富勒烯受体 IT-M 和窄带隙非富勒烯受体 IEICO 制备了高效率三元聚合物太阳能电池(图 4.53)。这三组分在可见光区以及近红外区域具有互补的吸收光谱，促进了三元器件的光吸收，提高了其短路电流密度。此外，由于两种非富勒烯受体具有相似的中间给电子单元，其共混膜表现出了良好的相容性且存在有效的能量转

移过程(非辐射荧光共振能量转移，即Förster能量转移)。经过优化，该器件获得了11.1%的光电转换效率。该工作表明，采用两种具有相似结构、能级匹配、共混性良好的非富勒烯受体来制备三元器件是提高太阳能电池效率的有效方法[80]。

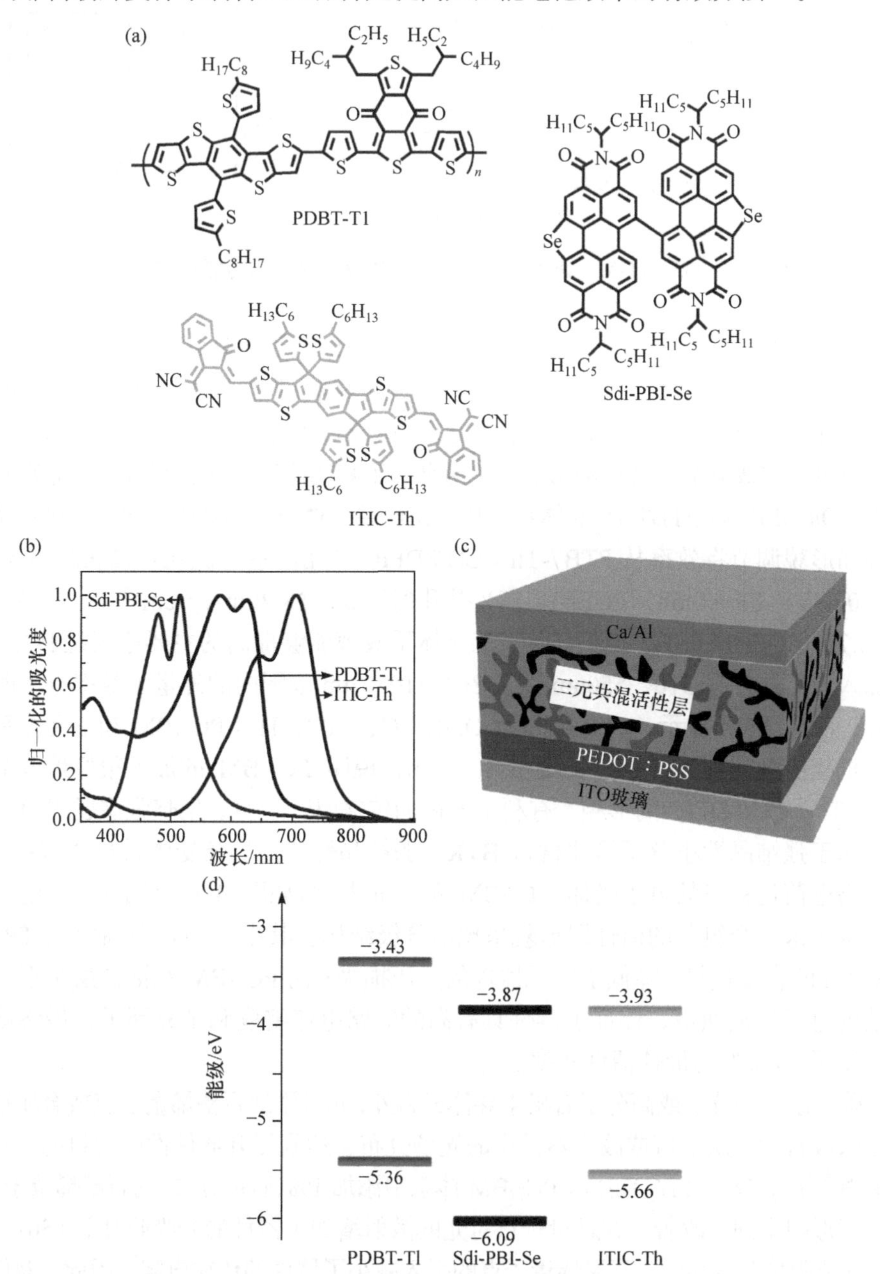

图4.52 (a)PDBT-T1、ITIC-Th和Sdi-PBI-Se的分子结构式；(b)归一化的吸收光谱；(c)器件结构示意图；(d)三组分的能级示意图

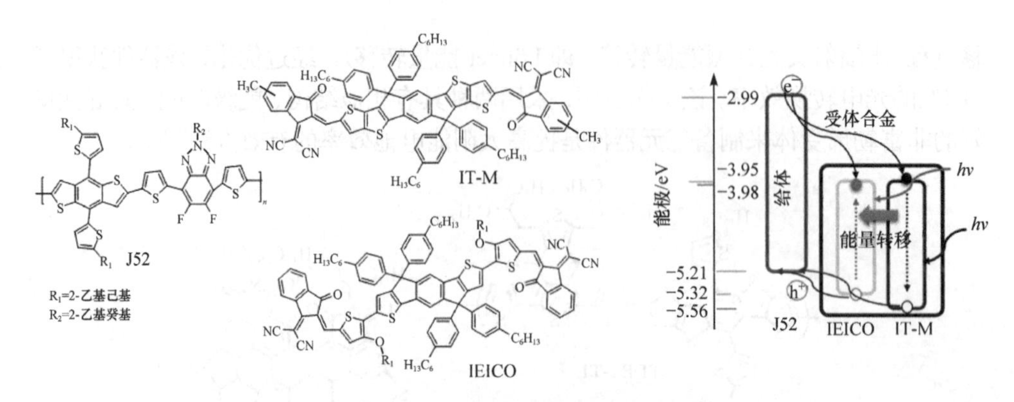

图 4.53 J52：IT-M：IEICO 三组分结构式及能级结构与能量转移关系

第三种是同时采用非富勒烯与富勒烯衍生物作为受体材料。作为第三组分的富勒烯衍生物通常可与主体给受体材料形成阶梯状的能级结构以促进电荷的传输；此外，由于两类受体与聚合物材料之间具有不同的相容性，引入富勒烯衍生物受体也可以有效调节活性层的形貌。2018 年，丁黎明课题组在新型红光区非富勒烯受体 CO*i*8DFIC 与 PTB7-Th 的体系中加入富勒烯受体 $PC_{71}BM$(图 4.54)，利用光谱互补和形貌调节将效率从 PTB7-Th：CO*i*8DFIC 二元体系的 J_{sc}=26.12 mA · cm^{-2}，V_{oc}= 0.68V，FF = 0.68，PCE=12.16%提升到了 J_{sc}=28.20mA · cm^{-2}, V_{oc} = 0.70 V，FF=0.71，PCE=14.08%。他们认为，三元体系效率能够提高的主要原因是 $PC_{71}BM$ 的加入使得器件在 310～550nm 以及 864～1050 nm 范围内的外量子效率有了明显提升，而且 AFM 显示，PTB7-Th：CO*i*8DFIC、PTB7-Th：$PC_{71}BM$ 和三元体系的均方根粗糙度分别为 5.05、0.92 及 1.06nm，说明 $PC_{71}BM$ 的加入很好地调节了 PTB7-Th：CO*i*8DFIC 的形貌，有利于电荷的传输[81]。近日，朱晓张课题组报道了一例基于强结晶性小分子给体材料 BTR、弱结晶性非富勒烯受体材料 NITI 以及具有高电荷迁移率的电子受体 $PC_{71}BM$ 的三元器件(如图 4.55 所示)[82]。他们发现，基于这三个组分的活性层形貌呈现出分级结构。其中，NITI 限制了 BTR 与 $PC_{71}BM$ 的直接接触，降低了三元器件的开压损失；而 $PC_{71}BM$ 在活性层中形成了连续的电子传输通道，保证了器件具有高的短路电流密度和填充因子，最终该体系获得了 13.63%的最佳器件效率。

除了添加小分子或高分子有机半导体材料外，亦可添加石墨烯量子点或金属纳米粒子来改善活性层形貌或改变器件中的光场分布，达到提升器件性能的目的。J. H. Park 等[83]在 *p*-DTS$(FBTTh_2)_2$：$PC_{71}BM$ 体系中添加 1%(质量分数)的石墨烯量子点，活性层形貌得到了改善，并且量子点对光的散射增加了器件的光吸收(图 4.56)。此外，交流阻抗测试表明，石墨烯量子点的引入减小了器件的传输电阻，因此，器件的短路电流密度和填充因子都有明显的提高，能量转换效率从 5.42%提高到 6.40%。

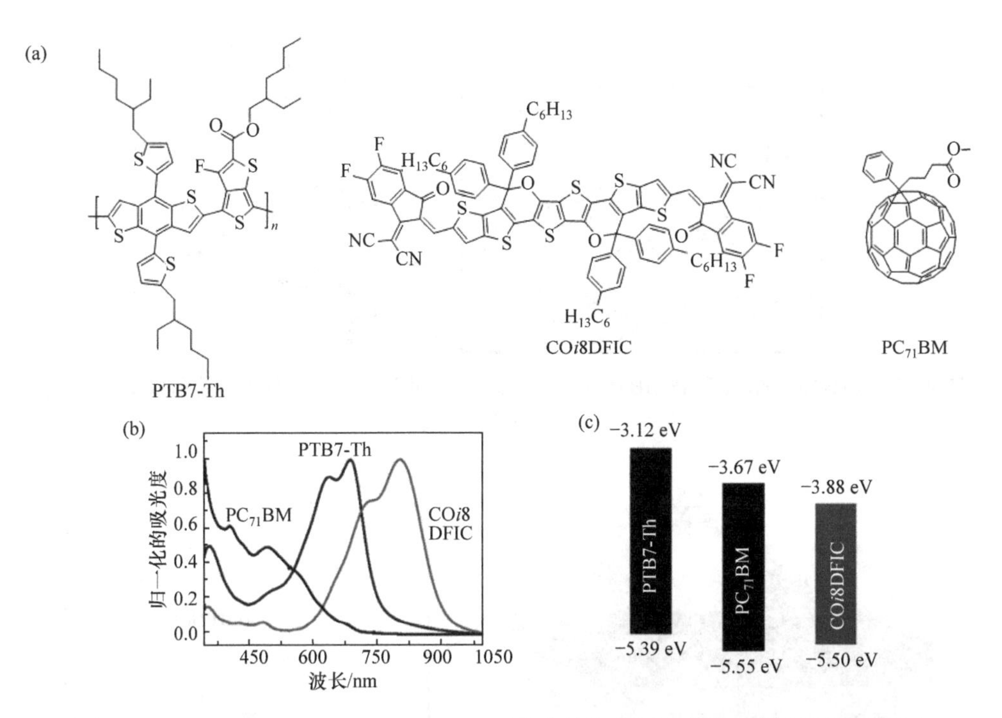

图 4.54 PTB7-Th：CO*i*8DFIC：$PC_{71}BM$ 三组分结构式(a)，吸收光谱(b)以及能级(c)

(a)

$H_{13}C_6$ EH

S

$H_{13}C_6$

S S S S N C_6H_{13}

S S S O

O S S S S

S $H_{13}C_6$ S S S C_6H_{13}

N S

$H_{13}C_6$ S HE S C_6H_{13}

C_6H_{13}

BTR

C_8H_{17}

S O

CN F

NC R R F

S O

O S CN

F R R NC

S

F

NITI R=2-乙基己基 C_8H_{17}

$PC_{71}BM$

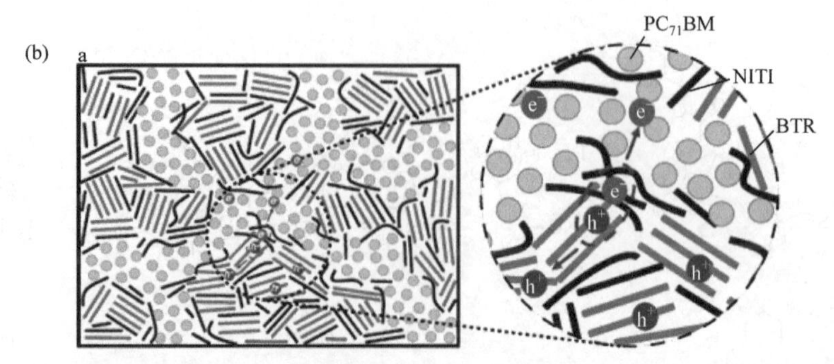

图 4.55 (a) BTR、NITI 和 $PC_{71}BM$ 的结构式；(b) 三元活性层中的分级形貌示意图以及电荷产生及传输过程

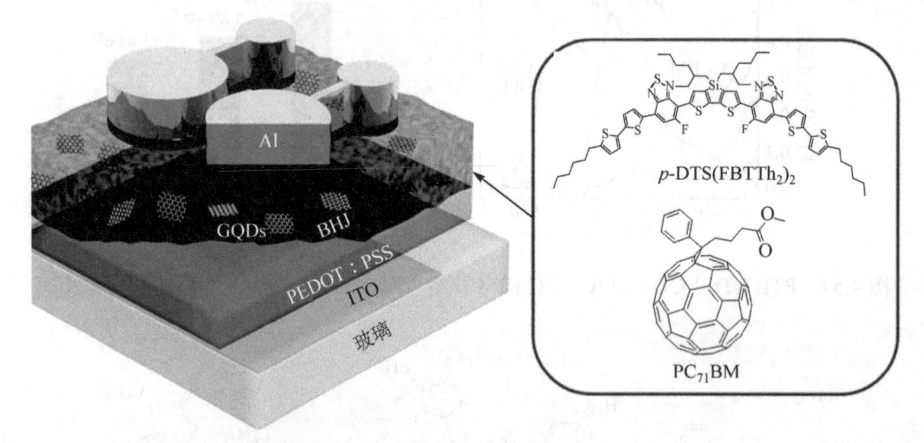

图 4.56 活性层中掺杂石墨烯量子点的器件结构示意图及 *p*-DTS $(FBTTh_2)_2$ 和 $PC_{71}BM$ 分子结构式[77]

J. Jang 等[84]在空穴传输层 PEDOT：PSS 中添加 30%(质量分数)的金纳米粒子，制备了基于小分子 DR3TBDTT：$PC_{71}BM$ 的正向结构器件(图 4.57)。金纳米粒子对光的散射增加了光程，同时金纳米粒子的等离子共振效应也增强了器件的光吸收，从而器件的短路电流密度从 13.86 mA · cm^{-2} 提高到 14.42 mA · cm^{-2}，能

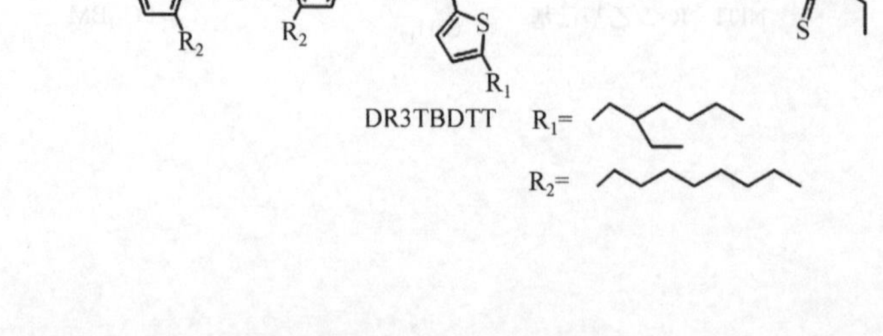

(a)

DR3TBDTT R_1= R_2=

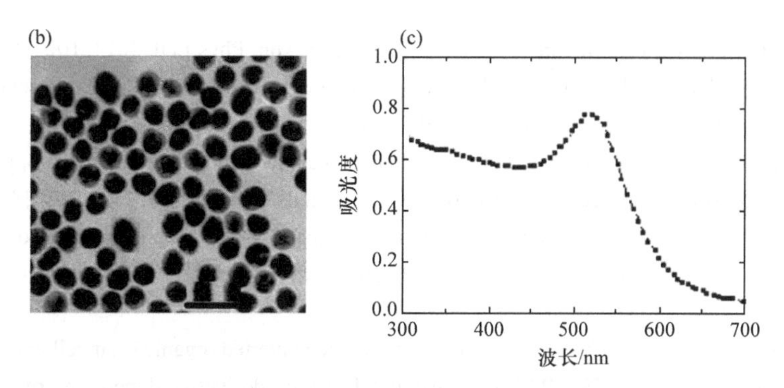

图 4.57　(a) DR3TBDTT 的结构式；(b) 金纳米粒子的 TEM 图；(c) 氯仿中金纳米粒子归一化的紫外-可见吸收光谱

量转换效率提高到 9.06%。

4.5　本章小结

材料设计合成与器件构筑优化是有机太阳能研究的两大方向。虽然材料是研究的基础，但是材料性能的评价需要通过合适的器件构筑方式及系统和复杂的优化过程来体现。过去十几年中，研究人员在器件结构、活性层形貌优化等方面做了大量的工作，使得有机太阳能电池效率不断获得突破。反过来，所得数据结果又可以进一步指导材料的优化设计。相信随着人们对器件、形貌、光电动力学过程等的进一步认识以及新材料的设计开发，可以获得更高的能量转换效率，使得有机太阳能电池更早地获得实际应用。

参 考 文 献

[1] Huang J, Carpenter J H, Li C Z, et al. Highly efficient organic solar cells with improved vertical donor-acceptor compositional gradient via an inverted off-center spinning method. Adv Mater, 2015, 28：967-974.

[2] Lin H Y, Huang W C, Chen Y C, et al. Bodipy dyes with β-conjugation and their applications for high-efficiency inverted small molecule solar cells. Chem Commun, 2012, 48：8913-8915.

[3] Min J, Zhang H, Stubhan T, et al. A combination of Al-doped ZnO and a conjugated polyelectrolyte interlayer for small molecule solution-processed solar cells with an inverted structure. J Mater Chem A, 2013, 1：11306-11311.

[4] Yamamoto T, Hatano J, Nakagawa T, et al. Small molecule solution-processed bulk heterojunction

solar cells with inverted structure using porphyrin donor. Appl Phys Lett, 2013, 102：013305.

[5] Kyaw A K K, Wang D H, Gupta V, et al. Efficient solution-processed small-molecule solar cells with inverted structure. Adv Mater, 2013, 25：2397-2402.

[6] Shin W, Yasuda T, Hidaka Y, et al. π-Extended narrow-bandgap diketopyrrolopyrrole-based oligomers for solution-processed inverted organic solar cells. Adv Energy Mater, 2014, 4：1400879.

[7] Long G K, Wu B, Yang X, et al. Enhancement of performance and mechanism studies of all-solution processed small-molecule based solar cells with an inverted structure. ACS Appl Mater Inter faces, 2015, 7：21245-21253.

[8] Liao S H, Jhuo H J, Cheng Y S, et al. A high performance inverted organic solar cell with a low band gap small molecule (*p*-DTS(FBTTH$_2$)$_2$) using a fullerene derivative-doped zinc oxide nanofilm modified with a fullerene-based self-assembled monolayer as the cathode. J Mater Chem A, 2015, 3：22599-22604.

[9] Lim F J, Krishnamoorthy A, Ho G W. All-in-one solar cell：Stable, light-soaking free, solution processed and efficient diketopyrrolopyrrole based small molecule inverted organic solar cells. Solar Energy Materials and Solar Cells, 2016, 150：19-31.

[10] Deng D, Zhang Y, Zhang J, et al. Fluorination-enabled optimal morphology leads to over 11% efficiency for inverted small-molecule organic solar cells. Nat Commun, 2016, 7：13740.

[11] Zheng Z, Zhang S, Zhang J, et al. Over 11% efficiency in tandem polymer solar cells featured by a low-band-gap polymer with fine-tuned properties. Adv Mater, 2016, 28：5133-5138.

[12] Yusoff A B, Kim D, Kim H P, et al. A high efficiency solution processed polymer inverted triple-junction solar cell exhibiting a power conversion efficiency of 11.83%. Energy Environ Sci, 2015, 8：303-316.

[13] Chen Y, Wan X, Long G. High performance photovoltaic applications using solution-processed small molecules. Acc Chem Res, 2013, 46：2645-2655.

[14] Hiramoto M, Suezaki M, Yokoyama M. Effect of thin gold interstitial-layer on the photovoltaic properties of tandem organic solar cell. Chem Lett, 1990, 19：327-330.

[15] Yakimov A, Forrest S R. High photovoltage multiple-heterojunction organic solar cells incorporating interfacial metallic nanoclusters. Appl Phys Lett, 2002, 80：1667-1669.

[16] Dennler G, Prall H J, Koeppe R, et al. Enhanced spectral coverage in tandem organic solar cells. Appl Phys Lett, 2006, 89：073502.

[17] Riede M, Uhrich C, Widmer J, et al. Efficient organic tandem solar cells based on small molecules. Adv Funct Mater, 2011, 21：3019-3028.

[18] Liu Y, Chen C C, Hong Z, et al. Solution-processed small-molecule solar cells：Breaking the 10% power conversion efficiency. Sci Rep, 2013, 3：3356.

[19] Zhang K, Gao K, Xia R, et al. High-performance polymer tandem solar cells employing a new n-type conjugated polymer as an interconnecting layer. Adv Mater, 2016, 28：4817-4823.

[20] Zhang Q, Wan X, Liu F, et al. Evaluation of small molecules as front cell donor materials for high-efficiency tandem solar cells. Adv Mater, 2016, 28：7008-7012.

[21] Li M, Gao K, Wan X, et al. Solution-processed organic tandem solar cells with power conversion efficiencies >12%. Nat Photon, 2016, 11：85-90.

[22] Liu W, Li S, Huang J, et al. Nonfullerene tandem organic solar cells with high open-circuit voltage of 1.97 V. Adv Mater, 2016, 28(44)：9729-9734.
[23] Chen S, Zhang G, Liu J, et al. An all-solution processed recombination layer with mild post-treatment enabling efficient homo-tandem non-fullerene organic solar cells. Adv Mater, 2017, 29(6)：1604231.
[24] Cui Y, Yao H, Gao B, et al. Fine-tuned photoactive and interconnection layers for achieving over 13% efficiency in a fullerene-free tandem organic solar cell. J Am Chem Soc, 2017, 139(21)：7302-7309.
[25] Cui Y, Xu B, Yang B, et al. A novel pH neutral self-doped polymer for anode interfacial layer in efficient polymer solar cells. Macromolecules, 2016, 49(21)：8126-8133.
[26] Cui Y, Yao H F, Yang C Y, et al. Organic solar cells with an efficiency approaching 15%. Acta Polym Sin, 2018, (2)：223-230.
[27] Meng L, Zhang Y, Wan X, et al. Organic and solution-processed tandem solar cells with 17.3% efficiency. Science, 2018, 361(6407)：1094-1098.
[28] Xiao Z, Jia X, Ding L. Ternary organic solar cells offer 14% power conversion efficiency. Sci Bull, 2017, 62(2095-9273)：1562.
[29] Zhang Y, Kan B, Sun Y, et al. Nonfullerene tandem organic solar cells with high performance of 14.11%. Adv Mater, 2018, 30(18)：1707508.
[30] Gomez De Arco L, Zhang Y, Schlenker C W, et al. Continuous, highly flexible, and transparent graphene films by chemical vapor deposition for organic photovoltaics. ACS Nano, 2010, 4(5)：2865-2873.
[31] Nismy N A, Adikaari A A D T, Silva S R P. Functionalized multiwall carbon nanotubes incorporated polymer/fullerene hybrid photovoltaics. Appl Phys Lett, 2010, 97(3)：033105.
[32] Tenent R C, Barnes T M, Bergeson J D, et al. Ultrasmooth, large-area, high-uniformity, conductive transparent single-walled-carbon-nanotube films for photovoltaics produced by ultrasonic spraying. Adv Mater, 2009, 21(31)：3210-3216.
[33] Wu H, Hu L, Rowell M W, et al. Electrospun metal nanofiber webs as high-performance transparent electrode. Nano Lett, 2010, 10(10)：4242-4248.
[34] Yu Z, Zhang Q, Li L, et al. Highly flexible silver nanowire electrodes for shape-memory polymer light-emitting diodes. Adv Mater, 2011, 23(5)：664-668.
[35] Gaynor W, Burkhard G F, McGehee M D, et al. Smooth nanowire/polymer composite transparent electrodes. Adv Mater, 2011, 23(26)：2905-2910.
[36] Seo J H, Um H-D, Shukla A, et al. Low-temperature solution-processed flexible organic solar cells with PFN/AgNWs cathode. Nano Energy, 2015, 16(Supplement C)：122-129.
[37] Dong X, Shi P, Sun L, et al. Flexible nonfullerene organic solar cells based on embedded silver nanowires with an efficiency up to 11.6%. J Mater Chem A, 2019, 7(5)：1989-1995.
[38] Li S, Ye L, Zhao W, et al. Energy-level modulation of small-molecule electron acceptors to achieve over 12% efficiency in polymer solar cells. Adv Mater, 2016, 28(42)：9423-9429.
[39] Zhao F, Dai S, Wu Y, et al. Single-junction binary-blend nonfullerene polymer solar cells with 12.1% efficiency. Adv Mater, 2017, 29(18)：1700144.

[40] Liu F, Zhou Z, Zhang C, et al. Efficient semitransparent solar cells with high NIR responsiveness enabled by a small-bandgap electron acceptor. Adv Mater, 2017, 29(21): 1606574.
[41] Wang W, Yan C, Lau T-K, et al. Fused hexacyclic nonfullerene acceptor with strong near-infrared absorption for semitransparent organic solar cells with 9.77% efficiency. Adv Mater, 2017, 29(31): 1701308.
[42] Cui Y, Yang C, Yao H, et al. Efficient semitransparent organic solar cells with tunable color enabled by an ultralow-bandgap nonfullerene acceptor. Adv Mater, 2017, 29(43): 1703080.
[43] Park S H, Roy A, Beaupre S, et al. Bulk heterojunction solar cells with internal quantum efficiency approaching 100%. Nat Photonics, 2009, 3: 297-302.
[44] Ruderer M A, Guo S, Meier R, et al. Solvent-induced morphology in polymer-based systems for organic photovoltaics. Adv Funct Mater, 2011, 21: 3382-3391.
[45] Liu F, Gu Y, Wang C, et al. Efficient polymer solar cells based on a low bandgap semi-crystalline dpp polymer-pcbm blends. Adv Mater, 2012, 24: 3947-3951.
[46] Peet J, Kim J Y, Coates N E, et al. Efficiency enhancement in low-bandgap polymer solar cells by processing with alkane dithiols. Nat Mater, 2007, 6: 497-500.
[47] Lee J K, Ma W L, Brabec C J, et al. Processing additives for improved efficiency from bulk heterojunction solar cells. J Am Chem Soc, 2008, 130: 3619-3623.
[48] Lou S J, Szarko J M, Xu T, et al. Effects of additives on the morphology of solution phase aggregates formed by active layer components of high-efficiency organic solar cells. J Am Chem Soc, 2011, 133: 20661-20663.
[49] Hammond M R, Kline R J, Herzing A A, et al. Molecular order in high-efficiency polymer/fullerene bulk heterojunction solar cells. ACS Nano, 2011, 5: 8248-8257.
[50] Sun Y, Welch G C, Leong W L, et al. Solution-processed small-molecule solar cells with 6.7% efficiency. Nat Mater, 2012, 11: 44-48.
[51] Takacs C J, Sun Y, Welch G C, et al. Solar cell efficiency, self-assembly, and dipole-dipole interactions of isomorphic narrow-band-gap molecules. J Am Chem Soc, 2012, 134: 16597-16606.
[52] Graham K R, Mei J, Stalder R, et al. Polydimethylsiloxane as a macromolecular additive for enhanced performance of molecular bulk heterojunction organic solar cells. ACS Appl Mate Inter faces, 2011, 3: 1210-1215.
[53] Zhou JZ, Wan X, Liu Y, et al. Small molecules based on benzo[1,2-*b*: 4,5-*b*']dithiophene unit for high-performance solution-processed organic solar cells. J Am Chem Soc, 2012, 134: 16345-16351.
[54] Zhou J, Zuo Y, Wan X, et al. Solution-processed and high-performance organic solar cells using small molecules with a benzodithiophene unit. J Am Chem Soc, 2013, 135: 8484-8487.
[55] Graham K R, Wieruszewski P M, Stalder R, et al. Improved performance of molecular bulk-heterojunction photovoltaic cells through predictable selection of solvent additives. Adv Funct Mater, 2012, 22: 4801-4813.
[56] Yi Z, Ni W, Zhang Q, et al. Effect of thermal annealing on active layer morphology and performance for small molecule bulk heterojunction organic solar cells. J Mater Chem C, 2014, 2: 7247-7255.
[57] Zhang Q, Kan B, Liu F, et al. Small-molecule solar cells with efficiency over 9%. Nat Photonics,

2015, 9：35-41.

[58] Sun K, Xiao Z, Hanssen E, et al. The role of solvent vapor annealing in highly efficient air-processed small molecule solar cells. J Mater Chem A, 2014, 2：9048-9054.

[59] Wessendorf C D, Schulz G L, Mishra A, et al. Efficiency improvement of solution-processed dithienopyrrole-based A-D-A oligothiophene bulk-heterojunction solar cells by solvent vapor annealing. Adv Energy Mater, 2014, 4：1400266.

[60] Li M, Liu F, Wan X, et al. Subtle balance between length scale of phase separation and domain purification in small-molecule bulk-heterojunction blends under solvent vapor treatment. Adv Mater, 2015, 27：6296-6302.

[61] Kan B, Li M, Zhang Q, et al. A series of simple oligomer-like small molecules based on oligothiophenes for solution-processed solar cells with high efficiency. J Am Chem Soc，2015, 137：3886-3893.

[62] Chueh C C, Li C Z, Jen A K Y. Recent progress and perspective in solution-processed interfacial materials for efficient and stable polymer and organometal perovskite solar cells. Energy Environ Sci, 2015, 8：1160-1189.

[63] Yaacobi-Gross N, Treat N D, Pattanasattayavong P, et al. High-efficiency organic photovoltaic cells based on the solution-processable hole transporting interlayer copper thiocyanate（CuSCN）as a replacement for PEDOT：PSS. Adv Energy Mater, 2015, 5：1401529.

[64] Li M, Ni W, Kan B, et al. Graphene quantum dots as the hole transport layer material for high-performance organic solar cells. Phys Chem Chem Phys, 2013, 15：18973-18978.

[65] van der Poll T S, Love J A, Nguyen T Q, et al. Non-basic high-performance molecules for solution-processed organic solar cells. Adv Mater, 2012, 24：3646-3649.

[66] Lu L Y, Zheng T Y, Wu Q H, et al. Recent advances in bulk heterojunction polymer solar cells. Chem Rev, 2015, 115：12666-12731.

[67] Kyaw A K K, Wang D H, Wynands D, et al. Improved light harvesting and improved efficiency by insertion of an optical spacer（ZnO）in solution-processed small-molecule solar cells. Nano Lett, 2013, 13：3796-3801.

[68] Gupta V, Kyaw A K K, Wang D H, et al. Barium：An efficient cathode layer for bulk-heterojunction solar cells. Sci Rep, 2013, 3：1965.

[69] Long G, Wan X, Kan B, et al. Impact of the electron-transport layer on the performance of solution-processed small-molecule organic solar cells. ChemSusChem, 2014, 7：2358-2364.

[70] Kan B, Zhang Q, Li M, et al. Solution-processed organic solar cells based on dialkylthiol-substituted benzodithiophene unit with efficiency near 10%. J Am Chem Soc, 2014, 136：15529-15532.

[71] Zhang H, Zhang Q, Li M，et al. Investigation of the enhanced performance and lifetime of organic solar cells using solution-processed carbon dots as the electron transport layers. J Mater Chem C, 2015, 3：12403-12409.

[72] Huang T Y, Patra D, Hsiao Y S, et al. Efficient ternary bulk heterojunction solar cells based on small molecules only. J Mater Chem A, 2015, 3：10512-10518.

[73] Cheng P, Yan C, Wu Y, et al. Alloy acceptor：Superior alternative to PCBM toward efficient and

stable organic solar cells. Adv Mater, 2016, 28(36): 8021-8028.

[74] Farahat M E, Patra D, Lee C H, et al. Synergistic effects of morphological control and complementary absorption in efficient all-small-molecule ternary-blend solar cells. ACS Appl Mater Inter faces, 2015, 7: 22542-22550.

[75] Zhang Y, Deng D, Lu K, et al. Synergistic effect of polymer and small molecules for high-performance ternary organic solar cells. Adv Mater, 2015, 27(6): 1071-1076.

[76] Xiao L G, Gao K, Zhang Y D, et al. A complementary absorption small molecule for efficient ternary organic solar cells. J Mater Chem A, 2016, 4: 5288-5293.

[77] Kumari T, Lee S M, Kang S H, et al. Ternary solar cells with a mixed face-on and edge-on orientation enable an unprecedented efficiency of 12.1%. Energy Environ Sci, 2017, 10: 258-265.

[78] Hwang Y-J, Li H, Courtright B A E, et al. Nonfullerene polymer solar cells with 8.5% efficiency enabled by a new highly twisted electron acceptor dimer. Adv Mater, 2016, 28(1): 124-131.

[79] Liu T,Guo Y, Yi Y, et al. Ternary organic solar cells based on two compatible nonfullerene acceptors with power conversion efficiency >10%. Adv Mater, 2016, 28: 10008-10015.

[80] Yu R, Zhang S, Yao H, et al. Two well-miscible acceptors work as one for efficient fullerene-free organic solar cells. Adv Mater, 2017, 29(26): 1700437.

[81] Xiao Z, Jia X, Ding L. Ternary organic solar cells offer 14% power conversion efficiency. Sci Bull, 2017, 62(2095-9273): 1562.

[82] Zhou Z, Xu S, Song J, et al. High-efficiency small-molecule ternary solar cells with a hierarchical morphology enabled by synergizing fullerene and non-fullerene acceptors. Nat Energy, 2018, 3(11): 952-959.

[83] Tu X, Wang F, Li C, et al. Solution-processed and low-temperature annealed CrO_x as anode buffer layer for efficient polymer solar cells. J Phys Chem C, 2014, 118: 9309-9317.

[84] B M Y A Rashid, Lee S J, Jang J, et al. High-efficiency solution-processed small-molecule solar cells featuring gold nanoparticles. J Mater Chem A, 2014, 2: 19988-19993.

第5章

有机小分子太阳能电池中电荷输运研究方法简介

影响有机共轭小分子太阳能电池性能的三大因素分别是开路电压(V_{oc})、短路电流密度(J_{sc})与填充因子(FF)[1,2]。通过活性层材料的能级匹配与光吸收的优化，V_{oc}与J_{sc}都会得到很大提升。但是，有机半导体中通常存在较大的接触势垒，造成不平衡的电荷传输，同时由于有机半导体普遍比无机材料的电荷迁移率低，其FF往往很低，从而限制了电池的性能。因而，系统化评估工作电池中的电荷输运效率和机制成为揭示由分子结构和共混体系形貌导致的电池性能差异本质原因的必要手段，并可为进一步优化设计高迁移率的有机小分子结构与高效电荷传输的器件构筑提供指导。

在有机小分子光伏器件运作过程中，主要有以下四个环节影响其光电转换效率：①有机半导体的光吸收；②激子的拆分及自由载流子的产生；③电荷输运到对电极；④电极上光电流的收集[3-5]。其中，电荷输运过程对于有机光伏器件的性能有着极其重要的影响，并且可以对未来电池材料和结构的优化提供指导。通过对有机太阳能电池内光电学性能的研究，可用宏观测量所得到的载流子迁移率值来定量地表征薄膜微观结构内电荷的输运，并且获得电子和空穴复合机制以及内部结构中的陷阱情况，最终达到电池实际工作过程中的电荷输运过程评估。但电荷输运，特别是在复杂混合体系中是非常复杂的，针对有机太阳能领域研究的需要，本书对相应常用的几种方法仅仅作一简介。更专业和详细的介绍可以参考大量相关物理或材料方面的专著或综述。

5.1 电荷输运研究手段的介绍

在有机半导体体系的电荷输运研究中，最常用的方法为空间电荷限制电流法(space-charge-limited current，SCLC)[6,7]，分别在只传输空穴或电子的不同器件中，通过外加偏压，可分别测量空穴、电子迁移率[8]。然而，为了获得空间电荷限制电流，必须满足“半导体内的本征自由载流子浓度要远低于在电极中注入的载流子浓度”这一条件[9]。因此，要求被测材料的本征自由载流子浓度必须小于～10^{14} cm^{-3}[10]。然而，有机半导体的本征载流子浓度通常为 10^{15}～10^{17} cm^{-3}，收集到的电流为蒲尔-弗朗克型电流(Poole-Frenkel current)，而不是空间电荷限制电流[11,12]。

对有机共轭分子体系而言，较为可靠的电荷输运研究方法主要分为以下两大类[13]：①线性增压载流子瞬态法(carrier extraction by linearly increasing voltage，CELIV)和时间飞行法(time-of-flight，TOF)[14,15]，两者都是从器件本身角度出发，研究垂直方向的平面外结构的载流子迁移机制；②有机场效应晶体管法(organic field-effect transistor，OFET)，从有效层材料角度出发，可辅助研究水平方向的平面内结构的载流子迁移机制[8]。这两类方法的适用范围和区别如表 5.1 所示。

表 5.1 不同输运测量方法对比表[8,13-15]

方法	器件结构	传输方向	测试条件	载流子种类	研究内容
线性增压载流子瞬态法（CELIV）	工作电池	平面外	暗态 光照	无法分辨	复合机制
时间飞行法（TOF）	厚的有效层	平面外	光照	电子 空穴	陷阱态
有机场效应晶体管法（OFET）	有机场效应晶体管	平面内	暗态 光照	电子 空穴	光敏感性

将 CELIV、TOF、OFET 这三种方法相互结合就可以综合地研究电子和空穴的拆分重组机制以及其中的缺陷陷阱信息[2]。因为对于太阳能电池而言，电子和空穴的拆分和重组是从太阳能转换为电能最重要的第一步，所以如果可以了解其电子和空穴的迁移机制，就可以宏观调控器件的性能，从而为得到高效率并稳定的有机太阳能电池做好充足的准备。CELIV 和 TOF 法所用的基本实验装置如图 5.1 所示，一般将有机小分子器件置于可电子控温的设备中，采用 532 nm 的脉冲激光作为光源，用信号发生器来产生外加电压，同时用示波器采集随时间变化的电流密度信号。下面分别介绍这三种电荷输运测量手段的基本工作原理。

5.1.1 线性增压载流子瞬态法

CELIV[8,13-15]是研究半导体电荷迁移率和复合过程的有效手段。经典的 CELIV 法使用线性三角波偏压在暗态情况下将有机半导体内部的电荷加速拉出。但是由于在暗态情况下，有机半导体的载流子密度较低，因此通常难以得到有价值的测量结果。为了克服这一缺点，由经典的 CELIV 发展出了光态-CELIV(photo-

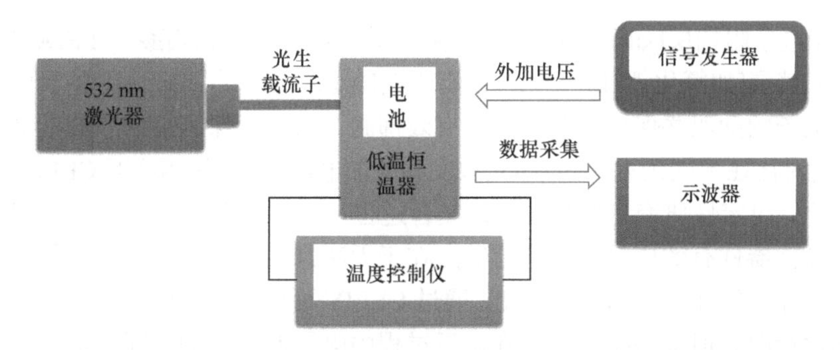

图 5.1　用 CELIV 和 TOF 测量依赖温度、电场电荷传输的装置示意图

CELIV）技术。如图 5.2（a）所示，在使用 photo-CELIV 法测量正向结构器件时，首先从器件的正极导电玻璃（铟锡氧化物，ITO）一侧打入激光，在单质给体层或给受体异质结的有效层体内生成激子并拆分成自由载流子（电子和空穴），然后用反向线性偏压将电子和空穴分别从负极铝 Al 和正极 ITO 两端拉出。用 photo-CELIV 法计算电荷迁移率的公式为式（5.1）。

$$\mu = \frac{2d^2}{3\frac{\Delta U}{\Delta t} \cdot t_{max}^2} \tag{5.1}$$

式中，μ是电荷迁移率；d 是有效层厚度；$\Delta U/\Delta t$ 是外加三角波的电压随时间变化的斜率；t_{max} 是当电流密度达到最大值时的时间。

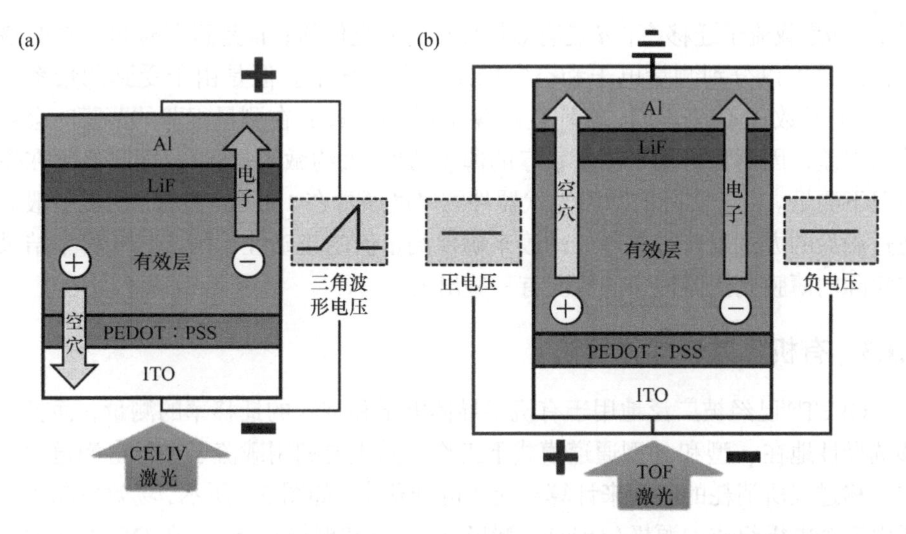

图 5.2　photo-CELIV（a）和 TOF（b）的电荷输运测量原理示意图

施加激光的目的是形成更多的电子-空穴对，因而更容易得到有价值的测量结

果。采用电子阻挡层[如聚(3,4-亚乙二氧基噻吩)-聚(苯乙烯磺酸)，PEDOT：PSS]和空穴阻挡层[如氟化锂(LiF)、4,7-二苯基-1,10-邻二氮杂菲(Bphen)]的目的是帮助空穴和电子的抽取并保证电荷注入的有效抑制，从而确保测量信号的准确性。此外，通过对比在不同延迟时间(即光激发和施加电压的时间间隔)下 CELIV 特征曲线的变化，可定性研究有机半导体的复合过程。CELIV 最大的优势是可以直接测量有机光伏器件有效层的迁移率。缺点在于无法判断载流子的种类，得到的是电子和空穴综合的迁移率结果。因此，通过 CELIV 可以大致了解电池在工作期间的电荷输运情况，但如果要区分是在输运过程中电子或空穴的不同迁移作用，则需要使用 TOF 法。

5.1.2 时间飞行法

TOF[8,13-15]是研究半导体中电子空穴迁移率以及陷阱态的有效手段。如图 5.2(b)所示，其工作原理是首先在器件的 ITO 透明电极一侧入射激光，假设有机半导体层足够厚，会在靠近 ITO 的有效层处产生激子，进而激子拆分成自由的电子和空穴，接下来通过施加正、负偏压分别抽取空穴、电子，即通过测量其中一种载流子在器件体内迁移的时间来计算载流子迁移率。用 TOF 法计算载流子迁移率的公式为式(5.2)。

$$\mu = \frac{d^2}{V \cdot t_{tr}} \tag{5.2}$$

式中，μ是载流子迁移率；d 是有效层厚度；V 是偏压；t_{tr} 是瞬态时间。TOF 最大的优点是可以分别测量电子和空穴的载流子迁移率。但是由于受到测量系统的 RC-时间常数(R 代表电阻，C 代表电容)的限制，TOF 在测量很薄的薄膜时会存在较大误差，因而只可用于测量较厚的薄膜器件(大约微米量级)，而且必须在亮态情况下测量。由于实际的薄膜光伏器件的厚度通常在 100 nm 左右，所以一般需要通过滴涂的方式以获得较厚的薄膜来确保测量值的正确性，因此其迁移率结果会与实际的薄膜光伏器件中的情况有一些出入。

5.1.3 有机场效应晶体管法

OFET[8]已经被广泛地用于有机半导体电子和空穴的迁移率的测量，而且它能够选择性地在 p-型和 n-型通道模式下工作。其主要利用载流子在导电沟道中的横向迁移过程所消耗的时间来计算载流子的迁移率。如图 5.3 所示，场效应晶体管主要由三个电极组成：源极(drain)、漏极(source)和栅极(gate)。在 OFET 法中可以通过外加不同的电压改变材料内部电场和导电沟道，就可以通过公式从电流的角度计算出横向载流子的迁移率。

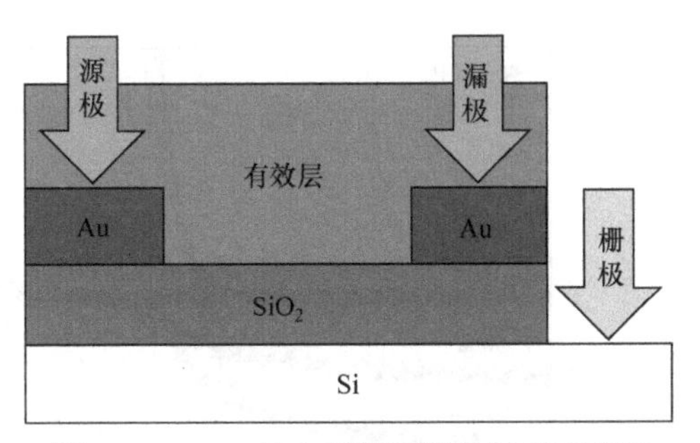

图 5.3　OFET 的电荷输运测量原理示意图

因而，通过结合 CELIV、TOF 以及 OFET 这三种载流子迁移率测量方法，可以综合地研究在有机半导体中的电荷输运情况。在测量不同分子方向的电子空穴迁移率的同时，研究太阳能电池实际工作过程中的复合以及陷阱态，从而为得到高效稳定的有机太阳能电池提供理论基础和评估体系。

5.2　经典有机小分子太阳能电池中的电荷输运研究

2014 年，F. Nüesch 小组使用 photo-CELIV 法率先研究给体的不同溶剂[四氟丙醇（TFP）和氯苯（CB）]对以有机小分子三甲川菁染料（Cy3-P）为给体、足球烯（C_{60}）为受体的双层异质结基有机小分子太阳能电池的电荷陷阱态的影响[16]。如图 5.4（a）所示，电池结构为 ITO/MoO_3（10 nm）/Cy3-P（20 nm）/C_{60}（40 nm）/Alq3（2 nm）/Ag。如图 5.4（b）所示，相比于 CB 溶剂，基于 TFP 溶剂制备的电池性能明显降低，其填充因子和光电转换效率分别降低了 36%和 21%。为了解释溶剂对光伏性能造成的巨大差异，他们系统研究了溶剂种类、给体和受体厚度以及延迟时间对电池的影响的 photo-CELIV 结果。

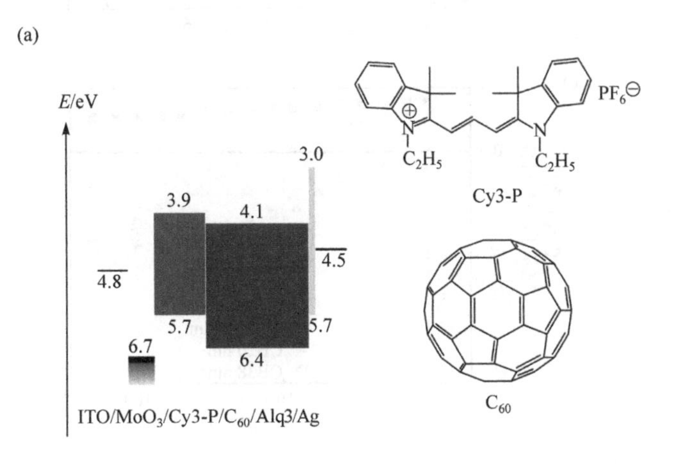

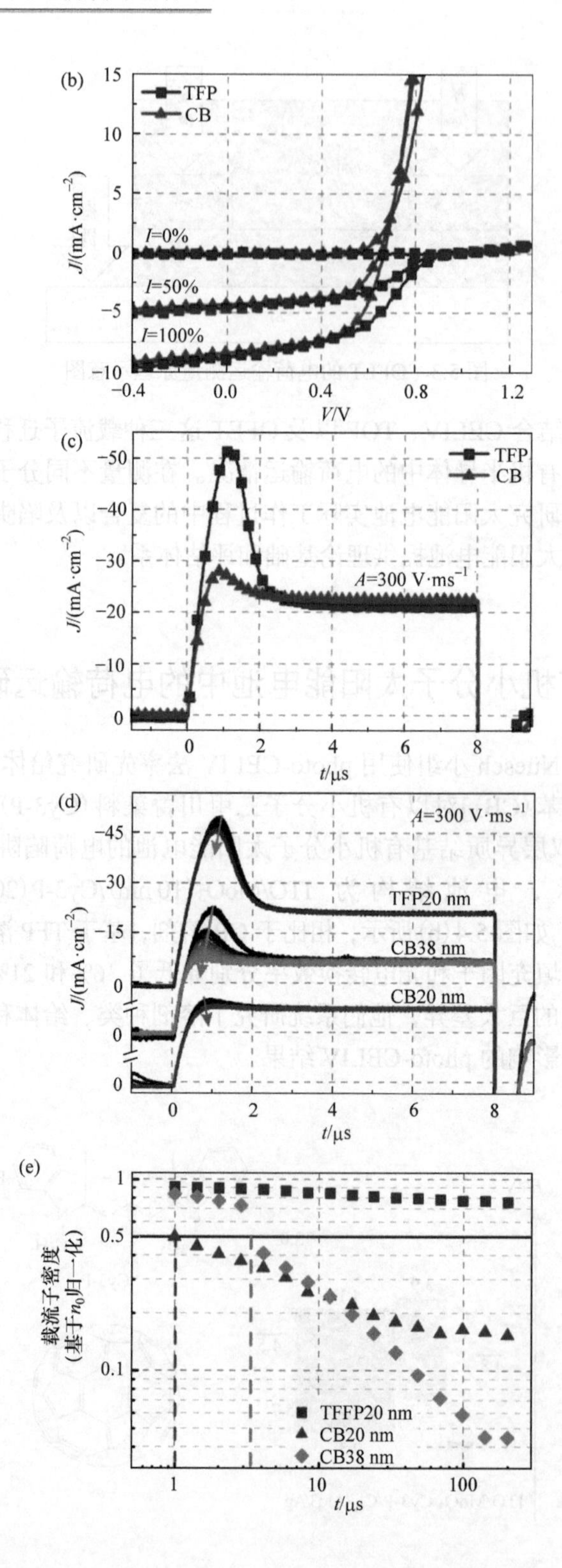
(b)
TFP
CB
I=0%
I=50%
I=100%
J/(mA·cm⁻²)
V/V
(c)
TFP
CB
A=300 V·ms⁻¹
J/(mA·cm⁻²)
t/μs
(d)
A=300 V·ms⁻¹
TFP20 nm
CB38 nm
CB20 nm
J/(mA·cm⁻²)
t/μs
(e)
载流子密度
(基于n0归一化)
TFFP20 nm
CB20 nm
CB38 nm
t/μs

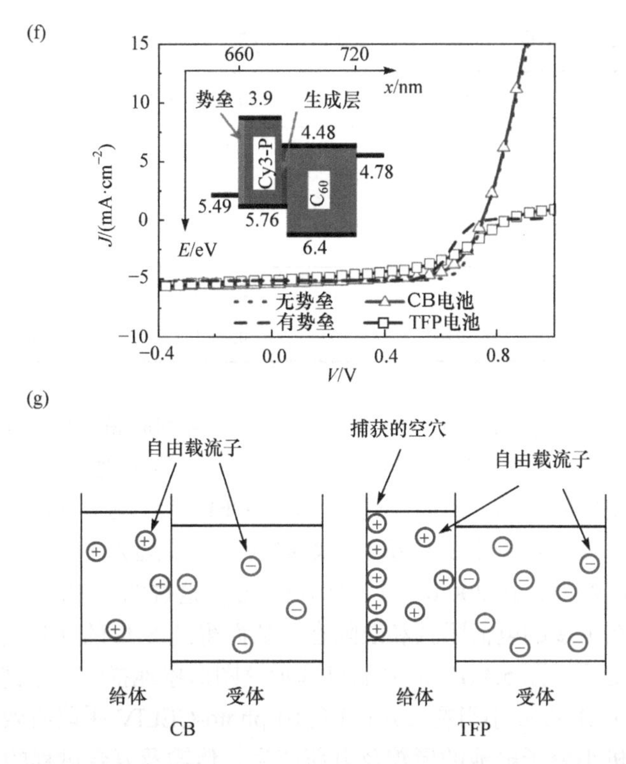

图 5.4　(a) 正向结构器件 ITO/MoO_3/Cy3-P/C_{60}/Alq3/Ag 的能级结构及有效层材料的分子结构示意图。在不同光强 (*I*) 的蓝色 LED 照射下，分别以 TFP、CB 作为 Cy3-P 的溶剂制备的结构为 Cy3-P (20 nm)/C_{60} (40 nm) 的电池的 *J-V* 特性曲线 (b) 和采用 photo-CELIV 法得到的 *J-t* 曲线 (其中 $A=\Delta N/\Delta t$) (c)；Cy3-P 厚度不同、C_{60} 厚度相同 (40 nm) 的电池由 photo-CELIV 法测得的 *J-t* 曲线 (d) 及载流子密度-延迟时间曲线 (e)；假设在 MoO_3/Cy3-P 界面上存在和不存在电荷势垒的情况下模拟得到的 *J-V* 曲线 (f) 及相应器件中的空穴、电子密度示意图 (g) [16]

由于 CELIV 法无法判断载流子的种类，因此为了判断计算得到的载流子迁移率是给体 Cy3-P (介电常数为 4.5) 还是受体 C_{60} (介电常数为 4.1) 的贡献，他们首先研究了不同厚度 C_{60} 对电荷迁移率的影响。结果如表 5.2 所示，随着 C_{60} 厚度的增加，在假设是给体的贡献时，Cy3-P 的迁移率几乎保持不变；而在假设是受体的贡献时，C_{60} 迁移率发生了显著变化 (10 倍左右)，这不仅有悖于理论常识，而且远低于文献报道的 C_{60} 的迁移率值 (FET 法测得 $1\ cm^2 \cdot V^{-1} \cdot S^{-1}$，SCLC 法测得 $5\times10^{-2}\ cm^2 \cdot V^{-1} \cdot S^{-1}$)。因此，用 photo-CELIV 法测量得到的迁移率是 Cy3-P 的空穴迁移率。

表 5.2 在不同 C_{60} 厚度下计算获得的 Cy3-P 及 C_{60} 的 CELIV 迁移率

	C_{60} 厚度/nm	$\mu_{Cy3\text{-}P}/(\times10^{-5}\ cm^2\cdot V^{-1}\cdot S^{-1})$	$\mu_{C_{60}}/(\times10^{-5}\ cm^2\cdot V^{-1}\cdot S^{-1})$
Cy3-P(TFP)	40	1.3 ± 0.2	2.4 ± 0.5
	60	3.3 ± 0.9	9.0 ± 2.5
	270	3.5 ± 0.4	43 ± 5
Cy3-P(CB)	40	2.9 ± 0.3	5.2 ± 0.6
	216	4.4 ± 1.4	43 ± 14

如图 5.4(c)、(d)所示，分别使用 TFP 和 CB 溶剂制备电池的 Cy3P 迁移率保持在 $4\times10^{-5}\ cm^2\cdot V^{-1}\cdot S^{-1}$，这说明溶剂的种类并非导致电池性能差异的主要原因，而可能是界面差异的原因。然而，通过 photo-CELIV 法测量载流子浓度随不同延迟时间的变化，发现基于 TFP 体系的抽取电荷密度要远大于 CB 体系[图 5.4(c)]，而且其有效电荷寿命长达 200 μs[图 5.4(d)和(e)]，这说明与 CB 体系相比，TFP 体系的界面处存在更多的电荷阻挡和缺陷态，从而得到 S 形的 *J-V* 曲线，使电池的光电转换性能变差。图 5.4(f)和(g)的机理示意图形象地描绘了上述结论。

随后，C. J. Brabec 小组在 2015 年使用 photo-CELIV 手段有效研究了烷基末端链长度对有机小分子电池的形貌及电荷产生、传输及复合过程的影响[17]。研究对象分别为在二氰基乙烯基(DCV)的末端具有长烷基链的 $DTS(Oct)_2$-$(2T\text{-}DCV\text{-}Hex)_2$ 和短烷基链的 $DTS(Oct)_2$-$(2T\text{-}DCV\text{-}Me)_2$。烷基末端链由于能同时影响分子内、分子间的相互作用以及分子的溶解性，因此会导致不同的固态薄膜性能。如图 5.5 所示，短侧链的 $DTS(Oct)_2$-$(2T\text{-}DCV\text{-}Me)_2$ 的溶液溶解度只有 $5\ mg\cdot mL^{-1}$，但是能够形成光滑、适当的相分离以及有利于激子拆分和电荷传输的互穿网络结构，因此，其电池同时具有高的短路电流密度及填充因子，能量转换效率达到 5.30%；而长侧链的 $DTS(Oct)_2$-$(2T\text{-}DCV\text{-}Hex)_2$ 虽然具有更高的溶解度($24\ mg\cdot mL^{-1}$)，但是原子力显微镜和掠入射 X 射线散射的结果都表明，其表面更粗糙且具有严重的相分离形貌，因此光电性能较差，能量转换效率只有 1.25%。

如图 5.5(b)和(c)所示，长侧链的 $DTS(Oct)_2$-$(2T\text{-}DCV\text{-}Hex)_2$ 体系中非成对复合(nongeminate recombination)占主导，导致其电荷传输过程受到空间电荷效应及大量陷阱态的阻碍。然而，短侧链的 $DTS(Oct)_2$-$(2T\text{-}DCV\text{-}Me)_2$ 体系不存在任何双分子复合、空间电荷效应及迁移率的限制，因而具有高效的电荷传输性能。上述结果表明，烷基末端链长度的调控对于改善活性层形貌具有重要的作用，因此通过合适长度的烷基末端链的选择来提升器件性能，对新型有机光伏器件的制备提供了一条新思路。

另外，2014 年，清华大学邱勇课题组利用 TOF 法成功研究了经典有机小分子体系中陷阱态对电荷输运过程的影响[18]。为了系统研究不同程度缺陷态对空穴传输材料的影响，选取了如图 5.6(a)所示的七种具有不同能级、不同空穴迁移率的经典有机小分子材料，通过调控主体材料 CBP、TCTA、TPD 和掺杂剂 DPYPA、NPB、DCJTB、*m*-TDATA 之间的组合与比例，使得缺陷能级可在 0.1～0.6 eV 范围内灵活调控(表 5.3)。如图 5.6(b)所示，通过研究不同缺陷能量的材料及不同温度对 TOF 的空穴迁移率变化，发现受浅层陷阱态(缺陷能为 0.1～0.25 eV)影响的电荷迁移率会降低 1～2 个数量级；而受深层陷阱态(缺陷能大于 0.4 eV)影响的电荷迁移率近似于无缺陷的状态，接近材料的本征迁移率，然而光电流密度会大幅下降。

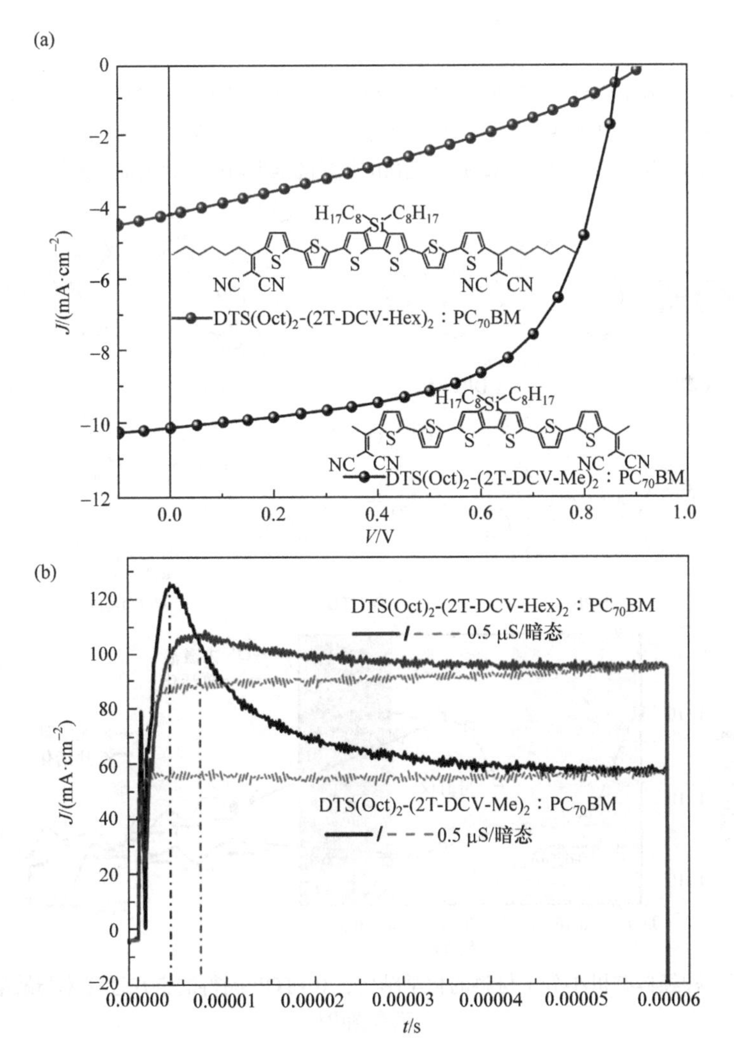

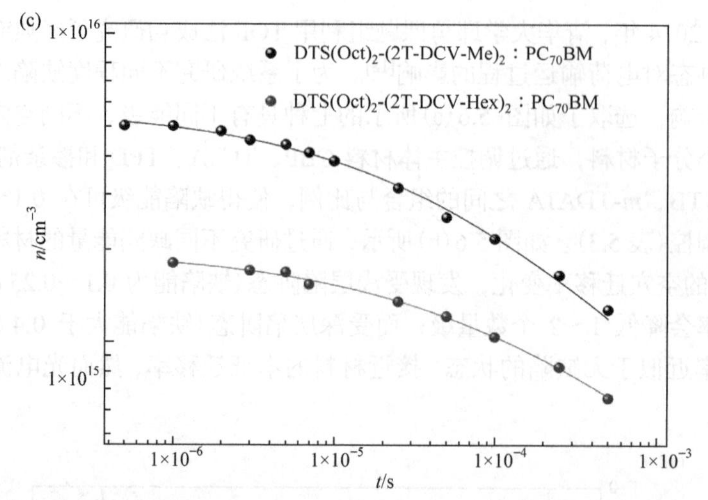

图 5.5 (a)基于 DTS(Oct)$_2$-(2T-DCV-Me)$_2$：PC$_{70}$BM 和 DTS(Oct)$_2$-(2T-DCV-Hex)$_2$：PC$_{70}$BM 的太阳能电池的 *J-V* 特性曲线、化学分子结构式；(b) photo-CELIV 法得到的暗、亮态电流密度随时间变化的特征曲线；(c)抽取电荷的数量随延迟时间变化的曲线及拟合[17]

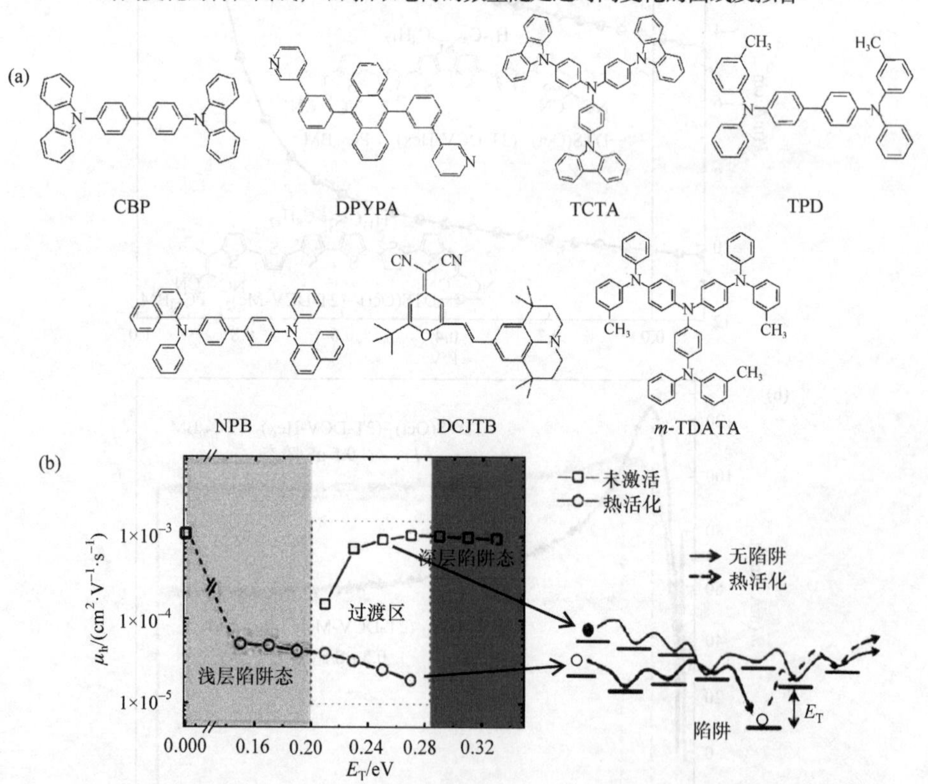

图 5.6 (a) 7 种经典有机小分子材料的化学结构；(b) TOF 测得的空穴迁移率与缺陷能的关系示意图[18]

表 5.3　器件传输层的参数

主体材料	掺杂剂	φ	E_T/eV	L/m
CBP	—	0	0	2.0
CBP	DPYPY	0.1	0.1	2.0
CBP	NPB	0.1	0.6	2.0
TCTA	—	0	0	1.0
TCTA	TPD	0.2	0.15	1.0
TCTA	NPB	0.02	0.25	1.0
TCTA	*m*-TDATA	0.02	0.55	1.0
TPD	—	0	0	1.0
TPD	NPB	0.02	0.1	1.0
TPD	DCJTB	0.02	0.2	1.0
TPD	*m*-TDATA	0.02	0.4	1.0

注：φ 为不同的缺陷比例，E_T 为缺陷能，L 为有机层的厚度。

然后，他们结合米勒亚伯拉罕跳跃模型和多重载流子蒙特卡罗模拟法深入探究缺陷态对能量无序、传输轨迹、载流子密度的影响。一方面，浅层陷阱影响的电荷输运过程经常涉及由频繁的热活化导致的多重缺陷捕获和释放过程，从而导致更加曲折的传输轨迹、增加的有效能量无序性和提高的活化能。另一方面，深层陷阱趋向于固定载流子并充当散射中心，这将会严重降低载流子浓度，但是几乎不会延长电荷传输路径。此外，由图 5.6(b)可见，当电荷载流子随着持续的缺陷能量变化时，在浅层陷阱态和深层陷阱态之间并不存在严格的界限，而是存在中间过渡区，即电荷传输是同时受到深层陷阱态和由热活化导致的浅层陷阱态的影响。

5.3　高效有机小分子太阳能电池中分子结构对电荷输运的影响机制

2015 年，复旦大学梁子骐课题组结合不同传输方向的 TOF 和 OFET 法，系统探究了高效率有机小分子中微观分子结构的改变对宏观电池器件中电荷输运的影响[19]。该工作以南开大学陈永胜课题组合成的高效率寡聚噻吩类共轭有机小分子给体材料 DRCN7T(D1)和 DERHD7T(D2)为研究对象[20]。如图 5.7(a)所示，D2 是以寡聚七噻吩为中间核单元、3-乙基罗丹宁为末端基团的经典小分子，具有较宽的吸收光谱所以能得到较高的短路电流密度，能量转换效率能达到 6.10%。D1 是以具有较强拉电子能力的双氰基乙烯基取代 D2 中的 3-乙基罗丹宁单元中的巯基，以获得更优的吸光性能，能量转换效率能达到 9.30%。

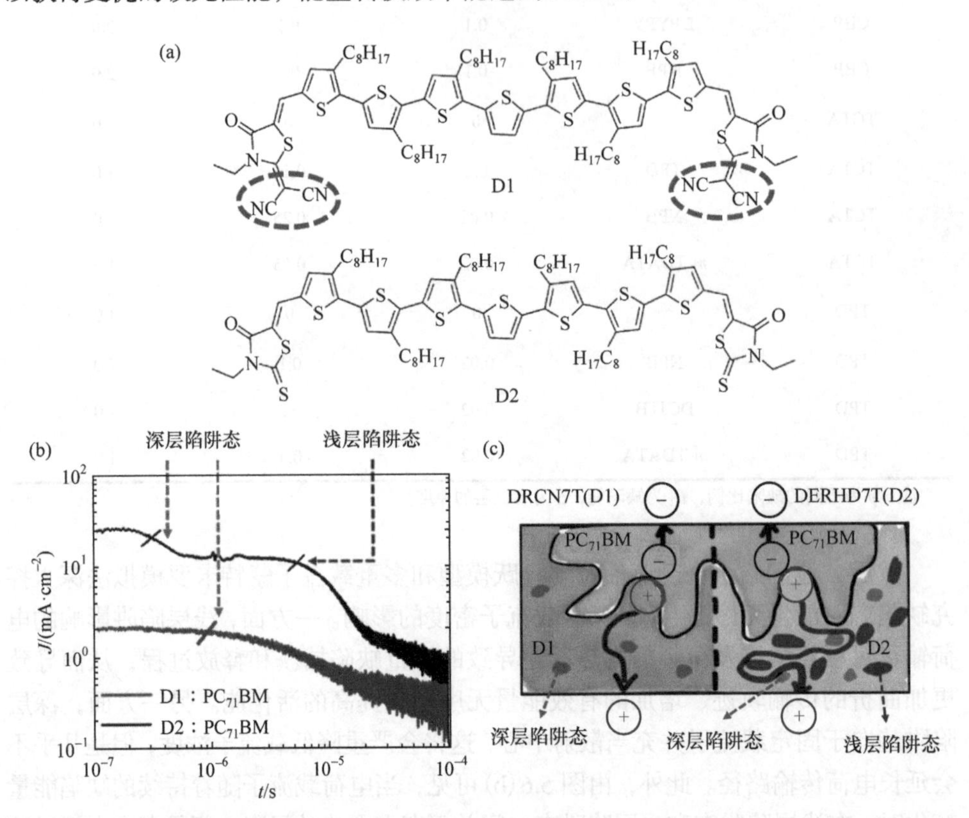

图 5.7 (a)高效率有机共轭小分子 D1 和 D2 的结构式；(b，c)以 D1：$PC_{71}BM$ 和 D2：$PC_{71}BM$ 分别为体异质结的器件采用 TOF 法测量得到的空穴的 *J-t* 特征曲线及其电荷输运机理对比图[19,20]

为了揭示微小的分子结构改变得以显著提高光电性能背后的物理机制，我们结合测量平面外方向的 TOF 法以及平面内方向的 OFET 法，综合研究了电子和空穴的拆分复合机制以及其中的缺陷陷阱信息。如图 5.7(b)所示，以 D1：$PC_{71}BM$ 为体异质结的 TOF 特征曲线只有一个平台区，而 D2：$PC_{71}BM$ 有两个平台区，由之前的文献报道可判断在 D1 体系中只存在深层陷阱态，而 D2 体系中同时存在浅层和深层的陷阱态。由图 5.7(c)可知，在 D2 中存在的浅层陷阱态会使电荷传输路径更加曲折，从而大幅降低空穴的电荷迁移率。通过公式计算，我们得到了不同器件结构的电荷迁移率结果(如表 5.4 所示)：在单组分体系中，D1 器件的空穴、电子的迁移率值都明显高于 D2 器件，分别为 5.6×10^{-3} $cm^2\cdot V^{-1}\cdot s^{-1}$ 和 4.9×10^{-3} $cm^2\cdot V^{-1}\cdot s^{-1}$，这说明在平面外方向上 D1 比 D2 具有更高效且平衡的载流子输运；而在体异质结结构中，D1：$PC_{71}BM$ 体系的空穴迁移率为 3.5×10^{-3} $cm^2\cdot V^{-1}\cdot s^{-1}$，而受浅层陷阱态阻碍的 D2：$PC_{71}BM$ 体系的空穴迁移率只有 3.1×10^{-4} $cm^2\cdot V^{-1}\cdot s^{-1}$，降低了一个数量级。

表 5.4　TOF 法测量得到的 D1、D2 及其与 $PC_{71}BM$ 混合物的空穴、电子迁移率

材料	厚度/nm	陷阱类型	载流子类型	偏压/V	t_{tr}/s	迁移率 /($cm^2\cdot V^{-1}\cdot s^{-1}$)
D1	800	深层	空穴	5.0	2.3×10^{-7}	5.6×10^{-3}
	800	深层	电子		2.6×10^{-7}	4.9×10^{-3}
D2	600	深层	空穴	5.0	2.7×10^{-7}	2.7×10^{-3}
	600	浅层	空穴		6.5×10^{-5}	1.1×10^{-5}
	600	深层	电子		1.8×10^{-7}	4.1×10^{-3}
D1：$PC_{71}BM$	800	深层	空穴	2.0	9.0×10^{-7}	3.5×10^{-3}
D2：$PC_{71}BM$	600	深层	空穴	2.0	2.6×10^{-7}	6.9×10^{-3}
	600	浅层	空穴		5.8×10^{-6}	3.1×10^{-4}

然而，测量平面内方向的 OFET 的结果却恰巧相反。如图 5.8 所示，D2 的空穴迁移率在暗态下为 1.62×10^{-2} $cm^2\cdot V^{-1}\cdot s^{-1}$，在亮态下几乎保持不变（为 1.66×10^{-2} $cm^2\cdot V^{-1}\cdot s^{-1}$）。D1 的空穴迁移率在暗态情况下比 D2 低了两个数量级，只有 2.8×10^{-4} $cm^2\cdot V^{-1}\cdot s^{-1}$，但是在亮态情况下，其迁移率显著提高至 2.3×10^{-3} $cm^2\cdot V^{-1}\cdot s^{-1}$，这说明 D1 比 D2 具有更强的光敏感性。此结果与分子堆积表征法——掠入射广角 X 射线散射法相吻合，即 D2 分子更倾向于平面内方向堆砌，而 D1 分子更倾向于平面外方向堆砌，这也解释了为什么在平面外电荷传输方向的太阳能电池结构中，D1 比 D2 具有更高的电荷传输效率；而在平面内电荷传输的 OFET 结构中 D2 比 D1 具有更高的电荷传输效率。

因此，通过结合不同传输方向的 TOF 和 OFET 法，可有效研究分子结构影响的电荷输运机制。相比于平面内堆砌的 D2 分子，倾向于平面外堆砌的 D1 分子结构具有明显抑制的浅层陷阱态，以及更加高效且平衡的载流子输运过程及更强的光敏感性，从而具有更优异的光伏性能。

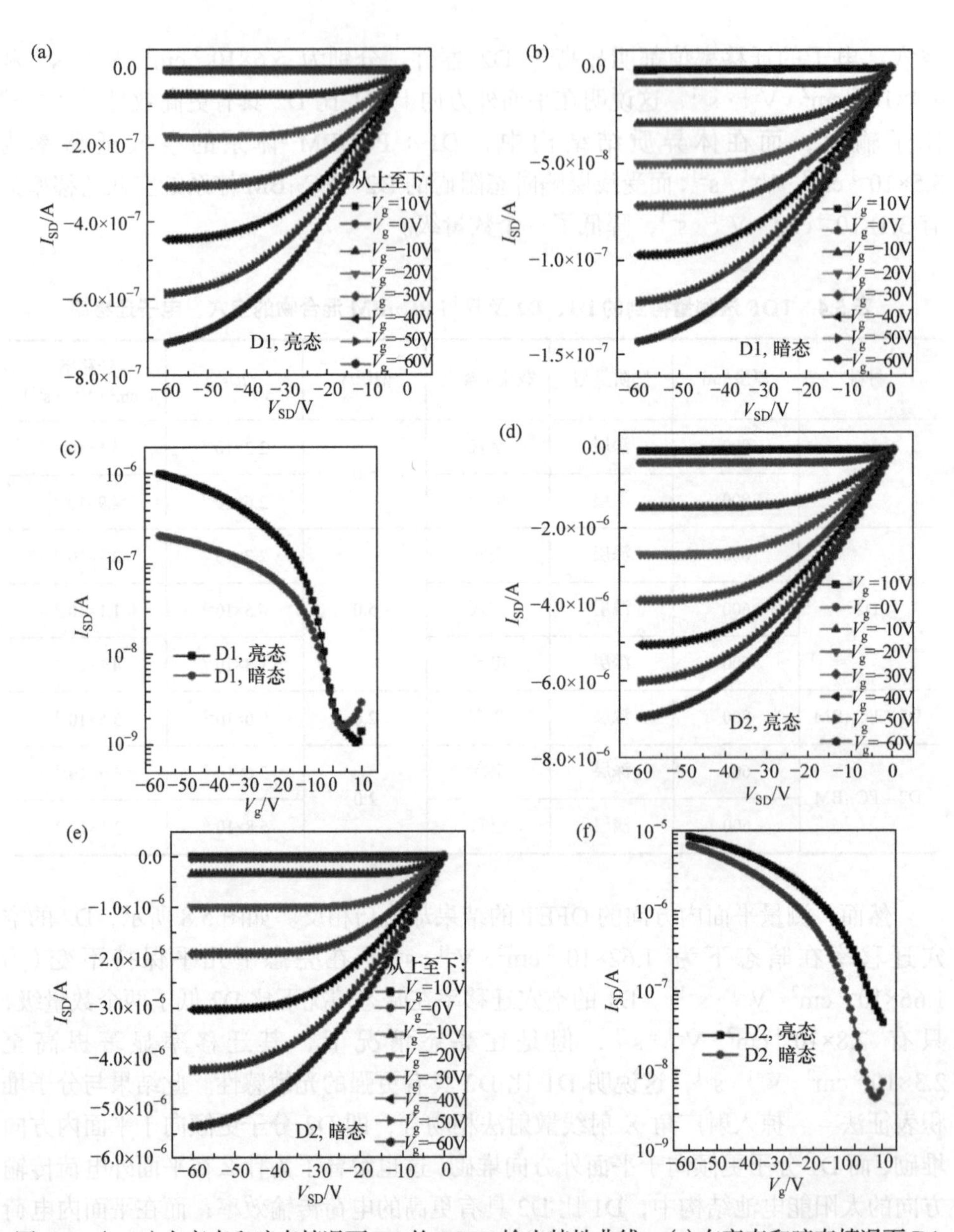

图 5.8　(a，b)在亮态和暗态情况下 D1 的 OFET 输出特性曲线；(c)在亮态和暗态情况下 D1 的 OFET 转移特性曲线；(d，e)在亮态和暗态情况下 D2 的 OFET 输出特性曲线；(f)在亮态和暗态情况下 D2 的 OFET 转移特性曲线[19]

5.4　本章小结

综上所述，CELIV 和 TOF 被证明是探究有机小分子太阳能电池中电荷输运机制的有效手段。原因如下：一方面，CELIV 可用来研究工作电池中的电荷迁移率、评估电荷复合程度、判断电荷抽取效率及估算载流子的有效寿命。研究表明，通过有效层与电荷传输层间的界面调控[16]或者有机小分子的烷基末端链长度的控制[17]，都能通过抑制陷阱态的产生及提高电荷的抽取效率来提高电荷传输效率，优化电池性能。另一方面，TOF 可分别测量空穴、电子的迁移率，并揭示不同程度的陷阱态对电荷输运过程的影响。研究发现，浅层陷阱态的存在会大幅降低整体的电荷迁移率并阻碍电荷传输；而受深层陷阱态影响的载流子迁移率几乎不会降低，但会损失一部分的电流密度[18]。在此基础上，我们提出将测量平面外电荷传输的 OFET 法与测量平面内电荷传输的 TOF 相结合[20]，来探究微观分子结构对宏观有机小分子电池中电荷输运的影响。结果发现，倾向于平面外方向堆砌的分子、抑制的浅层陷阱态及高效平衡的空穴、电子迁移率都会显著提高有机小分子体系的光伏性能。因此，CELIV 和 TOF 测量手段将被广泛应用于有机小分子电池体系的电荷输运机制研究，为电池性能的优化提供强有力的理论依据和实验指导。

参 考 文 献

[1] Scharber M C，Sariciftci N S. Efficiency of bulk-heterojunction organic solar cells. Prog Polym Sci，2013，38：1929-1940.

[2] Peng J，Chen X，Chen Y，et al. Transient extraction of holes and electrons separately unveils the transport dynamics in organic photovoltaics. Adv Electron Mater，2016，2：1500333.

[3] Lakhwani G，Rao A，Friend R H. Bimolecular recombination in organic photovoltaics. Annu Rev Phys Chem，2014，65：557-581.

[4] Baranovskii S D，Wiemer M，Nenashev A V，et al. Calculating the efficiency of exciton dissociation at the interface between a conjugated polymer and an electron acceptor. J Phys Chem Lett，2012，3：1214-1221.

[5] Howard I A，Laquai F. Optical probes of charge generation and recombination in bulk heterojunction organic solar cells. Macromol Chem Phys，2010，211：2063-2070.

[6] Blom P W M，Mihailetchi V D，Koster L J A，et al. Device physics of polymer：Fullerene bulk heterojunction solar cells. Adv Mater，2007，19：1551-1566.

[7] Jain S C，Geens W，Mehra A，et al. Injection- and space charge limited-currents in doped conducting organic materials. J Appl Phys，2001，89：3804-3810.

[8] Kokil A，Yang K，Kumar J. Techniques for characterization of charge carrier mobility in organic semiconductors. J Polym Sci Pol Phys 2012，50：1130-1144.

[9] Hains A W，Liang Z，Woodhouse M A，et al. Molecular semiconductors in organic photovoltaic cells. Chem Rev，2010，110：6689-6735.

[10] Gregg B A. Transport in charged defect-rich π-conjugated polymers. J Phys Chem C，2009，113：5899-5901.

[11] Gregg B A，Gledhill S E，Scott B. Can true space-charge-limited currents be observed in -conjugated polymers? J Appl Phys，2006，99：116104.

[12] Reynaert J，Arkhipov V I，Borghs G，et al. Current-voltage characteristics of a tetracene crystal：Space charge or injection limited conductivity? Appl Phys Lett，2004，85：603-605.

[13] Tiwari S，Greenham N C. Charge mobility measurement techniques in organic semiconductors. Opt Quant Electron，2009，41：69-89.

[14] Pivrikas A，Sariciftci N S，Juška G，et al. A review of charge transport and recombination in polymer/fullerene organic solar cells. Prog Photovolt Res Appl，2007，15：677-696.

[15] Liu C Y，Chen S A. Charge mobility and charge traps in conjugated polymers. Macromol Rapid Commun，2007，28：1743-1760.

[16] Jenatsch S，Hany R，Véron A C，et al. Influence of molybdenum oxide interface solvent sensitivity on charge trapping in bilayer cyanine solar cells. J Phys Chem C，2014，118：17036-17045.

[17] Min J，Luponosov Y N，Gasparini N，et al. Effects of alkyl terminal chains on morphology，charge generation，transport，and recombination mechanisms in solution-processed small molecule bulk heterojunction solar cells. Adv Energy Mater，2015，5：1500386.

[18] Li C，Duan L，Li H，et al. Universal trap effect in carrier transport of disordered organic semiconductors：Transition from shallow trapping to deep trapping. J Phys Chem C，2014，118：10651-10660.

[19] Peng J，Chen Y，Wu X，et al. Correlating molecular structures with transport dynamics in high-efficiency small molecule organic photovoltaics. ACS Appl Mater Interfaces，2015，7：13137-13141.

[20] Zhang Q，Kan B，Long G，et al. Over 9% efficiency of small molecule based solar cells with nanoscale fibrillar morphology. Nat Photon，2015，9：35-41.

第 6 章

光动力学研究——激子产生、解离和电荷传输

将给体与受体分子共混后，在光照条件下会发生快速的电荷转移，这个现象在 1992 年由 A. J. Heeger[1]及 K. Yoshino[2]两个研究小组分别独立报道，由此拉开了太阳能电池研究的序幕。如图 6.1 所示[3]，在给体聚对苯乙撑[poly(*p*-phenyl enevinylene)，PPV]和受体 C_{60} 的共混体系中，从 PPV 到 C_{60} 的快速光致电荷转移[图 6.1(b)]发生在约 50 飞秒(fs)的时间尺度，而 PPV 的光致发光[图 6.1(c)]和 PPV：C_{60} 界面的电荷复合[图 6.1(d)]则分别发生在纳秒(ns)和微秒(μs)级别。因此，从动力学角度讲，光致电荷转移现象要优于其他两个过程而提前发生。进而，光致电荷转移产生的电子和空穴分别被相应的阴极和阳极收集，进入外回路产生光电流，这即为有机太阳能电池的工作最基本的原理。

显而易见，理解和掌握光生激子产生、扩散、解离和电荷传输的相应过程，包括其中各步骤的方式、效率和动力学常数，对于充分理解有机太阳能电池的工作原理，进一步优化材料和器件的设计，获得性能更好的太阳能电池材料和器件，是十分重要的。但遗憾的是，目前这一领域的研究还远远滞后于材料和器件设计

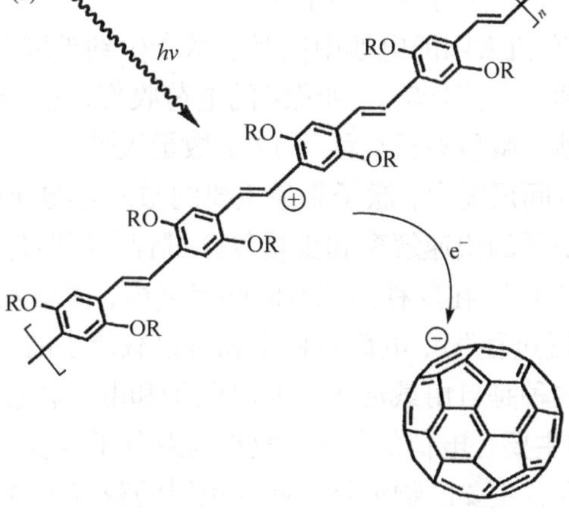

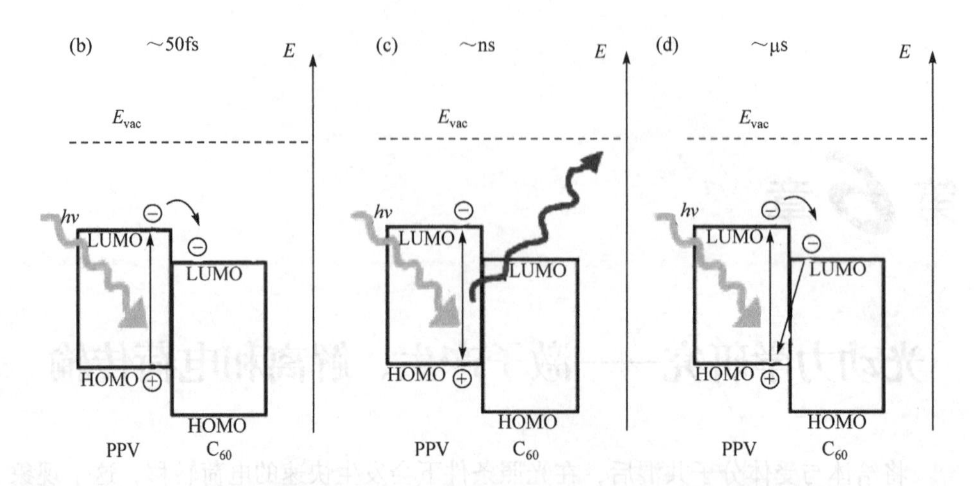

图 6.1 PPV 和 C_{60} 共混体系中光致电荷转移过程的分子示意图(a)和光致电荷转移过程(b)、光致发光过程(c)和电荷回传复合过程(d)的能级示意图[3]

的研究。其中两个主要的原因是：①整个动力学过程特别复杂，而且是几个不同的阶段叠加在一起；②这项研究需要高精度的动力学测试设备(时间尺度从飞秒跨越到微秒)。因此本章将仅仅从动力学角度来简单介绍近期对有机太阳能电池中的激子产生、激子解离和电荷传输过程的研究成果，期望这些重要的成果能引起本领域专家学者的重点关注。

6.1 有机太阳能电池中的激发态过程概述

虽然围绕有机太阳能电池的研究已经有 20 多年了，但在机理方面，尤其是激发态动力学过程方面，仍然存在许多争议。

如图 6.2 所示，有机太阳能电池中的激子从产生到扩散至两相界面、激子解离产生电荷，以及后续的电荷传输，到最终的电荷收集，整个过程从时间尺度跨越了飞秒、皮秒、纳秒、微秒甚至毫秒共 12 个数量级[4]。

在飞秒到皮秒时间尺度内，激子是最主要的激发态物种(图 6.3)，这个时间尺度内主要发生的是激子的快速解离和少量复合过程，同时伴随着自由载流子的大量生成(即“快过程”)[5]。在皮秒到纳秒时间尺度内，主要发生的是激子扩散至两相界面的解离(即“慢过程”)、电荷转移态和自由载流子的生成。从纳秒到微秒时间尺度，最主要的物种是自由载流子，此时激子和电荷转移态已经全部解离或者复合。因此，发生的主要是电荷的传输、收集与双分子复合之间的竞争。在微秒甚至毫秒的时间尺度内，主要的物种是一些受束缚的载流子(缺陷)。

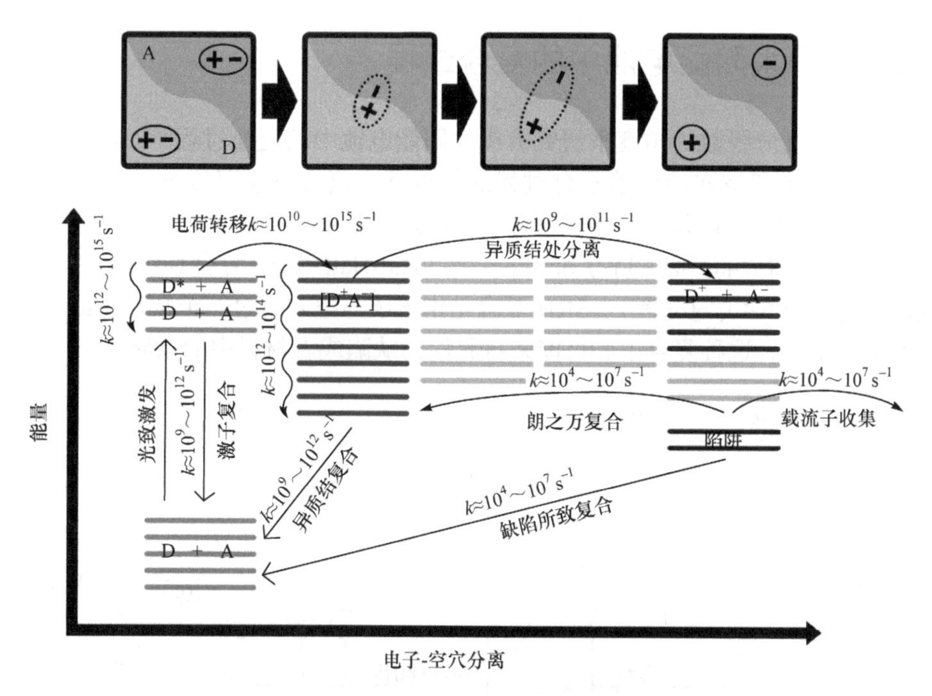

图 6.2 有机太阳能电池中的激发态物种和对应的时间尺度[4]

对应的速率常数是从相应的代表性文章中收集，并转换为标准测试光强下的数值。为了使图表简洁，在此省略了三线态的动力学过程

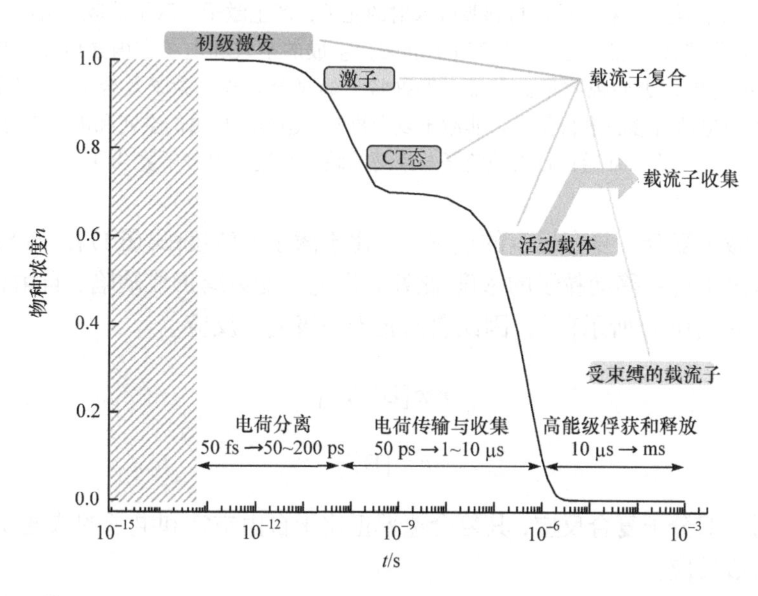

图 6.3 在本体异质结太阳能电池中，在线宽约 10 fs 的激光照射下，对应激发态物种的浓度随时间的演化[5]

6.2 有机太阳能电池中的复合过程

如果从反应级数的角度来研究有机太阳能电池中的复合过程[6]，在不考虑两个以上的电子和空穴的俄歇复合过程的前提下，复合反应可以分为单分子复合(图 6.4ⓐ、ⓑ和ⓓ过程)与双分子复合(图 6.4ⓒ过程)[7]。同时单分子复合又可以分为激子复合(图 6.4ⓐ和ⓑ过程)和 Shockley-Read-Hall(SRH)复合(或者称为陷阱引起的复合，图 6.4 中ⓓ过程)。SRH 复合是指电子与空穴通过一个缺陷态或者复合中心进行复合，这种复合中心可能来自界面的缺陷或者材料中的杂质。

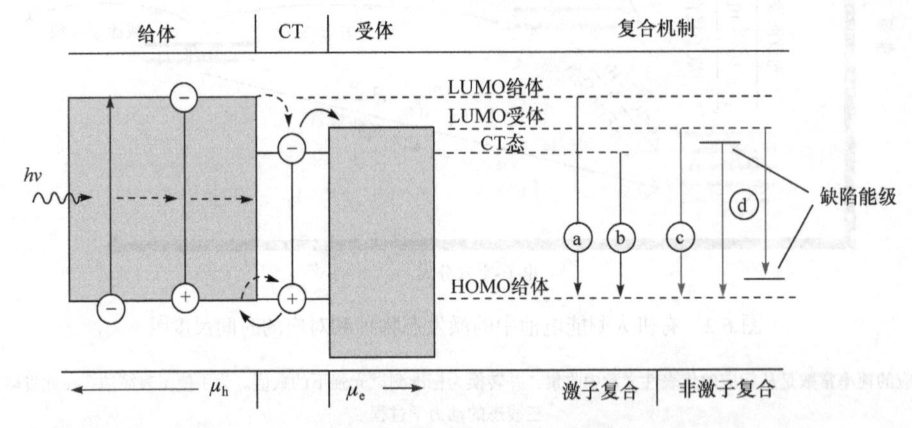

图 6.4 左部：从左至右，给体材料吸收入射的光子，产生激子。激子扩散至给体：受体界面，形成电荷转移态(CT 态)，接着激子解离，生成的空穴和电子在内建电场的作用下传输至对应的电极，进而被收集。右部：四种常见的复合方式。激子复合机制：ⓐ激子退激复合，ⓑ通过电荷转移态进行复合。非激子复合机制：ⓒ通过自由的空穴和电子进行双分子复合，ⓓ通过自由载流子与束缚的缺陷态进行单分子复合[7]

对于激子复合，复合反应的速率 r 正比于激子的浓度[式(6.1)]，而 SRH 复合的速率取决于自由移动粒子的浓度[此处假设电子受束缚形成缺陷，自由移动粒子为空穴，如式(6.2)所示][5,7]，因此它们属于一级复合反应。

$$r \propto [D^{+\cdot}A^{-\cdot}] \tag{6.1}$$

$$r \propto [D^{+\cdot}] \tag{6.2}$$

而对于双分子复合反应，其复合速率正比于自由空穴和电子的浓度[式(6.3)]，因此是二级反应。

$$r \propto [D^{+\cdot}][A^{-\cdot}] \tag{6.3}$$

上面是在理想情况下的复合反应级数，而在实际的有机太阳能电池中，存在的是非整数幂次的复合形式[7]，如式(6.4)所示，其中 n 为载流子浓度，β为复合幂次。

$$r \propto n^{\beta} \tag{6.4}$$

通过瞬态吸收光谱已经证实，对于 RR-P3HT：$PC_{61}BM$ 体系，经过热退火处理，对应复合反应的级数从 2.18 升高到 2.45[8]；而 PCPDTBT：$PC_{71}BM$ 体系在加入 1，8-二辛硫醇(DIO)后，对应的复合级数从 1.93 降低到 1.86[9]。

此外，有机太阳能电池中的复合也可以按照参与复合的空穴或者电子是不是由同一个激子产生而分为孪生激子复合和非孪生激子复合两大类(不考虑俄歇复合)。在本章中，为了简化和方便理解，我们使用激子/非激子复合来代替孪生激子/非孪生激子复合。激子复合是指激子在没有扩散至给体与受体的界面，或者在界面没有分离成自由的空穴和电子(电荷转移态)就已经发生了复合(图 6.4 中ⓐ和ⓓ过程)。而非激子复合就包括了双分子复合和 SRH 复合(图 6.4 中ⓒ和ⓓ过程)。需要说明的是，激子复合强调的是复合的空穴和电子来自于同一个激子，而双分子复合的空穴和电子来自于不同的激子。

以上是从反应级数的角度来对空穴和电子的复合过程进行分类。如果从动力学角度来看，激子复合主要发生在皮秒至纳秒(ps～ns)时间尺度，而双分子复合主要发生在纳秒至微秒(ns～μs)时间尺度。同时，这两个时间尺度也分别对应着激子和载流子的寿命，下面将从时间尺度来详细介绍有机太阳能电池中的激发态动力学过程。

6.3　有机太阳能电池中的激发态动力学过程

6.3.1　fs～ns 动力学过程

以往文献在介绍太阳能电池的工作机制时，一般都将其简化为给体或者受体分子吸收光子后，生成了激子(此处实际上指的是“定域的激子”)。激子扩散至给体与受体两相的界面处解离，产生空穴与电子。生成的空穴与电子在其浓度梯度引起的扩散(扩散过程)和内建电场作用下的漂移(漂移过程)二者的协同作用下传输至相应的电极，进而被收集，产生光电流。其中关于空穴和电子产生的途径，根据最近的一些研究成果，上面的说法实际上存在较大的争议。

例如，通过大量瞬态吸收光谱的研究，有人提出大部分的空穴与电子(约 70%)是通过激子的超快解离过程(发生的时间尺度＜100 fs)产生的，而剩下约 30%的空穴与电子是通过激子扩散至界面，然后解离产生的(即“慢过程”，发生在 ps～ns 时间尺度)[10]，也就是实际上存在着两种激子分离方式——“快过程”和“慢过程”，不同于前期文献中一直认为的只有一种方式即“慢过程”。但是，关于快速光致电荷转移的起因目前仍然处于争议之中，主要观点包括激子离域[11,12]、空穴离域[13]、电子离域[10]、相干(coherent)电荷分离[14]、热激子解离[15]和冷激子解离[16]等。下面将分别简单介绍上述各种观点的核心和实验依据等。

1. 激子离域

A. J. Heeger 等根据时间-位置不确定关系，提出最初光激发产生激子的波函数会离域至很远的位置，与相分离的晶畴尺寸接近(>10 nm)。因此，当激子波函数的振幅位于或者接近界面时就会发生超快光致电荷转移现象[11,12]。

2. 空穴离域

从化学平衡的角度来讲，超快光致电荷转移发生后，产生的空穴如果能在给体共轭链上离域，或者电子在受体团簇上离域(图 6.5)[17]，在一定程度上会促进激子的高效解离。同时，这也将激发态动力学过程和活性层形貌联系起来。

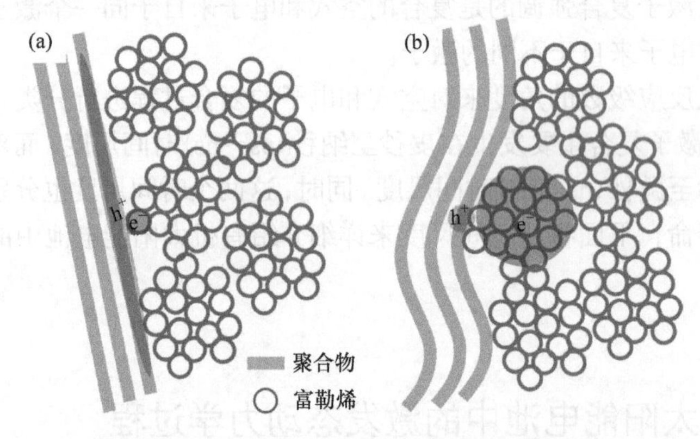

图 6.5 空穴沿聚合物共轭链离域(a)和电子在富勒烯团簇上离域(b)的示意图[17]

剑桥大学的 R. Friend 等通过瞬态光电流技术，详细研究了一系列聚合物太阳能电池体系中空穴在给体材料(图 6.6)上的离域对激子解离的影响。如图 6.7(a)所示，在使用常规的激光激发样品之外，他们额外施加了一束红外区的激光，将退激后的低能电荷转移态(CT_0)重新激发至高能的电荷转移态(CT_n)，进而测试能否生成更多的自由电荷[13]。

如图 6.7(b)所示，在他们测试的一系列样品中，除 PCDTBT 可能由于非激子复合的加强导致了负相关性，其他的样品如 PFB：F8BT、P3HT：F8TBT、MDMO-PPV：$PC_{71}BM$、P3HT：$PC_{61}BM$ 和 PCPDTBT：$PC_{71}BM$，在额外红外光的激发下，光电流响应是增加的[13]。这说明额外的红外光与光激发后的某一个物种存在相互

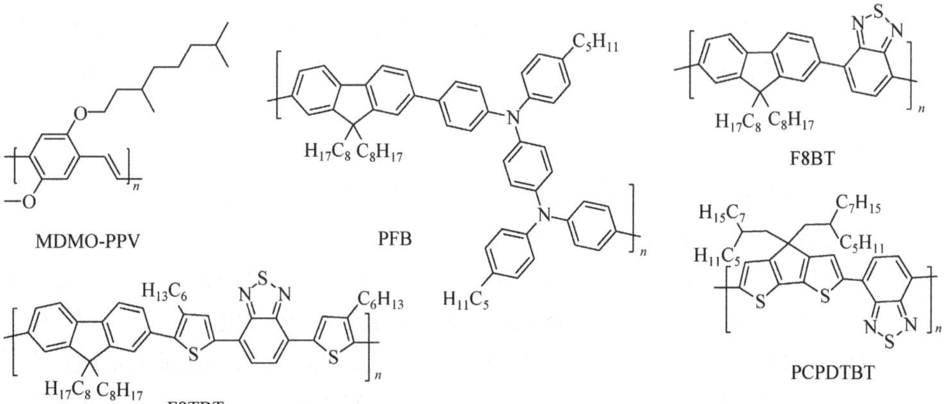

MDMO-PPV　PFB　F8BT　F8TBT　PCPDTBT

图 6.6　代表性聚合物太阳能电池给体的结构式

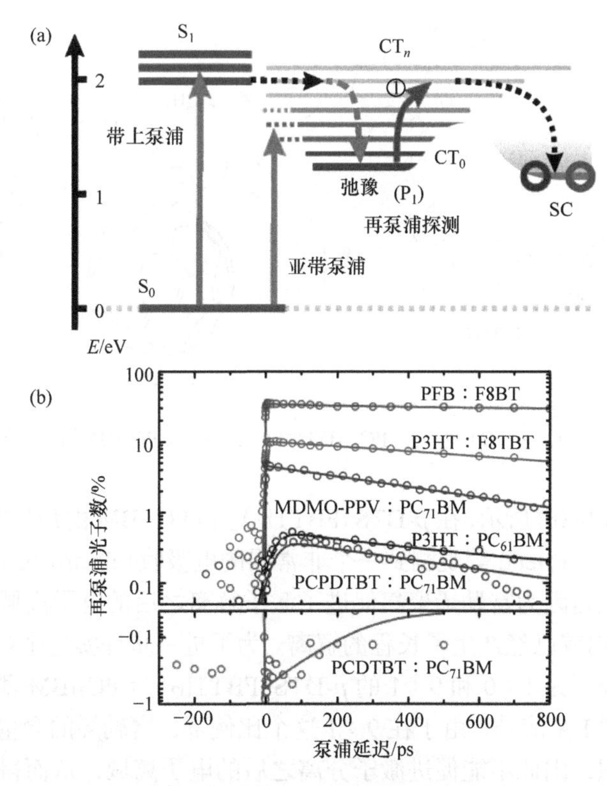

图 6.7　(a)有机太阳能电池体系中单线态(S_1)、低能电荷转移态(CT_0)、高能电荷转移态(CT_n)和自由电荷(SC)对应的能级图。电荷转移态的带宽越大，说明离域程度越大。实箭头表示的是光激发跃迁，虚箭头代表光电转换过程中的能量和电荷转移。箭头①代表实验中采用的红外激光束。(b)对于一系列有机太阳能电池体系，通过使用红外区激光的二次激发后，得到的光电流响应的变化情况

作用，结合理论计算，他们认为是由于空穴在聚合物链的离域促进了激子的解离。但是他们也强调，不能排除电子在富勒烯团簇上的离域对激子解离的影响。

3. 电子离域

上面已经证实空穴在给体聚合物链上的离域对于快速光致电荷分离具有重要影响，但是关于电子在富勒烯晶畴上的离域及其影响的研究却进展很少[17]。

直到近期，R. Friend 与其合作者使用亚 30 fs 分辨率的瞬态吸收光谱详细了研究了两个代表性的高效率太阳能电池体系[*p*-DTS(FBTTh$_2$)$_2$：PC$_{71}$BM 和 PCDTBT：PC$_{71}$BM，分子结构如图 6.8 所示]中的激子分离和电荷产生过程[10]。对于 *p*-DTS(FBTTh$_2$)$_2$：PC$_{71}$BM (3：2)体系，他们发现约 70%的载流子是通过在给体与受体两相界面处产生的激子直接解离生成的(82 fs±5 fs，快过程)，剩下约 30%的载流子是通过激子扩散至两相界面分离产生的(22 ps±0.1 ps，慢过程)。

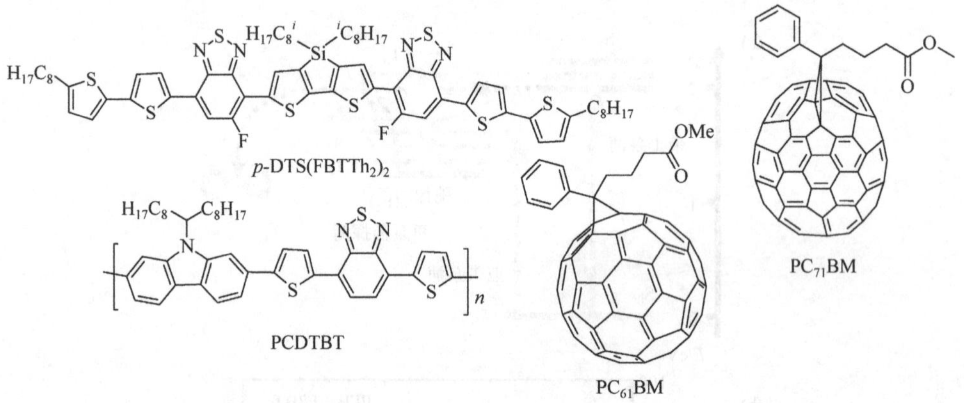

图 6.8 *p*-DTS(FBTTh$_2$)$_2$：PC$_{71}$BM 和 PCDTBT：PC$_{61}$BM 的分子结构

如图 6.9(a)和(b)所示，在 *p*-DTS(FBTTh$_2$)$_2$ 和 PC$_{71}$BM 的最佳共混比例下(质量比为 3：2)，R. Friend 等观测到一个非常强的电吸收(electroabsorption，EA)信号。他们认为这是因为富勒烯聚集促进了激子解离之后的电子离域，进而使空穴与电子在 40 fs 内就已经产生了长程的解离。为了进一步证实这个观点，他们同时测试了质量比分别为 1：0 和 9：1 的 *p*-DTS(FBTTh$_2$)$_2$：PC$_{71}$BM 薄膜，这两个比例下没有观察到 EA 信号。由于在 9：1 这个比例下，富勒烯的含量非常低，不能形成很好的堆积，因此不能促进激子分离之后的电子离域，从而得到较低的能量转换效率。对于 PCDTBT：PC$_{61}$BM 体系，他们也分别测试了给体与受体质量比例分别为 1：0、1：4 和 4：1 的共混薄膜的瞬态吸收光谱[图 6.9(c)]。仅在富勒烯含量较高的 1：4 体系中观测到了 EA 信号，而在富勒烯含量较低的 4：1 体系中并没有观测到 EA 信号，进一步证实了富勒烯的聚集对于超快光致电荷转移具有重要影响。他们也借助不同的电荷转移模型，通过数值分析证实了在 100 fs 内，空穴与电子之间可以实现 5～10 nm 的长程分离。随后，C. Silva 和 S. C. Hayes 等通过飞秒受激拉曼光谱(femtosecond stimulated Raman spectroscopy)在聚合物和富勒烯共混体系中也观察到了快速的长程电荷分离现象[18]。

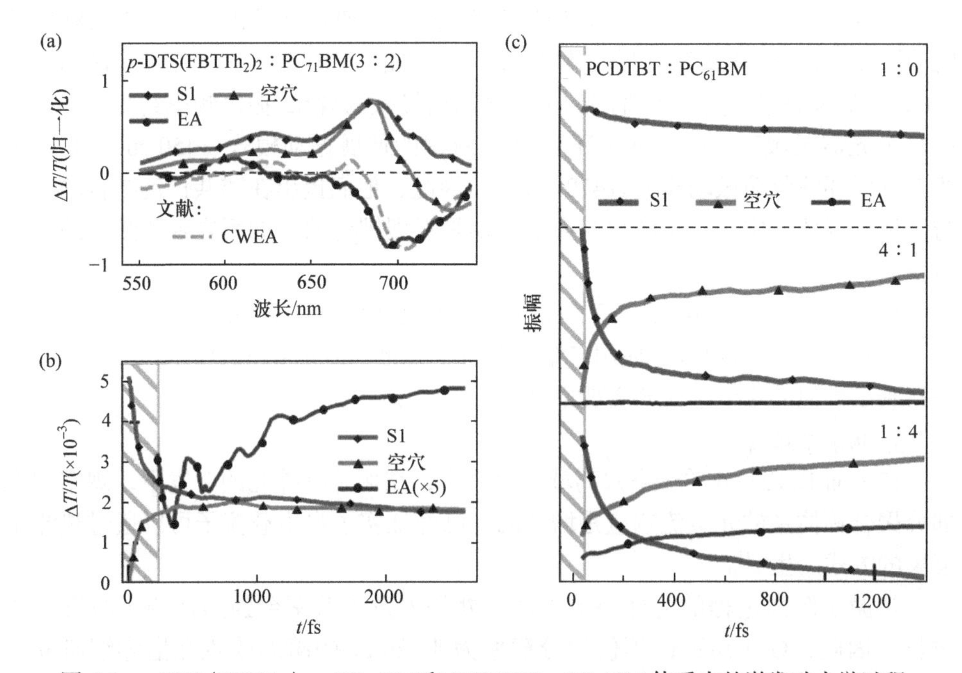

图 6.9　p-DTS(FBTTh2)2：PC71BM 和 PCDTBT：PC61BM 体系中的激发动力学过程

(a) p-DTS(FBTTh2)2：PC71BM(3：2)体系的瞬态吸收光谱。图中的信号是对整个可见光区瞬态吸收光谱进行了全局拟合(global fitting)的结果，对应的时间尺度是 30～2500 fs。对应的样品用波长非常宽的激光束(波长为 525～625 nm，分辨率为 30 fs)激发，强度为 8 mJ · cm^{-2}。对应的参照电吸收信号是通过测量器件稳态电吸收(CWEA)得到的。(b)对应图(a)中激子(S1)、空穴和电吸收(EA)信号的动力学过程，斜线区域代表限于仪器分辨率，电吸收信号不能准确测定的时间范围。(c)不同比例 PCDTBT：PC61BM 共混体系对应的激发态物种的动力学过程，样品由 2 mJ · cm^{-2} 的激光激发

南开大学的陈永胜、言天英和中国科学院理论物理研究所的王延颋课题组合作，通过全原子分子动力学模拟和大尺度粗粒化分子动力学模拟在高效率的有机小分子太阳能电池体系中观察到了明显的富勒烯聚集现象；而在性能较差的体系中，发现富勒烯是分散在给体的网络中[19,20]。同时，他们也在实验上使用二维掠入射小角 X 射线散射(2D-GISAXS)测定了高性能体系中富勒烯团簇的尺寸，并从分子层次上探讨了给体分子的极性对富勒烯聚集的影响。他们发现给体分子的极性越强，越有利于增强给体分子之间的相互作用，进而会削弱给体与受体之间的相互作用，在这种“疏溶剂作用”下，非极性的富勒烯反而更容易形成聚集。这是首

次从分子层次研究有机太阳能电池活性层中富勒烯聚集的驱动力，并与激发态动力学过程建立了初步联系。

4. 相干电荷分离

R. Friend 的工作[10]并没有给出超快光致电荷转移是不是相干过程。随后，C. Lienau 等使用分辨率更高的瞬态吸收光谱（15 fs）详细研究了 P3HT：$PC_{61}BM$ 体系[分子结构见图 6.10（a）]中的激子解离过程[14]。如图 6.10（b）所示，在可见区（440～530 nm）的瞬态吸收光谱上观测到了明显的信号振荡现象（振荡频率约为 23 fs），而这个光谱区域正对应着噻吩环上碳-碳双键的伸展振动模式（1450 cm^{-1}）和富勒烯上五元环的收缩振动模式（1470 cm^{-1}）。因此，他们提出在非共价键结合的给体与受体共混体系中，激子解离与声子振动是强烈耦合的，进而导致了激子的离域与解离。

这也是首次在实验上证实了在有机太阳电池体系中存在着相干电荷分离现象。随后，G. D. Scholes 等使用二维吸收电子光谱（absorptive 2D electronic spectra）观察到了类似的相干电荷分离现象[21]。

5. 热激子解离

在上面 R. Friend 关于空穴离域的研究中，在额外红外光的激发下，观察到大部分聚合物体系的光电流响应是增加的，已经证实了自由载流子可以通过热激子解离的方式产生[13]。

热激子解离过程的另外一个特别之处是内量子效率会强烈依赖于激发光的波长。因此，G. Lanzani 等使用分辨率为亚 20 fs 的瞬态吸收光谱详细研究了 PCPDTBT：$PC_{61}BM$ 体系的激子分离和电荷产生过程，并测试了器件的内量子

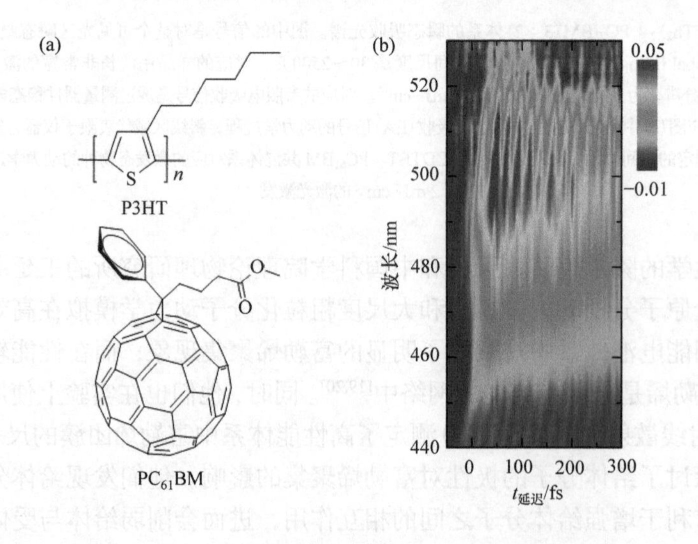

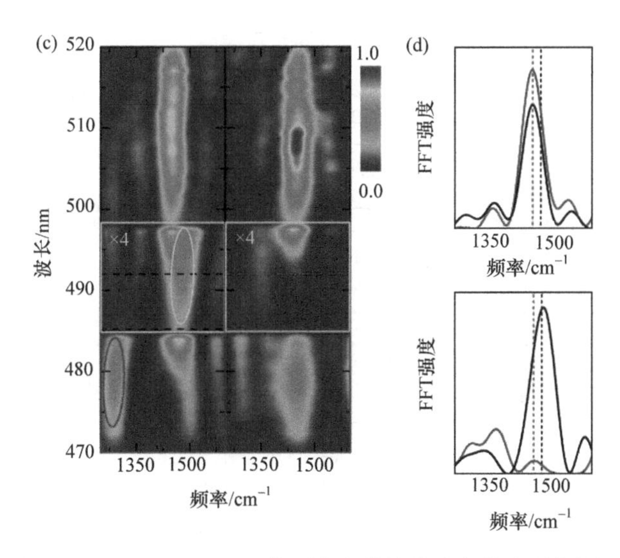

图 6.10 P3HT：$PC_{61}BM$ 体系的电荷转移动力学过程表征[14]

(a)和(b)分别为 P3HT：$PC_{61}BM$ 的分子结构和瞬态吸收光谱，微分透光信号($\Delta T/T$)的振荡现象反映了激光激发样品后引起的相干振动波束。(c)对共混体系(左)和纯 P3HT(右)的动力学数据进行傅里叶变换得到的谱图。(d)对共混体系(黑色)和纯 P3HT(红色)分别在 520～498 nm(上图)和 492～485 nm(下图)的傅里叶变换谱进行积分。竖直的虚线分别标记的是 P3HT 在 1450 cm^{-1} 处碳-碳双键的伸展振动模式和富勒烯环上五元环的收缩振动模式(1470 cm^{-1})

效率(图 6.11)[15]。在能量高于给体带隙的激光激发之下，热激子与热电荷转移态(CT_n)之间的强烈耦合使热激子转变为热的电荷转移态，进而有效地提高了电荷生成的效率。测试发现器件的内量子效率严重依赖于激发光的波长，甚至超过了100%。但是考虑到有机太阳能电池复杂的器件结构和活性层形貌，器件的真实内量子效率其实是很难准确测定的。因此，这个内量子效率数据遭到了广泛的质疑[22-25]。

6. 冷激子解离

K. Vandewal 等对热激子解离的机理提出了质疑，他们认为高能电荷转移态的弛豫过程应该比热激子解离更快。基于此，他们详细研究了一系列聚合物：富勒烯，小分子：富勒烯和聚合物：聚合物太阳能电池体系，发现高效的电荷分离是通过界面高能量电荷转移态(CT_n)退激发至最低能量的电荷转移激发态(CT_0)后解离产生($k_{CT\to SSC}$)，不需要额外的能量来克服电子与空穴之间的库仑相互作用[16]。同时借助于延时的电场收集技术，使用不同能量的激光激发，得到的载流子生成效率完全一致(图 6.12)。间接证明了不同波长的入射光下，对应的最终光物理过程是相同的。此外，通过准确测试近红外区(电荷转移态带隙附近)的内量子效率，证实了内量子效率并不依赖于激发光的波长。

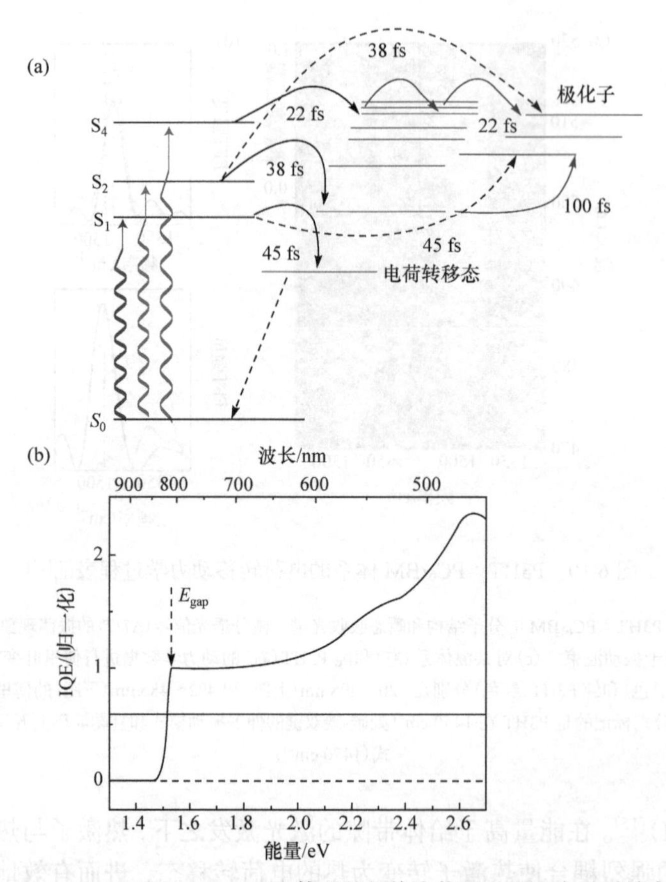

图 6.11 PCPDTBDT：$PC_{61}BM$ 体系的超快光物理过程和内量子效率[15]

(a) 推测的超快光物理过程和参与的激发态：单线态激子(黑线)，界面的电荷转移态(绿线)和自由极化子(红线)，以及对应的时间。黑色实线箭头代表激子分离为电荷转移态，蓝色虚线箭头代表激子直接分离成自由的极化子，红色实线箭头代表电荷转移态分离成自由的极化子。(b) 将 PCPDTBDT：$PC_{61}BM$ 器件的外量子效率用共混薄膜的吸收光谱进行归一化，得到的器件内量子效率

上述观点都有各自的实验证据支持，但是在瞬态吸收测试过程中，所用激光的能量已经远远高于标准太阳光(AM 1.5G)，因此在测试中必然伴随着很多其他光物理与光化学过程，至于上面提到的这些过程是不是在起主导性作用，仍然有待于更加深入的研究。另外，不同的给体材料和微观形貌是否导致了上述不同结论，或者说上述结论是否具有普适性，仍有待于更多的实验来证实。

综上所述，目前机理研究的重心还是集中在超快光致电荷转移的起因上，而越来越多的实验证明，超快电荷转移现象在有机太阳能电池中是普遍存在的。因此，需要将研究重心集中在通过超快光致电荷转移现象产生的电荷是如何传输至相应的电极上的，即在电荷到达电极之前，如何避免激子复合、双分子复合及其他高阶

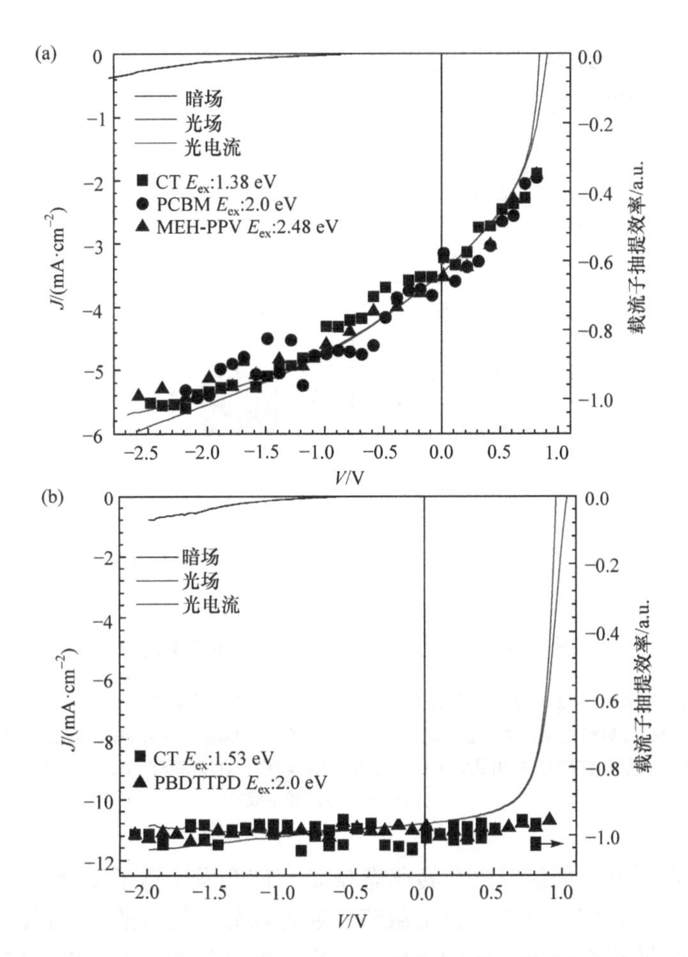

图 6.12 MEH-PPV：$PC_{61}BM$(a)和 PBDTTPD：$PC_{61}BM$(b)体系在光场和暗场下的 J-V 曲线[16]

通过延时的电场收集技术，使用最低电荷转移态，给体或者受体的带隙对应的能量来激发样品，得到光致载流子数目与所加偏压之间的关系

复合和陷阱/杂质引起的复合，进而建立光电转换过程与形貌之间的联系。因此，本章后面的部分将简单介绍 ns～μs 动力学过程的研究进展。

6.3.2 ns～μs 动力学过程

电荷的传输与收集主要发生在 ns～μs 的时间尺度内，这时激子都已经解离或者复合，剩下的激发态物种只有电荷转移态与自由载流子。如图 6.13 所示，关于电荷生成和分离发展了两种极限模型：一种是 Onsager-Braun 模型[26,27]，用来描述上面的冷激子解离过程中的电荷产生；另外一种是德国马克斯-普朗克研究所的 F. Laquai 等基于热激子解离发展的数值处理模型(即后文中的 Laquai 模型及超快分离模型)，可以用来定量研究电荷的生成过程，这个模型被成功应用于解析 ns～μs

瞬态吸收光谱[8]，本部分内容主要围绕这个模型展开。在 Laquai 的模型中，他认为自由载流子的产生是通过热激子解离(k_{SSC})的方式产生，而高能量的电荷转移

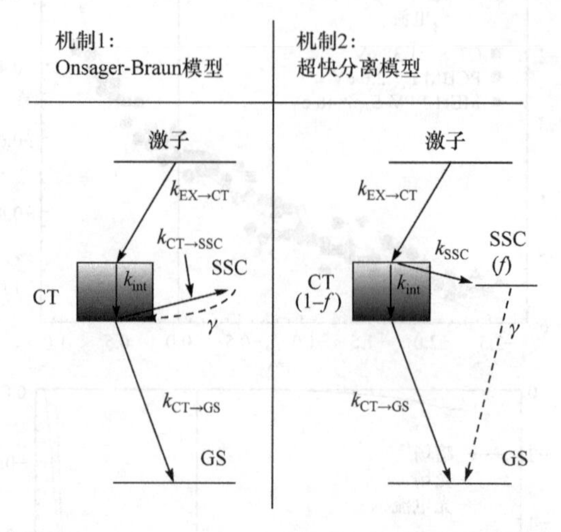

图 6.13　关于电荷生成和分离的两种极限模型

图中 CT 代表电荷转移态，SSC 代表自由载流子，GS 代表基态。在第一种机制中，电荷转移态的热弛豫要比电荷分离快，因此电荷分离和复合需要通过能量最低的电荷转移态。Onsager-Braun 模型就是用来描述这种电荷分离的方式。在第二种极限情况中，自由载流子是通过热的电荷转移态直接解离产生，因此自由电荷在非常短的时间内(<100 fs)已经生成

态激子一旦退激发至低能量电荷转移态(k_{int})，就会发生激子复合，进而对外回路的光电流不产生贡献。最终，自由载流子通过双分子复合的方式退激到基态。整个过程中电荷转移态(CT)、自由载流子(SSC)和基态分子(GS)的浓度随时间变化的动力学方程如式(6.5)～式(6.7)所示。

$$\frac{\mathrm{d}n_{\mathrm{CT}}}{\mathrm{d}t}=-k_{\mathrm{CT}\to\mathrm{GS}}n_{\mathrm{CT}} \tag{6.5}$$

$$\frac{\mathrm{d}n_{\mathrm{SSC}}}{\mathrm{d}t}=-\gamma n_{\mathrm{SSC}}^{\lambda+1} \tag{6.6}$$

$$\frac{\mathrm{d}n_{\mathrm{GS}}}{\mathrm{d}t}=k_{\mathrm{CT}\to\mathrm{GS}}n_{\mathrm{CT}}+\gamma n_{\mathrm{SSC}}^{\lambda+1} \tag{6.7}$$

其中，$k_{CT\to GS}$是激子复合的速率常数；$\lambda+1$ 是非激子复合过程的反应级数；γ 是非激子复合的系数。

因此，通过求解式(6.5)～式(6.7)就可以得到电荷转移态、自由载流子和基态分子的浓度随时间变化关系，如式(6.8)～式(6.10)所示。

$$n_{CT}(t)=N_0(1-f)\exp(-k_{CT\to GS}t) \tag{6.8}$$

$$n_{SSC}(t)=[\lambda rt+(fN_0)^{-\lambda}]^{-1/\lambda} \tag{6.9}$$

$$n_{GS}(t)=N_0(1-f)[1-\exp(-k_{CT\to GS}t)]+N_0f-[\lambda rt+(fN_0)^{-\lambda}]^{-1/\lambda} \tag{6.10}$$

式中，N_0是对应研究体系吸收的入射光子浓度；f是自由载流子通过非激子复合的比例，等价于初始时刻热激子解离生成自由载流子的比例。

值得一提的是，将$n_{SSC}(t)$用 N_0 进行归一化，可以得到式(6.11)。式(6.11)说明，随着入射光能量即入射光子浓度(N_0)的增强，$\ln[n_{SSC}(t)/N_0]$随时间的变化是一个线性关系。而将$n_{SSC}(t)$用N_0进行归一化，得到的不是简单的线性关系。这也就是通过变光强实验可以区分激子复合和非激子复合的根本原因。

$$\ln\frac{n_{SSC}(t)}{N_0}=\ln(1-f)-k_{CT\to GS}t \tag{6.11}$$

$$\ln\frac{n_{SSC}(t)}{N_0}=\ln\frac{[\lambda rt+(fN_0)^{-\lambda}]^{-1/\lambda}}{N_0} \tag{6.12}$$

但是由于电荷转移态和自由载流子的吸收截面积没有办法准确测定，因此实际上的激子解离效率应该是f'[式(6.13)]。所以，通过这个模型得到的激子分离效率只能对相似体系或者不同处理条件下的同一体系进行相对比较。

$$f'=f\frac{\sigma_{SSC}}{\sigma_{CT}} \tag{6.13}$$

式中，σ_{CT}和σ_{SSC}分别是电荷转移态和自由载流子的吸收截面积。

将 CT 和 SSC 这两个激发态物种随时间的变化加和，并用N_0进行归一化，得到式(6.14)，就可以直接用来拟合 ns～μs 时间尺度内，不同入射激光强度下的瞬态吸收信号。

$$\begin{aligned}\frac{\Delta T}{T}&=n_{SSC}(t)-n_{SSC}(t)\\&=N_0(1-f)\exp(-k_{CT\to GS}t)+[\lambda\gamma t+(fN_0)^{-1}]^{-1/\lambda}\end{aligned} \tag{6.14}$$

F. Laquai 等用式(6.14)将未后处理的规整 P3HT：$PC_{61}BM$ 体系在 750～850 nm 范围内的变光强瞬态吸收信号(入射激光能量从 4 μJ · cm^{-2} 逐渐增强至 40 μJ · cm^{-2})进行了全局拟合，进而得到激子解离的效率为 68%，电荷转移态的寿命约为 2.04 ns[8]。从图 6.14(a)和 6.14(b)也可以明显看出，3 ns 之前，归一化后的瞬态吸收信号随入射激光强度的增加而无明显变化，说明 3 ns 之前主要是电荷转移态激子复合占主导。

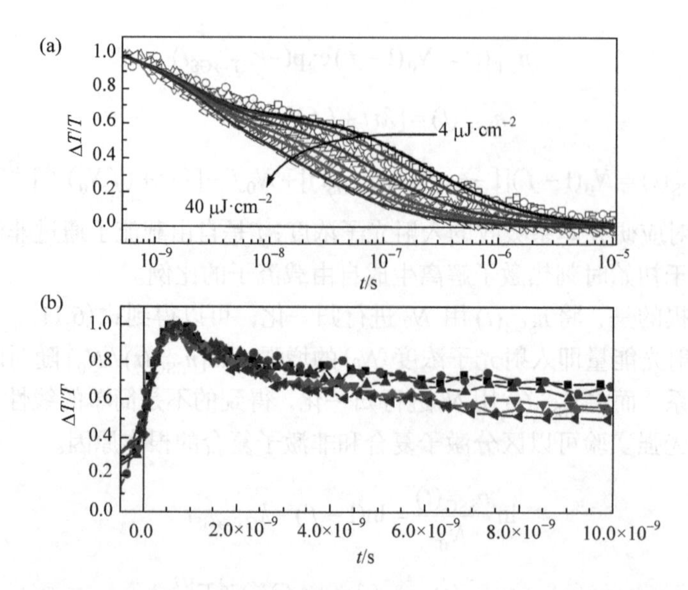

图 6.14 (a)对于未后处理的规整 P3HT：$PC_{61}BM$ 体系在 750～850 nm 范围内，不同激光强度下的动力学过程；(b)前 10 ns 的动力学过程接近线性，说明体系存在着不依赖于激光强度的激子复合过程[式(6.11)]。对应的激发光强度分别为 4 μJ · cm^{-2}、6.5 μJ · cm^{-2}、13 μJ · cm^{-2}、20 μJ · cm^{-2}、26 μJ · cm^{-2} 和 40 μJ · cm^{-2}

对于热退火处理之后的规整 P3HT：$PC_{61}BM$ 体系，对应的瞬态吸收光谱数据对入射激光的能量有很强的依赖性[图 6.15(a)和(b)]。随着激光强度从 2 μJ · cm^{-2} 逐渐增强至 40 μJ · cm^{-2}，对应的双分子复合明显增强，说明高光强下自由载流子的浓度增加，更容易发生复合。而且在整个研究的 1 ns～10 μs 的时间尺度内，没有出现明显的激子复合现象。因此，通过热退火之后，体系的激子解离效率提升至 85%，对应的电荷转移态的寿命增加至 4 ns。

基于上面全局拟合的结果，可以用数值分析的方法通过式(6.14)直观得到热退火前后，规整 P3HT：$PC_{61}BM$ 在 25 μJ · cm^{-2} 激光下的电荷转移态、自由载流子和基态浓度随时间的变化关系。如图 6.16 所示，经过热退火之后，电荷转移态的比例明显下降，而自由载流子的比例明显上升。

通过 Laquai 的模型拟合瞬态吸收数据，还可以得到非激子复合反应的系数γ。在理想情况下，电子与空穴的复合是一个二级反应，反应级数为 2[式(6.3)]。但是有机太阳能电池体系中空穴与电子的复合是非整数的[式(6.4)]，因此需要对这些非整数的复合反应进行准一级近似，将对应的复合过程转换为标准二级反应，进而得到式(6.15)，此时载流子的寿命就可以由式(6.16)得到。

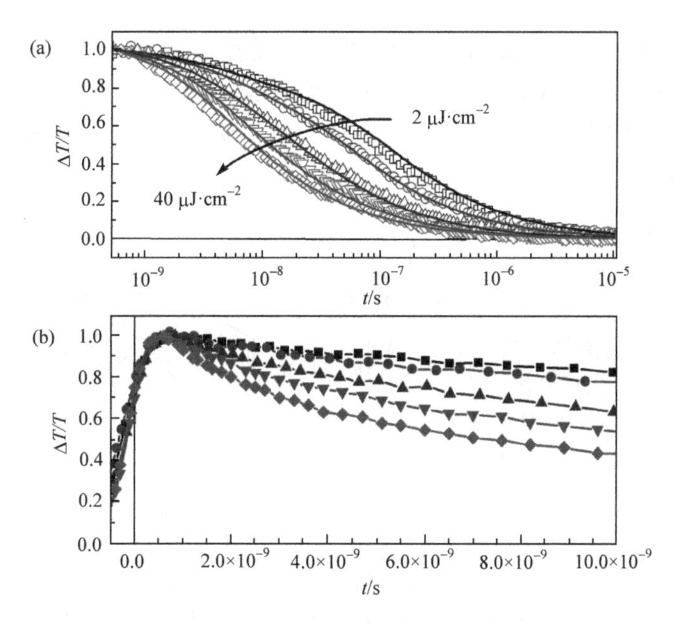

图 6.15 (a)热退火后的规整 P3HT：$PC_{61}BM$ 体系在不同激发强度下于 750～850 nm 范围内的动力学过程，并使用式(6.14)进行了全局拟合；(b)前 10 ns 的动力学过程，说明体系的激子复合依赖于激光强度[式(6.12)]，因此体系中主要存在的是双分子复合。对应的激光强度分别为 2 μJ · cm^{-2}、4 μJ · cm^{-2}、10 μJ · cm^{-2}、20 μJ · cm^{-2} 和 40 μJ · cm^{-2}

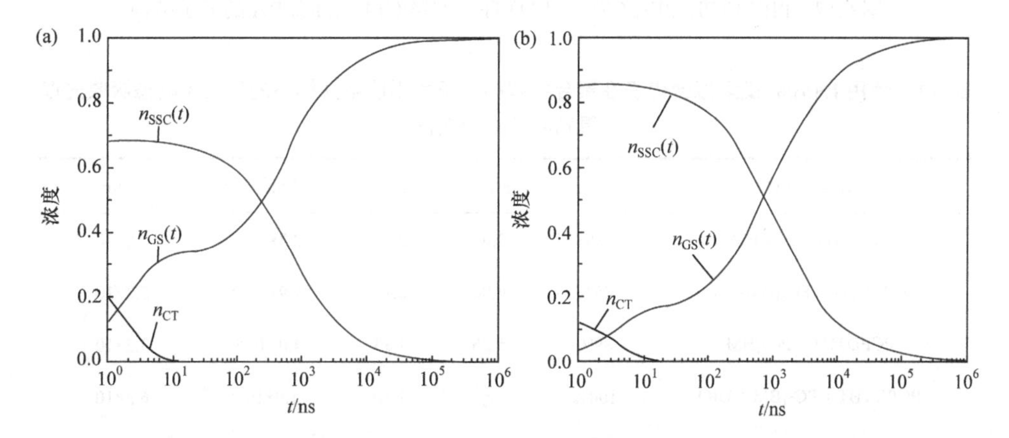

图 6.16 规整 P3HT：$PC_{61}BM$ 体系在热退火前(a)和热退火后(b)体系中电荷转移态(CT)、自由载流子(SSC)和基态(GS)浓度随时间的变化情况

$$\gamma_{\text{eff}} = \gamma n^{\lambda-1} \tag{6.15}$$

$$\tau = \frac{1}{\gamma_{\text{eff}} n} \tag{6.16}$$

在后续工作中，F. Laquai 继续使用这个模型详细分析了有无添加 DIO 的 PCPDTBT：$PC_{71}BM$ 体系[9]，PCDTBT：$PC_{71}BM$ 体系[28]和 PBDTTPD：$PC_{71}BM$ 体系(分子结构见图 6.17)[29]等。为了方便比较，现将这些代表性体系的激发态数据总结于表 6.1。

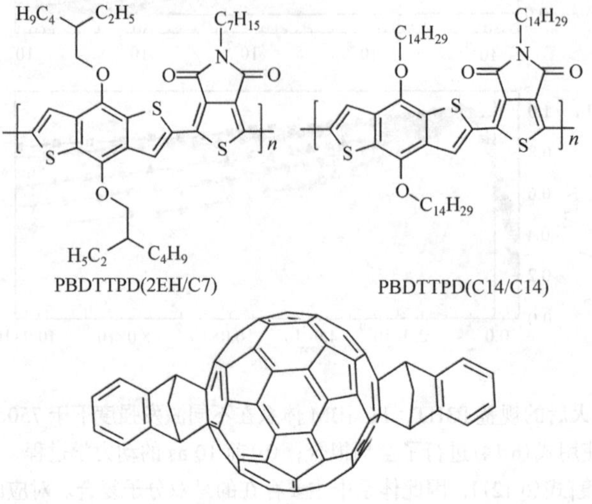

PBDTTPD(2EH/C7)　PBDTTPD(C14/C14)　$IC_{60}BA$

图 6.17　PBDTTPD(2EH/C7)、PBDTTPD(C14/C14)和 $IC_{60}BA$ 的分子结构

表 6.1　使用 Laquai 模型拟合代表性聚合物和小分子太阳能电池体系的变功率瞬态吸收光谱得到的动力学数据

太阳能电池体系	f/%	τ_{CT}/ns	λ+1	γ/(cm³·s⁻¹)	γ_{eff}/(cm³·s⁻¹)
RR-P3HT：$PC_{61}BM$	68%	2.04	2.18	2.3×10^{-15}	1.5×10^{-12}
RR-P3HT：$PC_{61}BM$-TA	85%	4.00	2.45	1.9×10^{-20}	2.2×10^{-13}
PCPDTBT：$PC_{71}BM$	89%	5.26	1.93	4.0×10^{-10}	3.2×10^{-11}
PCPDTBT：$PC_{71}BM$：DIO	100%	—	1.86	1.0×10^{-8}	6.3×10^{-11}
PCDTBT：$PC_{71}BM$	89%	5.56	2.16	5.0×10^{-15}	1.7×10^{-12}
PBDTTPD(2EH/C7)：$PC_{71}BM$	86%	0.53	1.78	3.0×10^{-25}	5.2×10^{-13}
PBDTTPD(C14/C14)：$PC_{71}BM$	74%	0.67	1.66	1.3×10^{-22}	2.9×10^{-12}
p-DTS($FBTTh_2$)$_2$：$PC_{71}BM$	85%	2.02	2.19	1.5×10^{-14}	1.3×10^{-11}

现以有无添加 DIO 的 PCPDTBT：$PC_{61}BM$ 体系为例，简单介绍有机太阳能电池中的整个激发态动力学过程(图 6.18)[9]。

对于未加入 DIO 体系，有 50%的热电荷转移态激子(CT_n)快速弛豫至 CT_0，然后发生激子复合，这些电荷转移态的寿命为 1.2 ns。剩下的 50%的热激子快速解离成自由载流子，最终通过双分子复合的方式回到基态。加入 DIO 后，单线态激子的寿命从 56 ps 增加至 78 ps，同时 70%的热激子直接解离为自由载流子。30%的热激子退激后发生激子复合猝灭，对应的激子寿命缩短至 700 ps。

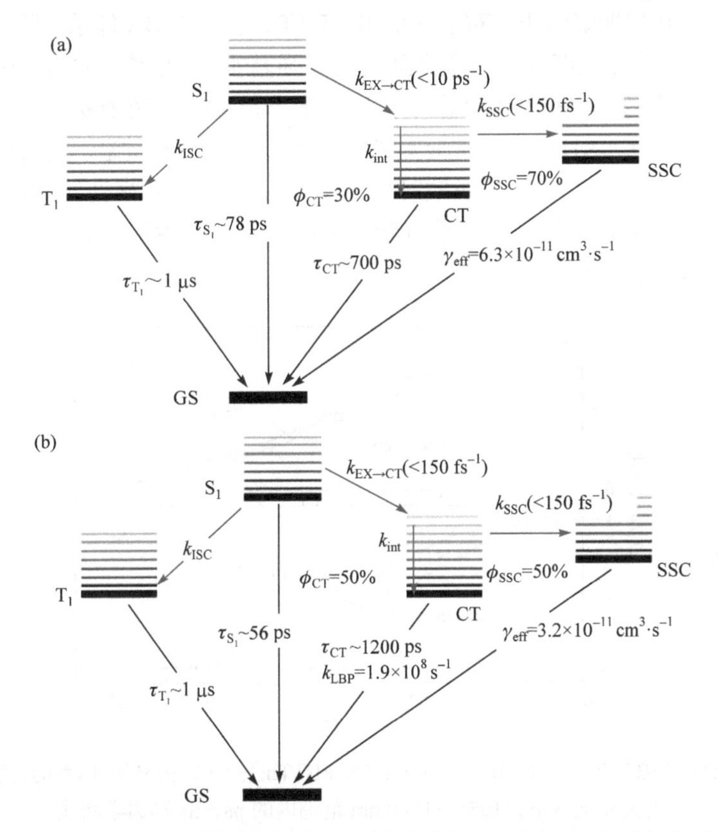

图 6.18　PCPDTBT：$PC_{61}BM$ 体系在加入 DIO(a)和未加 DIO(b)对应的光物理过程和相应物种的速率常数和寿命[9]

光激发聚合物后，生成激子的猝灭速率常数为 $k_{EX\to CT}$，接着伴随自由载流子生成(k_{SSC})和热电荷转移态的热弛豫(k_{int})。ϕ_{SSC} 和 ϕ_{CT} 分别代表生成的自由载流子和电荷转移态的比例。γ_{eff} 是有效双分子复合的系数，τ_{CT} 是电荷转移态的寿命，k_{ISC} 是单线态到三线态系间窜跃的速率常数，τ_{T_1} 和 τ_{S_1} 分别代表三线态和单线态的寿命。在未加 DIO 的体系中，k_{LBP} 代表弱束缚极化子的复合速率常数

值得一提的是，Laquai 的模型也被成功应用于小分子体系[30]。对于 G. C. Bazan 等发展的 *p*-DTS$(FBTTh_2)_2$：$PC_{71}BM$(3：2)体系，通过拟合 1055～1080 nm 范围

内 ps～μs 时间尺度的瞬态吸收数据，可以得到激子解离效率为 85%，电荷转移态激子的寿命为 2.02 ns，同时双分子复合反应的级数为 2.19。同时，他们也研究了 *p*-DTS(FBTTh$_2$)$_2$ 与 IC$_{60}$BA(分子结构见图 6.17)共混体系的光电转换性能。在添加了 0.4% DIO 并经过 120℃热处理之后，*p*-DTS(FBTTh$_2$)$_2$：IC$_{60}$BA 体系的能量转换效率仅为 5.07%，填充因子只有 0.50，远低于 *p*-DTS(FBTTh$_2$)$_2$：PC$_{71}$BM(3：2)共混体系的能量转换效率(9%)[31]。

通过比较这两个体系在 1055～1080 nm 范围内 ps～μs 时间尺度的瞬态吸收数据(图 6.19)，可以明显看出，对于 *p*-DTS(FBTTh$_2$)$_2$：IC$_{60}$BA 体系，归一化后的光诱导吸收(PIA)信号强度随入射激光强度的增强基本不变[式(6.11)]，说明体系中存在着大量弱束缚的电荷转移态激子，这些激子最终发生激子复合，同时一部分自由载流子发生了 SRH 复合，进而对外回路的光电流没有贡献。这与他们通过原子力显微镜、掠入射广角 X 射线散射(2D-GIWAXS)测试观察到的形貌结论一致：给体与受体材料的互溶性越好，越有利于形成束缚态的激子，进而导致器件低的填充因子和能量转换效率[30]。

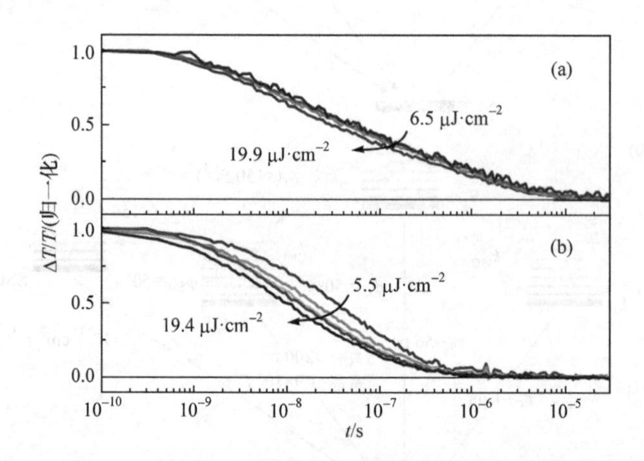

图 6.19 *p*-DTS(FBTTh$_2$)$_2$：IC$_{60}$BA(a)和 *p*-DTS(FBTTh$_2$)$_2$：PC$_{71}$BM(b)体系的薄膜在不同入射激光强度下，1055～1080 nm 范围内的 ps～μs 动力学曲线

H. Ohkita 等通过 fs～ns 和 ns～μs 瞬态吸收光谱也详细研究了 P3HT：PC$_{61}$BM 体系在光致电荷转移过程中每一步骤的效率[32]。他们通过比较无规的 RRa-P3HT 和结构规整的 RR-P3HT 在热退火前后的激子扩散效率(η_{ED})、形成两相界面电荷转移态的效率(η_{CT})、空穴迁移的效率($\eta_{\mathrm{CD}}^{\mathrm{HT}}$)、激子解离的效率($\eta_{\mathrm{CD}}$)，进而利用内量子效率(IQE)反推出了电荷收集效率(η_{CC})。

如表 6.2 所示，在热退火后，P3HT：PC$_{61}$BM 体系的激子扩散效率有略微降低，但激子解离效率从 80%明显提升至 93%，电荷收集效率也从 57%显著增加至

91%。这是因为热处理之后，P3HT 的结晶性得到明显增强，进而促进了电荷的传输和激子的解离。

表 6.2　基于 P3HT：$PC_{61}BM$ 体系光致电荷转移过程中每一步骤的效率(%)

体系	η_{ED}	η_{CT}	η_{CD}^{HT}	η_{CD}	η_{CC}	IQE
RRa-P3HT：$PC_{61}BM$	100	100	—	31	15	5
RR-P3HT：$PC_{61}BM$ (退火前)	93	100	38	80	57～74	42～55
RR-P3HT：$PC_{61}BM$ (退火后)	89	100	69	93	91～100	75～83

6.4　活性层形貌、激发态动力学与器件性能之间的关系

上述工作多侧重于从激发态动力学角度来研究有机太阳能电池中的复合过程，没有系统地从活性层的形貌出发，建立活性层形貌与激发态动力学过程和器件性能之间的关系，进而从形貌调控的角度对进一步的器件优化提出指导。因此，我们将以笔者课题组发展的高性能寡聚噻吩给体(DRCN5T，分子结构见图 6.20)为例，简单介绍我们在建立活性层形貌、激发态动力学过程和器件性能之间关系的初步进展，希望能对后续的分子设计和器件优化提供指导[33]。

如图 6.20(b)所示，基于 DRCN5T：$PC_{71}BM$ 体系的有机太阳能电池器件，未后处理的器件表现出电场依赖的 *J-V* 曲线，能量转换效率只有 3.31%。但是经过热退火和溶剂退火共同作用之后，器件的 *J-V* 曲线不再对电场有明显依赖，对应的能量转换效率提升至 10.08%[34]。

为了探究在后处理前后器件性能巨大差异的原因，我们通过光场透射电子显微镜，光场、暗场扫描透射电子显微镜和原子力显微镜，详细研究了这两种处理条件下的活性层形貌。如图 6.21 所示，在未后处理的 DRCN5T：$PC_{71}BM$ 薄膜中，$PC_{71}BM$ 团簇是均匀分散在无序的 DRCN5T 基体中，两者混合得非常好。这种无序的形貌由于缺少供载流子传输的路径，因此非常利于形成束缚能力更强的电荷转移态激子。而经过后处理之后，活性层中形成了高度结晶的纤维状形貌。这种纤维状的形貌可以当作“高速公路”，使激子能够高效扩散至两相界面并解离，并使解离产生的电荷迅速传输到电极，进而被收集。进一步的 2D-GIWAXS 和 GISAXS 测试也证实了上述形貌结果[33]。

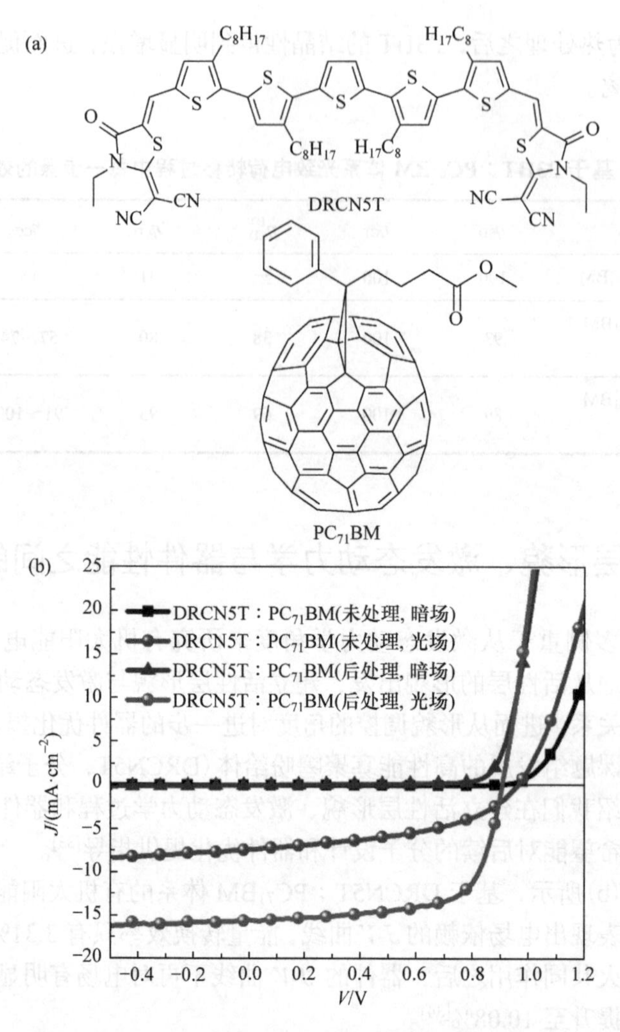

图 6.20 (a) DRCN5T 和 $PC_{71}BM$ 的分子结构；(b) DRCN5T：$PC_{71}BM$ 在后处理前后的光场和暗场 J-V 曲线

形貌的改变自然会对光电转换过程中的吸收光子总量和激发态动力学过程产生重要影响。

首先，我们通过薄膜吸收光谱和光学模拟详细研究了两种不同形貌对活性层吸光能力的影响。如图 6.22 (a) 所示，未处理的 DRCN5T：$PC_{71}BM$ 薄膜对应的最大吸收峰为 551 nm，比纯的 DRCN5T 薄膜蓝移了近 131 nm。基本与 DRCN5T 在氯仿中的最大吸收峰(约 531 nm)[34]接近。但对于后处理的 DRCN5T：$PC_{71}BM$ 薄膜，其最大吸收峰相比于纯的 DRCN5T，只有 16 nm 的蓝移。这说明在未处理的 DRCN5T：$PC_{71}BM$ 薄膜中，$PC_{71}BM$ 的团簇彻底破坏了 DRCN5T 的结晶性。与此

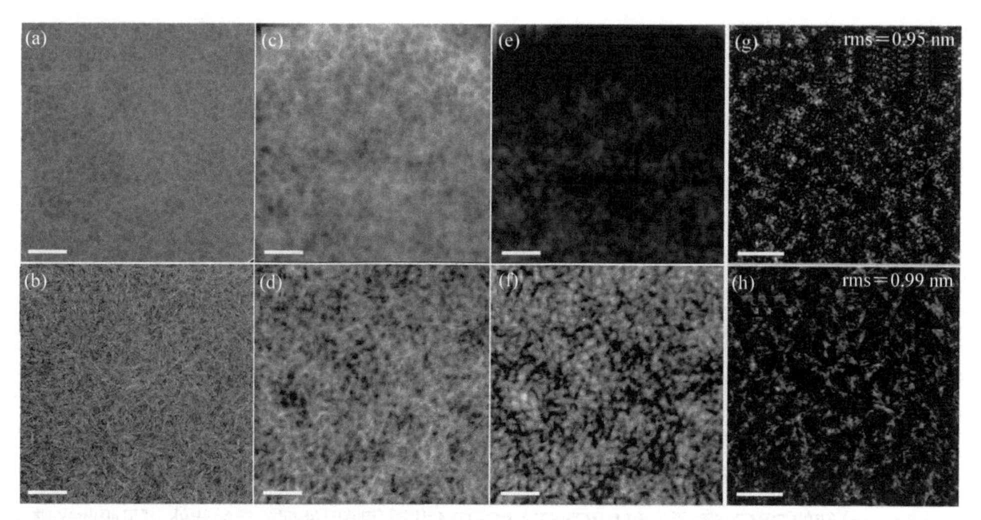

图 6.21　DRCN5T：$PC_{71}BM$ 薄膜在后处理前后的光场透射电镜、光场扫描透射电镜、暗场扫描透射电镜照片以及原子力显微镜高度图

(a) 未处理，光场透射电镜；(b) 后处理，光场透射电镜；(c) 未处理，光场扫描透射电镜；(d) 后处理，光场扫描透射电镜；(e) 未处理，暗场扫描透射电镜；(f) 后处理，暗场扫描透射电镜；(g) 未处理，原子力显微镜高度图；(h) 后处理，原子力显微镜高度图。(a)～(f) 对应的标尺为 200 nm，(g)～(h) 对应的标尺为 1 μm

相反，经过后处理，对应 DRCN5T 的结晶性得到了增强，进而在吸收光谱上观察到了肩峰。进一步，通过传输矩阵对器件中吸收光子的通量进行积分得到活性层中激子的生成速率[35]。如图 6.22 (b) 所示，相比于未处理的薄膜，经过后处理，增加的激子吸收峰主要在 600～800 nm 处，这与图 6.22 (a) 中紫外-可见吸收光谱上观察到的肩峰位置一致。因此，在对应的 DRCN5T：$PC_{71}BM$ 器件中，假设内量子效率为 100%，通过光学模拟可以得到未处理薄膜的极限短路电流密度为 14.13 $mA \cdot cm^{-2}$，经后处理可以增加到 17.80 $mA \cdot cm^{-2}$。

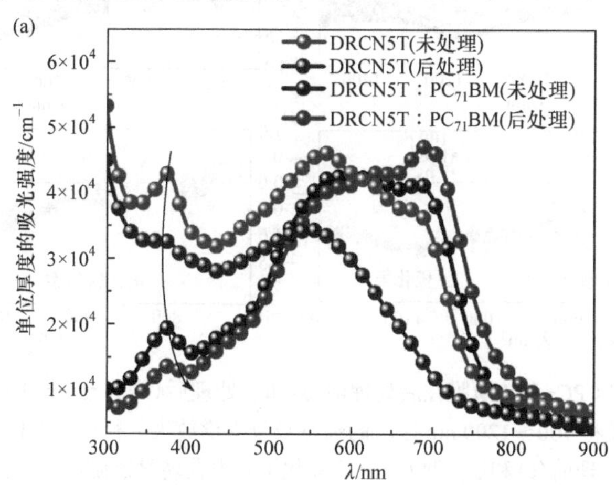

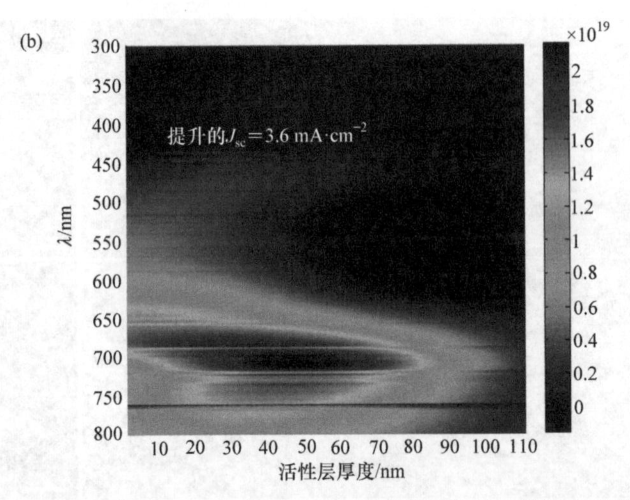

图 6.22 (a) 纯的 DRCN5T 薄膜和 DRCN5T：PC$_{71}$BM 共混薄膜后处理前后的紫外-可见吸收光谱；(b) 通过一维传输矩阵得到 DRCN5T：PC$_{71}$BM 共混薄膜经过后处理之后可增加的短路电流密度

为了详细研究两种不同的形貌对电荷生成和抽提动力学的影响，我们使用了 fs～μs 的瞬态吸收光谱详细研究了这两个体系。图 6.23 是 500 nm 激光激发后 520～1500 nm 范围内的瞬态吸收光谱。未处理的 DRCN5T：PC$_{71}$BM 薄膜在约 710 nm 处有一个无任何特征的基态漂白峰，说明 PC$_{71}$BM 的引入彻底破坏了 DRCN5T 的聚集。对共混薄膜进行后处理之后，PC$_{71}$BM 对给体形貌的影响大大减轻。与纯 DRCN5T 的基态漂白峰一致，经过后处理的共混薄膜在 710 nm 处存

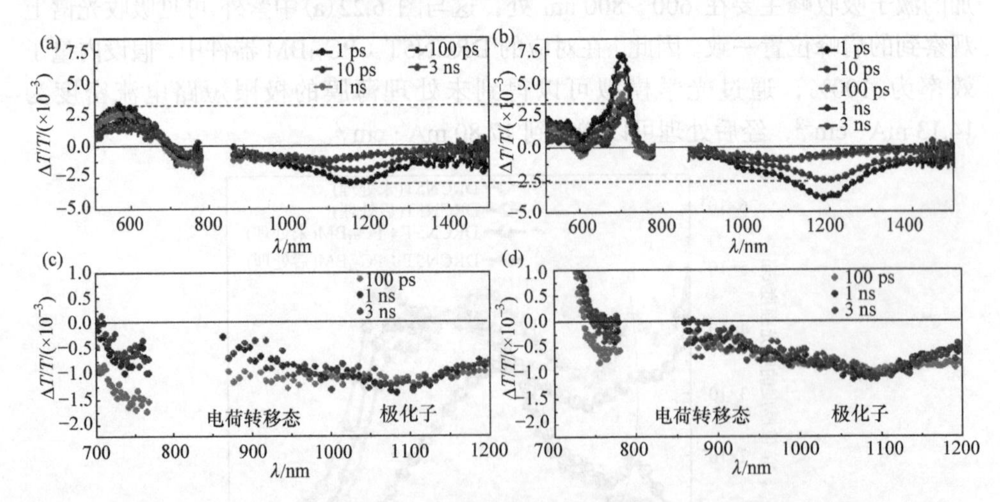

图 6.23 DRCN5T：PC$_{71}$BM 薄膜在后处理前 (a) 和后处理后 (b) 的 fs～ns 瞬态吸收光谱随时间的演化关系，以及将 700～1200 nm 区域的瞬态吸收光谱放大，得到的 DRCN5T：PC$_{71}$BM 薄膜在后处理前 (c) 和后处理后 (d) 的极化子和电荷转移态随时间的演化关系

在明显的基态漂白峰，同时吸收光谱上的肩峰也重现了。这非常类似于 P3HT：PCBM 体系在热退火前后的形貌和瞬态吸收光谱变化。这说明在经过后处理的 DRCN5T：$PC_{71}BM$ 薄膜中存在着非常有序的结构，同时分子间的强相互作用会促进激子与声子的强烈耦合[36,37]。

在近红外区域，后处理体系中激子吸收峰的强度明显高于未处理的体系，说明后处理之后，由于形成了更大的晶畴，此时激子不能立即解离，而是需要扩散至给体与受体两相的界面处才能解离。在激子信号衰减至约 100 ps 时，可以发现在约 1100 nm 处出现了一个新的峰，这个峰的寿命可以达到微秒。因此，这个长寿命的物种是自由载流子。同时，这两个体系均在 750～950 nm 区域的瞬态吸收信号对应着一个大约 1000 ps 的衰减信号，这与自由载流子的生成速率一致，因此归属于电荷转移态的衰减信号[38]。这也与文献中报道的聚合物太阳能电池中电荷转移态的位置一致[38-40]。如图 6.23(c)和(d)所示，在后处理的共混薄膜中，电荷转移态的强度已经明显低于未处理的体系。这说明经过后处理，共混体系中的电荷转移态已经基本被消除。

进一步分析 ns～μs 时间尺度内的可见区和红外区的瞬态吸收光谱数据，我们得到了后处理前后的激子生成、扩散和解离效率，并借助于内量子效率得到电荷抽取效率，如图 6.24 所示。

综上所述，对于无序的形貌，没有通畅的载流子传输路径，因而生成了大量强烈束缚的电荷转移态激子。而这些强烈束缚的电荷转移态激子，只能在施加很大反向电压的条件下，才能被有效地分离和抽提至电极[16,41-43]，因而得到了电场依赖的 *J-V* 曲线(低的填充因子)和差的器件性能[图 6.20(b)]。与此相反，在经过后处理的薄膜中，由于形成了高度结晶的纤维状形貌，这些强束缚的电荷转移态被彻底消除。两相互穿的给体和受体网络就像高速公路一样，使得激子能迅速扩散至界面，并被高效解离。同时激子解离之后产生的载流子在内建电场的作用下，以接近 100%的效率被传输至电极，进而被收集[33]。

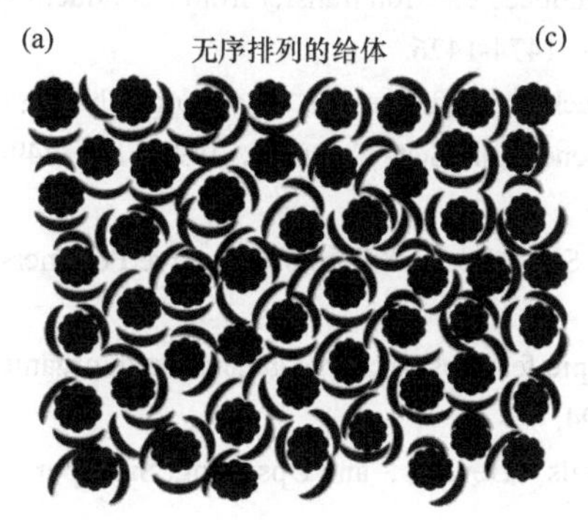

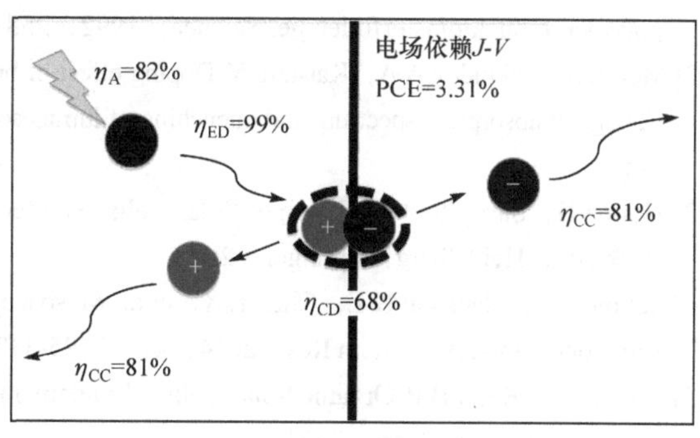

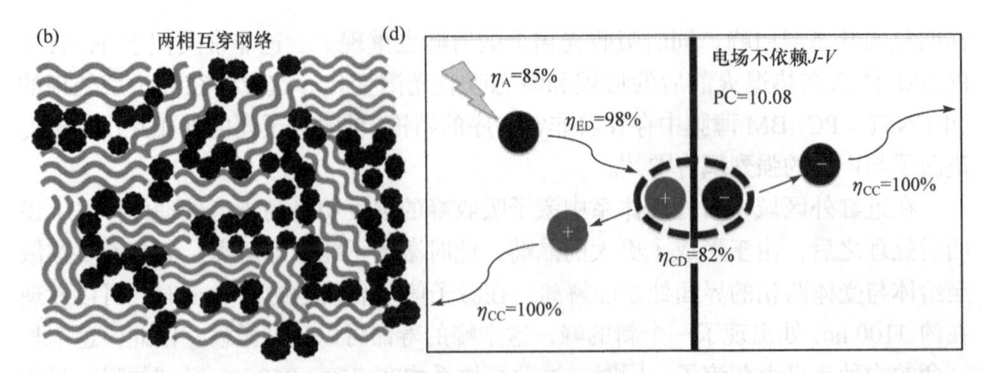

图 6.24 活性层、激发态动力学和器件性能之间的关系

DRCN5T：$PC_{71}BM$ 薄膜在后处理前(a)和后处理之后(b)的形貌示意图。后处理前的无序形貌(c)和后处理之后的纤维状形貌(d)对应的光电转换过程中的每一步骤的效率

6.5 本章小结

有机太阳能电池的能量转换效率已经超过 15%，要想进一步提高有机太阳能电池的能量转换效率，必须借助于新的理念和思想。目前有机太阳能电池研究的重心仍然集中在材料合成与筛选上，对于材料所对应器件性能优劣的根本原因缺乏深入的研究和深层次的认识。虽然在机理研究方面也取得了一些进展，但是对于有机太阳能电池最终的商业化，这是远远不够的，仍然有待于更加深入的后续研究和多学科交叉。

致 谢 感谢高峰教授(瑞典林雪平大学)、张江彬博士(剑桥大学)以及王婀博士(中国科学院化学研究所)对本章的校正及建议。

参 考 文 献

[1] Sariciftci N S，Smilowitz L，Heeger A J，et al. Photoinduced electron transfer from a conducting polymer to buckminsterfullerene. Science，1992，258：1474-1476.

[2] Morita S，Zakhidov A A，Katsumi Y. Doping effect of buckminsterfullerene in conducting polymer：Change of absorption spectrum and quenching of luminescene. Solid State Commun，1992，82：249-252.

[3] Hoppe H，Sariciftci N S. Polymer Solar Cells//Marder S R，Lee K S. Photoresponsive Polymers II. Berlin，Heidelberg：Springer，2008.

[4] Savoie B M，Jackson N E，Chen L X，et al. Mesoscopic features of charge generation in organic semiconductors. Acc Chem Res，2014，47：3385-3394.

[5] Richter H，Rand B P. Organic Solar Cells：Fundamentals，Devices，and Upscaling. Singapore：Pan Stanford Publishing，2014.

[6] 龙官奎. 有机太阳能电池给体材料设计合成与器件优化研究. 天津：南开大学博士学位论文，2014.
[7] Proctor C M，Kuik M，Nguyen T Q. Charge carrier recombination in organic solar cells. Prog Poly Sci，2013，38：1941-1960.
[8] Howard I A，Mauer R，Meister M，et al. Effect of morphology on ultrafast free carrier generation in polythiophene：Fullerene organic solar cells. J Am Chem Soc，2010，132：14866-14876.
[9] Etzold F，Howard I A，Forler N，et al. The effect of solvent additives on morphology and excited-state dynamics in PCPDTBT：PCBM photovoltaic blends. J Am Chem Soc，2012，134：10569-10583.
[10] Gélinas S, Rao A, Kumar A, et al. Ultrafast long-range charge separation in organic semiconductor photovoltaic diodes. Science，2014，343：512-516.
[11] Kaake L G，Moses D，Heeger A J. Coherence and uncertainty in nanostructured organic photovoltaics. J Phys Chem Lett，2013，4：2264-2268.
[12] Kaake L G，Jasieniak J J，Bakus R C，et al. Photoinduced charge generation in a molecular bulk heterojunction material. J Am Chem Soc，2012，134：19828-19838.
[13] Bakulin A A，Rao A，Pavelyev V G，et al. The role of driving energy and delocalized states for charge separation in organic semiconductors. Science，2012，335：1340-1344.
[14] Falke S M，Rozzi C A，Brida D，et al. Coherent ultrafast charge transfer in an organic photovoltaic blend. Science，2014，344：1001-1005.
[15] Grancini G，Maiuri M，Fazzi D，et al. Hot exciton dissociation in polymer solar cells. Nat Mater，2013，12：29-33.
[16] Vandewal K，Albrecht S，Hoke E T，et al. Efficient charge generation by relaxed charge-transfer states at organic interfaces. Nat Mater，2014，13：63-68.
[17] Gao F，Inganäs O. Charge generation in polymer-fullerene bulk-heterojunction solar cells. Phys Chem Chem Phys，2014，16：20291-20304.
[18] Provencher F，Bérubé N，Parker A W，et al. Direct observation of ultrafast long-range charge separation at polymer：Fullerene heterojunctions. Nat Commun，2013，5：4288.
[19] Long G，Li A，Shi R，et al. The evidence for fullerene aggregation in high-performance small-molecule solar cells by molecular dynamics simulation. Adv Electron Mater，2015，1：1500217.
[20] Long G，Shi R，Zhou Y，et al. Molecular origin of donor- and acceptor-rich domain formation in bulk-heterojunction solar cells with an enhanced charge transport efficiency. J Phys Chem C，2017，121：5864-5870.
[21] Song Y，Clafton S N，Pensack R D，et al. Vibrational coherence probes the mechanism of ultrafast electron transfer in polymer：Fullerene blends. Nat Commun，2014，5：4933.
[22] Armin A，Zhang Y，Burn P L，et al. Measuring internal quantum efficiency to demonstrate hot exciton dissociation. Nat Mater，2013，12：593.
[23] Grancini G，Binda M，Criante L，et al. Reply to 'Measuring internal quantum efficiency to demonstrate hot exciton dissociation'. Nat Mater，2013，12：594-595.
[24] Scharber M. Measuring internal quantum efficiency to demonstrate hot exciton dissociation. Nat Mater，2013，12：594.
[25] Grancini G，Binda M，Neutzner S，et al. The role of higher lying electronic states in charge photogeneration in organic solar cells. Adv Funct Mater，2015，25：6893-6899.
[26] Onsager L. Deviations from Ohm's law in weak electrolytes. J Chem Phys，1934，2：599-615.
[27] Braun C L. Electric field assisted dissociation of charge transfer states as a mechanism of

photocarrier production. J Chem Phys，1984，80：4157-4161.

[28] Etzold F，Howard I A，Mauer R，et al. Ultrafast exciton dissociation followed by nongeminate charge recombination in PCDTBT：PCBM photovoltaic blends. J Am Chem Soc，2011，133：9469-9479.

[29] Dyer-Smith C，Howard I A，Cabanetos C M，et al. Interplay between side chain pattern，polymer aggregation，and charge carrier dynamics in PBDTTPD：PCBM bulk-heterojunction solar cells. Adv Energy Mater，2015，5：1401778.

[30] Ko Kyaw A K，Gehrig D，Zhang J，et al. High open-circuit voltage small-molecule *p*-DTS(FBTTh$_2$)$_2$：ICBA bulk heterojunction solar cells - morphology，excited-state dynamics，and photovoltaic performance. J Mater Chem A，2015，3：1530-1539.

[31] Gupta V，Kyaw A K K，Wang D H，et al. Barium：An efficient cathode layer for bulk-heterojunction solar cells. Sci Rep，2013，3：1965-1970.

[32] Guo J，Ohkita H，Benten H，et al. Charge generation and recombination dynamics in poly(3-hexylthiophene)/fullerene blend films with different regioregularities and morphologies. J Am Chem Soc，2010，132：6154-6164.

[33] Long G，Wu B，Solanki A，et al. New insights into the correlation between morphology，excited state dynamics，and device performance of small molecule organic solar cells. Adv Energy Mater，2016，6：1600961.

[34] Kan B，Li M，Zhang Q，et al. A series of simple oligomer-like small molecules based on oligothiophenes for solution-processed solar cells with high efficiency. J Am Chem Soc，2015，137：3886-3893.

[35] Burkhard G F，Hoke E T，McGehee M D. Accounting for interference，scattering，and electrode absorption to make accurate internal quantum efficiency measurements in organic and other thin solar cells. Adv Mater，2010，22：3293-3297.

[36] Marsh R A，Hodgkiss J M，Bert-Seifried S，et al. Effect of annealing on P3HT：PCBM charge transfer and nanoscale morphology probed by ultrafast spectroscopy. Nano Lett，2010，10：923-930.

[37] Brown P J，Thomas D S，Köhler A，et al. Effect of interchain interactions on the absorption and emission of poly(3-hexylthiophene). Phys Rev B，2003，67：064203.

[38] Deibel C，Strobel T，Dyakonov V. Role of the charge transfer state in organic donor-acceptor solar cells. Adv Mater，2010，22：4097-4111.

[39] Grancini G，Polli D，Fazzi D，et al. Transient absorption imaging of P3HT：PCBM photovoltaic blend：Evidence for interfacial charge transfer state. J Phys Chem Lett，2011，2：1099-1105.

[40] Szarko J M，Rolczynski B S，Lou S J，et al. Photovoltaic function and exciton/charge transfer dynamics in a highly efficient semiconducting copolymer. Adv Funct Mater，2014，24：10-26.

[41] Kniepert J，Lange I，van der Kaap N J，et al. A conclusive view on charge generation，recombination，and extraction in as-prepared and annealed P3HT：PCBM blends：Combined experimental and simulation work. Adv Energy Mater，2014，4：1301401-1301411.

[42] Kyaw A K K，Wang D H，Gupta V，et al. Intensity dependence of current-voltage characteristics and recombination in high-efficiency solution-processed small-molecule solar cells. ACS Nano，2013，7：4569-4577.

[43] Albrecht S，Schindler W，Kurpiers J，et al. On the field dependence of free charge carrier generation and recombination in blends of PCPDTBT/PC$_{70}$BM：Influence of solvent additives. J Phys Chem Lett，2012，3：640-645.

第 7 章

有机太阳能电池的稳定性

经过近 30 年的发展，有机太阳能电池的研究已经取得了巨大进展，但是，有机太阳能电池若要实现商业化应用，还需要在大面积加工制备工艺和稳定性方面取得突破，特别是在稳定性方面。相比于平均寿命达到 25 年的无机硅基太阳能电池，有机太阳能电池的稳定性亟待提高。虽然如此，有机太阳能电池稳定性的研究并未引起足够的关注。文献报道的高效率的光伏器件，多数并没有给出稳定性的测试数据。有关稳定性的研究测试，往往采用经典的电池体系，如 P3HT：PCBM 等。然而有机太阳能电池各项性能，包括稳定性，很多时候因体系不同而导致实验结果无法与其他体系作比较。尽管有上述挑战，近年来人们在有机太阳能电池稳定性方面的研究也取得了较大的进展，获得了令人振奋的研究结果，其中有机太阳能电池最高寿命估计可以达到 20 年[1]，这一结果显示了有机太阳能电池应用的巨大潜力。

对于以溶液处理工艺制备的光伏器件来讲，聚合物和小分子太阳能电池的研究思路与研究方法基本是一致的。鉴于溶液处理小分子光伏器件稳定性的研究较少，本章介绍有机光伏器件的稳定性并不局限于小分子器件，将从有机光伏器件稳定性研究方法、影响稳定性的因素分析及提高稳定性的方法策略和近期研究结果几个方面进行简要介绍，以期给读者呈现本领域的一个比较清晰的轮廓，具体细节读者可以参照相关的文献和专著[2-6]。

7.1 有机太阳能电池稳定性研究方法

对于太阳能电池稳定性的研究来讲，最直接的方法是长时间实时或者定期监测电池运行过程中的各项性能以及光伏性能参数（J_{sc}、V_{oc}、FF 和 PCE）。然而这种方法显然是不太现实的，特别是对于有机太阳能电池来讲，尤其对于户外自然条件下的稳定性实验研究。因而可重复的实验室加速老化试验成为广泛应用于太阳能电池寿命研究的方法。加速老化试验通常在较高光强、较高温度及模拟自然条件下进行。目前无机太阳能电池在寿命测试方面广泛采用的方法是国际电工委员会(International Electrotechnical Commission，IEC)制定的标准，即针对晶硅电池的 IEC 61215、针对无机薄膜电池的 IEC 61646 和针对聚光太阳能接收器和零件的 IEC 62108。有机太阳能电池在材料和器件方面与无机太阳能电池具有较大的差异，为了较好地测试有机太阳能电池的稳定性并获得各个实验室可比较的寿命数据，丹麦工业大学的 F. Krebs 等建立了有机光伏器件(太阳能电池)稳定性的测试方法标准，即 ISOS(International Summit on OPV Stability)[7]。ISOS 实际上不是一个严格的测试标准。虽然严格细致的标准可以得到器件的详细的稳定性数据，但对测试的高标准要求会将稳定性的研究变成许多实验室无法完成的任务。鉴于此，ISOS 提供了初级、中级和高级三个层次的测试方法标准，供不同实验条件的实验室选择。这样不同的实验室科研根据自身具体条件测试器件的稳定性，就可在不同层次上获得具有可比性的器件稳定性数据(表 7.1)。显然，相比于无机太阳能电池稳定性的测试标准，ISOS 的方法更适合当前还主要处于实验室研究阶段的有机太阳能电池。有关 ISOS 测试具体的方法，读者可以参看参考文献[11]。这里只介绍 ISOS 推荐的在研究有机光伏器件稳定性时需要报道的四组参数，即 E_0 和 t_0、E_S 和 t_S、E_{80} 和 t_{80}、E_{S80} 和 t_{S80}，如图 7.1 所示。其中，E_0 是在器件制备完成后立即测试的效率，t_0 表示时间是 0；E_S 是在时间 t_S 时对器件的第二次测试效率；E_{80} 是指器件效率衰减 20%，即到达初始效率 80%时的效率，对应的时间是 t_{80}；E_{S80} 是器件效率衰减到第二次测试时(t_S)的 80% 时，时间 t_{S80} 对应的器件效率。

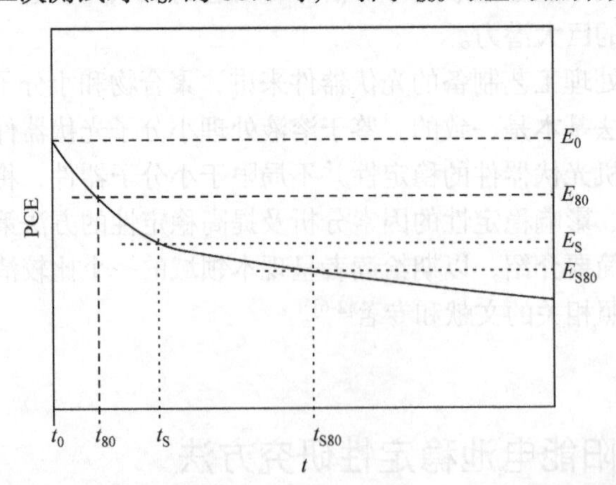

图 7.1　表示器件稳定性的四组数据 E_0 和 t_0、E_S 和 t_S、E_{80} 和 t_{80}、E_{S80} 和 t_{S80} 示意图

通常有机太阳能电池的效率衰减会有如图 7.2 所示的三个阶段[5]，第一个阶段是效率开始急剧下降(burn-in)的阶段，第二个阶段是效率保持(或缓慢下降，long-term)阶段，第三个阶段是器件失效(failure)的阶段。和上面 ISOS 推荐的四

组参数对应，若按照 t_{80} 定义寿命，大多数有机太阳能电池寿命也就几百小时，若是采用 t_{S80} 定义，达到图 7.2 中第三个阶段前，有机太阳能电池器件效率衰减 80% 所用的时间目前可达 40000 h[1]。

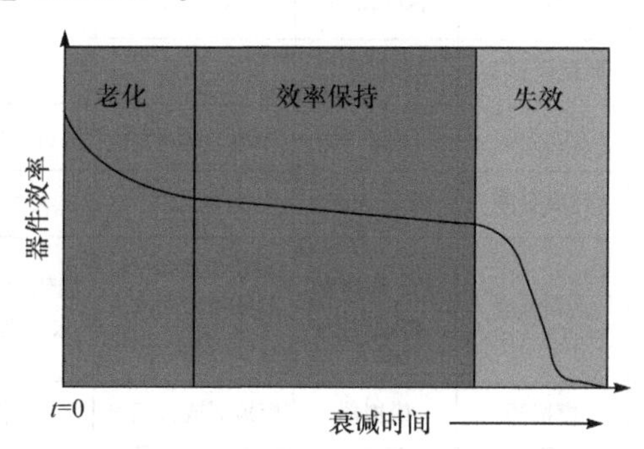

图 7.2　有机太阳能电池器件效率衰减的三个阶段

综合以上分析，有机太阳能电池稳定性的测试按照 ISOS 推荐的方法可以得到不同实验室之间可进行比较的数据，从数据可比较性的角度出发，考虑到不同实验室的实验设备条件，该方法是比较切实可行的有机光伏器件测试方法。

表 7.1　ISOS 推荐的有机太阳能电池测试方法

三个层次						
初级（Level 1）	利用最简单的装置和有限条件的测试					
中级（Level 2）	适合大多数实验室的测试					
高级（Level 3）	具有专业资质的实验室的标准测试					
测试类型	暗场			户外		
测试名称	ISOS-D-1 常规放置	ISOS-D-2 高温放置	ISOS-D-3 潮湿加热	ISOS-O-1 户外	ISOS-O-2 户外	ISOS-O-3 户外
光源	—	—	—	太阳光	太阳光	太阳光
温度	室温	65/85 ℃	65/85 ℃	室温	室温	室温
相对湿度	环境湿度	控制湿度	85%	环境湿度	环境湿度	环境湿度
环境/装置	抽屉	加热炉	环境仓	户外	户外	户外
表征光源	模拟器或太阳光	模拟器	模拟器	模拟器	太阳光	太阳光和模拟器
负载	开路	开路	开路	最大功率点或开路	最大功率点或开路	开路

续表

测试类型	实验风化测试			热循环		
测试名称	ISOS-L-1	ISOS-L-2	ISOS-L-3	ISOS-T-1	ISOS-T-2	ISOS-T-3
光源	风化模拟器	风化模拟器	风化模拟器	无循环	无循环	无循环
温度	室温	65/85 ℃	65/85 ℃	室温～65/85 ℃	室温～65/85 ℃	室温～65/85 ℃
相对湿度	环境湿度	环境湿度	接近 50%	环境湿度	环境湿度	接近 50%
环境/装置	只有光	光和温度	光，温度和相对湿度	热板/加热炉/太阳光模拟器或太阳光	加热炉/环境仓/太阳光模拟器	环境仓/太阳光模拟器
表征光源	模拟器	模拟器	模拟器	模拟器或太阳光	模拟器	模拟器
负载	最大功率点或开路	最大功率点或开路	最大功率点	开路	开路	开路

测试类型	太阳光-热-湿度循环		
测试名称	ISOS-LT-1 太阳光-加热循环	ISOS-LT-2 太阳光-加热-湿度循环	ISOS-LT-3 太阳光-加热-湿度-冷冻循环
光源	模拟器	模拟器	模拟器
温度	在室温～65℃线性或步进加热	在 5～65 ℃线性加热	在−25～65 ℃线性加热
相对湿度	观察，不控制	观察，超过 40 ℃后控制在 50%	观察，超过 40 ℃后控制在 50%
环境/装置	风化仓	带有太阳模拟器的环境仓	带有太阳模拟器和冷冻装置的环境仓
表征光源	模拟器	模拟器	模拟器
负载	最大功率点或开路	最大功率点或开路	最大功率点或开路

7.2 影响有机太阳能电池稳定性的因素

影响有机太阳能电池稳定性的因素众多，整体上可以分为两大类，一是内部因素，二是外部因素。前者是指器件内部活性层材料本身的不稳定性、电极材料和界面层材料的扩散等不稳定因素；后者是指外界环境因素，如氧气和水的渗入、紫外辐射、热以及机械力等对器件的影响。另外，由外界环境因素决定的稳定性也可分为化学稳定性和物理（形貌）稳定性。前者包括光降解和环境物质（包括氧气及水分）的反应等，后者包括形貌的变化等。这几个方面的因素通常会共同作用，从而诱发一系列电池降解过程，如活性层的结晶化和(或)形貌不稳定、光降解、有机层的氧化、ITO 的降解以及金属背电极的变化等。

7.2.1　影响器件稳定性的内部因素

器件内部的稳定性主要包括活性层的稳定性和界面层的稳定性，这又包括形貌和化学稳定性两个方面。其中活性层形貌的稳定性不仅对电池的光电转换性能影响巨大，同时也在很大程度上影响电池器件的稳定性。本体异质结(BHJ)器件结构具有更多的给受体界面，有利于激子的解离，从而获得更高的光电转换效率，是目前研究最广泛的器件结构。但 BHJ 活性层因为给受体中的相分离特性而通常处于亚稳态，随着时间和热的累积，给体和受体以及它们的形貌(包括晶态)都会逐渐发生变化。例如，在用富勒烯作为受体时通常发生富勒烯聚集，而与给体材料之间会逐渐形成较大的相分离从而降低器件性能。P. Müller-Buschbaum 等[8]应用微聚焦掠入射小角 X 射线散射(μGISAXS)研究了聚 3-己基噻吩/富勒烯混合层的亚稳态形貌，并提出了一个形貌随时间变化而导致 J_{sc} 降低的模型，如图 7.3 所示，随着时间延长，电池的 J_{sc} 逐渐降低，活性层形貌发生显著变化，给体小晶畴消失而大晶畴生长。研究结果表明在初始的 7 h，电池的 J_{sc} 损失了约 25%，活性层形貌发生了变化是重要的原因，因而如何提高活性层形貌的稳定性是提高光伏器件寿命的关键因素之一。

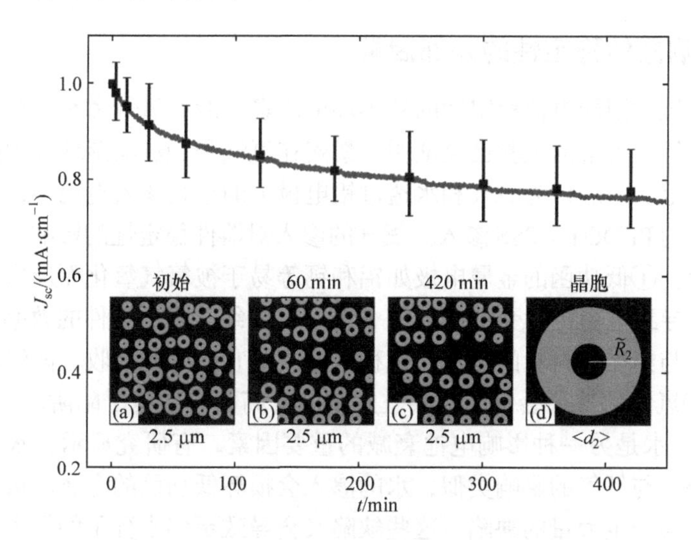

图 7.3　不同时间下实验及模拟的短路电流密度

方块代表通过μGISAXS 测试得到的理论推算值，曲线为测试结果。插图：(a～c)通过 Monte-Carlo 模拟得到的可视化的活性层内部在不同时间的形貌；(d)预测归一化短路电流密度的晶胞

在活性层中添加高沸点的添加剂是近年来改善活性层形貌、提升器件效率的

一种有效方法[9,10]。一般情况下，添加剂虽然可以提高PCE，但同时会使活性层形成不稳定的形貌进而降低器件的稳定性。J. H. Park 等[11]以未添加和添加 1,8-二碘辛烷(DIO)的 PTB7/$PC_{71}BM$ 体系为活性层制备了电池器件。在空气中放置 300 h 后，未使用和使用DIO的电池的PCE分别降到初始值的61%和39%。DIO的引入加速了活性层的降解，大量聚集的 $PC_{71}BM$ 破坏了具有大量的给/受体(D/A)界面以及双连续的互穿网络结构的初始活性层形貌。最近 S. Lee 等使用 1,2,4-三氯苯(TCB)作为添加剂[12]，研究了PTB7-Th/$PC_{71}BM$体系的光伏性能，发现相比于DIO作为添加剂的器件，使用TCB的器件，稳定性强10倍，而且可以在空气中制备器件，使用刮涂(doctor blade)的方法亦可得到8.43%的效率。可见，不同的添加剂对器件活性层形貌的作用机制存在差异，直接影响器件的稳定性，添加剂的引入不一定形成不稳定的活性层形貌，从而对器件稳定性造成负面影响。

除了活性层材料，电极和界面层材料对有机光伏器件的稳定性也有较大的影响。有机太阳能电池的电极材料包括透明电极(一般为 ITO)和金属背电极。研究表明，ITO 电极中的铟和锡在旋涂完 PEDOT∶PSS 后会发生迁移，扩散到 PEDOT∶PSS 层甚至活性层中从而导致电池光伏性能的衰减。常用的金属背电极铝也会缓慢扩散到邻近的界面层以及活性层中。作为空穴传输层而广泛使用的PEDOT∶PSS也会扩散到活性层中[17]，常用的电子传输层材料 TiO_2、ZnO 具有光催化作用[14]，长时间光照下，会对活性层造成不同程度的影响。

7.2.2 影响器件稳定性的外部因素

影响有机太阳能电池稳定性的外界环境因素一般有氧气和水、紫外辐射、热以及机械力等。大量的试验已经证明，暴露在氧气和(或)潮湿环境中的有机光伏器件衰减严重。一般认为氧气和水透过铝电极上的小孔渗入电池中，其中水也可能由易吸湿的PEDOT∶PSS渗入。氧气的渗入对器件稳定性的影响主要体现在以下三个方面：①低功函的金属电极如铝和钙等易于被氧气氧化而形成绝缘的金属氧化物层，导致电荷传输受阻而出现 S 型 J-V 曲线并降低器件的效率；②渗入的氧气还会参与给受体材料的光氧化过程从而改变它们的光吸收、能级以及电荷迁移率等；③氧气的掺杂会使活性层空穴浓度升高而导致电子陷阱增多以及 FF、V_{oc} 的降低。水是另一种影响电池衰减的重要因素，有研究显示，水的扩散速度比氧气更快。与氧气的影响类似，水的渗入会损坏低功函的金属电极，暴露在水中的铝电极会产生大量的缺陷，这些缺陷又会导致更多水分子的侵入。电极和活性层界面处水的侵入也会导致氧化金属层的形成，阻碍电荷收集。需要强调的是，这些因素对有机太阳能电池的影响原则上和对其他太阳能电池的影响一样，因此其他太阳能电池领域的技术成果和方案也可用于有机太阳能电池。

F. C. Krebs 等研究对比了 P3HT/$PC_{61}BM$ 体系太阳能电池在不同条件下的稳定

性[15]：干燥氮气气氛(水含量<1 ppm，氧含量<1 ppm)，干燥氧气气氛(水含量<1 ppm，氧含量<1 ppm)，潮湿氮气气氛(90%±5% 相对湿度，氧含量<1 ppm)以及实际环境(20%±5%相对湿度，20%氧含量)。在连续照射 200 h 后，在同时含氧气和水的实际环境中的各种结构类型的电池(正向结构器件、反向结构器件以及“卷对卷”法制备的未封装和封装的反向结构器件)表现出不同的稳定性。如图 7.4 所示，水、氧特别是氧气是导致器件电流衰减的重要因素。反向器件以及封装的器件在惰性气氛中表现出较好的稳定性。

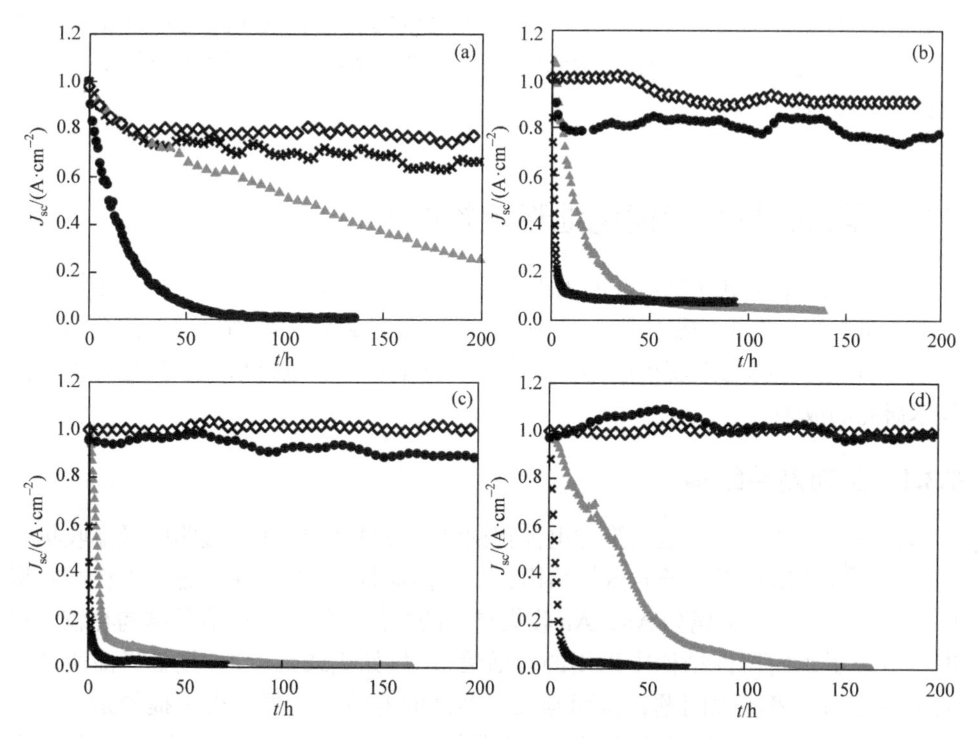

图 7.4　不同气氛下不同类型电池短路电流密度随光照时间降解曲线

(a)正向结构器件；(b)反向结构器件；(c)未封装和(d)封装的“卷对卷”制备的反向器件。▲实际环境；×干燥氧气；◇干燥氮气；●潮湿氮气

除了氧气和水外，紫外辐射也是有机太阳能电池性能衰减的一个重要因素。尤其是在户外环境下，能量超过 3.2 eV 的光子会导致有机化合物发生光化学反应，特别是存在氧气、水和热时，反应会加速。活性层的光氧化是光化学降解的主要原因。首先，给体或受体材料因光化学反应产生的结构的改变会降低光吸收，产生的一些物种如自由基阳离子会影响电池器件的光伏性能等，其次这些光诱发反应还可能会改变给受体材料能级，造成能级不匹配、增加活性层的能级混乱度而导致空穴迁移率的降低和空间限制电荷的增多。另外，除了活性层的光氧

化反应外，界面层、活性层/电极界面处也会发生光氧化反应。

在实际环境中，光辐射累积导致电池实际工作的温度比较高，而较高的温度也会诱发电池的降解。由于工作温度远低于电池材料发生化学降解的温度，这种温度的提高主要是引发给受体材料形貌发生变化，包括活性层中给体的形态变化和迁移，受体材料(例如富勒烯衍生物)的聚集和结晶。另外，机械外力的存在也是导致电池器件不稳定的原因之一，特别是对于柔性器件而言，需要器件能够承受不同程度的弯曲力的作用，这也是目前柔性光伏器件需要解决的问题，其中柔性电极是关键部分。因 ITO 电极的脆性，其不适合用来做可承受多次弯曲的柔性器件，基于银纳米线、石墨烯等透明电极的柔性器件是这一方向的研究重点[15-18]。

7.3 提高有机太阳能电池稳定性的方法

针对上述影响电池稳定性的因素，近年来研究人员发展了一系列方法策略以提高有机太阳能电池的稳定性。常用的方法有器件封装，采用反向器件结构以及活性材料优化选择与形貌控制等。其中许多方案和方法也是借鉴了其他光伏器件技术研究的成果。

7.3.1 反向器件结构

如图 7.5 所示，有机太阳能电池正向结构器件是指 ITO 透明电极端收集空穴，低功函金属收集电子的器件结构，而反向器件结构是 ITO 透明电极端收集电子，采用高功函金属如 Ag、Au 收集空穴的器件结构。反向器件结构在较大程度上解决了正向器件结构中采用的较活泼金属(如铝或钙电极)接触界面所产生的不稳定和水氧腐蚀问题，从而延长了器件的寿命。另外值得一提的是，很多时候反向结构器件可以获得比正向结构器件更高的 J_{sc} 和 PCE[19,20]，同时具有更高的稳定性。

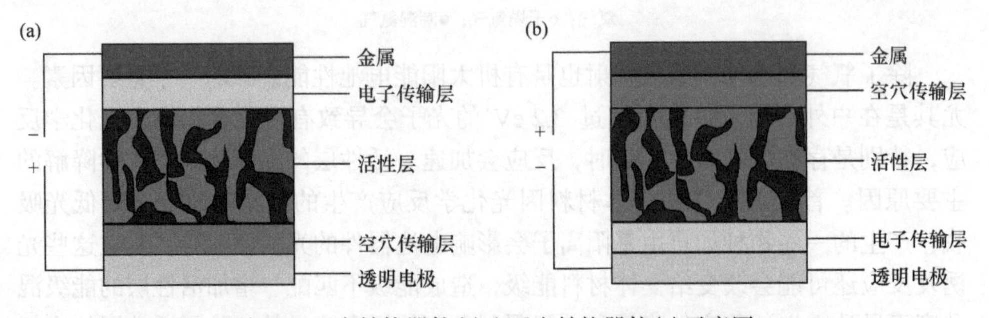

图 7.5 正向结构器件(a)和反向结构器件(b)示意图

7.3.2　电池封装

空气中的水氧是影响光伏器件寿命的主要外部因素，即使对反向器件，水氧也可造成器件的稳定性下降。因为水氧可以穿过金属电极微孔，对电极和界面层乃至活性层带来不利影响。同时，由于相对于无机材料较低的化学稳定性，有机太阳能电池的封装总体上要求更高。所以延长有机太阳能电池寿命的最常用的方法就是对器件进行严格的封装，阻绝外界的水和氧气。对封装的器件来讲，水氧通过率使用 WVTR（water vapor transmission rate）和 OTR（oxygen transmission rate）表示。OLED 器件 10000 h 寿命封装标准，对水氧通过率的要求是 WVTR $10^{-6}\,g\cdot m^{-2}\cdot d^{-1}$，OTR $10^{-3}\,cm^{3}\cdot m^{-2}\cdot d^{-1}\cdot atm^{-1}$[21]。虽然目前有机太阳能电池封装对水氧通过率没有统一的要求，考虑到器件的结构和特点，有机太阳能电池封装对水氧通过率的要求要达到与 OLED 相当的标准。当前实验室常用的封装方法是使用刚性玻璃和环氧胶进行密封，然而这种封装方式显然不适合柔性和大面积器件的封装。带有柔性阻隔层的层压封装方法适用于“卷对卷”工艺制备有机太阳能电池。实际的封装过程对器件的稳定性有很大影响，包括封装用材料缓慢释放的气体也会对器件产生不利影响。值得强调的是，无论是刚性还是柔性封装，有机太阳能电池基本可以借鉴 OLED 已有的封装技术[22,23]。

7.3.3　活性材料优化选择与形貌控制

活性层形貌不稳定，即给受体材料的结晶度和相分离的程度等改变，是导致器件寿命下降的主要因素之一。采用交联的给体材料或者受体材料是一种固化活性层形貌的方法，可以在很大程度上提高器件的稳定性。如 G. Griffini 等报道了聚合物 TBD-Br[图 7.6(a)]，可以通过紫外光进行交联，经过 72 h、150 ℃下加热，得到 4.6%的效率[24]。国家纳米科学中心的丁黎明教授等报道了一种可以交联 PCBM 的中间体 OBOCO[图 7.6(b)]。将其掺杂在 P3HT：PCBM 体系中，器件在

(a)

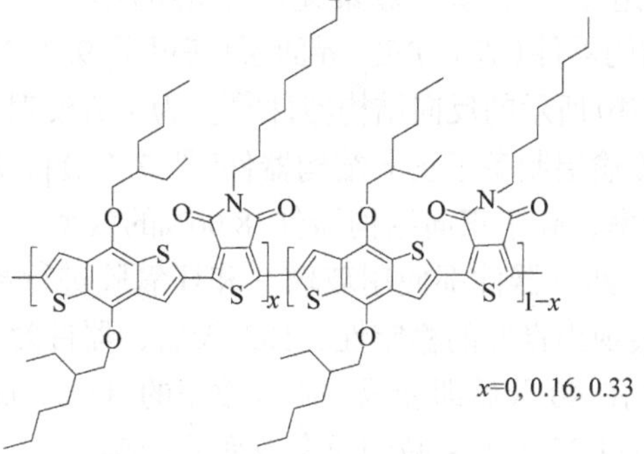

x=0, 0.16, 0.33

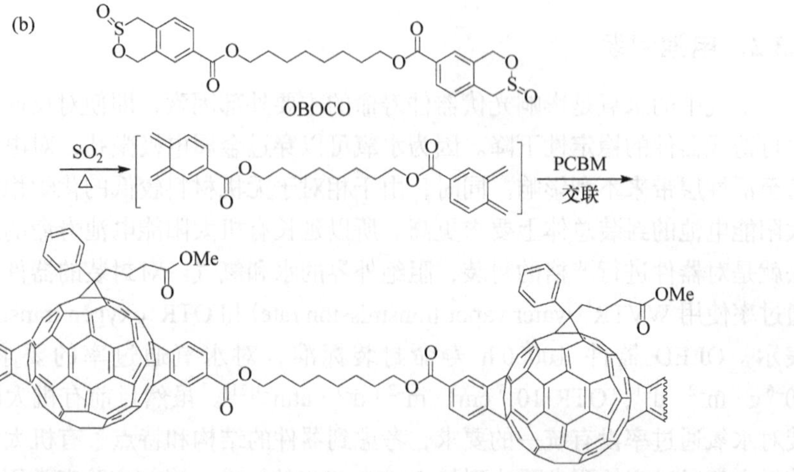

图 7.6 (a)可交联聚合物 TBD-Br 的分子结构；(b)OBOCO 的分子结构及与 PCBM 的交联机理

150 ℃加热 4 天，没有添加 OBOCO 的器件其效率从 2.74%衰减到 0.78%，而添加 5% OBOCO 的器件表现出较好的稳定性，效率从 2.74%衰减到 1.72%[25]。交联的活性层材料虽然可在一定程度上提高器件的稳定性，但是器件效率一般不高，可能是交联状态下，给受体材料难以达到较好的相分离状态。另外，研究发现，基于结晶度高和玻璃化转变温度(T_g)较高的材料制备的器件，对热的稳定性有明显提高[26]。所以设计合成新材料的过程中，在提高效率的同时，要考虑材料高结晶度和 T_g对器件稳定性的影响。

7.4 有机小分子太阳能电池寿命研究

相比于聚合物，目前文献中基于小分子的寿命研究较少，特别是系统的研究更是不多。下面介绍近年来与小分子有机光伏器件稳定性相关的一些研究。

笔者研究组报道了一个基于寡聚噻吩主链的小分子给体材料 DRCN7T [图 7.7(a)]，正向结构器件(基于 PFN 界面层)获得了 9.3%的效率[27]。2015 年，我们构筑了如图 7.7(b)所示的反向结构器件[28]。为了方便对比，我们采用同样的电子传输层与空穴传输层制备了正向结构器件[图 7.7(c)]。反向结构器件获得了 8.84%的光电转换效率，高于正向结构器件 8.06%的效率。我们对器件的稳定性进行了初步的测试，两种器件都使用玻璃片和环氧胶进行封装。如图 7.7(d)所示，反向结构器件表现出良好的稳定性，103 天后，器件效率也能保持到原来的 93%，正向结构器件在 40 天后即衰减到原来效率的 84%。而使用 PFN 作为界面层的正向结构器件经过 23 天即衰减到原来效率的 45%。

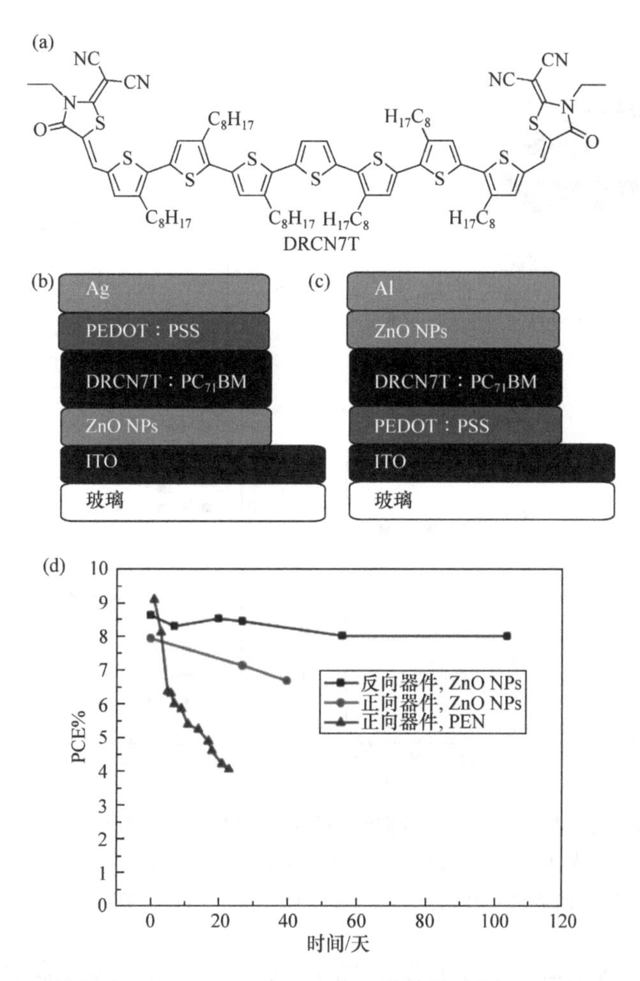

图 7.7 (a) DRCN7T 结构式；(b) 基于 DRCN7T 的反向结构器件；(c) 基于 DRCN7T 的正向结构器件；(d) 封装的基于 DRCN7T 的正、反向结构器件效率随时间变化图

加州大学圣塔芭芭拉分校的 A. Heeger 教授报道了基于小分子 *p*-DTS(FBTTh$_2$)$_2$的反向结构器件[图 7.8(a)][29]。他们使用 ZnO 结合 PEIE 作为电子传输层材料，获得了 7.88%的光电转换效率，相比于正向结构器件，反向结构器件具有很好的稳定性。正向器件结构为 ITO/PEDOT：PSS/*p*-DTS(FBTTh$_2$)$_2$：$PC_{71}BM$/Al，效率为 6.17%[30]。将其未封装存放在空气中，1 h 内 J_{sc}急剧下降，效率下降到 2.39%，4 h 后效率降到 0.37%，24h 后器件停止工作。而反向结构器件在同样条件下存放 168 h，效率从 7.88%只下降到 6.96%[图 7.8(b)]，存放 15 天后，效率也能保持原来的 70%。从图 7.8(c) 可以看出，效率的衰减主要来源于 J_{sc}和 FF 的下降。

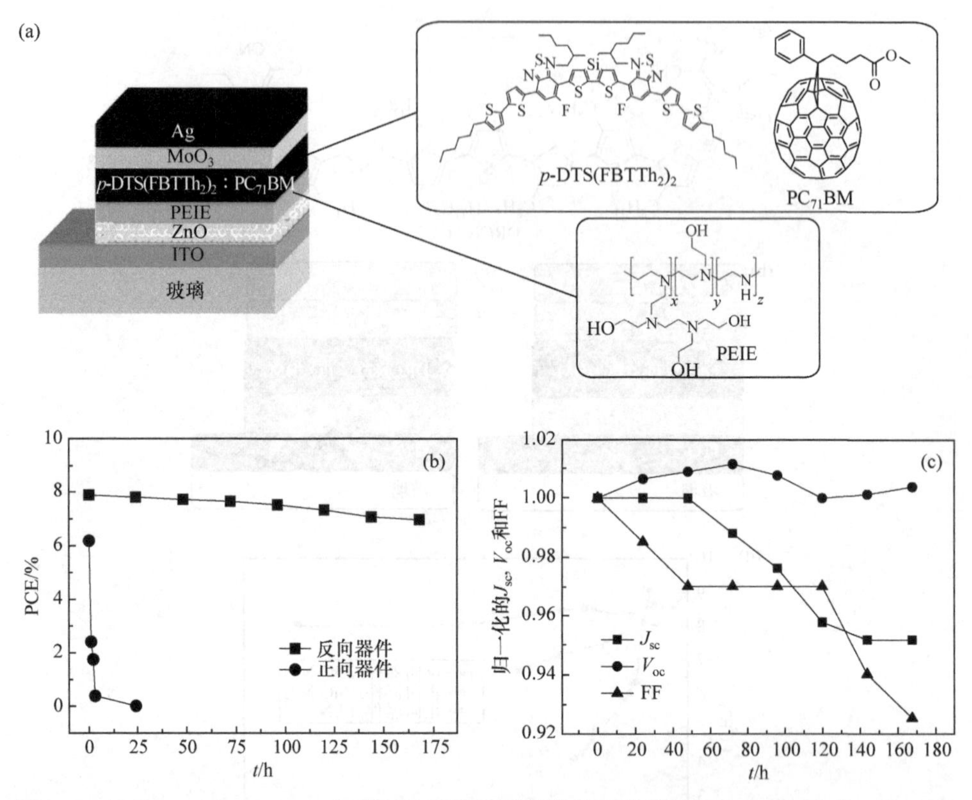

图 7.8 (a)基于 p-DTS(FBTTh2)2 的反向结构器件的结构示意图及相关分子结构式；(b)基于 p-DTS (FBTTh2)2 的光伏器件(空气存放无封装)效率随时间变化图；(c)基于 p-DTS(FBTTh2)2 的反向结构器件(空气存放无封装)归一化 J_{sc}、V_{oc} 和 FF 随时间变化图

D. J. Jones 等报道了小分子 BTR[图 7.9(a)]，并构筑了基于此分子的正向结构器件[图 7.9(b)]，经过溶剂退火优化器件获得了最高 9.3%的光电转换效率[31]。因为背电极部分使用金属钙，未封装的该光伏器件存放在空气中 3 天，效率就已衰减至零。使用玻璃片和紫外固化的环氧胶封装后，器件在空气中的稳定性有较大程度的提升[图 7.9(c)]。封装的器件置于惰性气体手套箱中存放，测试发现，7 天后器件还能保持原来效率的 86%，30 天后仍能保持原来效率的 50%以上。考虑到铝和钙电极对水氧的敏感性，为提高器件的稳定性，他们使用 400 nm 厚的活性层并在器件上蒸镀钙和铝后，又蒸镀了 30 nm 厚的银。这样构筑的器件封装后放置手套箱中 30 天，效率从开始的 7.5%左右只下降到 6.9%，可以保持原来的 92%[图 7.9(d)]。

最近，斯坦福大学的 M. D. McGehee 课题组与笔者及加州大学圣塔芭芭拉分校的 G. C. Bazan 研究组合作，对目前效率较高的几个有代表性的小分子(图 7.10)的有机太阳能电池器件的稳定性进行了较为系统的研究[32]。

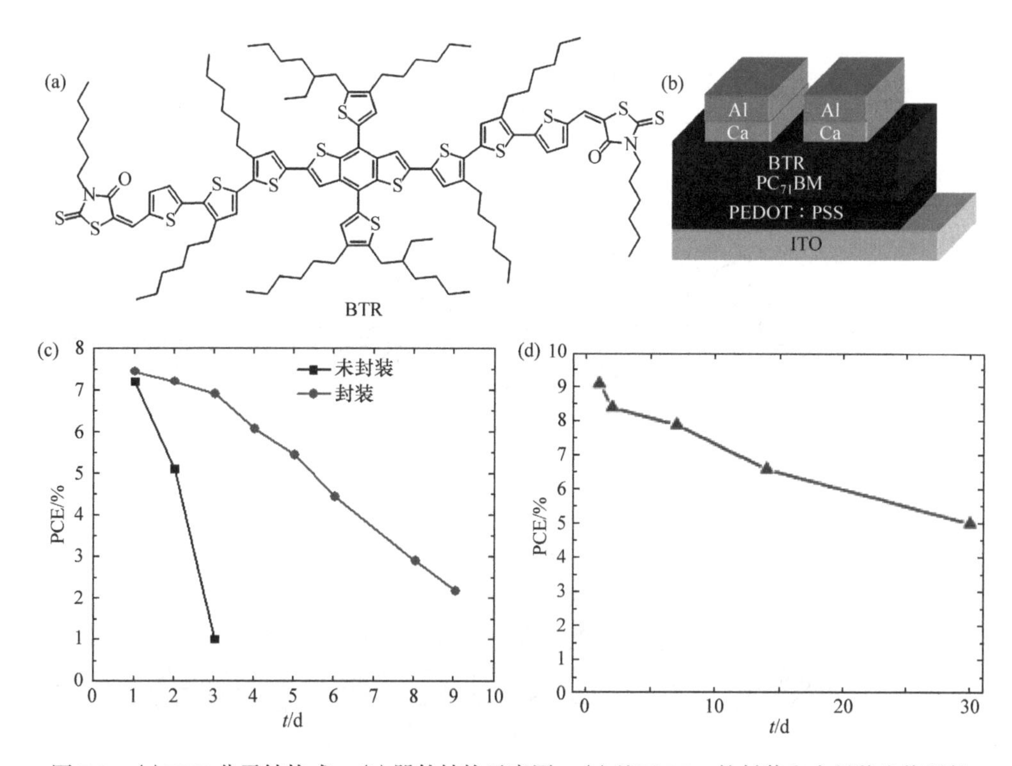

图 7.9 (a)BTR分子结构式；(b)器件结构示意图；(c)基于BTR的封装和未封装光伏器件(空气存放)效率随时间变化图；(d)基于BTR的封装器件(手套箱惰性气氛下存放)效率随时间变化图

图 7.11 是基于这几个分子的器件各参数随老化时间变化的曲线。在开始老化阶段[7.11(a)和(b)]，器件效率随时间呈指数级下降，所有的器件在 800～1500 h 老化时间后进入效率稳定阶段。如表 7.2 所示，上述器件在老化阶段效率下降 31%～66%。效率的衰减主要来源于 J_{sc} 和 FF 的下降[图 7.11(c)～(e)]。老化阶段后，器件衰减速度减慢，进入线性衰减，主要归因于 FF 的减小[图 7.11(e)]。各个器件的 TS80 寿命见表 7.2，范围为 3450～5600 h。上述结果表明，小分子材料具有相当的稳定性。值得注意的是，上述小分子器件均采用正向器件结构，基于 T1、X2、F3 的器件甚至使用了金属钙/铝电极。考虑到有机太阳能电池反向结构器件较高的稳定性，基于小分子的反向结构器件将会有更高的稳定性。

T1

DR3TSBDT

X2

DRCN5T

F3

DRCN7T

图 7.10 T1、X2、F3、DR3TSBDT、DRCN5T 和 DRCN7T 的分子结构式

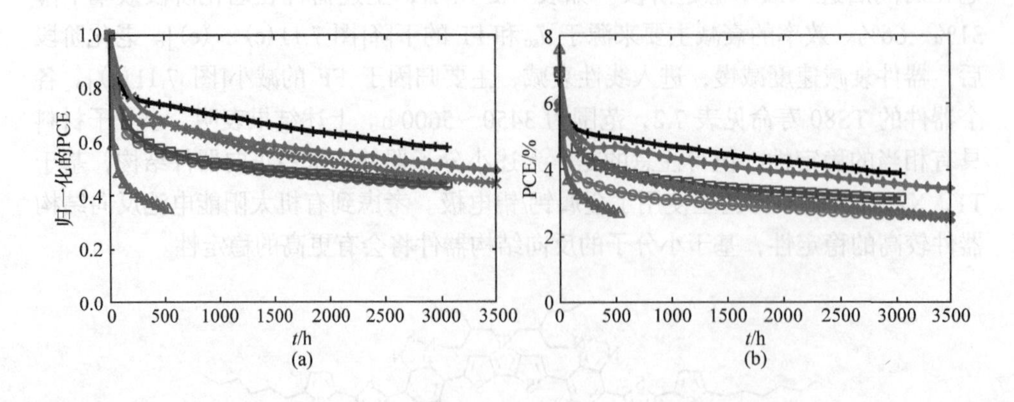

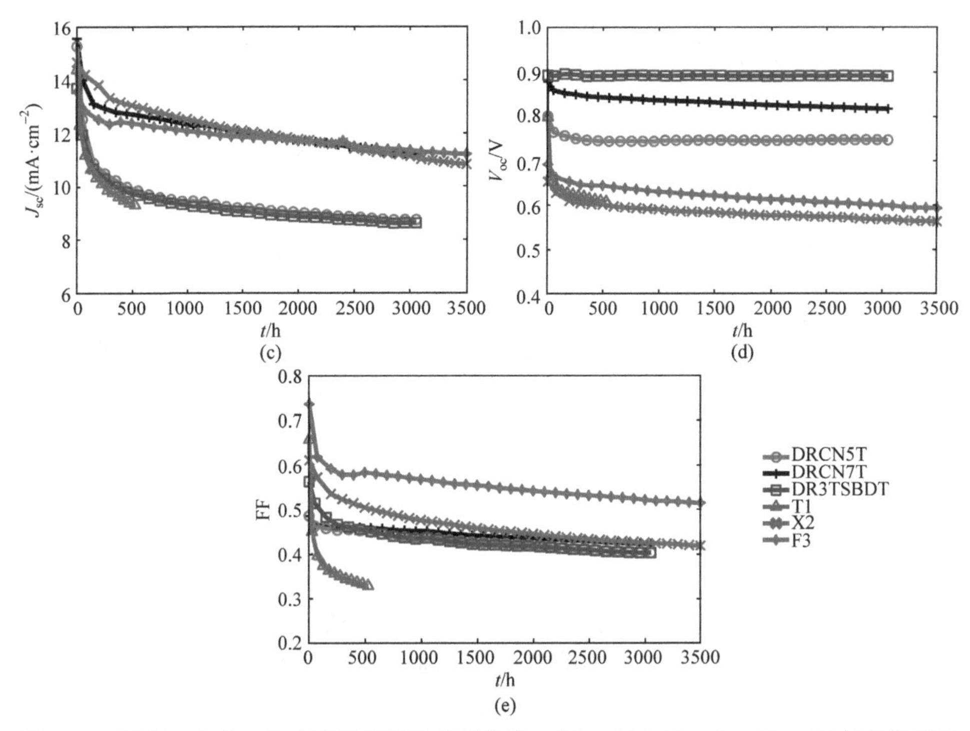

图 7.11 (a)归一化的 PCE 与老化时间的关系曲线；(b)～(e)PCE、J_{sc}、V_{oc}、FF 与老化时间的关系曲线

表 7.2 老化时间、老化效率损失、老化后效率和 t_{S80} 寿命

小分子	老化时间/h	老化效率损失/%	老化后 PCE/%	t_{S80} 寿命/h
DR3TSBDT	990	47	3. 64	5600
DRCN5T	770	47	3.16	5200
F3	1480	41	4.1	4150
X2	1420	44	3.27	3520
DRCN7T	1160	31	4.62	3450
T1	580	66	2.61	N/A

而近年来在对非富勒烯体系进行研究时，研究者们发现材料的结构与器件的稳定性间亦存在着重要联系。通过研究 ITIC 及其衍生物(图 7.12)，N. Li 及 C. J. Brabec 团队发现，非富勒烯受体材料的端基和侧链对相应分子器件的稳定性都有很大的影响。他们发现在末端基团上引入氟原子可以显著提升相应器件在光照条件下的寿命，而引入甲基则会使器件的填充因子和开路电压降低较快。与具有苯基侧链的 ITIC 相比，具有噻吩侧链的 ITIC-Th 的光稳定性更佳：在经过了老化测试后，其在 GIWAXS 测试中没有显示出明显的峰位移及强度改变[33]。

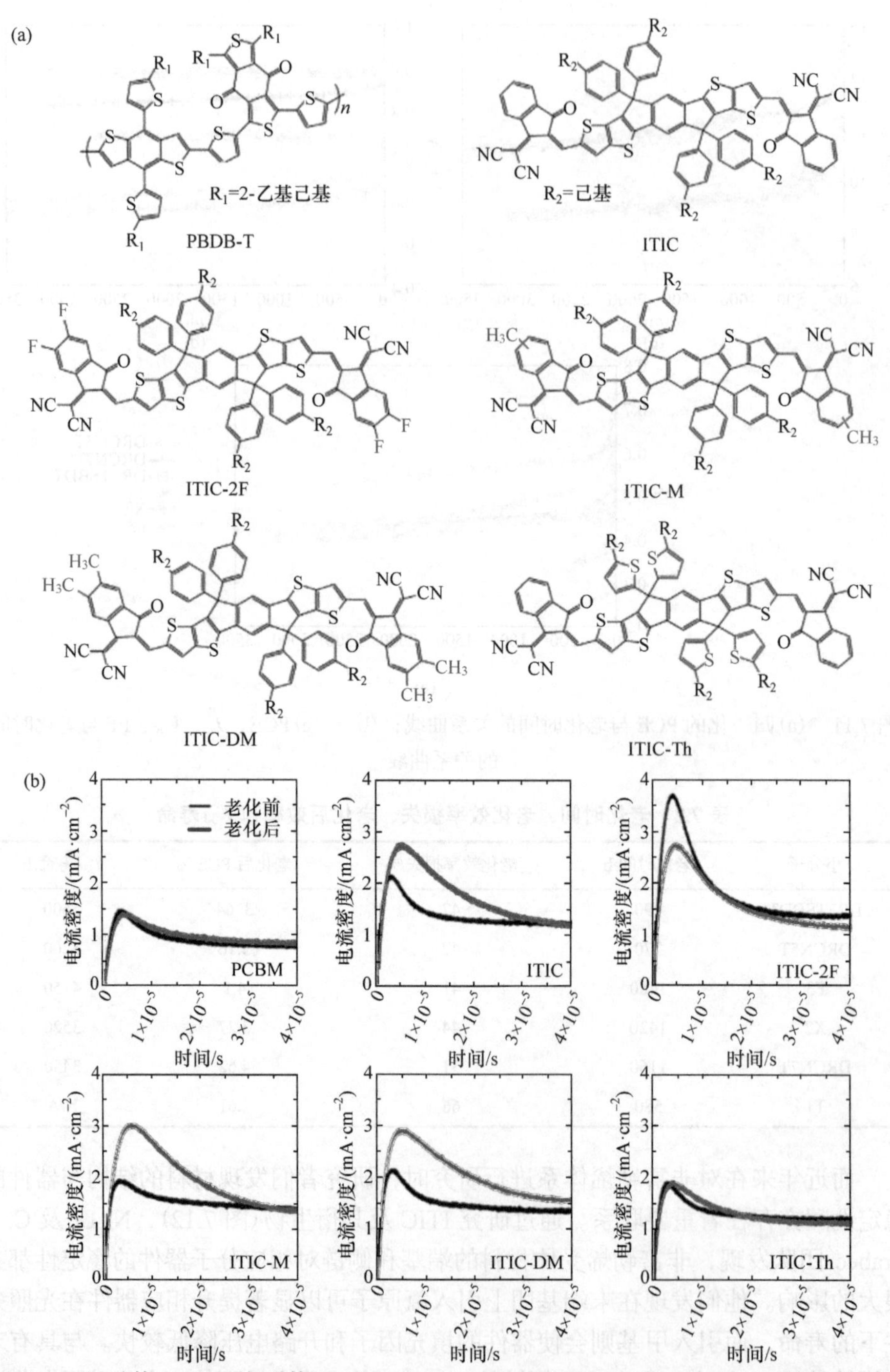

图 7.12 (a)给体 PBDB-T 与受体 ITIC、ITIC-2F、ITIC-M、ITIC-DM、ITIC-Th 的结构式；(b)采用光诱导-线性增压载流子提取法得到的基于不同受体的太阳能电池老化前后的变化情况[33]

J. S. Kim 等在研究中强调了非富勒烯受体材料的共轭主骨架平面性对器件光稳定性的影响。他们采用共轭骨架内中心给电子单元不同的受体材料 IDTBR 和 IDFBR 进行研究，发现 IDFBR 在氮气和空气氛围下的光稳定性均比 IDTBR 要差一些(图 7.13)。根据原位共振拉曼光谱的表征结果，他们提出分子三段式的衰减过程：首先，分子发生光诱导的构象变化，中心给电子单元与苯并噻二唑单元之间的扭转角增大；接下来，分子开始出现碎片化或光氧化现象；最后可能出现生色团完全漂白的现象。由于 IDFBR 具有更加扭曲的共轭骨架结构，本身更倾向于发生碎片化的过程，所以光稳定性表现不佳。与聚合物给体 P3HT 共混后，两种非富勒烯受体材料的稳定性均得到了一定程度的提升，对于 P3HT 来说，与结构更扭曲的 IDFBR 共混后其自身的光降解速度加快，与结构更为平面化的 IDTBR 共混后的降解速率与其纯膜的相当[34]。

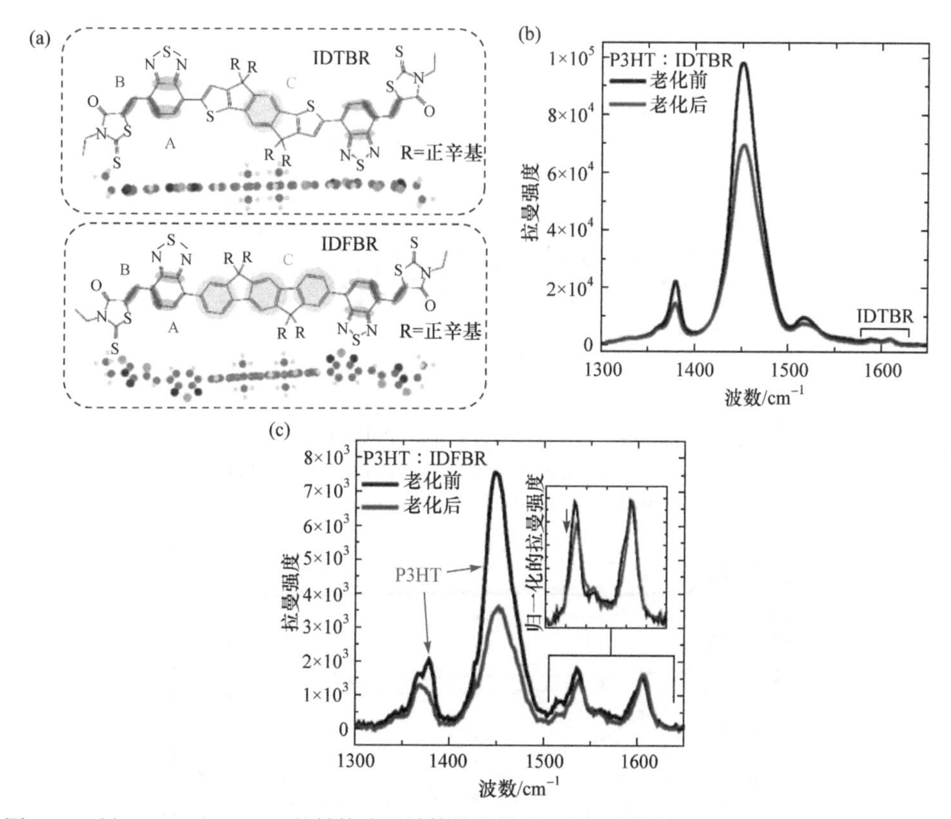

图 7.13 (a) IDTBR 和 IDFBR 的结构式及计算优化构型；(b) (c) 分别为 P3HT：IDTBR 和 P3HT：IDFBR 在光老化前后的拉曼光谱(采用 457 nm 激光为激发光源的短波长拉曼光谱仪测得)[34]

陈红征课题组研究发现，基于非稠环分子结构的非富勒烯受体材料 DF-PCIC (图 7.14)具有良好的稳定性。他们对比研究了基于 PBDB-T：DF-PCIC 和 PBDB-

T：$PC_{71}BM$ 的活性层，在 180℃下加热时，基于 PBDB-T：DF-PCIC 的活性层在 3 h 后仍可保持均匀的形貌，而基于 PBDB-T：$PC_{71}BM$ 的活性层则发生了颗粒状的聚集，并且随着时间的延长而加剧。为了研究这种这种活性层形貌变化对于器件性能的影响，他们制备了基于这两种活性层的器件，将器件分别在 130℃、150℃和 180℃下加热不同时间。对于基于 PBDB-T：DF-PCIC 的器件来说，在 130℃及 150℃下加热 12 h 后器件效率分别为初始时的 85.5%和 86.2%，即使在 180℃加热同样的时间，器件效率仍为初始的 69.8%。但基于 PBDB-T：$PC_{71}BM$ 的器件在 130℃、150℃和 180℃下加热 12 h后，效率仅为初始时的 52.5%、50.8%及 11.9%。同时，他们还测试了基于稠环受体 ITIC 的器件的热稳定性，发现基于

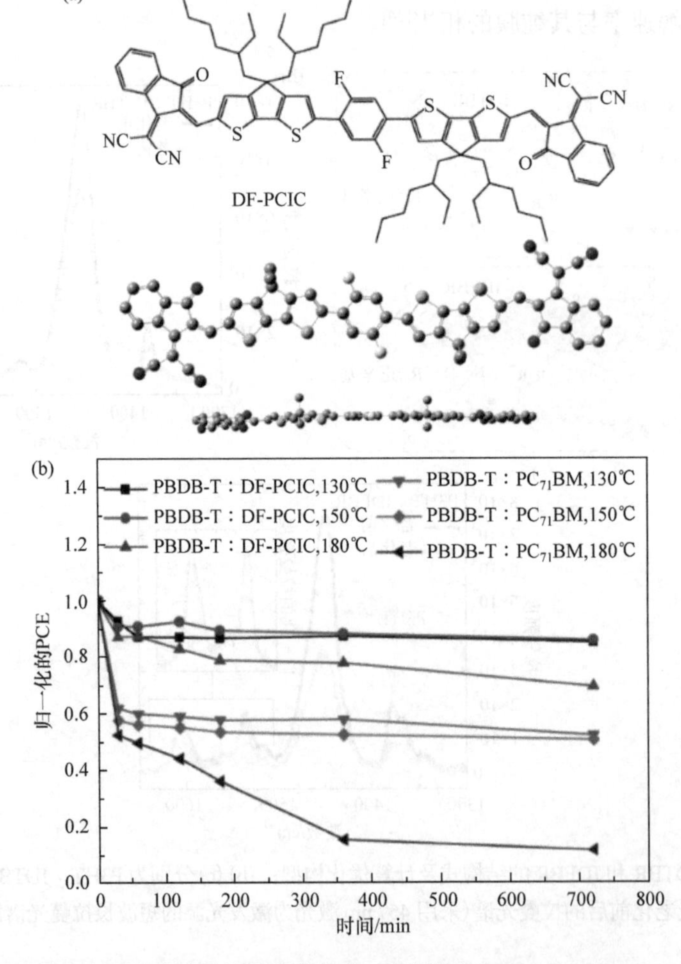

图 7.14 (a) DF-PCIC 的结构式及计算优化构型；(b) 基于 PBDB-T：DF-PCIC 和 PBDB-T：$PC_{71}BM$ 的器件在不同加热温度和时间下的效率衰减情况[35]

PBDB-T：ITIC 的器件的热稳定性也比基于 DF-PCIC 的器件差。他们研究认为，DF-PCIC 受体之所以具有高热稳定性是因为它本身较为扭曲的结构使其在高温下不容易过度自聚集。进一步地，他们测试了基于 PBDB-T：DF-PCIC 的器件的光稳定性：在一个太阳光下持续照射 3 h 后，器件效率仅降低 12%，这类受体良好的光热稳定性使其颇具应用前景[35]。

7.5 本章小结

随着有机太阳能电池效率的不断提升，面向其实际应用的研究也开始逐渐被研究者所重视。除了开发低成本的高效率材料和研究大面积印刷工艺，器件的稳定性同样是需要重点考虑、决定其能否实现真正应用的关键因素。目前有机太阳能电池寿命的研究已经取得了较大的进展，业内也建立了相对成熟的研究方法。对于小分子器件而言，小分子较好的结晶性可以在很大程度上提高器件的稳定性，这是小分子材料的一个显著的优点。相信随着研究的不断深入，新的高效小分子材料的发现和应用以及器件工艺的优化和发展，一定可以获得同时具有高效率和高稳定性的有机小分子光伏器件。

参考文献

[1] Mateker W R，Sachs-Quintana I T，Burkhard G F，et al. Minimal long-term intrinsic degradation observed in a polymer solar cell illuminated in an oxygen-free environment. Chem Mater，2015，27：404-407.

[2] Cheng P，Zhan X. Stability of organic solar cells：Challenges and strategies. Chem Soc Rev，2016，45：2544-2582.

[3] Djurišić A B，Liu F，Ng A M C，et al. Stability issues of the next generation solar cells. Phys Status Solidi-R，2016，10：281-299.

[4] Jø81-299. M，Norrman K，Krebs F C. Stability/degradation of polymer solar cells. Sol Energy Mater Sol Cells，2008，92：686-714.

[5] Mateker W R，Mcgehee M D. Progress in understanding degradation mechanisms and improving stability in organic photovoltaics. Adv Mater，2017，1603940.

[6] Gupta V，Kyaw A K，Wang D H，et al. Barium：An efficient cathode layer for bulk-heterojunction solar cells. Sci Rep，2013，3：1965.

[7] Reese M O，Gevorgyan S A，JøS Argya M，et al. Consensus stability testing protocols for organic photovoltaic materials and devices. Sol Energy Mater Sol Cells，2011，95：1253-1267.

[8] Schaffer C J，Palumbiny C M，Niedermeier M A，et al. A direct evidence of morphological

degradation on a nanometer scale in polymer solar cells. Adv Mater，2013，25：6760-6764.
[9] Chu T Y，Lu J，BeauprT S，et al. Bulk heterojunction solar cells using thieno[3,34-*c*]pyrrole-4，6-dione and dithieno[3,32-*b*：2-,-3-*td*]silole copolymer with a power conversion efficiency of 7.3%. J Am Chem Soc，2011，133：4250-4253.
[10] Tournebize A，Rivaton A，Peisert H，et al. The crucial role of confined residual additives on the photostability of P3HT：PCBM active layers. J Phys Chem C，2015，119：9142-9148.
[11] Kim W，Kim J K，Kim E，et al. Conflicted effects of a solvent additive on PTB7：$PC_{71}BM$ bulk heterojunction solar cells. J Phys Chem C，2015，119：5954-5961.
[12] Lee S，Kong J，Lee K. Air-stable organic solar cells using an iodine-free solvent additive. Adv Energy Mater，2016，6：1600970.
[13] Franke R，Maennig B，Petrich A，et al. Long-term stability of tandem solar cells containing small organic molecules. Sol Energy Mater Sol Cells，2008，92：732-735.
[14] Lee S T，Gao Z Q，Hung L S. Metal diffusion from electrodes in organic light-emitting diodes. Appl Phys Lett，1999，75：1404-1406.
[15] Krebs F C，Gevorgyan S A，Alstrup J. A roll-to-roll process to flexible polymer solar cells：Model studies，manufacture and operational stability studies. J Mater Chem A，2009，19：5442-5451.
[16] He W，Ye C. Flexible transparent conductive films on the basis of Ag nanowires：Design and applications：A review. J Mater Sci Technol，2015，3：581-588.
[17] Qian Y，Zhang X，Xie L，et al. Stretchable organic semiconductor devices. Adv Mater，2016，28：9243-9265.
[18] Wan X，Long G，Huang L，et al. Graphene：A promising material for organic photovoltaic cells. Adv Mater，2011，23：5342-5358.
[19] Lampande R，Kim G W，Park M J，et al. Efficient light harvesting in inverted polymer solar cells using polymeric 2D-microstructures. Sol Energy Mater Sol Cells，2016，151：162-168.
[20] Morvillo P，Ricciardi R，Nenna G，et al. Elucidating the origin of the improved current output in inverted polymer solar cells. Sol Energy Mater Sol Cells，2016，152：51-58.
[21] Dennler G，Lungenschmied C，Neugebauer H，et al. A new encapsulation solution for flexible organic solar cells. Thin Solid Films，2006，511-512：349-353.
[22] Kalyani N T，Dhoble S J. Novel materials for fabrication and encapsulation of OLEDs. Renew Sust Energ Rev，2015，44：319-347.
[23] Li X，Yuan X，Shang W，et al. Lifetime improvement of organic light-emitting diodes with a butterfly wing's scale-like nanostructure as a flexible encapsulation layer. Org Electron，2016，37：453-457.
[24] Griffini G，Douglas J D，Piliego C，et al. Long-term thermal stability of high-efficiency polymer solar cells based on photocrosslinkable donor-acceptor conjugated polymers. Adv Mater，2011，23：1660-1664.
[25] He D，Du X，Zhang W，et al. Improving the stability of P3HT/$PC_{61}BM$ solar cells by a thermal crosslinker. J Mater Chem A，2013，1：4589-4594.
[26] Peters C H，Sachs-Quintana I T，Mateker W R，et al. The mechanism of burn-in loss in a high

efficiency polymer solar cell. Adv Mater，2012，24：663-668.

[27] Zhang Q，Kan B，Liu F，et al. Small-molecule solar cells with efficiency over 9%. Nat Photonics，2014，9：35-41.

[28] Long G，Wu B，Yang X，et al. Enhancement of performance and mechanism studies of all-solution processed small-molecule based solar cells with an inverted structure. ACS Appl Mater Interfaces，2015，7：21245-21253.

[29] Kyaw A K K，Wang D H，Gupta V，et al. Efficient solution-processed small-molecule solar cells with inverted structure. Adv Mater，2013，25：2397-2402.

[30] van der Poll T S，Love J A，Nguyen T Q，et al. Non-basic high-performance molecules for solution-processed organic solar cells. Adv Mater，2012，24：3646-3649.

[31] Sun K，Xiao Z，Lu S，et al. A molecular nematic liquid crystalline material for high-performance organic photovoltaics. Nat Commun，2015，6：6013.

[32] Cheacharoen R，Mateker W R，Zhang Q，et al. Assessing the stability of high performance solution processed small molecule solar cells. Sol Energy Mater Sol Cells，2017，161：368-376.

[33] Du X，Heumueller T，Gruber W，et al. Efficient polymer solar cells based on non-fullerene acceptors with potential device lifetime approaching 10 years. Joule，2019，3(1)：215-226.

[34] Luke J，Speller E M，Wadsworth A，et al. Twist and degrade：Impact of molecular structure on the photostability of nonfullerene acceptors and their photovoltaic blends. Adv Energy Mater，2019，9(15)：1803755.

[35] Li S，Zhan L，Liu F，et al. An unfused-core-based nonfullerene acceptor enables high-efficiency organic solar cells with excellent morphological stability at high temperatures. Adv Mater，2018，30(6)：1705208.

第 8 章

展　望

近几年整个有机太阳能电池领域的发展突飞猛进，在材料设计合成、器件制备优化、器件物理机制和寿命等方面都取得了一系列重要进展。领域内多家研究组、实验室都实现了15%以上的光电转换效率[1-6]。按照目前的发展速度，估计在未来 10 年左右的时间内，有机太阳能电池将会真正从实验室走向实际应用。但是，在有机太阳能电池达到真正的实际应用之前，依然有众多挑战，需要在效率、寿命、大面积制备工艺和成本等方面统筹兼顾。与传统无机太阳能电池、钙钛矿太阳能电池等相比，进一步提升光电效率仍然是有机太阳能电池努力的主要方向之一。这需要从活性层材料设计优化以及光伏器件的制备优化方面进行更加深入的研究。在寿命方面，如第 7 章所述，开发兼具高效率和高稳定性的活性层体系，结合器件制备技术和封装技术是提高有机太阳能电池稳定性、提升寿命的主要方法。但是，考虑到 OLED 已成功地商业化，OPV 的稳定性问题也应可以解决。另外，发展大面积制备工艺，是实现低成本生产有机太阳能电池的关键所在，也是有机太阳能电池的重要优势及吸引力所在。总体来说，有机太阳能将会是具有竞争力的太阳能电池技术，具有十分光明的商业化前景。本章主要从活性层材料和大面积器件工艺角度出发，展望有机太阳能电池的发展，在涉及活性层材料方面，将不囿于小分子材料。

8.1　新型活性层材料的设计与优化——进一步提高光电转换效率的基础

提高效率一直是太阳能电池研究的主题之一，也是实现产业化的前提。对于有机太阳能电池来讲，近 30 年来，器件效率的提升主要归功于新材料的设计合成及伴随的器件制备工艺的发展，在此过程中，活性层材料扮演着关键角色。从早期的 MEH-PPV、P3HT 到以 PTB7-Th 为代表的低带隙聚合物材料和 A-D-A 结构的小分子材料以及目前广泛研究的非富勒烯体系，每一类材料的产生都伴随着器件工艺的优化及效率的大幅度提升。因化学结构确定、理化性能易于调控、器件重现性好等优点，小分子材料近年来受到广泛的关注。值得指出的是，2015 年以来，非富勒烯小分子受体材料取得了突破性进展，这一结果对有机太阳能电池领域意义重大。因为传统的富勒烯衍生物吸收范围和强度非常有限，光伏器件的 J_{sc} 贡献主要来自给体材料，若要提高 J_{sc}，就需要设计在可见及近红外区域有吸收的低带隙的给体材料。而有机光伏器件的 V_{oc} 受制于给体的 HOMO 能级和给体 LUMO 能级的差值，加之能量损失(energy loss)的普遍存在，基于较低带隙给体材料/富勒烯受体材料的 BHJ 器件的 V_{oc} 会显著下降，这样就限制了整个器件的效率。对于非富勒烯受体器件而言，光伏器件 J_{sc} 贡献不仅来自给体材料，还来自受体材料。从目前获得较高效率的非富勒烯体系器件的 EQE 就可以明显看出，加大受体材料的贡献是 J_{sc} 提高的关键因素。值得一提的是，因为较低的能量损失，非富勒烯受体器件的 V_{oc} 普遍高于富勒烯体系，很多在 0.9 V 以上。按照目前非富勒烯体系电池最好的参数计算，我们预测，单结器件的效率完全可以超过 18%。

当前非富勒烯受体材料主要是各种类型的小分子材料，其中基于 A-D-A 结构的小分子材料是目前研究最多也是最为成功的体系。小分子材料具有一系列优点，基于非富勒烯受体的全小分子光伏器件近年来虽然引起了广泛的关注，但与基于聚合物给体/小分子受体的光伏器件相比，其光电转换效率明显偏低。主要原因是小分子受体与小分子给体共混，因分子结构及理化性能接近，难以形成良好的相分离结构。但是从领域内近期报道的结果[7-11]来看，譬如朱晓张报道的基于全小分子的三元器件获得了 13.63%的光电转换效率，通过适当的分子设计和给受体分子的选择搭配，基于非富勒烯受体的的全小分子体系完全可以获得更高的效率，具有较大的发展空间。

8.2 光伏器件的制备优化——进一步提高光电转换效率的手段

经过几十年的发展，基于各种材料人们发展了众多的器件制备和优化方法。如图 8.1 所示，主要从 5 个方面着手，即器件结构、界面层、添加剂、热和溶剂退火、光管理。上述器件优化的方法已经有较多综述文章，这里不再赘述。下面从有机太阳能电池将来的应用发展方向及大面积柔性印刷制备角度出发，展望上述器件优化方法。

从器件稳定性的角度来讲，反向结构器件的稳定性明显优于正向器件，而且其可与“卷对卷”工艺兼容，是构筑光伏器件的很好选择。由于有机化合物的吸收范围有限，而太阳光谱的能量分布很宽，使用不同吸收范围的活性材料制备叠层光伏器件是提高光电转换效率的有效策略之一。若能采用光谱更加匹配的活性层材料，结合器件的优化，可以进一步提高短路电流密度 J_{sc} 和填充因子，从而获得更高的光电转换效率[12]。

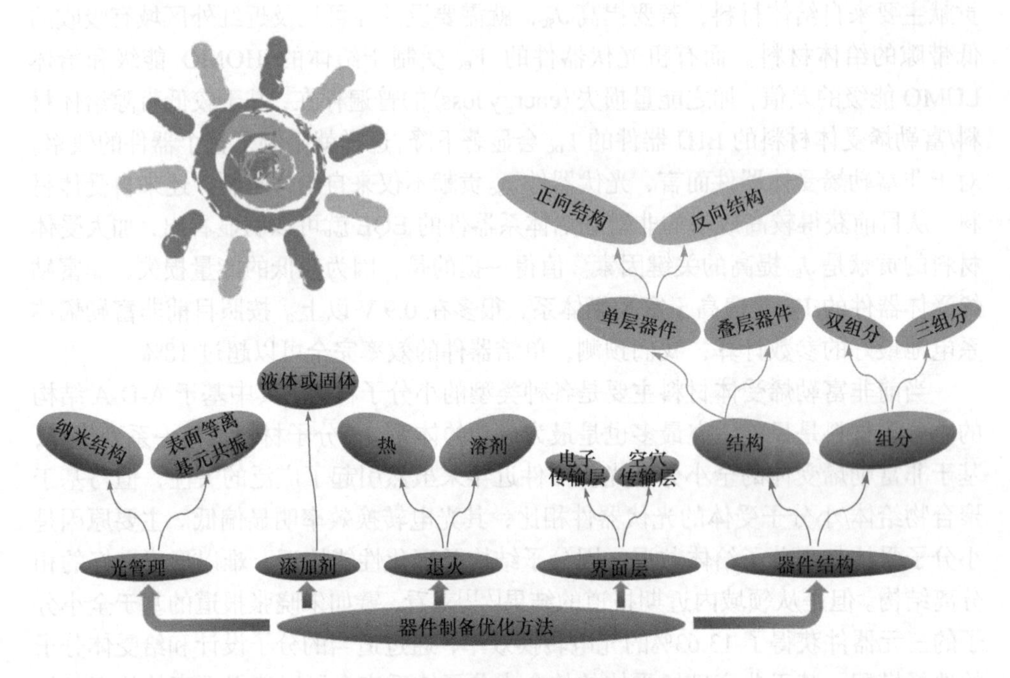

图 8.1 常见的器件制备及优化方法

在界面层方面，需要发展高效的对厚度不敏感的材料，才能适用于将来的大面积印刷制备。这方面华南理工大学近年来取得了很好的进展[13]，黄飞课题组发展了一类基于萘二酰亚胺的兼具水溶性和醇溶性的聚合物电子传输材料，在厚度5～100 nm 时均能表现出良好的器件性能[14]。

加入添加剂是改善活性层形貌，提高器件效率的一种有效策略。1, 8-二碘辛烷(DIO)是目前使用最广泛的添加剂，目前效率在 10%以上的器件包括非富勒烯体系器件多数使用 DIO 作为添加剂，可以起到调节形貌结构、提高效率的作用。不过需要注意的是，添加剂的加入会使活性层的形貌形成热力学亚稳定状态，对器件的稳定性造成不利影响。如何优化、选择可提高器件效率同时又不影响器件稳定性的添加剂是采用添加剂这一器件优化方法时需要考虑的问题。

热退火和溶剂退火是提高器件效率的常用方法。热退火可以改善活性层材料的结晶状态，提高器件的热力学稳定性；溶剂退火在聚合物器件上应用不多，而在小分子器件应用较多，效果比较明显。虽然可以提高器件的效率，但是溶剂退火的器件往往不能达到活性层热力学稳定状态。从稳定性角度来讲，热退火具有较大优势，实际上热退火也是器件老化测试的必经过程[15-18]。

有效的光管理可以提高入射光在活性层中的光程和强度，显著提高器件 J_{sc}。常用的策略是在活性层或者界面层中加入可以产生表面等离基元效应的纳米粒子，或者改变在器件透明电极或者活性层处形成纳米结构。上述策略已在一些实验室器件中获得成功，但由于器件和材料体系以及实验室条件等原因，这些策略并未在多数实验室获得广泛应用。因此，需要进一步发展通用的可显著提高器件性能的光管理工艺[19-21]。

8.3 对有机太阳能电池效率的半经验预测——有效指导活性层材料和器件结构选择

在效率方面，基于之前的理论研究[22-24]和成果，我们对单结和多结器件都进行了半经验性的效率预测，具体如下。

(1) 对于单结器件来说，假设全波段内量子效率可达 100%，EQE 在每个波段内的高度相同，其截止吸收边为 λ，电池的带隙 E_g=1240/λ，在富勒烯基电池中由给体材料决定其截止吸收边，在非富勒烯基电池中由给体和受体中带隙较窄的一方决定，那么，相应的开路电压、短路电流密度可以由式(8.1)及式(8.2)来表述：

$$V_{oc}=\frac{1}{q}(E_g-E_{loss})=\frac{1}{q}\left(\frac{1240}{\lambda}-E_{loss}\right) \tag{8.1}$$

$$J_{sc}=\int_{300}^{\lambda}\frac{q\lambda}{hc}\cdot E(\lambda)\cdot \mathrm{EQE}(\lambda)\cdot \mathrm{d}\lambda \tag{8.2}$$

其中，$E(\lambda)$是 AM 1.5G 光谱的辐照度；h 是普朗克常量；c 是光速；q 是元电荷量。由以上公式可得器件效率为：

$$\begin{aligned}\mathrm{PCE}(\%)&=V_{oc}\cdot J_{sc}\cdot FF/P_{in}\\&=\frac{1}{e}\left[\left(\frac{1240}{\lambda}-E_{loss}\right)\cdot\int_{300}^{\lambda}\frac{q\lambda}{hc}\cdot E(\lambda)\cdot \mathrm{EQE}(\lambda)\cdot \mathrm{d}\lambda\cdot \mathrm{FF}/P_{in}\right.\end{aligned} \tag{8.3}$$

图 8.2(a)展示了半经验预测中 PCE 随 E_{loss} 和活性层截止吸收边的变化，其中平均 EQE 为 75%，FF 取 0.80。可以看出，当活性层截止吸收边在 900 nm 附近时，可以在相对 E_{loss} 最大时获得超过 18%的器件效率，这意味着对于单结器件而言，半经验预测其最理想截止吸收边是在 900 nm 左右，这为有机活性层材料的设计提供了指导作用。

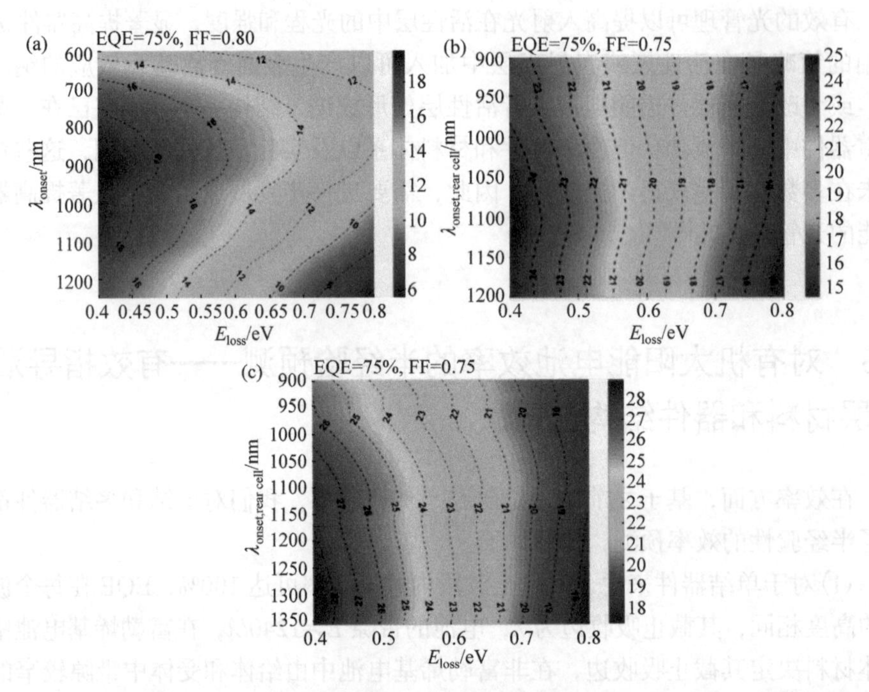

图 8.2 (a)半经验预测中单结器件的 PCE 随 E_{loss} 和截止吸收边 λ_{onset} 的变化，其中平均 EQE 为 75%，FF 取 0.80；(b)(c)分别为半经验预测中叠层器件及三结器件的 PCE 随 E_{loss} 和后电池截止吸收边 $\lambda_{onset,rear\ cell}$ 的变化，其中平均 EQE 为 75%，FF 取 0.75

(2)对于双结器件来说，假设中间的串联复合层可以无损串接并且完全透过，全波段内量子效率可达 100%，EQE 在每个波段内的高度相同，开路电压完全等于前后子电池之和，前后子电池之间没有吸收重合，并且叠层中前电池产生的积分电流与后电池相同，子电池的带隙 E_g=1240/λ，在富勒烯基电池中由给体材料决定其截止吸收边，在非富勒烯基电池中是由给体和受体中带隙较窄的一方决定，假设后子电池的截止吸收边为 λ_1，前子电池的截止吸收边为 λ_2，则由基尔霍夫定律可知叠层器件的短路电流密度为式(8.4)中所示：

$$J_{sc,tandem} = \frac{1}{2} \cdot \int_{300}^{\lambda_1} \frac{q\lambda}{hc} \cdot E(\lambda) \cdot \mathrm{EQE}(\lambda) \cdot \mathrm{d}\lambda = \int_{300}^{\lambda_2} \frac{q\lambda}{hc} \cdot E(\lambda) \cdot \mathrm{EQE}(\lambda) \cdot \mathrm{d}\lambda \quad (8.4)$$

叠层器件的开路电压为前后电池的开路电压之和，其中，前电池的开路电压为：

$$V_{\text{oc,front}}=\frac{1}{q}(E_{\text{g}}-E_{\text{loss}})=\frac{1}{q}\left(\frac{1240}{\lambda_2}-E_{\text{loss}}\right) \tag{8.5}$$

后子电池的开路电压为：

$$V_{\text{oc,rear}}=\frac{1}{q}\left(E_{\text{g}}-E_{\text{loss}}\right)=\frac{1}{q}\left(\frac{1240}{\lambda_1}-E_{\text{loss}}\right) \tag{8.6}$$

其中 E_{loss} 为前后子电池的平均值，即式(8.5)和式(8.6)具有相同的 E_{loss}，根据文献中报道的情况，将其数值变化范围设定在 0.4～0.8 eV 之间[25, 26]，则叠层器件的开路电压为：

$$V_{\text{oc,tandem}}=V_{\text{oc,front}}+V_{\text{oc,rear}}=\frac{1}{q}\left(\frac{1240}{\lambda_2}+\frac{1240}{\lambda_1}-2E_{\text{loss}}\right) \tag{8.7}$$

故在 AM 1.5G 模拟光照下器件的效率为：

$$\begin{aligned}\text{PCE}(\%)&=V_{\text{oc}}\cdot J_{\text{sc,tandem}}\cdot \text{FF}/P_{\text{in}}\\&=\frac{1}{e}\left[\left(\frac{1240}{\lambda_1}-E_{\text{loss}}\right)+\left(\frac{1240}{\lambda_2}-E_{\text{loss}}\right)\right]\cdot\frac{1}{2}\cdot\int_{300}^{\lambda_1}\frac{q\lambda}{hc}\cdot E(\lambda)\cdot\text{EQE}(\lambda)\cdot \text{d}\lambda\cdot\text{FF}/P_{\text{in}}\end{aligned} \tag{8.8}$$

图 8.2(b)展示了半经验预测中 PCE 随 E_{loss} 和后电池截止吸收边 $\lambda_{\text{onset,rear cell}}$ 的变化关系，其中平均 EQE 为 75%，FF 取 0.75。可以看出，当后电池截止吸收边在 1100 nm 附近，且 E_{loss} 为 0.4 eV 时，叠层器件的效率有望达到 25%，计算可得，此时对应的前电池截止吸收边为 722 nm。可见，半经验预测对于叠层器件前后子电池的选择具有积极的作用。

(3)对于更多结的器件而言，其基本预测方法与双结器件相近。以三结器件为例，仍假设中间的串联复合层可以无损串接并且完全透过，全波段内量子效率可达 100%，EQE 在每个波段内的高度相同，开路电压完全等于前、中、后子电池之和，前、中、后子电池之间没有吸收重合并且三结子电池产生的积分电流相同。子电池的带隙 E_{g}=1240/λ，在富勒烯基电池中由给体材料决定其截止吸收边，在非富勒烯基电池中是由给体和受体中带隙较窄的一方决定。假设后子电池的截止吸收边为 λ_1，中子电池的截止吸收边为 λ_2，前子电池的截止吸收边为 λ_3，则由基尔霍夫定律可知三结器件的短路电流密度为式(8.9)中所示：

$$
\begin{aligned}
J_{\text{sc,triple}} &= \frac{1}{3}\cdot\int_{300}^{\lambda_1}\frac{q\lambda}{hc}\cdot E(\lambda)\cdot \text{EQE}(\lambda)\cdot \mathrm{d}\lambda \\
&= \frac{1}{2}\cdot\int_{300}^{\lambda_2}\frac{q\lambda}{hc}\cdot E(\lambda)\cdot \text{EQE}(\lambda)\cdot \mathrm{d}\lambda = \int_{300}^{\lambda_3}\frac{q\lambda}{hc}\cdot E(\lambda)\cdot \text{EQE}(\lambda)\cdot \mathrm{d}\lambda
\end{aligned} \tag{8.9}
$$

三结器件的开路电压为三结子电池的开路电压之和：

$$
V_{\text{oc,tandem}} = V_{\text{oc,front}} + V_{\text{oc,middle}} + V_{\text{oc,rear}} = \frac{1}{q}\left(\frac{1240}{\lambda_3}+\frac{1240}{\lambda_2}+\frac{1240}{\lambda_1}-3E_{\text{loss}}\right) \tag{8.10}
$$

故在 AM 1.5G 模拟光照下器件的效率为：

$$
\begin{aligned}
\text{PCE}(\%) &= V_{\text{oc}}\cdot J_{\text{sc,triple}}\cdot \text{FF}/P_{\text{in}} \\
&= \frac{1}{q}\left(\frac{1240}{\lambda_3}+\frac{1240}{\lambda_2}+\frac{1240}{\lambda_1}-3E_{\text{loss}}\right)\cdot\frac{1}{3}\cdot\int_{300}^{\lambda_1}\frac{q\lambda}{hc}\cdot E(\lambda) \\
&\quad \cdot \text{EQE}(\lambda)\cdot \mathrm{d}\lambda\cdot \text{FF}/P_{\text{in}}
\end{aligned} \tag{8.11}
$$

图 8.2(c)展示了半经验预测中 PCE 随 E_{loss} 和后电池截止吸收边 $\lambda_{\text{onset,rear cell}}$ 的变化关系，其中，平均 EQE 为 75%，FF 取 0.75。可以看出，当后电池截止吸收边在 1315 nm 时，器件效率预估可达 28.9%，此时 E_{loss} 为 0.4 eV，但由于窄带隙半导体材料的 HOMO 能级过高，在空气中容易被氧化，化学稳定性较差。我们还可以发现，对于三层器件来说，后电池截止边在 1100 nm 附近是另一个可以在较高 E_{loss} 下实现超过 28%器件效率的条件，并且此时窄带隙材料较为稳定。当后电池截止吸收边为 1115 nm 时，理论上可以获得 28.07%的器件效率，计算可得，此时对应的中子电池截止吸收边为 833 nm，而前子电池截止吸收边为 621 nm，对三结器件各子电池的选择具有积极的指导作用。

8.4 从实验室走向实际应用——有机太阳能电池的大面积制备

目前有机太阳能电池的实验室器件效率普遍超过 10%，从效率层面来讲，已经具备大面积制备走向实际应用的条件。实际上，即使在不考虑寿命的情况下，当前大面积制备工艺仍然需要大量细致深入的研究。

首先，发展可代替 ITO 的柔性透明电极。目前 ITO 是最广泛使用的透明电极，但其具有不能耐酸碱、质脆不适宜柔性器件制备及较高的成本等缺点。从有机太阳能电池低成本、大面积印刷角度来讲，发展新的透明电极材料十分重要。目前研究的非 ITO 透明电极材料主要包括以氧化锌(ZnO)为代表的金属氧化物透明电极，以 PEDOT：PSS 为代表的有机聚合物透明电极以及基于碳纳米管和石墨烯的碳纳米材料透明电极和以银纳米线为代表的金属网格电极。金属氧化物透明电极的耐酸碱性、柔性及生产成本依然是制约其应用的瓶颈。PEDOT：PSS 相对低的导电性还不能满足有机太阳能电池的需要。从导电性、透光性、稳定性以及柔性器件应用等方面综合考虑，碳纳米材料透明电极材料和银纳米线透明电极是最有发展潜力的可代替 ITO 的透明电电极。最近，北京大学发展了一种大面积制备石墨烯透明电极的方法，可望应用于柔性光电器件[27]。基于银纳米线的透明电极是有机太阳能电池领域研究的热点之一，目前已有多个研究组使用银纳米线透明电极制备光伏器件，获得了与 ITO 器件相当的效率[28-29]。从成本、效率和可大面积印刷工艺兼容性角度综合考虑，基于银纳米线透明电极非常有望在将来的有机太阳能电池中占据主导地位。

其次，发展可大面积印刷工艺兼容的实验室器件制备工艺。目前实验室有机光伏器件制备绝大多数都是采用基于溶液旋涂的方式制备活性层，通过热蒸镀制备电极。溶液旋涂的方式不仅造成材料的极大浪费，而且无法进行大面积生产，不能发挥有机太阳能电池柔性可印刷生产的优势；热蒸镀电极成本高，难以持续生产。另外，因没有形成规模化生产，有机太阳能电池活性层材料还是比较昂贵的，目前效率较高的一些活性层材料价格均在 8000 元/克以上。显然，在兼容性工艺发展成熟之前，直接使用大量高成本材料探索大面积印刷工艺是不现实的。常规的实验室器件制备工艺只能用于原型器件制备研究。随着实验室 10%器件效率的实现，如何利用现有高效率活性材料，发展与大面积印刷生产兼容的器件制备工艺十分必要。换言之，就是建立实验室材料和器件制备工艺与将来大面积印刷制备工艺间的桥梁，缩短从实验室到实际应用的时间。工业上大面积印刷的工艺较多，如丝网印刷、喷墨打印、狭缝印刷等。刘烽等使用实验室自制的小型狭缝印刷设备制备了聚合物的光伏器件，研究了活性层狭缝涂布过程中形貌的演化，该涂布方法制备的器件效率可以与实验旋涂制备的媲美，其技术参数有望进行放大用于有机太阳能电池“卷对卷”连续生产工艺[30]。台湾交通大学的孟心飞研究组与笔者研究组合作，采用刮涂的工艺制备了基于小分子材料 DR3TBDTT 的光伏器件，获得了 6.7%的效率，表明小分子材料也可以适用于与大面积兼容的印刷工艺[31]。

最后，通过工艺集成与放大，发展有机太阳能电池的工业化印刷生产。值得指出的是，丹麦工业大学的 F. Krebs 研究组在光伏器件印刷制备方面做了系统的研究工作，目前该实验室已经开发出一系列可用于大面积“卷对卷”印刷有机太阳能电池的设备(图 8.3)，在有机太阳能电池印刷工艺方面取得了令人瞩目的成绩[32]。不过，所用印刷电池的活性层大多是采用 P3HT：PCBM 体系，我们知道，针对不同的活性层体系，器件工艺优化差别较大。目前在高效率材料设计合成与实验室模型器件优化方面，国内研究处于世界领先水平，而在大面积印刷工艺研究方面，国内起步较晚，目前多个研究组已开展此方面的研究，并取得了初步较好的研究结果[33]。这需要在保护我们材料知识产权的同时，从国家层面出发，加强研究组间的协作。

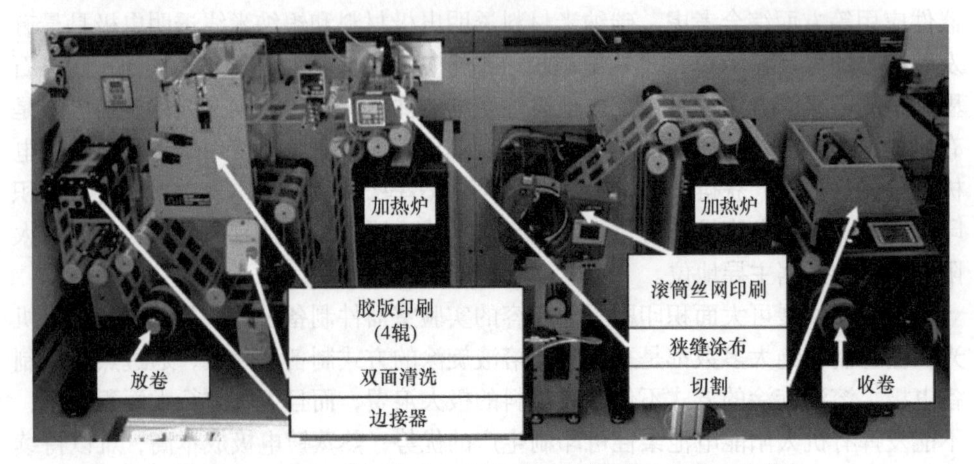

图 8.3 F. Krebs 等开发的“卷对卷”印刷有机太阳能电池设备

综上所述，从整个有机太阳能电池领域来看，接下来的研究将会围绕如何实现有机太阳能电池的真正应用展开。新材料的设计不仅要考虑效率，也要兼顾大面积可加工性和成本，器件优化要从大面积加工角度出发，实验室器件工艺要着眼于工业化器件应用，稳定性也是材料设计和器件优化时所必须考虑的因素。

参考文献

[1] Yuan J, Zhang Y, Zhou L, et al. Single-junction organic solar cell with over 15% efficiency using fused-ring acceptor with electron-deficient core. Joule, 2019, 3(4)：1140-1151.

[2] Fan B, Zhang D, Li M, et al. Achieving over 16% efficiency for single-junction organic solar cells. Sci China Chem, 2019, 62：746-752.

[3] Cui Y, Yao H, Hong L, et al. Achieving over 15% efficiency in organic photovoltaic cells via copolymer design. Adv Mater, 2019, 31(14)：1808356.

[4] An Q, Ma X, Gao J, et al. Solvent additive-free ternary polymer solar cells with 16.27% efficiency. Sci Bull, 2019, 64(2095-9273)：504.

[5] Xu X, Feng K, Bi Z, et al. Single-junction polymer solar cells with 16.35% efficiency enabled by a platinum(Ⅱ) complexation strategy. Adv Mater, 2019, 31(29)：1901872.

[6] Cui Y, Yao H, Zhang J, et al. Over 16% efficiency organic photovoltaic cells enabled by a

chlorinated acceptor with increased open-circuit voltages. Nat Commun, 2019, 10(1): 2515.
[7] Zhou Z, Xu S, Song J, et al. High-efficiency small-molecule ternary solar cells with a hierarchical morphology enabled by synergizing fullerene and non-fullerene acceptors. Nat Energy, 2018, 3(11): 952-959.
[8] Wu H, Yue Q, Zhou Z, et al. Cathode interfacial layer-free all small-molecule solar cells with efficiency over 12%. J Mater Chem A, 2019, 7(26): 15944-15950.
[9] Yang L, Zhang S, He C, et al. New wide band gap donor for efficient fullerene-free all-small-molecule organic solar cells. J Am Chem Soc, 2017, 139(5): 1958-1966.
[10] Qiu B, Xue L, Yang Y, et al. All-small-molecule nonfullerene organic solar cells with high fill factor and high efficiency over 10%. Chem Mater, 2017, 29(17): 7543-7553.
[11] Gao K, Jo S B, Shi X, et al. Over 12% efficiency nonfullerene all-small-molecule organic solar cells with sequentially evolved multilength scale morphologies. Adv Mater, 2019, 31(12): 1807842.
[12] Huang F. Organic tandem solar cells with PCE over 12%. Sci China Chem, 2017, 60: 433-434.
[13] Xiao B, Wu H, Cao Y. Solution-processed cathode interfacial layer materials for high-efficiency polymer solar cells. Mater Today, 2015, 18: 385-394.
[14] Wu Z H, Sun C, Dong S, et al. n-Type water/alcohol-soluble naphthalene diimide-based conjugated polymers for high-performance polymer solar cells. J Am Chem Soc, 2016, 138: 2004.
[15] Beaujuge P M, Fréchet J M J. Molecular design and ordering effects in π-functional materials for transistor and solar cell applications. J Am Chem Soc, 2011, 133: 20009-20029.
[16] Gu X, Gunkel I, Hexemer A, et al. An *in situ* grazing incidence X-ray scattering study of block copolymer thin films during solvent vapor annealing. Adv Mater, 2014, 26: 273-281.
[17] Li M, Liu F, Wan X, et al. Subtle balance between length scale of phase separation and domain purification in small-molecule bulk-heterojunction blends under solvent vapor treatment. Adv Mater, 2015, 27: 6296-6302.
[18] Liu F, Gu Y, Shen X, et al. Characterization of the morphology of solution-processed bulk heterojunction organic photovoltaics. Prog Polym Sci, 2013, 38(12): 1990-2052.
[19] Brongersma M L, Cui Y, Fan S H. Light management for photovoltaics using high-index nanostructures. Nat Mater, 2014, 13: 451-460.
[20] Li X H, Choy W C H, Huo L J, et al. Dual plasmonic nanostructures for high performance inverted organic solar cells. Adv Mater, 2012, 24: 3046-3052.
[21] Wang D H, Kim D Y, Choi K W, et al. Enhancement of donor-acceptor polymer bulk heterojunction solar cell power conversion efficiencies by addition of Au nanoparticles. Angew Chem Int Ed, 2011, 50: 5519-5523.
[22] Noriega R, Rivnay J, Vandewal K, et al. A general relationship between disorder, aggregation and charge transport in conjugated polymers. Nat Mater, 2013, 12(11): 1038-1044.
[23] Shockley W, Queisser H J. Detailed balance limit of efficiency of p-n junction solar cells. J Appl Phys, 1961, 32(3): 510-519.
[24] Essig S, Allebé C, Remo T, et al. Raising the one-sun conversion efficiency of III–V/Si solar cells to 32.8% for two junctions and 35.9% for three junctions. Nat Energy, 2017, 2(9): 17144.

[25] Vos A D. Detailed balance limit of the efficiency of tandem solar cells. J Phys DAppl Phys, 1980, 13(5)：839-846.

[26] Ameri T, Li N, Brabec C J. Highly efficient organic tandem solar cells：A follow up review. Energy Environ Sci, 2013, 6(8)：2390-2413.

[27] Deng B, Hsu P C, Chen G C, et al. Roll-to-roll encapsulation of metal nanowires between graphene and plastic substrate for high-performance flexible transparent electrodes. Nano Lett, 2015, 15：4206-4213.

[28] Guo F, Kubis P, Li N, et al. Solution-processed parallel tandem polymer solar cells using silver nanowires as intermediate electrode. ACS Nano, 2014, 8：12632-12640.

[29] Zhang X, Wu J, Wang J, et al. Low-temperature all-solution-processed transparent silver nanowire-polymer/azo nanoparticles composite electrodes for efficient ITO-free polymer solar cells. ACS Appl Mater Interfaces, 2016, 8：34630-34637.

[30] Liu F, Ferdous S, Schaible E, et al. Fast printing and *in situ* morphology observation of organic photovoltaics using slot-die coating. Adv Mater, 2015, 27(5)：886-891.

[31] Tsai P T, Meng H F, Chen Y S, et al. Enhancing efficiency for additive-free blade-coated small-molecule solar cells by thermal annealing. Org Electron, 2016, 37：305-311.

[32] Krebs F C. Fabrication and processing of polymer solar cells：A review of printing and coating techniques. Sol Energy Mater Sol Cells, 2009, 93：394-412.

[33] Mao L, Tong J H, Xiong S X, et al. Flexible large-area organic tandem solar cells with high defect tolerance and device yield. J Mater Chem A, 2017, 5：3186-3192.

索　引